U0271936

◎ 刘明慧　郑太波　李英梅　任亚梅　主编

陕西甘薯

中国农业科学技术出版社

图书在版编目（CIP）数据

陕西甘薯／刘明慧等主编．—北京：中国农业科学技术出版社，2019.5
ISBN 978-7-5116-4096-3

Ⅰ.①陕…　Ⅱ.①刘…　Ⅲ.①甘薯-栽培技术　Ⅳ.①S531

中国版本图书馆 CIP 数据核字（2019）第 058568 号

责任编辑	于建慧
责任校对	马广洋

出 版 者	中国农业科学技术出版社
	北京市中关村南大街 12 号　邮编：100081
电 话	（010）82109708（编辑室）　（010）82109702（发行部）
	（010）82109709（读者服务部）
传 真	（010）82106650
网 址	http://www.castp.cn
经 销 者	各地新华书店
印 刷 者	北京建宏印刷有限公司
开 本	787mm×1 092mm　1/16
印 张	17.25
字 数	380 千字
版 次	2019 年 5 月第 1 版　2019 年 5 月第 1 次印刷
定 价	60.00 元

作者队伍

策　划：曹广才（中国农业科学院作物科学研究所）

顾　问：方玉川（榆林市农业科学研究院）

主　编：刘明慧（宝鸡市农业科学研究院）

　　　　郑太波（延安市农业科学研究所）

　　　　李英梅（陕西省生物农业研究所）

　　　　任亚梅（西北农林科技大学）

副主编（按汉语拼音排序）：

　　　　曹力军（延安市农业科学研究所）

　　　　常　青（陕西省生物农业研究所）

　　　　党菲菲（延安市农业科学研究所）

　　　　高荣嵘（榆林市农业科学研究院）

　　　　高文川（宝鸡市农业科学研究院）

　　　　李　媛（延安市农业科学研究所）

　　　　潘晓红（安康市农业科学研究所）

　　　　王　钊（宝鸡市农业科学研究院）

　　　　袁春龙（西北农林科技大学）

　　　　张成兵（汉中市农业科学研究所）

编　委（按汉语拼音排序）：

　　　　陈　乔（汉中职业技术学院）

　　　　陈　宇（延安市农业科学研究所）

陈永刚（汉中市农业科学研究所）

杜红梅（延安市农业科学研究所）

郝世斌（榆林市农业科学研究院）

胡馨木（西北农林科技大学）

黄　重（汉中市农业科学研究所）

雷　斌（榆林市农业科学研究院）

李　霞（延安市农业科学研究所）

李　阳（西北农林科技大学）

李海菊（安康市农业科学研究所）

李佳佳（西北农林科技大学）

李文乐（延安市农业科学研究所）

刘东茹（西北农林科技大学）

龙德祥（汉中市农业科学研究所）

宋　云（延安市农业科学研究所）

唐晓东（安康市农业科学研究所）

王春霞（延安市农业科学研究所）

王丽萍（陕西省农业广播电视学校府谷分校）

邢丽红（汉中市农业科学研究所）

徐　芦（宝鸡市农业科学研究院）

杨　洁（延安市农业技术推广站）

杨武娟（宝鸡市农业科学研究院）

张　锋（陕西省生物农业研究所）

张文惠（安康市农业科学研究所）

作者分工

前　言

甘薯起源于南美洲，在引进中国 400 多年的生产历史中，多是作为抗灾救荒的杂粮作物，"一年甘薯半年粮"和"甘薯救活了一代人"，是那个年代的真实写照。随着中国经济形势和农业发展进入新的历史阶段，甘薯的保健功能、高产特性、加工增值的作用日益突出，已由传统的杂粮变为粮食、饲料、蔬菜，变为可观赏、能源和工业加工多用途综合利用的经济作物，发展甘薯产业对于保证国家粮食安全、农业结构调整，增加农民收入、改善人民的膳食结构和提高健康水平等具有重要意义。

中国的甘薯生产、科研水平在世界上名列前茅，2016 年中国甘薯种植面积 328.15万 hm^2，占世界甘薯总面积的 38%；中国甘薯总产量 7 000 万 t，占世界甘薯总产量的67%；平均单产 21t/hm^2，是世界平均水平的 1.76 倍（引自〈中国农业年鉴 2017〉）。甘薯是喜温作物，种植区域极为广泛，全国各省、自治区、直辖市均有栽培。

陕西省是西北地区唯一大面积种植甘薯的省份，在当地又叫红薯、红芋、红苕，常年种植面积 6 万 hm^2 左右。陕西省地形南北狭长，气候生态条件差异很大，从北向南地貌和气候通常划分为 3 部分，相应地甘薯种植则分属 3 个不同的生态薯区：关中薯区，属黄淮流域春夏薯区。该区甘薯以鲜食春薯为主，面积占全省总面积的 45%，是全省甘薯单产水平和商品率最高的产区。陕南薯区属长江流域夏薯区。全区气候适宜，雨水丰沛，是陕西省甘薯主产区，种植面积占全省的 50%，但商品率和产量较低，以饲用、加工为主。陕北薯区属北方春薯区。该区昼夜温差大，甘薯生长期较短，种植面积较小，仅占全省总面积的 5%。

当前，中国特色社会主义建设进入新时代，脱贫攻坚和乡村振兴是农业农村工作主基调。甘薯适应性广，抗灾能力强，即使在干旱、瘠薄的土壤中也能获得较高的产量，是各地扶贫产业和特色主导产业的理想选项。据统计，全国 592 个国家级贫困县中有426 个县种植甘薯。为促进甘薯产业的发展，2017 年，陕西省成立甘薯产业技术体系，体系集聚了西北农林科技大学、陕西省生物农业研究所、各地市农业科研院（所）从事甘薯的专家教授，他们密切关注国内外甘薯产业发展动态，植根一线，致力于研究集成并示范推广实用新型技术，对促进甘薯产业发展发挥了积极作用。同时也认识到，甘薯产业的发展，不仅需要理论上的深厚积累，更需要强化实用科技的普及和基层生产管理人员的培养。因此，全面展现甘薯产业研究的理论成果，并结合陕西省甘薯产业实际，梳理总结关键生产技术，便成为本书编写的题中之义。

全书分六章。其中第一章重点介绍了陕西省的甘薯种质资源和生产布局；第二章详细介绍了栽培和环境因素对甘薯的生长发育及代谢的影响；第三章简述了甘薯脱毒种薯种苗的培育与生产；第四章全面总结了陕西省甘薯栽培生产技术的研发与应用；第五章论述了甘薯的环境胁迫及其应对措施；第六章介绍了甘薯品质研究和加工利用。

本书的出版，得到了国家甘薯产业技术体系（CARS-10-C25）、陕西省甘薯产业技术体系、陕西省科学技术研发计划项目（2017NY-023）、陕西省农业厅重大科技研发项目（NYKJ-2017）、陕西省农业协同创新与推广联盟自然科学项目（LM20150002）、陕西省农业厅科技创新转化项目（NYKJ-2018-BJ）、宝鸡市甘薯工程技术研究中心等项目的资助。策划和统稿过程中，得到了中国农业科学院作物科学研究所曹广才先生的悉心指导。

本书的出版还得力于中国农业科学技术出版社的大力配合和支持，在此一并谨致谢忱！

限于作者水平，不当和纰漏之处，敬请同行专家和读者指正。

刘明慧

2018 年 11 月

目 录

第一章　甘薯种质资源和生产布局

第一节　种质资源

一、甘薯的植物分类地位

甘薯（Sweet potato），学名 *Ipomoea batatas*（L.）Lam. 旋花科 Convolvulaceae 甘薯属 *Ipomoea* 草本植物。在不同区域、不同环境下，其生活周期有较大差异。中国栽培甘薯的地区，大多处于温带，冬春低温时无法越冬，生产上实际作为一年生栽培，在南方热带地区可连续多年生活。

甘薯由于没有统一的分类体系，同种异名、同名异种现象时常发生，常常在命名与分类上造成混乱。甘薯起源于南美洲，引进中国已有 400 多年的生产历史，最初引进到福建、广东地区，被称为番薯。1979 年出版的《中国植物志》将 *Ipomoea* 翻译为番薯属。现在学术界已将甘薯作为统一中文名，Sweet potato 为统一英语名，*Ipomoea* 翻译为甘薯属，番薯作为俗名使用。甘薯在不同地区和不同书籍中有不同名字，如"番薯"（〈本草纲目〉，福建、广东），"甘藷"（〈植物名实图考〉），甘储、甘薯、朱薯、金薯、番薯、番茹（〈本草纲目拾遗〉），甘藷、番薯、红山药、朱薯、"唐薯"（〈农政全书〉），"玉枕薯"（〈台湾府志〉），"山芋"（江苏、浙江、安徽），"地瓜"（辽宁、山东），"山药"（河北），"甜薯、红薯"（山西、河南、陕西），"红苕"（四川、贵州），"白薯"（北京、天津），"阿鹅"（云南彝语）等。

（一）甘薯的分类

据《中国植物志》介绍，全世界甘薯属内的物种很多（广义的甘薯属约含 500 种，狭义分类约有 300 种）。广泛分布于热带、亚热带和温带地区。中国约有 20 种，甘薯 *Ipomoea batatas*（L.）Lam 是甘薯属内唯一的 1 个栽培种，在生产上有众多品种，其余均为野生植物。King 和 Bamford 在前人工作的基础上观察了甘薯属和有关 5 个属的 27 个种 29 个品种的体细胞染色体数，结果表明，甘薯属的染色体基数为 15，甘薯为六倍体，其余甘薯属种多为二倍体。

甘薯属内分类方法尚未统一，一般将甘薯及其亲缘关系很近的野生种归为一组，称为甘薯组（Section batatas）植物。根据自交亲和性、杂交亲和性、形态学和细胞遗传学，以及为了便于甘薯近缘野生种在甘薯育种中的应用，目前比较容易接受的分类方法是：根据同甘薯的杂交亲和性，将甘薯组植物分为两个类群，即与甘薯杂交亲和的第 I 类群和与甘薯杂交不亲和的第 II 类群，第 I 类群也就是 Teramura（1979）的 B 群，包

括甘薯和 *I. trifida* 复合种；第 Ⅱ 类群也就是 Teramura（1979）的 A 群和 X 群，包括二倍体和四倍体种。现将两个群中比较确定的种列于表 1-1 中。

表 1-1　甘薯组植物的分类（陆漱韵等，1998）

群别	学名	中文名称	2n	染色体组
Ⅰ	*I. batatas*（L.）Lam	甘薯		
	I. trifida（H. B. K.）Don	三浅裂野牵牛	6x = 90	B1B1B2B2B2B2
	I. trifida（H. B. K.）Don	海滨野牵牛	6x = 90	B1B1B2B2B2B2
	（*I. littolaris* Blune）		4x = 60	B2B2B2B2
	I. trifida（H. B. K.）Don		3x = 45	B1B2B2（?）
	I. trifida（H. B. K.）Don	白花野牵牛		
	（*I. leucantha* Jacq）		2x = 30	B1B1
Ⅱ	*I. tiliacea*（Willd.）Choisy	椴树野牵牛	4x = 60	A1A1T1T1
	I. gracilis R. Br.	纤细野牵牛	4x = 60	
	I. lacunosa L.	多洼野牵牛		
	I. triloba L.	三裂叶野牵牛	2x = 30	AA
	（*I. ramoni* Choisy）	（野氏野牵牛）	2x = 30	AA
	I. trichocarpa Ell.	毛果野牵牛		
	（*I. lcordatotriloba*）		2x = 30	AA

第 Ⅰ 类群植物同甘薯杂交表现亲和，包括栽培甘薯以及由二倍体、三倍体、四倍体和六倍体组成的 *I. trifida* 复合种。*I. trifida* 能与甘薯进行有性杂交，得到正常种子，是目前在甘薯育种中研究和利用最多的近缘野生种。20 世纪 60 年代以来多位学者对其诸多特性进行了详细研究、总结，并与甘薯加以比较（表 1-2）。

表 1-2　*I. trifida* 复合种与甘薯的特性比较（盐谷和川濑，1980）

特性	*I. trifida* 复合种	甘薯
倍数	2x，3x，4x，6x	6x
生育	多年生蔓性植物，多数攀延，一部分为匍匐性	多年生块根作物，匍匐、半直立、直立
分布	加勒比地区	热带、亚热带、温带
开花	虫媒花、自交不亲和，随倍数性提高开花性衰退	虫媒花、自交不亲和，开花性衰退、高纬度下不开花
结蒴	干季结实、干燥蒴果易裂	结蒴率约 50%、干燥蒴果易裂
种子	种子坚硬 2x，3.0~3.9mm 长 4x，3.4~4.0mm 长 6x，4.0~6.0mm 长	种子坚硬 3.0~4.5mm 长
结实率	随倍数性提高结实率下降	结实率 20%
肥大性	几乎不肥大	由非肥大根到块根

（续表）

特性	*I. trifida* 复合种	甘薯
同化产物库	茎和根	根
繁殖器官	种子、茎、根	茎（苗）、根（种薯）

第Ⅱ类群植物同甘薯杂交表现不亲和，主要是二倍体近缘野生种即 *I. lacunosa*、*I. triloba*、*I. trichocarpa* 和另外一些未分类的二倍体植物等，也有野生的四倍体植物即 *I. tiliacea* 和 *I. gracilis*。因育种利用比较困难，关于这些植物的特性，研究很少。

日美学者对甘薯组植物分类的问题存在较大的分歧。日本学者认为甘薯及其同族植物都是由 B 染色体组构成的同源倍数体。这些自然种、合成种以及它们的杂种减数分裂时形成的多倍体较少，多倍体的形成是由于二倍体的再次配对所致。美国学者认为，根据甘薯染色体的配对情况可以推测甘薯为异源六倍体、同源异源六倍体，或者根据其核型判断甘薯为异源多倍体。*I. trifida*（6x）和甘薯具有完全相同的染色体构成，*I. trifida*（6x）只不过是甘薯的杂草型实生系。

（二）甘薯的起源与进化

1883 年 Alphonse de Candolle 所著的《栽培植物的起源》中曾介绍了甘薯起源的各种假说，当时主要是根据有关甘薯或其类似植物种植的记录、旅行者的见闻或者甘薯的土名、俗名的来历来推测甘薯的原产地，有美洲说、亚洲说和非洲说。美洲说的依据是多数 *Ipomoea* 属植物自然生长于热带美洲，在该地区有着古老的栽培历史等。主张亚洲说是依据李时珍所著的《本草纲目》中有关甘薯的记载：中国很早就有甘薯栽培；越南将类似植物的根、茎作为食物等，但之后多数研究者对其进行植物学研究，表明所记载的植物并不是甘薯，而是 *Ipomoea mammosa*。非洲说只是依据传教士、旅行者传说，认为非洲很早就有甘薯栽培，但是后来 Vogel、White 等指出所谓在非洲栽培的"甘薯"实质上是 *I. paniculate* 或者 *I. pandurata*，是完全不同于甘薯的植物种。

目前，根据考古学、语言学和历史学的研究结果，人们公认美洲说。众多的考古学证据和语言年代学认为，大约在公元前 2500 年，在热带美洲的某地（一般认为是秘鲁、厄瓜多尔、墨西哥一带）开始出现栽培甘薯，约在公元 1 世纪先传入萨摩亚群岛，之后传播到夏威夷、新西兰。植物学研究也表明在热带美洲有很多野生的甘薯近缘种，并驯化出许多栽培品种。

1. 甘薯原始种

根据植物形态学和分类学等研究，认为同甘薯最近似的野生植物就是甘薯的原始种（表1-3），但仍存争议。

表1-3　从植物形态上推测的甘薯的原始种和原产地（西山，1967）

研究者	植物	理由	原产地
White	*I. fastigiata*	形态上相似	美洲

（续表）

研究者	植物	理由	原产地
House	*I. tiliacea*	形态上相似	中南美大陆
Tioutine	*I. fastigiata*	结薯、形态上相似	热带美洲

从 20 世纪 30 年代以来，很多研究者对甘薯及其近缘植物的染色体进行了观察，表 1-4 列举了部分与甘薯比较近缘的植物种的染色体数。将 15 作为倍数性的基数。大部分种为二倍体（$2X = 30$），2 个种为四倍体（$2X = 60$），这些都是野生种。而六倍体（$2X = 90$）种只有栽培甘薯一个种。

表 1-4　***Ipomoea*** 属主要植物的染色体数（陆漱韵等，1998）

2n = 30	2n = 60	2n = 90
I. arborescens	*I. gracilis*	*I. batatas*
I. asarifolia	(*I. fastigiata*)	
I. cairica	*I. ramomi*	
I. carnea	*I. tiliacea*	
I. digitata		
I. hederacea		
I. lacunosa		
I. learii		
I. pandurata		
I. pendula		
I. pes-caprae		
I. purpurea		
I. reptanns		
I. sagittata		
I. setosa		
Trilaba		

King Bamford（1937）报道 *I. ramoni* 为四倍体，但因它同甘薯种间杂交不亲和，故未研究系统发育问题。渡边（1939，1940）报道，从形态上看产于中国台湾的 *I. triloba* 可能是甘薯的二倍体祖先。Ting 等（1957）根据细胞学研究结果。他们认为：House（1908）以来，众多的研究者都支持甘薯可能是由原产于热带美洲的 *I. tiliacea* 栽培驯化而来的假说，但从倍数性差异、二者间杂交不亲和性来看又否定这一假说。Ting 和 Kehr（1953）对甘薯减数分裂时染色体配对情况进行了详细观察，认为甘薯应为异源

多倍体，但其染色体组间存在着部分亲和性。六倍体形成的一般方式是二倍体和四倍体祖先的杂种 F_1 发生染色体数加倍从而成为六倍体。Jones（1968）通过各国研究者收集了 85 个种，300 余系统的植物种子，同甘薯杂交均未成功。1955 年，西山从墨西哥采集到六倍体的野生植物（K123，后将该植物定名为 *I. trifida*），从此在日本进行甘薯的系统发生学研究及近缘植物的育种利用研究。1960 年，小林从墨西哥引入二倍体野生种（K221，长时间被定名为 *I. leucantha*，后归类为 *I. trifida*），中西等报道其能同甘薯品种直接杂交，并获得杂交种子，这是首次报道的可同甘薯直接杂交的 *Ipomoea* 属的二倍体种。从各种间的杂交试验及染色体组分析的结果看，该种可能是甘薯的祖先种。在哥伦比亚和委内瑞拉海拔 500m 以下低地采集到的 *I. trifida* 都是二倍体，但在哥伦比亚海拔 1 000~1 600m 的高地采集到了四倍体的 *I. trifida*，其外部形态同二倍体的 *I. trifida* 几乎没有差别，从墨西哥、厄瓜多尔等地也采集到这样的四倍体植物。Austin 认为这些四倍体植物是甘薯（6X）和二倍体野生种的杂交种，但从其外部形态、杂交性及地理分布看，认为是 *I. trifida* 自然加倍植物更合理。在哥伦比亚的卡利周围自生着六倍体植物，这些植物一般比二倍体的 *I. trifida* 植物略大，开花数少，但其中也有在外部形态很似 *I. trifida* 的植物。实验表明，用甘薯品种连续同 *I. trifida*（4X）回交容易得到六倍体或接近 2n＝90 的杂种。

总之，*I. trifida* 是一个复合种，包括二倍体、四倍体、六倍体及其杂种，广泛分布于从墨西哥到厄瓜多尔、巴西的热带美洲。将甘薯品种之间进行数次任意杂交，能够分离出茎细、不结块根的野生类型，这种野生类型的甘薯无论从形态学还是从遗传学上都很难同六倍体的野生植物相区别。因此不少学者认为甘薯是 *I. trifida* 复合种的一个成员或者是派生出来的某个种。

2. 甘薯的进化

根据多倍体的形成途径，可以推测由野生种进化为现在的甘薯大致有以下 3 种途径。

途径 1：由二倍体野生种自然突变加倍形成四倍体野生种，四倍体种和二倍体种杂交形成三倍体种，再由三倍体种加倍形成了原始的六倍体野生种，后被驯化成栽培型（甘薯）。本途径的特征是六倍体种中存在野生型和栽培型。

途径 2：二倍体种和四倍体种为野生型，在一定条件下形成了六倍体后被驯化为栽培型（甘薯）。

途径 3：二倍体发生突变导致其出现栽培型化形状，进而发生染色体数加倍，形成栽培型的四倍体种、六倍体种。

为了寻找甘薯的原始种，20 世纪 50 年代至少进行过 3 次原种探索，即 Miller 和 Correll 的加勒比诸岛探索，Yen 的泛太平洋地区的甘薯收集和西山的墨西哥采集 *Ipomoea* 之行，这些探索未发现二倍体或四倍体甘薯的存在。而 20 世纪 Nishiyama 等公布在墨西哥采集到了六倍体的野生种（K123，定名为 *I. trifida*）；接着研究者从墨西哥/哥伦比亚及委内瑞拉多地收集到一种可以与甘薯直接杂交的二倍体野生种（K221，后归类为 *I. trifida*），又有研究者在哥伦比亚的高海拔地区发现了四倍体野生种 *I. trifida*，这些结果贯通了第一种推测途径。

2006 年，Saranya S 利用 FISH 的方法对 21 种甘薯 5SrDNA 和 18s rDNA 进行分布和起源的研究，提出了甘薯起源的 3 种假说：第一种假说是野生二倍体 *I. trifida* 自动多倍化形成六倍体甘薯 [*I. batatas*（L.）Lam]；第二种假说是野生二倍体 *I. trifida* 和野生二倍体 *I. triloba* 杂交形成的后代是甘薯野生祖先种，再在自然条件下加倍形成了六倍体甘薯；第三种假说是野生二倍体 *I. leucantha* 和野生四倍体 *I. littoralis* 杂交形成了某个三倍体的物种，这个三倍体在自然条件下加倍形成了六倍体甘薯。

2017 年，上海辰山植物园（中国科学院上海辰山植物科学研究中心）和中国科学院上海植物生理生态研究所联合德国马克斯普朗克分子遗传研究所和分子植物生理研究所的科研团队，采用了 Illumina 测序技术，成功地绘制了甘薯基因组的精细图。该研究不仅将绝大部分基因组序列定位到对应染色体上，还通过全新生物信息学方法，将六倍体的六组染色体分开，从而揭示：在甘薯的 90 条染色体中，有 30 条染色体来源于其二倍体祖先种，另外 60 条染色体来源于其四倍体祖先种。约 50 万年前，二倍体祖先种和四倍体祖先种之间发生了一次自然杂交后染色体加倍形成了栽培型甘薯雏形。

二、甘薯的形态特征和生活习性

（一）形态特征

甘薯属植物约有 500 种，广泛分布于热带、亚热带和温带地区，中国约有 20 种。

甘薯属植物的特征：草本或灌木，通常缠绕，有时平卧或直立，很少漂浮于水上。叶通常具柄，全缘。花单生或组成腋生聚伞花序或伞形至头状花序；苞片各式；花大或中等大小或小；萼片 5，相等或偶有不等，通常钝，等长或内面 3 片（少有外面的）稍长，无毛或被毛，宿存，常于结果时多少增大；花冠整齐，漏斗状或钟状，具 5 角形或多少 5 裂的冠檐，瓣中带以 2 明显的脉清楚分界；雄蕊内藏，不等长，插生于花冠的基部，花丝丝状，基部常扩大而稍被毛，花药卵形至线形，有时扭转；花粉粒球形，有刺；子房 2~4 室，4 胚珠，花柱 1，线形，不伸出，柱头头状，或瘤状突起或裂成球状；花盘环状。蒴果球形或卵形，果皮膜质或革质，4（少有 2）瓣裂。种子 4 或较少，无毛或被短毛或长绢毛。

甘薯 *Ipomoea batatas*（L.）Lam 是甘薯属内唯一的栽培种，具有蔓生习性的草本植物。因其膨大的块根和繁茂的茎叶，成为人类生活的粮食、饲料和工业原料作物，得到广泛种植。

1. 根

（1）根的形态　在生产中，甘薯通常采用块根繁育种苗进行栽插繁殖。种苗不同部位生根能力差异较大，其中节部最易发根，节间、叶柄、叶片也具有发根能力。从这些器官上发生的根称为不定根，与从种子上发生的根相区别。甘薯的不定根可分化为形态特征各异的须根、柴根和块根 3 种形态。①须根：须根呈纤维状，有根毛，具有吸收水分和养分的功能。根系一般分布在 40cm 土层内，在深耕条件下，甘薯根系可分布在 80cm 以内土层中，深的可达 100~130cm，因品种和土质的不同，最深的可达 170cm 以上。②柴根：柴根直径一般 0.2~1cm，长可达 30~50cm，通常大大超过块根的长度，而且整个根粗细差异不大。柴根是须根在生长过程中遇到土壤干旱、高温、通气不良等原因,以致发育不完全而形成的畸形肉质根,没有利用价值。③块根:块根是贮藏养分的器官,也是供食用的部分。块根大多分布在5~25cm的土层中,其上生长的侧根则具有吸收水分和养分的功能。块根的形态差异很大,其形状、大小、皮肉颜色等因品种、土壤和栽培条件不同而有差异。块根的形态大致可分为纺锤形、圆筒形、椭圆形、球形、条形等。皮色可分为紫、红、淡红、淡黄、白等。肉色可分为紫、红、黄、白等,有时在基本肉色上带有紫晕、橘红晕等。紫、红肉色的品种富含花青素、胡萝卜素等营养价值较高。块根的表皮有的沟纹不明显,有的具有5~6个凹陷的纵向沟纹。块根具有出芽特性,是育苗繁殖的重要器官。块根的外层是表皮,通称为薯皮,表皮以下的几层细胞为皮层,其内侧是可食用的中心柱部分。中心柱内有许多维管束群,以及初生、次生和三生形成层,并不断分化为韧皮部和木质部。同时木质部又分化出次生、三生形成层,再次分化出三生、四生的导管、筛管和薄壁细胞。由于次生形成层不断分化出大量薄壁细胞并充满淀粉粒,使块根能迅速膨大。中心柱内的韧皮部,具有含乳汁的管细胞,最初只限于韧皮部外侧,以后由于各种形成层均能产生新的乳汁管而遍布整个块根,切开块根时流出的白浆,即乳汁管分泌的乳汁,内含紫茉莉苷。

生产中,栽插入土的甘薯种苗节部通常生出3~4条不定根,不定根的生长初期呈纤维状,先发生的一般较粗,后发生的较细。种苗栽插1个月左右,根系生长深度可达40cm左右,同时发生出很多须根,须根呈辐射状向外扩展,形成须根系。须根在其发育过程中,有一小部分分化形成柴根和块根,一株甘薯通常结2~6个块根或更多。块根性状的变异,在疏松或潮湿的土壤中薯形一般偏长,在板结或干旱土壤中薯形一般偏短。在生长期较短的条件下,块根长度与粗度的比值较大,薯形偏长;生长期较长的条件下薯形偏短。块根的肉色在生长期短或土壤较为贫瘠的条件下会变淡。

(2)　根的分化发育　甘薯茎蔓上的节都有若干个根原基,在适宜的温度、湿度等外界环境条件下,根原基开始激活、伸长,长出不定根。由于根原基形成的条件不同,有的较粗大,有的较细小。在节的幼嫩阶段早期形成的根原基较粗大,长出的幼根较粗,易于形成块根;反之,较晚形成的根原原基较细小,长出的幼根也较细小,不易形成块根,而多数发育为须根。

幼根的分化发育取决于初生形成层的活动以及初生形成层内侧木质部薄壁细胞的增殖。一般有以下4种情况。

细胞增殖分裂型:如大型薄壁细胞分裂与导管周围的细胞分裂时,薄壁细胞不伴随维管束分化。该类型块根膨大生长最好,但淀粉含量低。

细胞分化分裂型:导管、筛管与次生形成层分化发达,薄壁细胞分裂伴随着维管束分化。该类型块根膨大生长良好,淀粉含量也高。

细胞生长型:薄壁细胞的分裂活动钝化,不再进行分裂。这个类型的块根膨大生长不良,但淀粉含量很高。

细胞木质化型:薄壁细胞尚未充分生长,木质化即急剧进行。该类型块根膨大生长最差,淀粉含量也最低。

2. 茎

（1）茎的形态　甘薯的茎通常称为茎蔓（薯藤、秧蔓），一般具有匍匐地面生长的习性。不同品种间匍匐生长程度不同，可分为匍匐、半直立、丛生 3 种类型。茎蔓长度因品种而异，可分为短蔓、中蔓、长蔓 3 种类型；长蔓型品种，春薯蔓长在 3m 以上，夏薯在 2m 以上；中蔓型品种，春薯蔓长为 1.5~3m，夏薯为 1~2m；短蔓型品种，春薯蔓长在 1.5m 以下，夏薯在 1m 以下。短蔓品种的茎在生长初期呈半匍匐生长，往后仍表现为匍匐生长；长蔓品种一开始即呈现匍匐生长；丛生型分枝多。茎蔓的横断面呈椭圆形，或有棱角。茎粗因品种而异，一般为 0.4~0.8cm，栽培条件对茎粗有一定影响。茎色因不同气候条件和生育期而有变化，一般可分为绿、紫、褐、绿带紫等。

甘薯茎蔓节部易生不定根。节间长度与茎长呈正相关，而茎粗与茎长呈负相关。甘薯茎蔓切断后流出的汁液呈乳白色。

（2）茎的结构和功能　甘薯茎蔓的生长和组织形成的过程从芽生长时顶端生长锥的细胞分裂开始，经过初生分生组织形成初生构造。初生构造由外向内可分为表皮、皮层和中柱 3 部分。由于形成层的活动而产生次生维管束组织。成长的甘薯茎部横断面由外向内分为表皮、皮层、内皮、维管束和髓部。

甘薯茎蔓上着生许多叶片，形成与直立生长作物不同的覆盖地面的低矮冠层。茎蔓内部的根原基在适宜的外界环境条件下发育为不定根。生产上可以利用茎蔓生根结薯的特性，进行剪取茎蔓栽插繁殖。

茎蔓的主要功能是水分和养分的输导。将根部吸收的水分和无机盐类，经由木质部的导管运送给地上部供蔓叶生长。地上部合成的光合产物，经由韧皮部的筛管运送给地下部供块根贮藏和根系生长。幼嫩的茎部，也能进行光合作用。

甘薯苗期主蔓最先伸长，主蔓的叶腋形成腋芽，腋芽伸长形成分枝。一株甘薯一般有 7~20 个分枝，长蔓品种的分枝能力较弱，分枝数较少；短蔓品种的分枝能力较强，分枝数一般较多；水肥条件好分枝较多，反之则分枝较少。封垄期分枝数增长最快，一般在茎叶生长高峰期即达到最高值。

3. 叶

（1）叶的形态　甘薯的叶是单叶，不完全叶，只有叶柄和叶片，没有托叶。叶互生，以 2/5 叶序数旋状排列着生于茎上。叶形有心脏形、三角形、掌状等，叶缘有全缘、带齿、浅单缺刻、浅复缺刻和深复缺刻等。叶形的变异较大，不仅品种间的变异显著，而且同一植株在不同生育阶段和不同着生部位的叶形也有较大的变异。叶色一般为绿色，但浓淡程度不同，有些品种茎端的幼叶常呈褐、紫等色，顶叶色为品种特征之一，而成年叶片绝大多数品种为绿色。有些品种叶脉间的叶肉隆起，使叶面呈皱缩状。叶的两侧都有茸毛，嫩叶上的更密。叶片长度一般 7~15cm，宽 5~15cm。长、宽都因栽培条件而有很大差异。叶片与叶柄交接处有两个小腺体。叶柄长度 6~15cm，基部色分为紫、褐、绿色等，有刺。叶基部生长 9~13 个叶脉，叶脉颜色分淡红、红、紫、淡紫和绿色等。

（2）叶的构造与功能　甘薯叶是由茎尖生长锥的叶原基发育而成，叶原基形成初期，细胞仍处于原分生组织的状态，当它逐渐长大时，细胞逐渐过渡到初生分生组织，外层分化为表皮层，内部分化为分生组织和原形成层。叶原基在发育过程中又分化出叶柄和叶片。

叶柄的构造和茎的构造大致类似，但叶柄中维管束的数目和茎中不同，在叶柄中有些维管束并合或分离。叶柄的横断面呈半月形，外有一层表皮，表皮内为皮层，再内为维管束，维管束排列呈半弧形，每个小维管束的构造和茎的维管束构造类似。木质部在叶片的正面，韧皮部在反面。木质部和韧皮部之间有短期活动的形成层。

叶柄是接连叶片与茎的部分，上与叶片相连，下与茎部相连，其主要功能是输导和支持作用。叶柄接受光而转动叶片，从而自动调节叶片的分布位置和方向，使叶片不致互相重叠，充分接受阳光，有利光合作用的进行。同时叶柄含 K 量最高，并能适时把 K 元素输送到叶片，以提高叶片的光合能力。叶柄尚有暂时贮存养分的功能。

甘薯叶片的构造，由表皮、叶肉和叶脉 3 部分组成。表皮覆盖着整个叶片，具有保护的功能，其上有气孔，反面表皮的气孔比正面表皮密而多，气孔在碳同化、呼吸、蒸腾作用等气体代谢中，成为空气和水蒸气的通路，其通过量是由保卫细胞的开闭作用来调节，在生理上具有重要的意义。叶肉是由绿色的薄壁组织所构成，是叶肉进行光合作用的机构。叶肉分化为栅栏组织和海绵组织。栅栏薄壁组织与上表皮相接，细胞呈圆柱形，以细胞的长径与表皮垂直排列，细胞内含有很多叶绿体。海绵薄壁组织紧靠叶的下表皮，细胞的形状不很规则，排列疏松，细胞间隙很大。其主要机能是通气，保证气体交换，提高光合效能。海绵组织细胞内含有叶绿体较少，因此叶的反面颜色较淡。叶龄、品种、栽培条件等不同，叶组织结构略有差异。

叶脉分布于叶肉中间，各级叶脉的构造也不一样，主脉和一些侧脉的构造是由维管束和机械组织组成。随着叶脉越分越细，构造也越趋简单，首先是形成层消失，机械组织也渐次减少，以至消失。木质部、韧皮部的构造简化，组成它们的细胞变小。叶脉的末梢，韧皮部也消失，木质部只剩下几个螺旋纹的管胞。一般近下表皮的叶脉特别发达，所以主脉和侧脉在叶背特别明显隆起。

叶的形态和构造受环境条件特别是光照条件的影响很大。例如在遮阴、光照不足的条件下，叶片一般大而薄、气孔较少，叶脉分布比较稀疏，机械组织也少。叶片是主要的光合作用和蒸腾作用器官。

4. 花

甘薯在植物学上属被子植物门，具有开花功能。但是甘薯为喜光的短日照作物，不同品种开花所要求的外界环境条件不同，加之各薯区自然条件差异大，所以甘薯在各地的开花情况也有很大差异。在北纬 23°以南，一般品种均能自然开花，而在中国北方地区长日照条件下，绝大多数品种很难自然开花。

甘薯的花有的是单生，有的是若干朵花集合为两种不同的聚伞花序，即典型二歧聚伞花序和变态二歧聚伞花序。一般情况下多数为一个花序，通常有花蕾 3~15 个，多的达 30 个左右。花着生在粗壮的腋生花梗上，在蕾期纵折向右旋卷。花冠和牵牛花一样呈漏斗状，长 3~6cm，外缘直径 2~4cm，多数呈紫红色，也有蓝、淡红和白色的。内部的颜色较深，冠筒内有细毛。花的基部有萼片 5 个，长圆形或椭圆形，顶端呈芒尖状，淡绿色，不等长，外萼片长 0.7~1.0cm，内萼片长 0.8~1.1cm，有的萼片上有毛。

雄蕊 5 个，由花药、花丝组成，花丝长短不一，基部被毛，花药长 0.4cm 左右、宽 0.2cm 左右，花粉囊 2 室，纵裂，成熟时鲜黄色。花粉粒呈圆球形，乳白色，直径 0.09~0.1mm，表面有许多对称排列的乳头状突起，有黏性。

雌蕊 1 个，包括柱头、花柱、子房 3 部分。花柱长 1.5cm 左右。柱头呈球状，二裂，少数三裂，柱头上也有许多乳头状突起。子房上位，呈卵圆形，2 室，由假隔膜分为 4 室，被毛或有时无毛，子房周围有枯黄色蜜腺，能分泌蜜汁引诱昆虫。

5. 果实

甘薯的果实为蒴果，较少成熟，球形、扁球形或三棱形，顶端微凹，基部截形，每棱翅状，直径 0.5~0.7cm，幼嫩时呈绿褐色或紫红色，成熟时呈褐黄色。果皮沿腹缝线开裂。每个蒴果一般有种子 1~4 粒，多数为 1~2 粒。从受精到果实成熟随气温的变化而不同，一般需 20~50d。

6. 种子

甘薯种子较小，千粒重 20g 左右，直径 3mm 左右。种子大小及形状与 1 个蒴果内的种子数目有密切关系，1 个蒴果只结 1 粒种子的，种子近似球形，结 2 粒的呈半球形，结 3~4 粒的呈多角形。种皮淡褐色或深褐色，较坚硬，表面有角质层，透水性差。种皮内有柔嫩的胚乳，包被着两片皱褶的子叶，子叶二裂，呈"凹"字形。

（二）生活习性

甘薯原产热带地区，中国栽培甘薯的地区，大多处于温带，冬春低温时有霜冻，生产上实际作一年生栽培。

甘薯的繁殖方法有两种：一种是通过开花结实、种子萌芽、生长，进行有性繁殖。甘薯为异花授粉作物，自交不孕，用种子繁殖的后代性状很不一致，产量低。因此，除杂交育种外，在生产上都很少采用有性繁殖。另一种是利用薯块、茎蔓等营养器官繁殖后代，进行无性繁殖。由于甘薯块根、茎蔓等营养器官的再生能力较强，并能保持良种性状，故在生产上采用此种方法繁殖。本书所介绍的甘薯生活习性，主要是针对采用无性繁殖的一年生栽培。

育苗繁殖：为甘薯生产中普遍应用的繁殖方法，利用薯块周皮下潜伏不定芽原基萌发长苗，然后剪苗栽插于大田，或剪苗插植于采苗圃繁殖后，再从采苗圃剪苗栽插于大田。

直插繁殖：利用小薯直接插种于大田，小薯自身膨大成大薯（窝瓜），或者小薯浅插，母薯大半露出土表，使之木质化，控制母薯自身膨大，促使母薯上不定根膨大成小薯（窝瓜下蛋）。

茎蔓繁殖：利用春薯田剪苗作秋冬薯田插植用或在秋薯田剪苗插植于苗圃繁殖，越冬后，再剪苗栽插于大田，在华南南部冬暖地区应用较普遍。

甘薯生长的 3 个过程：从农业栽培角度出发，甘薯的一生大致可以分成育苗、大田生长和贮藏 3 个过程。从育苗到栽插是第一个过程；从栽插到收获是第二个过程；从贮藏越冬到种薯再被利用为繁殖体是第三个过程。不过，各薯区土壤、气候、品种及栽培方法都不相同，栽培过程不能截然分割。

1. 甘薯大田生长过程

甘薯根、茎、叶的生长和块根的形成与膨大，都属于营养器官生长范围，不同于有性繁殖，它没有明显的发育阶段，一般也没有明显的成熟期。不同栽插时期的甘薯，其生长快慢都因各地气候条件而变化。但在不同时期，不同器官的生长是有主次的。根据甘薯大田生长过程中地上、地下部生长的关系，结合生产实际，人为地划分为3个时期。即发根分枝结薯期、蔓薯并长期和薯块盛长期。

（1）发根分枝结薯期　从栽插到有效薯数基本稳定，是生长的前期。春薯一般为栽插后60~70d；夏薯需40d左右。这时期以根系生长为中心。栽插后2~5d开始发根，其后迅速生长，一般春薯栽后30d，夏薯栽后20d，根系生长基本完成，根数已占全期根数的70%~90%。期末须根长度可达30~50cm。通常在栽后10~20d吸收根开始分化为块根，一般到本期末结薯数基本确定。栽后还苗20~30d内，地上茎叶生长缓慢，叶数占最高绿叶数的10%~20%，叶色较绿而厚；这期间叶腋已萌发小腋芽。此后茎叶生长即转快，腋芽抽出成分枝，到本期末分枝达全生长期分枝数的80%~90%，一般品种分枝与主蔓一起长成植株的主体，覆盖地面，即所谓封垄。叶片数也随之增加，达最高叶片数的70%~90%。叶面积指数一般已达1.5左右。这期的干物质主要分配到茎叶，约占全干物质的50%以上。期末茎叶鲜重占全生育期的30%~50%。

本期末地下部吸收根在基本形成的基础上继续生长，粗幼根开始积累光合产物而形成略具块根的雏形，块根生长中先伸长再增粗。这期间薯重占最高薯重的10%~15%。

（2）蔓薯并长期　从结薯数基本稳定到茎叶生长达高峰，是生长的中期，春薯在栽后60~100d；夏薯在栽后40~70d；生长中心虽然是盛长茎叶，但薯块膨大也快。茎叶迅速盛长达到高峰，全期鲜重的60%以上都是在本期生长。分枝增长很快，有些分枝蔓长超过主蔓。叶片数和蔓同时增长，栽后90d前后功能叶片数达到最高值。黄叶数逐步累加，其后与新生绿叶生死交替，枯死分枝也随之出现，黄落叶最多时几乎相当于功能叶片的数量。茎叶盛长时叶柄重最高，茎叶生长停止下降时叶柄渐轻，这也是块根膨大加快的标志。

栽后60~90d间块根中养分积累和茎叶生长齐头并进，块根迅速膨大加粗，所积累干物质占全薯重的40%~45%。

（3）薯块盛长期　从茎叶生长高峰直到收获，是生长的后期。此时生长中心转为薯块盛长。春薯的薯块盛长期在栽后90~160d；夏薯在栽后70~130d。这期间茎叶生长渐慢，继而停止生长，在一般田内见到叶色褪淡的落黄现象。叶面积指数由4下降到3左右，在一定时间内能保持2以上，茎叶中光合产物迅速而大量地向块根运转，枯枝落叶多，最后茎叶鲜重明显下降。这期间块根重量增长快，块根内干率不断提高，直至达到该品种的最高峰。这期间积累的干物质为总干物质的70%~80%。

2. 生态因素对甘薯生长的影响

甘薯的生长受到各种生态条件的影响而产生相应的反应，而甘薯的不同生长时期对同一生态因素也有不同的要求。

（1）温度对甘薯生长的影响 甘薯原产热带，喜温暖，对低温反应敏感，最忌霜冻。生长期至少要求有120d无霜期，盛长期内的气温不低于21℃，否则甘薯栽培就难以获得较高的产量。

甘薯对温度条件的要求在很大程度上决定于其先代在系统发育过程中所同化了的外界温度条件，其不同生长时期对温度条件的要求是有差别的，如果得不到满足，就会妨碍甘薯的正常生长和有机营养物质的合成、运转、分配和积累等一系列生命活动。无论气温或土温，对甘薯生长都有重大影响，适宜的生长期越长对甘薯生长越有利。在15~30℃，温度越高生长越快，又以25℃为最适温度；超过35℃生长减慢；低于15℃生长停滞；10℃以下，则会导致植株因受冷害而死亡。大田栽插时，要求5cm深处土温稳定在15℃以上。较低的温度虽然可以减少叶片蒸腾，但不利于发根；温度偏高虽利于发根，但叶片蒸腾作用大，叶片容易萎蔫。春薯栽后3~5d发根，10d左右还苗，迟的要15d才有较多植株展开新叶；而夏薯栽插时，气温一般25℃左右，雨水较多，栽后2~3d发根，3~5d即可展开新叶。

薯块的膨大需要的适宜温度为22℃左右。在此温度下，块根膨大较快，特别是在昼夜温差较大的情况下，更有利于块根膨大，块根膨大的低温界限与品种有关。一般当土温降至20℃以下或高于32℃时，对块根膨大不利。温度条件对块根膨大的影响，主要是通过温度对甘薯光合作用与呼吸作用之间关系的影响来实现的。蔓叶生长和块根生长是甘薯有机养分分配上的两个主要方面，块根膨大是有机养分合成与消耗两者平衡的结果。当温度条件不利于地上部生长时，蔓叶生长势减弱，减少了对有机养分的消耗，地上部合成的有机养分会更多地向地下部运转和积累，促进了块根膨大。昼夜温度差异是引起甘薯有机养分合成与消耗上差异最主要的原因。白天气温较高加强了光合作用，夜间气温较低抑制了呼吸作用，减少了养分消耗。扩大两者间的差异，有利于有机养分在薯块的积累。

温度在很大程度上限制着甘薯的地区分布，温度成为限制甘薯栽培能否成功的重要因素。这是因为一方面甘薯结薯最有利温度持续时间短导致产量低，失去生产价值，另一方面在生长季节中出现过高过低温度对甘薯造成伤害甚至死亡。

（2）水分对甘薯生长的影响 水分是甘薯有机体的重要组成部分，其含水量少的部分约为55%，含水量多的部分可达90%以上。同一切高等植物一样，甘薯体内所有生命活动都是在水的存在下进行的。土壤中的矿质元素必须溶于水才能被吸收、运输、合成植物体重要物质。水分在光合作用过程中也是不可缺少的，它同CO_2一样是合成碳水化合物的基本原料。此外，生长着的甘薯不断从土壤中吸取水分，除部分合成自身有机物外，其中绝大部分通过蒸腾作用散失到空气中。通过蒸腾作用，使得甘薯得以保持稳定的体温，保证了正常生理活动的进行。

据国内外研究，甘薯一生的需水量，其蒸腾系数在300~500，这个数值略低于一般耐旱作物。但因甘薯蔓叶繁茂、营养体较大、单产较高、生育期较长，栽培过程中田间耗水量的绝对数值却高于一般耐旱作物。甘薯的田间耗水量常因各地生态条件的不同，差异较大，一般在400~600m³。薯块盛长期适宜甘薯生长的土壤水分一般为最大持水量的60%~80%，在此范围内即可满足甘薯的生理需水，又具有良好的空气状况，保证生长旺盛。但甘薯在不同生育时期的需水特点是有差别的。甘薯从栽插到收获,其需水规律大体上可概括为耗水强度由低到高,蔓薯并长期达高峰,然后再由高到低,即需水量由少而多,再由多而少。

发根分枝结薯期:本期的前期薯苗尚小,耗水量少,且根系正在建成中,吸收机能低;但苗小土面暴露大,土表水分变化大,薯苗较易失去水分平衡,此时受旱极易引起薯苗发根的延迟和萎蔫,其后果影响很大,轻则增加小株率,重则造成缺苗。这一时期的土壤水分一般以保持在土壤最大持水量的 60% ~ 70% 为宜。本期的后期薯叶生长较快,根部生长亦有较大发展,加以气温渐高,植株需水量渐增,这时以保持土壤最大持水量的 70% 为宜。如果水分不足,会影响蔓叶生长,光合面积增长缓慢,不利块根形成。本期耗水量占总耗水量的 20% ~ 30%。一般每公顷昼夜耗水量在 19.5 ~ 31.5m³。

蔓薯并长期:本期蔓叶生长迅速,叶面积大量增加,加以气温升高,蒸腾旺盛,在水分的吸收与损耗方面易发生矛盾,是甘薯耗水最多的时期,一般占总耗水量的 40% ~ 45%。每公顷夜耗水量可达 75 ~ 82.5m³。此时水分既对个体与群体光合面积的增长动态起制约作用,另外又影响蔓叶生长与块根养分积累的协调关系。如这时供水不足,首先是蔓叶生长减弱,达不到足够的光合面积,不能充分利用光能。同时,地上部的光合能力,也因缺水而削弱,导致光合产物的合成和积累减少。但如土壤水分过高,结合高湿多肥,往往引起蔓叶徒长。这个时期的土壤水分以保持土壤最大持水量的 70% ~ 80% 为宜。

薯块盛长期:本期蔓叶生长渐缓,最后停止生长,而块根则迅速膨大,加之气温渐低,耗水量较前减少,一般占总耗水量的 30% ~ 35%。每公顷昼夜耗水量在 30m³ 左右。这个时期适当的供水仍然是重要的,它既可使叶部生理机能不致早衰,同时又保证了光合产物向块根运转所需的介质。土壤水分以保持最大持水量的 60% 左右为宜。

从甘薯的形态解剖结构来看,为需水较多的中生型植物,但其个体发育反应的特点远较小麦、玉米、大豆等作物耐旱。甘薯耐旱性较强,与其体内水分状况和生育特点有关。甘薯的再生力特强,其块根、蔓和叶的各个部分都可作为繁殖器官。因此,在受旱后遇到适宜的水分供应,能很快恢复生长。

(3) 光照对甘薯生长的影响　光照对甘薯生长发育有重要影响。光照是甘薯进行光合作用、合成有机物不可缺少的能源。甘薯的生长不仅受光照强度的影响,而且也受到光照时长的影响。

甘薯光合作用过程是在有叶绿素和光能存在的情况下,空气中的 CO_2 通过叶片上的气孔扩散进入叶内,与叶内水分化合形成糖等有机物。气孔对光照条件是敏感的,一般在有光情况下气孔张开,无光时关闭。甘薯的光合器官是叶片,它的叶龄、叶绿素含量、叶片数和叶面积指数,以及光合强度和效能,对块根干物质的形成和积累都有密切关系。

甘薯叶片的光合强度随其所接受的光照强度而变化。在一定范围内,光照强度大的,其光合强度也较高。但在过强的光照下,一方面强光对甘薯的叶绿素起破坏作用,另一方面加强了甘薯的蒸腾作用,从而导致叶片气孔关闭和光合作用终止。

光照不仅对甘薯有机体产生影响,而且还影响其生长的环境条件,随着光照条件的改变，空气和土壤的温湿度，以及土壤的微生物活动等都会发生相应的变化。如以光照对甘薯温度的影响为例，光照通过温度作用，可以不同程度地促进甘薯的蒸腾作用，从而促使土壤中的矿质元素从根部运输到叶片被利用。

（4）空气对甘薯生长的影响　空气和温度、水分、光照一样，是甘薯生长中不可缺少的一个生态因素。甘薯的光合作用、蒸腾作用和呼吸等生理活动都离不开空气。空气根据所处环境不同，可分为大气中的空气和土壤中的空气，两者都与甘薯生长关系密切。

大气中的空气是一种混合物，它含有各种气体、水蒸气和灰尘。空气的气体成分主要是氮气、氧气、CO_2。CO_2是甘薯进行光合作用的必需元素之一，在光的存在下，通过叶绿体的特殊功能，把CO_2和水加工成碳水化合物，在这个过程中放出氧气。光合作用的强度很大程度上取决于CO_2的浓度。CO_2的来源主要来自动植物呼吸作用、土壤微生物的活动以及可燃物在燃烧过程中释放出的气体。氧气是甘薯进行呼吸作用所必需的，由于大气中的氧气含量较多，足以满足甘薯生长过程中需氧量。空气中有时含有 S 或 SO_2，对甘薯是有害的。空气中含有的水蒸气分子或灰尘会减弱光合作用，而且不利于甘薯的呼吸作用。

土壤空气处在土壤粒子间大小不等的空隙中，因此其含量在很大程度上受土壤水分的支配。土壤通气状况良好与否决定于土壤本身空隙的大小和数量的多少，特别是大孔隙（即非毛细管孔隙）所占比例。小空隙（即毛细管孔隙）容易被水充满，大孔隙是土壤空气的主要通道，适于甘薯生长。当土壤含水量较低时，土壤空气就相应地高些，有利于气体交换。对甘薯而言，土壤容气率以占其本身体积的 30% 为宜。

三、中国甘薯种质资源

甘薯种质资源是甘薯科研、生产的基础，掌握种质资源越丰富，对甘薯发展就越有利。特别是甘薯育种的进展和突破都与所需要的种质资源的发现和利用有关。甘薯种质资源包括地方品种、引进品种、育成品种、高代品系、突变体、生物技术创新的种质和近缘野生种。

中国从 1952 年开始到 1981 年共收集和保存甘薯资源 1 442 份，1984 年出版的《全国甘薯品种资源目录》中收入 1 096 份，包括 589 份地方品种、337 份育成品种、134 份引进国外的品种以及近缘野生种 36 份。中国除了从日本、美国、菲律宾等国家引进200 多份资源外，1990 年前后，还从 AVRDC、IITA、CIP 等单位引进种质 100 余份。田间种质圃作为通用方法最多被用于甘薯种质资源保存，种质资源评价所用材料均来自田间种质圃。中国从 1986 年开始研究采用试管苗方法保存甘薯种质资源，建立了国家甘薯种质资源试管苗贮藏库。目前，国内对甘薯资源的保存方式主要有 4 种：田间圃保存、离体保存、温室盆栽复份保存及种子保存。

中国对甘薯种质资源的评价较为系统，内容包括生产性状（产量、萌芽性、早熟性、耐贮性）、抗病虫性（根腐病、黑斑病、茎线虫病、根结线虫病、薯瘟、蔓割病、蚁象）、抗逆性（耐旱、耐湿、耐盐、耐寒）、品质（干率、粗淀粉、粗蛋白、可溶性糖、粗脂肪、粗纤维、β-胡萝卜素、维生素 C、食味），此外结合杂交育种工作开展资源不亲和群的测定。

甘薯类型分类经历了从简单到复杂的过程，目前甘薯主要有淀粉型、食用型、兼用型、高胡萝卜素型、叶菜型、食用型紫薯、加工用紫薯和观赏型等类型。

（一）丰富的种质资源

目前，全国的甘薯资源保存数量在 2 000 份以上，集中保存在国家种质徐州甘薯试管苗库（徐州甘薯研究中心）和国家种质资源广州甘薯圃（广东省农业科学院作物研究所）。其中"徐州甘薯试管苗库"保存甘薯资源 1 261 份，"国家种质广州甘薯圃"保存甘薯资源 1 039 份（次）。

黄立飞等（2008）从形态水平、生化水平和分子水平不同层次系统地综述了甘薯遗传多样性研究概况。通过对形态特征特性进行描述并依据其对甘薯品种资源的遗传多样性进行分析是甘薯种质资源的保存与鉴定的基础，也是资源提供利用的依据，但是甘薯很多形态特征与特性受环境等因子的影响。因此为了规范种质资源的鉴定与描述的准确性、促进甘薯种质资源鉴定数据的共享与利用，先后颁布了《甘薯种质资源描述规范和数据标准》《农作物种质资源鉴定技术规程——甘薯》。利用过氧化物酶、超氧化物歧化酶、细胞色素氧化酶、酯酶、淀粉酶、苹果酸脱氢酶等多种同工酶对甘薯叶片、叶柄、茎段和块根等部分组织器官进行了同工酶分析，作为甘薯亲缘关系分析和品种鉴定的可靠生化标记。利用 RAPD、DAF、ISSR、AFLP 等分子标记技术对甘薯遗传多样性等进行分析研究，可以探索甘薯种质资源的遗传背景和起源与进化，对甘薯遗传育种的实践和甘薯理论研究均有重要意义。

张凯等（2013）为了拓宽甘薯育成品种的遗传背景，筛选优良亲本，提高育种效率，利用 SRAP 标记对 48 份主要甘薯种质资源进行了遗传多样性分析。结果表明，随机选用的 37 对 SRAP 引物中 29 对引物具有多态性，引物多态性比率为 78.4%，共获得 126 条多态性谱带，平均每对引物产生 4.3 条多态性谱带，表现出较高的多态性。48 份种质材料的 SRAP 遗传距离为 0.037~0.601，当遗传距离 L1＝0.46 时，48 份材料被聚为 6 个类群，三合薯、渝薯 2 号等 41 份材料组成第 Ⅰ 类群，第 Ⅱ 类群仅有日本品种金千贯，第 Ⅲ 类群包括豫薯 13 和苏薯 3 号，第 Ⅳ 类群只有美国品种澳洲黄，浙 13 和绵粉 1 号组成第 Ⅴ 类群，烟薯 27 为第 Ⅵ 类群，其中第 Ⅰ 复合大类群又包括 7 个亚类群，聚类结果与系谱吻合性较好。采用 5 个重要农艺性状对供试材料进行了聚类分析，L1＝3.20 时，48 份材料也可被聚为 6 个类群，A 类群是一个复合大类群，包括三合薯、渝薯 2 号、潮薯 1 号、浙薯 6025 等 42 份品种（系），B 类群仅济薯 12，C 类群仅金千贯，D 类群包括懒汉芋和薤菜种 2 份品种，E 类群仅广济白皮，F 类群仅商丘 52-7，聚类结果与依据 SRAP 标记聚类分析的结果差异较大。甘薯种质资源间的遗传差异与地理来源无必然联系。

赵冬兰等（2013）对 32 份从国际马铃薯研究中心（CIP）引进的资源材料进行主要品质性状评价。结果表明：胡萝卜素含量≥10mg/100g 鲜样的资源材料 9 份，薯干黄酮类化合物≥0.9% 的资源材料 4 份，薯干淀粉含量≥60% 的资源材料 7 份，薯干蛋白质含量≥8% 的资源材料 4 份，薯干可溶性糖含量≥17% 的材料 3 份，其中资源 Y08-11 和 Y08-16 的胡萝卜素和蛋白质含量均较高，Y08-20 的胡萝卜素和淀粉含量均高，

Y08-35的胡萝卜素、蛋白质、黄酮类化合物、可溶性糖含量均高。

李云等（2013）为了评价贵州省甘薯种质资源的抗病性，以贵州的18份甘薯种质资源为材料，进行黑斑病和根腐病抗性的鉴定。结果发现：紫云红心薯对黑斑病和根腐病均表现高抗；道真白皮苕对黑斑病高抗，而对根腐病表现为抗病；晴隆红皮薯表现为对黑斑病和根腐病均抗病。李慧峰等（2015）对广西保存的476份国内外不同甘薯种质资源的形态标记进行遗传多样性分析。结果表明：广西保存的甘薯种质资源存在较为丰富的遗传多样性，17个形态性状在不同甘薯种质材料间的平均变异系数为40.14%，平均多样性指数达到了0.6012；来源于广西的甘薯种质资源群体遗传多样性更为丰富，其平均多样性指数比整个群体平均值高88.24%；从国内三大薯区和国外甘薯种质资源群体划分看，国外群体的平均变异系数最大，应更好地保护和加以利用；前9个主成分的累计贡献率达到了72.41%，它们代表了全部性状的绝大部分变异，可为甘薯新品种选育提供一定的参考依据。宋吉轩等（2017）利用ISSR分子标记分析了引进和选育的23份贵州紫心甘薯种质资源的遗传多样性。结果表明，23份贵州紫心甘薯种质资源间的遗传相似系数范围为0.07~0.62，均值为0.32，表明23份贵州紫心甘薯种质资源间的亲缘关系比较接近，其中黔紫薯1号和13-4-1的最大，为0.62；3-32-36，13-27-5的最小，为0.07。通过聚类分析将23份紫心甘薯种质资源分为5大类群，13-4-1、13-24-2、13-26-3、13-27-6、13-27-1、13-4-2、13-19-3、13-24-2、13-27-5、13-32-36、13-34-15、13-34-22、徐紫1号和徐紫糯共计14份，第2类为13-24-1、13-27-2、济薯18和13-32-38等4份，第3类为13-35-16和宁紫薯1号等2份，13-32-35和黔紫薯1号分别为第4类和第5类。通过ISSR分子标记明晰贵州紫心甘薯种质资源间的亲缘关系，可为贵州省紫心甘薯新品种选育提供一定的理论指导。

苏一钧等（2018）通过对国家种质徐州甘薯试管苗库中1 000多份资源材料进行鉴定，筛选出96份表型特征优异的菜用和观赏甘薯材料。利用30对SSR引物对入选材料进行了遗传多样性和群体结构分析，并对入选材料12个表型质量性状进行主成分和聚类分析。结果表明：扩增的总条带数为275条，其中多态性条带为269条，多态率97.8%；利用DPS软件计算入选材料间的Nei72遗传距离为0.15~0.76，平均遗传距离为0.66；聚类在遗传距离0.272处分为3个组群，组群Ⅰ含来自11省和1个国家地区的22份材料，组群Ⅱ含来自14省和2个国家地区25份材料，组群Ⅲ包含来自12省和5个国家地区的49份材料，与分子标记聚类结果相似，表明入选材料有较大的遗传差异性；表型质量性状主成分分析得到5个主要成分，其累计贡献率达到80.50%；利用表型质量性状，可聚为8个组群。可为下一步杂交选育菜用和观赏甘薯新品种提供亲本选择信息。

（二）甘薯品种更新换代

新中国成立初期，中国甘薯生产用品种主要是早期从日本、美国等引进的国外品种，如胜利百号（冲绳100，日本）、南瑞苕（美国）等，以及一些地方农家种如禺北白等。这个时期以收集、评价地方品种，并引进国外品种为主，少数地区开展了杂交育种工作，如台湾省以高产、高淀粉品种为选育目标，开展甘薯育种工作，选育出台农系列品种40多个。

20世纪50年代中叶，随着国家各项事业建设与推进，甘薯育种工作也步入正轨，以高产为育种目标，先后选育出北京553、川薯27、宁薯1号、丰收白、新大紫、遗67-8、潮薯1号、青农2号、烟薯1号等品种，并在各产区推广栽培。70年代末，中国农业科学院甘薯研究所育成徐薯18，该品种较胜利百号鲜薯增产30%，薯干增产50%以上，适应性广、抗病性强，综合性状好，得到迅速普及推广，累计推广面积2 000万hm²以上，1982年获国家发明一等奖。80年代以来，国家甘薯育种攻关项目启动，组织了高淀粉高产抗病的新品种选育，育成高淀粉品种烟薯3号、淮薯3号、浙薯1号和胜南等，兼用品种徐77-6、鲁薯1号、郑红4号等，上述品种在80年代累计推广150万hm²以上。90年代起，甘薯育种向专用型方向发展，先后育成高淀粉品种遗306、绵粉1号、苏薯2号、苏薯3号、皖薯197等；食用型甘薯品种冀薯3号、苏薯1号、浙薯2号、京薯1号等；饲用品种广薯62、农大22等；兼用型品种南薯88、福薯87、湘薯75-55、鲁薯3号、豫薯4号等；上述品种在"七五""八五"期间累计推广应用700多万hm²；南薯88因其产量高、适应性广、综合性状好，得到大面积推广种植，曾达160万hm²/年以上，获国家科技进步一等奖；遗306累计推广种植150多万hm²，获中国科学院科技进步一等奖。"八五"期间，各甘薯育种单位通过协作攻关，共育成通过省级以上审定、登记的品种21个，其中兼用种15个，食用、食用加工用品种6个。兼用型品种包括豫薯6号、皖薯3号、渝薯34、瑞薯1号、福薯26、鲁薯6号等，食用型品种徐薯43-14、苏薯4号、广薯111等；新育品种累计推广130多万hm²，其中豫薯6号、皖薯3号推广面积较大，获省科技进步一等奖。"九五"攻关计划实施后，育种改为指导性计划，仍以专用型品种选育为目标。全国育成46个品种通过省级以上审定或登记，其中高产鲜食品种苏薯8号、高产抗病兼用型品种苏薯7号、优质食用品种岩薯5号、超高产品种豫薯10号、高产兼用品种南薯99等品种获得省级科技进步奖励。

21世纪以来，新的《中华人民共和国种子法》颁布实施，将甘薯列为非主要农作物，因审定作物品种的名额限制除福建、四川两省外，多数省份对甘薯品种不再进行审定。在全国农业技术推广服务中心的大力支持下，2002年组建了国家甘薯鉴定委员会，先后约有166个品种通过国家鉴定，表现突出的品种有高淀粉型品种徐薯22、商薯19、冀薯98、烟薯20，优质食用型徐薯23、龙薯1号，食用型紫薯品种济薯18、广紫薯1号，叶菜型品种福薯7-6等。甘薯品种呈现出多元化、专用型，为甘薯产业的发展提供了坚实的基础。

近年来，甘薯育种单位根据甘薯产业发展的要求，育成品种具有种类多、专用性强等特点。

（三）中国甘薯优良品种简介

1. 徐薯18

品种来源 江苏省徐州地区农业科学研究所1972年以新大紫为母本，52-45为父本杂交选育而成，先后经江苏、山东等省农作物品种审定委员会审、认定。

类型 淀粉型品种。

形态特征　叶心脏形，叶片绿色，顶叶绿色，叶脉、脉基和柄基均为紫色。茎长中等，茎粗，绿色带紫，茎端茸毛多，茎粗中等，最长蔓长153cm，基部分枝数13个，株型匍匐。结薯早而集中，中期薯块膨大快，上薯率高，薯块大，薯块纺锤形或圆柱形。薯皮紫色，薯肉白色。薯块萌芽性好，出苗早而多，长势好。蔓叶前期生长较快，中期稳长，后期不早衰。

产量和品质　鲜薯产量37 500～52 500 kg/hm²。烘干率28.1%，薯干淀粉含量66.65%，可溶性糖8.83%，粗蛋白4.72%，食味中等。

抗性表现　高抗根腐病，较抗茎线虫病和茎腐病，感黑斑病，耐贮藏。耐旱性、耐瘠薄、耐湿性较强，适应性较好，抗逆性强。

适宜种植地区　在全国广泛种植。

2. 潮薯1号

品种来源　广东省潮阳县农业科学研究所1973年从青心沙捞越与晋茨6号杂交后代选育而成。

类型　淀粉型品种。

形态特征　叶浅裂复缺刻，叶片绿色，顶叶绿色带紫，叶脉、脉基和柄基均为紫色。茎长短，茎粗较细，茎绿色，茎端茸毛少，基部分枝数15个，株型半直立。薯块下膨纺锤形。薯皮土黄色，薯肉淡黄色。薯块萌芽性好，出苗早而多，长势好。蔓叶前期生长较快，中期稳长，后期不早衰。

产量和品质　鲜薯产量75 000 kg/hm²以上。烘干率19%，薯干淀粉含量43.7%，可溶性糖23.93%，粗蛋白4.74%，食味差。

抗性表现　抗蔓割病、丛枝病，中抗薯瘟病，耐贮藏。

适宜种植地区　在全国广泛种植。

3. 南薯88

品种来源　四川省南充地区农业科学研究所1981年从晋专7号与美国红作亲本杂交选育而成。1988年四川省农作物品种审定委员会审定，1991年全国农作物品种审定委员会审定。

类型　食、饲兼用型品种。

形态特征　叶心脏形，叶片绿色，顶叶绿色，叶片较大，叶脉紫色，叶柄绿色，茎粗中等，顶端茸毛少，最长蔓长210cm，基部分枝3～5个，株型匍匐。薯块下膨纺锤形，薯皮淡红色，薯肉黄带红色。薯块萌芽性中等，栽后还苗快，长势强，结薯早而集中。

产量和品质　一般鲜薯产量30 000 kg/hm²左右，薯干产量9 000 kg/hm²左右，淀粉产量5 700 kg/hm²左右。烘干率25.3%，鲜薯总淀粉16.4%，可溶性糖6.9%，每100g鲜薯含胡萝卜素0.734mg，维生素C 37.7mg。熟食味中等。

抗性表现　较抗薯瘟病，感黑斑病，耐贮性差。

适宜种植地区　在全国广泛种植。

4. 徐薯22

品种来源　中国农业科学院甘薯研究所以豫薯7号为母本，苏薯7号为父本杂交选育而成。2003 年通过江苏省审定，2005 年通过国家品种鉴定。

类型 淀粉型品种。

形态特征 叶心脏形略带缺刻，叶片绿色，顶叶绿色，叶脉浅紫色，茎绿色，蔓长中等，茎粗，基部分枝 6~10 个，株型匍匐。薯块下膨纺锤形，薯皮红色，薯肉白色。结薯集中，薯块萌芽性好，地上部长势强。

产量和品质 2002 年江苏省甘薯品种生产试验，鲜薯平均产量 33 856.5kg/hm²，1998—2002 年参加江苏省甘薯品种区域试验、长江中下游甘薯大区试验，平均鲜薯产量 34 845.0kg/hm²。烘干率 31.0%，鲜薯淀粉含量 21.48%，粗蛋白含量 5.32%，可溶性糖 9.84%，还原糖 2.19%，每 100g 鲜薯含胡萝卜素 0.734mg，维生素 C 37.7mg。熟食味中等。

抗性表现 抗病毒病，中抗根腐病，较抗茎线虫病，不抗黑斑病。

适宜种植地区 在全国广泛种植。

5. 商薯 19

品种来源 商丘市农林科学研究所以 SL-01 作母本，豫薯 7 号作父本杂交选育而成。2003 年通过国家品种鉴定。

类型 兼用型品种。

形态特征 叶心脏形带齿，叶片绿色，顶叶色绿色，叶脉绿色，茎绿色，蔓长中等，基部分枝 8 个左右，顶端无茸毛，株型匍匐。薯块纺锤形，薯皮红色，薯肉白色。结薯早而集中，薯块萌芽性好，地上部长势强。

产量和品质 2000—2001 年国家甘薯品种区域试验中，两年平均鲜薯产量 30 945.0 kg/hm²，薯干产量 9 097.5kg/hm²。2002 年国家甘薯品种生产试验中，鲜薯平均产量 31 695.0kg/hm²，薯干产量 9 324.0kg/hm²。烘干率 32.80%，薯干淀粉含量 71.40%，粗蛋白含量 4.07%，可溶性糖 14.53%。熟食味较好。

抗性表现 高抗根腐病，抗茎线虫病，高感黑斑病。

适宜种植地区 在全国广泛种植。

6. 广薯 87

品种来源 广东省农业科学院作物研究所从广薯 69、广薯 70-9 等 10 个父本群体杂交选育而成。2003 年通过国家品种鉴定。

类型 食用型品种。

形态特征 叶深复缺刻形，成叶、顶叶、叶柄、茎均为绿色，叶脉浅紫色，中短蔓，茎粗中等，株型半直立。单株结薯 4~7 个，结薯集中，薯块下纺锤形，薯皮红色，薯肉橙黄色。萌芽性好，

产量和品质 2005 年，广薯 87 在江西、福建、广东 3 个试点的生产试验结果，鲜薯平均产量 39 210.0kg/hm²，薯干平均产量 11 781.0kg/hm²。烘干率 29.6%，淀粉率 19.39%，100g 鲜薯含维生素 C 含量达 22.10mg。蒸熟食用香甜、薯味浓，口感好。

抗性表现 抗蔓割病，感薯瘟病。耐贮藏性较好。

适宜种植地区 在全国广泛种植。

7. 龙薯9号

品种来源 福建省龙岩市农业科学研究所1998年以岩薯5号为母本，金山57为父本通过有性杂交选育而成。2004年通过福建省农作物品种审定委员会审定。

类型 食用型品种。

形态特征 叶心齿形，叶淡绿色，顶叶绿色，叶脉、脉基及柄基均为淡紫色。茎绿色、短蔓，茎粗中等，单株分枝8～10个，株型半直立。单株结薯5个左右，结薯集中，薯块下纺锤形，薯皮红色，薯肉淡红色。

产量和品质 2001—2002年参加福建省甘薯新品种区试，两年平均鲜薯产量56 802.8kg/hm²，薯干产量12 079.5kg/hm²。烘干率22%左右，淀粉率19.39%，100g鲜薯维生素C含量达22.10mg。蒸熟食用香甜、薯味浓，口感好。

抗性表现 高抗蔓割病，高抗甘薯瘟病Ⅰ群。耐旱、耐涝、耐瘠薄，耐寒性较强，适应性广。

适宜种植地区 在全国广泛种植。

8. 济薯25

品种来源 山东省农业科学院作物研究所以济01028为母本，放任授粉后集团杂交选育而成。2015年通过山东省农作物品种审定委员会审定，2016年通过国家甘薯品种鉴定委员会鉴定。

类型 淀粉型品种。

形态特征 叶片心形，叶色，顶叶色，叶脉色均为绿色、脉基紫色，茎绿色，最大蔓长196.6cm，单株分枝6～7个。结薯集中、整齐，薯块纺锤形，薯皮紫色，薯肉淡黄色。

产量和品质 2012—2013年山东省甘薯新品种区域试验中，两年平均鲜薯产量33 380.1kg/hm²，薯干产量11 616.0kg/hm²，2014年山东省甘薯品种生产试验中，平均鲜薯产量37 505.1kg/hm²，薯干产量13 527.0kg/hm²。烘干率36.2%左右。食味较好，甜度、黏度、香味中等，纤维少。

抗性表现 高抗根腐病，抗茎线虫病，感黑斑病。

适宜种植地区 在全国广泛种植。

9. 济薯26

品种来源 山东省农业科学院作物研究所以徐03-31-15为母本，放任授粉后集团杂交选育而成。2014年通过国家甘薯品种鉴定委员会鉴定。

类型 食用型品种。

形态特征 叶片心形，成叶绿色，顶叶黄绿色带紫边，叶脉紫色。茎绿色带紫斑，蔓长中等，蔓较细，分枝10个左右。结薯集中、整齐，薯块纺锤形，薯皮红色，薯肉黄色，单株结薯4个左右。

产量和品质 2012年国家甘薯品种区域试验中，鲜薯平均产量35 935.5kg/hm²，薯干产量9 370.5 kg/hm²，2013年国家甘薯品种生产试验中，鲜薯平均产量34 761.0kg/hm²，薯干产量8 932.5kg/hm²。烘干率25.76%。食味较好，可溶性糖含量高。

抗性表现　抗蔓割病，中抗根腐病、茎线虫病，感黑斑病。

适宜种植地区　在全国广泛种植。

10. 冀薯 98

品种来源　河北省农林科学院粮油作物研究所以冀 21-2 为母本，以 Y-6 为父本杂交选育而成。2004 年通过国家甘薯品种鉴定委员会鉴定。

类型　淀粉型品种。

形态特征　叶片心形带齿，成年叶、顶叶浅绿色，叶脉淡紫色。长蔓，茎粗中等，分枝较少。结薯集中、整齐，薯块纺锤形，薯皮深红色，薯肉浅黄色，单株结薯 5~7 个。地上部长势强。

产量和品质　2002—2003 年国家甘薯品种区域试验中，平均鲜薯产量 31 050.0kg/hm²，薯干产量 9 360.0kg/hm²。2003 国家甘薯品种生产试验中，鲜薯平均产量 32 595.0kg/hm²，薯干产量 9 735.0kg/hm²。烘干率 30.2%。淀粉含量 18.3%，熟食品种中上。

抗性表现　抗黑斑病，中抗根腐病，感茎线虫病。

适宜种植地区　在全国广泛种植。

11. 烟薯 25

品种来源　山东省烟台市农业科学研究院以鲁薯 8 号为母本，放任授粉后集团杂交选育而成。2012 年通过国家甘薯品种鉴定委员会鉴定。

类型　食用型品种。

形态特征　叶片浅裂，成年叶、叶脉和茎蔓均为绿色，顶叶紫色。中长蔓，茎粗中等，单株分枝 5~6 个。结薯集中、整齐，薯块纺锤形，薯皮淡红色，薯肉橘红色，单株结薯 5 个左右。

产量和品质　2010—2011 年国家甘薯品种区域试验中，平均鲜薯产量 30 219.0kg/hm²。国家甘薯品种生产试验中，鲜薯平均产量 35 730.0kg/hm²。烘干率 25.04%。100g 鲜薯胡萝卜素含量 3.67mg，干基还原糖和可溶性糖含量较高，食味好。

抗性表现　抗根腐病、黑斑病，感茎线虫病。

适宜种植地区　在全国广泛种植。

12. 渝薯 17

品种来源　西南大学以浙薯 13 为母本，以 8129-4 为父本杂交选育而成。2012 年通过重庆市农作物品种审定委员会审定。

类型　淀粉型品种。

形态特征　叶片心形带齿，成年叶、顶叶绿色，脉基紫色。中长蔓，茎粗中等，单株分枝 4 个。结薯集中、整齐，薯块纺锤形，薯皮红色，薯肉橘黄色，单株结薯 5~7 个。地上部长势强。

产量和品质　2010—2011 年重庆市甘薯品种区域试验中，两年平均鲜薯产量 33 510.0kg/hm²，薯干产量 11 392.5kg/hm²。2012 年重庆市甘薯品种生产试验中，鲜薯平均产量 29 076.0 kg/hm²，薯干产量 9 196.5 kg/hm²。烘干率 34.11%。淀粉含量 23.32%。

抗性表现　高抗蔓割病，中抗黑斑病。不耐涝渍，耐贮藏。

适宜种植地区　在全国广泛种植。

13. 苏薯 8 号

品种来源　江苏省南京农业科学研究所以苏薯 4 号为母本，以苏薯 1 号为父本杂交选育而成。1997 年通过江苏省农作物品种审定委员会审定。

类型　食用型品种。

形态特征　叶片深复缺刻，顶叶绿色，叶脉紫色。短蔓，单株分枝 10 个以上。结薯集中、整齐，薯块短纺锤形，薯皮紫红色，薯肉橘红色。

产量和品质　春薯栽插，鲜薯产量 45 000 kg/hm² 以上。100g 鲜薯胡萝卜素含量 3.67mg，干基还原糖和可溶性糖含量较高，食味好。

抗性表现　抗黑斑病、茎线虫病，感根腐病。抗旱性较强。

适宜种植地区　在全国广泛种植。

14. 苏薯 16

品种来源　江苏省农业科学院粮食作物研究所以 Acadian 为母本，以南薯 99 为父本杂交选育而成。2012 年通过江苏省农作物品种审定委员会鉴定。

类型　食用型品种。

形态特征　叶片心形，成年叶、顶叶、叶脉和茎蔓均为绿色。短蔓，茎粗中等，单株分枝 10 个左右。结薯集中、整齐，薯块下膨短纺锤形，薯皮紫红色，薯肉橘红色，单株结薯 4~5 个。

产量和品质　2009—2010 年江苏省甘薯品种区域试验中，2 年平均鲜薯产量 31 029.5 kg/hm²，薯干产量 8 681.3kg/hm²；2011 年江苏省甘薯品种生产试验中，鲜薯平均产量 29 939.7kg/hm²，薯干产量 7 765.7kg/hm²。烘干率 27.70%左右。总可溶性糖为 4.46%，100g 鲜薯胡萝卜素含量 3.91mg，薯肉质地细腻，熟食味甜黏香，为优良鲜食蒸烤型甘薯品种。

抗性表现　高抗蔓割病，抗黑斑病，中抗根腐病，感茎线虫病。

适宜种植地区　在全国广泛种植。

15. 心香

品种来源　浙江省农业科学院作物与核技术利用研究所、勿忘农集团有限公司以金玉为母本，以浙薯 2 号为父本杂交选育而成。2009 年通过国家甘薯品种鉴定委员会鉴定。

类型　食用和淀粉型品种。

形态特征　叶片心形，成年叶、顶叶、叶脉和茎蔓均为绿色。中短蔓，茎较粗，单株分枝 7~12 个。结薯集中、整齐，薯块长纺锤形，薯皮紫红色，薯肉黄色，单株结薯 4~8 个。

产量和品质　2006 年国家甘薯品种区域试验中，鲜薯平均产量 30 612.0kg/hm²，薯干产量 10 105.5 kg/hm²，2008 年国家甘薯品种生产试验中，鲜薯平均产量 32 998.5kg/hm²，薯干产量 3 535.0kg/hm²。烘干率 32.71%。可溶性总糖 6.22%，粗纤维含量 6.22%，蒸煮食味佳。

抗性表现 抗蔓割病，感黑斑病。

适宜种植地区 在全国广泛种植。

16. 宁紫薯 1 号

品种来源 山东省农业科学院作物研究所以徐薯 18 为母本，放任授粉后集团杂交选育而成。2004 年通过国家甘薯品种鉴定委员会鉴定。

类型 紫肉食用型品种。

形态特征 叶片心脏形，成年叶、顶叶、叶脉和茎蔓均为绿色。长蔓，茎较粗，单株分枝 6~8 个。结薯集中、整齐，薯块长纺锤形，薯皮红色，薯肉紫色，单株结薯 5 个左右。

产量和品质 2003 年国家甘薯品种区域试验中，鲜薯平均产量 24 801.0kg/hm²，薯干产量 6 609.0 kg/hm²，2004 年国家甘薯品种生产试验中，鲜薯平均产量 28 984.5kg/hm²，薯干产量 7 849.5 kg/hm²。烘干率 27.27%。100g 鲜薯花青素含量 22.4mg，总可溶性糖含量为 5.6%。

抗性表现 抗根腐病，感黑斑病。

适宜种植地区 在全国广泛种植。

17. 济薯 18

品种来源 江苏省农科院粮食作物研究所以宁 97-23 为母本，放任授粉后集团杂交选育而成。2005 年通过国家甘薯品种鉴定委员会鉴定。

类型 紫肉食用型品种。

形态特征 叶片尖心形，成年叶、顶叶均为绿色，叶脉、茎蔓为紫色。中长蔓，单株分枝较多。结薯集中、整齐，薯块上膨纺锤形，薯皮紫色，薯肉紫色，单株结薯 3~4 个。

产量和品质 2002—2003 年国家甘薯品种区域试验中，两年平均鲜薯产量 26 865.0kg/hm²，薯干产量 7 260.0kg/hm²，2003 年国家甘薯品种生产试验中，鲜薯平均产量 28 440.0kg/hm²，薯干产量 7 200.0kg/hm²。烘干率 26.8%。淀粉含量 15.1%，蛋白质含量 1.0%。

抗性表现 中抗根腐病、茎线虫病和黑斑病；耐旱、耐瘠性好，耐肥、耐湿性稍差。

适宜种植地区 在全国广泛种植。

18. 济紫薯 1 号（济黑 1 号）

品种来源 山东省农业科学院作物研究所选育。2012 年通过山东省农作物品种审定委员会审定。

类型 高花青素型品种。

形态特征 叶片心形带齿，成年叶绿色，顶叶黄绿色带紫边，叶脉紫色，茎蔓绿色带紫。中短蔓，茎粗中等，单株分枝数 10 个左右。结薯集中、整齐，薯块长纺锤形，薯皮紫色，薯肉深紫色，单株结薯 3 个左右。

产量和品质　2012—2013 年，国家甘薯品种区域试验中，两年平均鲜薯产量 23 340.0kg/hm² 以上，薯干产量 8 178.0kg/hm²。烘干率 35.04%，100g 鲜薯含花青素 76.38mg，干基淀粉含量较高。

抗性表现　抗黑斑病，耐贮藏。

适宜种植地区　在全国广泛种植。

19. 徐紫薯 8 号

品种来源　江苏徐淮地区徐州农业科学研究所以徐紫薯 3 号为母本，万紫 56 为父本，通过有性杂交选育而成。

类型　食用型品种。

形态特征　叶片深缺刻，成年叶绿色，顶叶色为黄绿色带紫边，叶脉绿色。中短蔓，分枝数 14 个左右。结薯集中整齐，薯块纺锤形，薯皮紫色，薯肉紫色，单株结薯 3~6 个。该品种萌芽性较好。

产量和品质　2011—2016 年在徐州作夏薯种植，鲜薯产量在 32 460.0~236 600.0kg/hm²。2016 年参加国家甘薯产业技术体系品种展示试验，鲜薯产量为 34 986.15kg/hm²。烘干率 32.12%，100g 鲜薯含花青素 86mg 以上，淀粉含量 18%，可溶性糖含量 3%~4%，蒸煮口感香、糯、粉、甜食味优。

抗性表现　高抗根腐病。耐旱耐盐性好。

适宜种植地区　在全国广泛种植。

20. 普薯 32

品种来源　普宁市农业科学研究所以普薯 24 为母本，以徐薯 94/94-1 等为集团父本杂交选育而成。2012 年通过广东省农作物品种审定委员会审定。

类型　食用型品种。

形态特征　叶片心脏形，成年叶绿色，顶叶紫色，叶脉绿色，茎绿色。蔓长中等，茎粗中等，株型半直立。结薯集中整齐薯块下膨纺锤形，薯皮紫红色，薯肉橘红色，单株结薯较多。

产量和品质　2010 年广东省甘薯品种区域试验中，鲜薯平均产量 34 905.0kg/hm²，干薯平均产量 10 113.0kg/hm²。2011 年广东省甘薯品种区域试验中，鲜薯平均产量 34 185.0kg/hm²，干薯平均产量 10 113.0kg/hm²。烘干率 29.33%，淀粉率 18.89%，100g 鲜薯含胡萝卜素 17.30mg。

抗性表现　中抗薯瘟病。

适宜种植地区　在全国广泛种植。

21. 福薯 7-6

品种来源　福建省农业科学院作物研究所以白胜为母本，放任授粉后集团杂交选育而成。2005 年通过国家甘薯品种鉴定委员会鉴定。

类型　叶菜用型品种。

形态特征 叶片心脏形，成年叶、顶叶、叶脉、叶柄、茎均为绿色。短蔓，单株分枝 10 个左右，株型半直立。薯块纺锤形，薯皮粉红色，薯肉橘黄色，单株结薯 3 个。

产量和品质 2003—2004 年国家甘薯叶菜型品种区域试验中。两年平均茎尖产量 20 028.8 kg/hm^2。2004 年国家甘薯叶菜型品种生产试验中，茎尖平均产量 26 313.0kg/hm^2。100g 鲜嫩茎叶含维生素 C 14.87mg，粗蛋白（烘干基）30.8%，粗脂肪（烘干基）5.6%，粗纤维（烘干基）14.2%，水溶性总糖（鲜基）0.06%。茎叶食味优良。

抗性表现 抗疮痂病，感蔓割病。

适宜种植地区 在全国广泛种植。

22. 台农 71

品种来源 中国台湾嘉义农业试验所选育。

类型 叶菜用型品种。

形态特征 叶片尖心形，成年叶绿色，顶叶绿色，无茸毛。短蔓，单株分枝中等，株型半直立。薯块纺锤形，薯皮白色，薯肉淡红色，结薯少，薯块小。

产量和品质 2003 年国家叶菜型甘薯品种区域试验中，6 次采摘折合产量较高。茎叶烫后颜色翠绿，并能保持长时间不变，有一定香味，食味清甜，口感鲜嫩滑爽。台农 71 块根产量较低。

抗性表现 高抗根腐病。

适宜种植地区 在全国广泛种植。

23. 福菜薯 18

品种来源 福建省农业科学院作物研究所、湖北省农业科学院粮食作物研究所以泉薯 830 为母本，以台农 71 为父本杂交选育而成。2011 年通过福建省农作物品种审定委员会审定，2011 年通过全国甘薯品种鉴定委员会鉴定。

类型 菜用型品种。

形态特征 叶片心形带齿，成年叶、顶叶、叶脉、茎蔓均为绿色，茎尖无茸毛。节间短，单株分枝多，叶柄较短，株型半直立。结薯集中、整齐，薯块下膨，薯皮黄色，薯肉淡黄色，单株结薯 4~5 个。

产量和品质 2008—2009 年国家叶菜型甘薯品种区域试验中，2 年平均茎尖折合产量 43 868.4kg/hm^2。2011 年福建省生产试验 5 个点平均茎尖折合产量 51 075.6kg/hm^2。茎尖蛋白质含量 16.5%~25%，维生素 C 含量 24.98mg/100g，粗纤维含量 16.04%，氨基酸含量 12.18%。营养价值高。

抗性表现 中抗蔓割病、中感薯瘟病。

适宜种植地区 在全国广泛种植。

24. 徐薯 23

品种来源 徐州甘薯研究中心以 P616-23 为母本，以烟薯 27 为父本杂交选育而成。

类型 食用型品种。

形态特征　叶片尖心形至戟形，成年叶绿色，顶叶深紫色，叶脉紫色，茎绿色带紫。中短蔓，单株分枝 10 个左右。结薯集中、整齐，薯块长筒形，薯皮橘红色，薯肉橘黄色，单株结薯 4~5 个。

产量和品质　2002—2003 年国家甘薯品种区域试验中，两年平均鲜薯产量 29 940kg/hm²，薯干产量 2 785.0kg/hm²。2003 年国家甘薯品种生产试验中，平均鲜薯产量 26 070.0 kg/hm²，薯干产量 7 530.0 kg/hm²，烘干率 28.0%。干基可溶性糖为 13.84%，粗蛋白质 6.91%，粗淀粉 53.8%。食味上佳。

抗性表现　抗黑斑病，较抗茎线虫病，感根腐病。

适宜种植地区　在全国广泛种植。

25. 徐薯 32

品种来源　徐州甘薯研究中心以徐薯 55-2 为母本，以红东为父本杂交选育而成。2015 年通过河南省农作物品种审定委员会审定。

类型　兼用型品种。

形态特征　叶片浅缺刻，成叶深绿色，顶叶紫色，叶主脉紫色，侧脉淡紫色，柄基淡紫色，茎绿色。株型半直立，中短蔓，茎较粗，单株分枝 15~20 个。结薯集中、整齐，薯块纺锤形，薯皮紫红色，薯肉黄色，单株结薯 3~5 个。

产量和品质　1993—1995 年河南省甘薯品种区域试验中，3 年平均鲜薯产量 56 334.0kg/hm²，薯干产量 9 653.7kg/hm²。烘干率 20%，生食甜脆，熟食中等。

抗性表现　高抗茎线虫病，抗根腐病，中抗黑斑病。

适宜种植地区　在全国广泛种植。

26. 豫薯 10 号

品种来源　商丘地区农林科学研究所以红旗四号为母本，以商丘 19-5 为父本杂交选育而成。1996 年通过河南省农作物品种审定委员会审定。

类型　兼用型品种。

形态特征　叶片戟形或近长三角形，叶脉、叶柄、茎均为绿色。株型匍匐，短蔓，茎较粗，单株分枝 10 个以上。结薯集中、整齐，薯块纺锤形，薯皮红色，薯肉橘黄色，单株结薯 3~5 个。

产量和品质　2013—2014 年 6 个点次多点鉴定，平均鲜薯产量 26 514.8kg/hm²，薯干产量 8 583.2kg/hm²。烘干率 21.0%，鲜薯粗蛋白 2.08%，淀粉 19.48%，可溶性糖 4.26%，还原糖 2.72%。粗纤维少，熟食味好。

抗性表现　中抗黑斑病、茎线虫病、根腐病。

适宜种植地区　在全国广泛种植。

四、陕西甘薯种质资源

（一）资源概况

陕西省甘薯品种资源及研究工作基础薄弱，新中国成立初期没有专业研究机构从事这一工作。1953 年西北农学院开始育种栽培研究，1956 年西北农业科学研究所（陕西省农业科学研究院前身）建立了专业研究组。1956 年进行了甘薯地方品种调查、征集、保存、整理和利用工作。20 世纪 60 年代前征集到的农家品种主要有：关中地区的渭南大红袍、桑树皮、华州红、马嵬坡、一把抓、老红苕、菊花心；陕南地区有火苕、大红袍、洋苕等。1979 年进行了补充调查、征集、研究工作，截至 1985 年共获得甘薯种质资源 300 余份。

20 世纪 60—70 年代陕西省的甘薯科研单位相继培育出一批优良甘薯品种，成为当地的主栽品种，同时也丰富了陕西省的甘薯种质资源。陕薯 1 号、武功红、向阳黄 3 个品种被收入《甘薯主要优良品种彩色图谱》；《中国甘薯品种志》收入渭南大红袍、陕薯 1 号、秦薯 1 号、秦薯 3 号、高自 1 号、里外黄 6 个品种；《中国甘薯栽培学》介绍的陕西省优良种质资源有陕薯 1 号、武功红、向阳黄、向阳红（秦薯 2 号）、西薯 209（秦薯 1 号）、陕 66-55、高自 1 号、武薯 1 号、陕 72-3-14、渭南大红袍；列入《全国甘薯品种资源目录》的有 11 个品种，其中，秦薯 2 号、渭南大红袍列入国家暂不对外交换的品种资源，防止外流。

陕西省对甘薯地方品种亲缘尚未考证。20 世纪 90 年代以前陕西省境内育成品种资源的血缘关系主要是利用已掌握资源通过品种间杂交选育获得的。其中利用日本品种资源 3 个，国内育成品种 2 个，南方薯区地方品种 6 个，省内育种中间材料 3 个。所引用的亲本材料分属高产、高干率、抗病、自然开花四大类型。1978 年西北农业大学引入野生种资源，并开始在育种中利用。

2000 年以后，根据甘薯产业发展和市场需求的变化，宝鸡市农业科学研究所加强了与全国甘薯界的合作联系，广泛引进和利用优质种质资源，先后从中国甘薯改良中心徐州市农业科学院、中国农业大学、西南大学、河北省农林科学院、烟台市农业科学院等甘薯研究单位征引徐薯 781、渝紫 7 号、南薯 007、冀薯 98、冀薯 65、日本红东、济薯 18、徐薯 23、烟紫薯 1 号等核心种质材料 100 多个。筛选出 H03-7、H03-4、H03-6、红心 431、秦薯 4 号、秦薯 5 号、秦薯 6 号、秦薯 7 号等优异甘薯种质资源 30 个，成为育种的骨干亲本。在省种子管理站的组织下，正式开展了陕西省甘薯品种区域试验，甘薯育成品种的试验研究、推广体系形成，并取得了显著进展，先后培育出一批适应市场需求的甘薯专用新品种。

（二）品种更新换代

20 世纪 50 年代以前，陕西省种植的甘薯品种主要是农民自繁自育的农家品种，1956 年征集到的品种主要有：关中地区的渭南大红袍、桑树皮、华州红、马嵬坡、一把抓、老红苕、菊花心；陕南地区的火苕、大红苕、洋苕等。此后，陕西省先后引进试验示范了一批国内外甘薯品种，其中 50 年代推广面积大，利用时间长的主要有胜利百号、农林 4 号。60 年代后期主要推广的品种有：北京 553、农大红、河北 79、南瑞苕、北京红皮、徐薯 18 等。此外，陕西省科研育种单位，先后培育出一批甘薯新品种，逐渐成为陕西省的主栽品种，其中面积较大的有武功红、陕薯 1 号、秦薯 1 号、秦薯 2 号、66-5-5、武薯 1 号、秦薯 3 号等。90 年代后期至今，随着甘薯专用和特用品种的应用，秦薯 4 号、秦薯 5 号成为目前陕西省推广面积最大的品种，占全省甘薯总面积的 70% 左右，食用型紫薯品种秦紫薯 1 号、引进的淀粉型品种徐薯 22、商薯 19、梅营 1

号在全省推广。

陕西省甘薯育种科研单位主要集中在杨陵示范区与宝鸡市。20 世纪育种成果主要在西北农业大学、陕西省农业科学院、陕西省农林学校。2000 年以来，宝鸡市农业科学研究院逐步成为陕西省甘薯育种、栽培技术研究推广中心。20 世纪 60 年代以耐旱、高产、耐贮藏为育种目标，育成品种中代表性的有武功红、陕薯 1 号、66-5-5、里外黄、秦薯 2 号（向阳红）、向阳黄、陕 66-5-5 等；70 年代以株型改良，提高干率和熟食品质为目标，育成品种中代表性的有秦薯 1 号、秦薯 3 号、武薯 1 号、高自 1 号等。60—80 年代先后培育出十多个品种主要是高产性状突出，成为陕西育种的一个高潮。由于当时关于品种选育的管理制度不够健全，多数品种并没有通过品种正式审定或鉴定。80—90 年代随着改革开放，温饱问题的解决，甘薯生产科研进入一个低谷。90 年代后期，随着市场经济的发展，营养保健的甘薯重新被人们重视，甘薯育种也按照用途以高淀粉、食用、加工专用新品种选育为目标，注重品质、商品性，并开展横向联合，协作攻关。选育的代表品种是秦薯 4 号、红心 431 等；21 世纪以来，以优质、彩色、高产、抗病、专用型品种为选育目标，育成品种有秦紫薯 1 号、秦紫薯 2 号、秦紫薯 3 号、秦薯 5 号、秦薯 6 号、秦薯 7 号、秦薯 8 号、秦薯 9 号和秦薯 10 号等如表 1-4 所示。这些品种丰富了品种类型，满足了人们的多种需求，提高了甘薯的种植效益，促进了甘薯产业的发展。秦薯 1 号、武薯 1 号获陕西省 1978 年农牧业科技成果奖；秦薯 3 号获 1985 年陕西省农牧业科学技术研究成果奖，1987 年陕西省首届科学技术奖；秦薯 4 号 2001 年获陕西省科技进步二等奖。

（三）良种简介

1. 陕薯 1 号

陕西省农业科学院于 1964 年从禹北白×护国的杂交后代中育成。

中蔓，顶叶紫褐色，叶绿色，叶形深裂复缺刻，叶脉、脉基及柄基均为紫红色。茎粗，分枝多。薯形下膨纺锤形，薯皮红色，薯肉淡黄色，薯块大、结薯集中。较抗黑斑病。贮藏性差，焙干率 23.0%，薯干含淀粉 55.45%，可溶性糖 15.93%，粗蛋白质 5.02%，粗纤维 3.07%。

曾在陕西渭北旱塬及陕西省丘陵地区大面积推广，30 000 株/hm^2，鲜产 37 500kg/hm^2。可做春、夏薯种植，密度春薯 45 000~52 500 株/hm^2，夏薯 60 000 株/hm^2。

2. 秦薯 1 号

又名西薯 209，西北农业大学 1974 年从 50-1×栗子香的杂交后代中育成，食饲兼用品种，1984 年通过陕西省审定。

中长蔓，叶片绿色、心脏形，顶叶绿色。茎粗，分枝较多。薯形下膨纺锤形，皮色紫红、肉色淡黄、结薯集中。抗黑斑病、烂腐病。耐贮藏，萌芽性好，在北方自然开花性。春薯烘干率在 30%~32.2%，陕西省农产品质量监督检验站测定，含淀粉（干基）52.65%，可溶性糖 3.62%，蛋白质 2.27%，粗纤维 0.71%。

曾在陕西省渭北旱塬、关中地区及河南、山西部分地区推广，26 250~30 000 株/hm^2。春夏薯均可种植，密度春薯 30 000 株/hm^2，夏薯 52 500~60 000 株/hm^2。

3. 秦薯 2 号

又名向阳红、88-3，西北农学院 1964 年以甘薯品种护国为母本，放任授粉杂交后代选育成，食饲兼用品种，1984 年通过陕西省审定。

早期膨大型，短蔓，自然开花。茎蔓全绿色，叶心脏形，叶片小。薯块大呈短纺锤形，薯皮紫红、黄白肉。高产、耐瘠、结薯早。抗黑斑病，耐贮藏。焙干率 27.4%，薯干淀粉含量 62.02%，可溶性糖 10.02%，蛋白质 4.92%，粗纤维 3.73%。

在陕西省渭北旱塬、陕南丘陵及相似生态区种植，一般春薯鲜产 30 000～37 500kg/hm²。春夏薯均可种植，密度春薯 52 500 株/hm²，夏薯 60 000～75 000 株/hm²。

4. 秦薯 3 号

又名 724，陕西省农业科学院 1972 年从永春五齿×农林四号的杂交后代中育成，食用品种，1988 年通过陕西省审定。

中蔓。顶叶绿色，叶绿色，叶形中裂至深裂复缺刻，叶脉、柄基、茎绿色。茎粗中等，分枝 10 个左右。薯块长纺锤形，薯皮红色，薯肉淡黄色，结薯集中。抗黑斑病。耐贮藏。焙干率 30.5%，薯干淀粉含量 69.00%，可溶性糖 9.58%，粗蛋白 4.47%，粗纤维 2.86%，肉质细。

在陕西省渭北旱塬、陕南丘陵地区及相似生态区做春、夏薯栽培，22 500～30 000 株/hm²，春薯密度为 30 000～37 500 株/hm²，夏薯 30 000 株/hm²。

5. 红心 431

又名 82-43-1，陕西省农业科学院 1982 年育成，食用品种。

短蔓。叶心脏形，叶色黄绿。分枝数 5～7 个。结薯早而集中，薯肉橘红色，薯皮棕黄，薯干鲜红。单株结薯 2～4 块，薯块纺锤形，表皮光滑。春薯干率 28%。蒸烤食味香甜，适于果脯、薯片加工。春薯 45 000～67 500 株/hm²，夏薯 37 500～52 500 株/hm²。抗黑斑病。种薯萌芽性较差，适于春夏薯栽培。

6. 高自 1 号

西北农业大学 1969 年从西农 69-28 自交后代中育成。

顶叶绿色，叶浓绿色，叶心脏形，叶脉、柄基紫色。茎绿色，中蔓，基部分枝数 7 个。薯块长纺锤形，薯皮红色，薯肉黄色。抗黑斑病，耐贮藏。田间自然开花，花量多，自交结实率高。焙干率 27.8%，薯干淀粉含量 66.03%，可溶性糖 7.49%，蛋白质 4.88%，粗纤维 3.56%。

一般 22 500～30 000 株/hm²。该品种主要用于杂交亲本和嫁接蒙导，诱导其他品种自然开花，已被多家育种单位引用。春夏薯均可种植，密度为 45 000～52 500 株/hm²。

7. 秦薯 4 号

西北农业大学 1987 年从 661-7 放任授粉杂交后代选育而成，兼用品种，1998 年通过陕西省审定。

中早期膨大型，顶叶淡绿色，叶绿色，茎绿色，叶心脏形，脉基色淡紫，短蔓，基部分枝数 12 个。田间自然开花。结薯集中，单株结薯 6 个，大中薯率 78%～89%。薯皮紫红色，薯肉淡黄色，薯块长纺锤形，食用品质极佳，干面甜香，商品率高。病害鉴定：抗甘薯黑斑病，耐软腐病，贮藏性好。薯块干物率为32.9%，淀粉58.6%（干基），可溶性糖3.96%，蛋白质2.37%，粗纤维0.83%，维生素C 19.68mg/100g。

适宜在关中及同类生态区作春、夏薯种植，陕南及相似生态区作夏薯种植。一般春薯鲜产为45 000~60 000kg/hm²，夏薯22 500kg/hm²左右。

8. 秦薯5号

宝鸡市农业科学研究所、西北农林科技大学2004年从秦薯4号放任授粉杂交后代选育而成。优质鲜食蒸烤、淀粉加工兼用品种。2006年通过陕西省鉴定登记。

中早期膨大型，顶叶淡绿色，叶绿色，茎绿色。叶心脏形，脉基色淡紫，短蔓，地上部生长势强，基部分枝数16.4个。田间自然开花。结薯集中，单株结薯6.3个，大中薯率82.1%。薯皮紫红色，薯肉淡黄色，薯块长纺锤形，食用品质极佳，干面甜香，商品率高。病害鉴定：高抗甘薯黑斑病，耐软腐病。贮藏性好，薯块萌芽性好。薯块干物率为33.08%，淀粉69.14%（干基），鲜薯含粗蛋白1.11%，可溶性糖5.03%。

适宜在关中及同类生态区作春、夏薯种植，陕南及相似生态区作夏薯种植。一般春薯鲜产为45 000kg/hm²以上，夏薯鲜产为30 000kg/hm²左右。

9. 秦紫薯1号

宝鸡市农业科学研究所2004年从京薯6号变异单株系统选育而成。高花青素品种，2006年通过陕西省鉴定登记。

中晚期膨大型。顶叶色、叶色淡绿，叶脉绿色，茎色绿带褐，叶形心带齿。长蔓，最大蔓长279.2cm，基部分枝数8.6个。单株结薯数3~4个，大中薯率83.9%。薯皮紫色，薯肉深紫色，薯块长纺锤形，熟食品质极佳，干面香甜，商品率高。中抗黑斑病，中感软腐病。贮藏性中等。干物率为33.42%，淀粉62.96%（干基），鲜薯含粗蛋白2.83%，可溶性糖5.32%。

适宜在关中及同类生态区作春薯种植，一般春薯鲜产为37 500kg/hm²。

10. 秦薯6号

宝鸡市农业科学研究院2004年从红心431放任授粉杂交后代选育而成。食用品种。2006年通过陕西省鉴定登记。

中早期膨大型，叶色淡绿，叶脉绿色，茎绿色，叶片心形带齿。短蔓，最大蔓长180.5cm，基部分枝数10个。结薯集中，单株结薯5~6个，大中薯率80.8%。薯皮白黄色，薯肉黄色，薯块长纺锤形，熟食口味极佳，甜香干绵，口感细腻。高抗甘薯黑斑病，耐软腐病。贮藏性好。薯块干率为28.96%，含淀粉52.12%（干基），鲜薯含粗蛋白2.43%，可溶性糖高达6.53%，类胡萝卜素0.4mg/100g。

适宜在关中及同类生态区作春、夏薯种植，陕南及相似生态区作夏薯种植。一般春薯45 000~60 000kg/hm²，夏薯鲜产22 500kg/hm²左右。

11. 秦薯7号

宝鸡市农业科学研究院2006年从秦薯4号×红心431杂交后代中育成。食用品种。2010年通过陕西省鉴定登记。

中后期膨大型品种。顶叶淡绿色，叶绿色，茎绿色，叶心脏形带齿，叶脉绿色。中长蔓，地上部生长势强，基部分枝数 7 个。结薯集中，单株结薯 7 个，大中薯率 93.0%。薯皮黄色，薯肉橘红色，薯块长纺锤形，薯皮光滑，商品率高，食用品质优，富含胡萝卜素，营养丰富，口味甜香。病害鉴定：中抗甘薯黑斑病，耐软腐病。贮藏性好，薯块萌芽性好。薯块干物率为 24%～28%，鲜薯含淀粉 15.0%，粗蛋白 1.64%，可溶性糖 3.72%，胡萝卜素 12.8mg/100g。适宜在关中、陕北及同类生态区作春薯种植，陕南及相似生态区作春、夏薯种植。一般春薯鲜产 52 500 kg/hm² 以上，夏薯鲜产 22 500kg/hm² 左右。

12. 秦薯 8 号

杨凌金薯种业科技有限公司 2011 年从徐薯 18×红心 431 杂交后代中育成。食用品种。

顶叶绿色，叶片浓绿、心脏形、中等大小，叶脉紫红。短蔓，茎绿色，近半直立。薯块长纺锤形，紫红皮，橘红肉，结薯集中。焙干率 24.8%，鲜薯淀粉含量 14.3%，粗蛋白 1.61%，可溶性糖 3.79%，粗纤维 0.7%，维生素 C 35.54mg/100g。抗黑斑病。

适宜在陕西省春、夏薯区及同类生态区种植。一般产春薯 52 500kg/hm²，夏薯 37 500kg/hm²。春薯密度为 45 000株/hm²，夏薯密度为 52 500株/hm²。

13. 秦薯 9 号

宝鸡市农业科学研究院 2008 年从西成薯 007×冀薯 71 杂交后代中育成。食用型品种。

叶心齿形，顶叶浅绿色，成叶绿色，叶脉绿色，叶柄绿色，茎绿褐色。最大蔓长 244cm，茎粗 0.4cm。单株分枝数 6～8 个。单株结薯 5～6 个，结薯集中整齐，上薯率 96%。薯块条形，浅红皮，浅黄肉，熟食味甜，适口性好，耐贮藏。焙干率 32.62%，淀粉含量 64.49%（干样），蛋白质含量 6.96%（干样），葡萄糖 3.28%（干样），蔗糖 11.47%（干样）。高抗甘薯蔓割病。

适宜在陕西省及同类生态区作春、夏薯种植。一般春薯鲜产 39 000kg/hm² 以上，夏薯鲜产 30 000kg/hm² 左右。

14. 秦薯 10 号

宝鸡市农业科学研究院 2009 年从徐薯 781 集团杂交后代中育成。兼用品种。具体以徐薯 781 为母本，以徐薯 27、商薯 19、豫薯 10 号、龙薯 1 号、龙薯 10 号、阜徐薯 6 号多父本混合授粉杂交选育而成，兼用品种。

短蔓。叶形深缺，顶叶浅绿色，成叶绿色，叶脉浅紫色，叶柄绿色，茎绿色。茎粗 5mm，单株分枝数 8～11 个。薯块纺锤形，薯皮红色，薯肉淡黄色。中抗黑斑病。萌芽性好，结薯集中、整齐。焙干率 29.97%，含淀粉 65.61%（干样），蛋白质 6.25%（干样），葡萄糖 6.01%（干样），蔗糖 5.83%（干样）。

适宜在陕西省及相似生态区高水肥地作春、夏薯种植。一般春薯鲜产 42 000kg/hm² 以上，夏薯鲜产 33 000kg/hm² 左右。春薯密度为 45 000～52 500株/hm²，夏薯为 60 000株/hm²。

15. **秦紫薯 2 号**

宝鸡市农业科学研究院 2009 年以秦薯 4 号为母本，以秦紫薯 1 号、宁紫薯 1 号、广紫薯 1 号、浙紫薯 1 号多父本混合授粉杂交选育而成。食用型紫薯品种。

叶形心形，成叶绿色，顶叶浅缺形，淡绿色，叶脉基紫色，柄基紫色。茎绿色。最大蔓长 216cm，茎粗 0.55cm，单株分枝数 10~14 个，单株结薯 6 个左右。薯块条形，薯皮紫红色，薯肉紫色。结薯集中、整齐，大中薯率 96%。薯块适口性好，食味香甜，纤维少。淀粉含量 68.74%（干样），粗蛋白含量 6.64%（干样），葡萄糖含量 1.33%（干样），蔗糖含量 12.35%（干样），花青素含量为 20.46mg/100g（鲜薯）。抗甘薯蔓割病，感甘薯黑斑病。

适宜在陕西省关中、陕北及同类生态区作春薯种植，陕南及相似生态区作春、夏薯种植。一般春薯鲜产 37 500kg/hm² 以上，夏薯鲜产 22 500kg/hm² 左右。

16. **秦紫薯 3 号**

宝鸡市农业科学研究院 2007 年以南紫薯 008 作母本，秦紫薯 1 号、宁紫薯 1 号、广紫薯 1 号、浙紫薯 1 号为集团父本放任授粉杂交选育而成。原组合代号 08-26-1。食用型紫色甘薯品种。

株型匍匐，叶心齿形，顶叶浅绿色，成叶绿色，叶脉基紫色，叶柄绿色，茎绿褐色。中长蔓，最大蔓长 249cm，单株分枝数 8~10 个，茎粗 0.6cm。薯块长纺锤形，薯皮紫红色，薯肉紫色，结薯集中整齐，单株结薯 6~7 个；上薯率 96%，焙干率 31.57%。薯块耐贮藏，食味好。高抗甘薯根腐病。花青素含量 28.91mg/100g（鲜薯），淀粉含量 68.93%（干样），蛋白质含量 6.23%（干），还原糖含量 5.08%（干样），可溶性糖含量 9.04%（干样）。

适宜在关中、陕北及同类生态区作春薯种植，陕南及相似生态区作春、夏薯种植。一般春薯鲜产 45 000kg/hm² 左右，夏薯鲜产 22 500kg/hm² 左右。

（四）陕西省甘薯品种名录（表1-5）

表1-5　陕西省主要甘薯品种名录（刘明慧等，2018）

品 种	组 合	选育单位	审定或鉴定时间	主要特点
秦薯 1 号	西农 50-1×栗子香	西北农业大学	1984 年	耐旱、干率高、食味好、不抗黑斑病
秦薯 2 号	护国放任授粉	西北农业大学	1984 年	自然开花、高产、耐瘠、结薯早、高抗黑斑病
秦薯 3 号	永春五齿×农林 4 号	陕西省农业科学院	1988 年	耐旱、食味好
武功红	蓬尾×南芋	西北农业大学		耐旱、耐冷、抗黑斑病、高产
陕薯 1 号	禹北白×护国	陕西省农业科学院		耐旱、耐瘠、高产、结薯早、萌芽性好

（续表）

品　种	组　合	选育单位	审定或鉴定时间	主要特点
陕66-55	禹北白×夹沟大紫	陕西省农业科学院		耐旱、耐瘠、萌芽性好、抗黑斑病
向阳黄	黎老×护国	西北农业大学		自然开花、萌芽性好、食味好、高干、高淀粉型
里外黄	华北166×胜利百号	陕西省农业科学院		中产、优质、不抗黑斑病
高自1号	西农69-28自交后代	西北农业大学		自然开花、自交杂交结实率高、中间砧木
武薯1号	西农67-21×农大红	陕西省农林学校		萌芽性好、半直立、喜水肥、结薯早而集中
秦薯4号	6617放任授粉	西北农业大学	1998年省鉴	耐肥、耐旱、耐贮藏，食味好
红心431		陕西省农业学院		橘红肉、萌芽性差、不耐贮藏
秦薯5号	秦薯4号集团杂交	宝鸡市农业科学研究院 西北农业大学	2007年省鉴	短蔓、高产、耐贮藏、食味佳、自然开花、抗黑斑病
秦薯6号	红心431集团杂交	宝鸡市农业科学研究院	2007年省鉴	短蔓、白皮黄肉、食味优
秦紫薯1号	京薯6号变异株	宝鸡市农业科学研究院	2007年省鉴	中长蔓、紫肉、干率高、食味佳、抗黑斑病、耐贮藏
秦薯7号	红心431×秦薯4号	宝鸡市农业科学研究院	2010年省鉴	中长蔓、橘红肉、品质好、薯形好、萌芽性差
秦薯8号	红心431×徐薯18	杨凌金薯种业科技有限公司	2011年省鉴	短蔓、高产、红皮红肉
秦紫薯2号	秦薯4号集团杂交	宝鸡市农业科学研究院	2013年省鉴 2016年国鉴	紫红皮、紫肉、薯形好、食味佳、产量高
秦薯9号	西成薯007×冀薯71	宝鸡市农业科学研究院	2013年省鉴	中长蔓、高产、耐旱耐冷、食味好
秦薯10号	徐薯781集团杂交	宝鸡市农业科学研究院	2013年省鉴	特短蔓、红皮长条、淡黄肉、高产
秦紫薯3号	南薯008集团杂交	宝鸡市农业科学研究院	2016年省鉴	富含花青素，品质佳，食味好
渭南大红袍	关中农家品种	渭南种植		长蔓低产、品质好、耐旱、耐瘠、抗病
菊花心	关中农家品种	渭南种植		短蔓、低产、品质好、高产耐旱
洋苕	陕南农家品种	陕南种植		高产、干率低、不耐贮

第二节　甘薯生产布局

一、全国甘薯生产布局

中国地域辽阔，自然环境、地形、气候差异大，甘薯栽培制度复杂，有两年三熟、一年一熟、一年两熟、一年三熟等多种情况。北方无霜期较短，复种指数较低，轮作方式较简单；南方无霜期较长，地形复杂，作物种类较多，复种指数较高，轮作方式比较复杂。

甘薯栽培区划是以气候条件与栽培制度为主要依据，同时参考地形、土壤等条件，划分为5个栽培区域。从北到南有规律地从一个区过渡到另一个区，区界大体上与纬度平行。中国北方，甘薯多分布于旱地平原或丘陵山区；淮河以北和黄河流域，甘薯多分布在平原，与旱地作物轮作，是中国甘薯的重点产区；淮河以南，由于平原种植水稻，甘薯多分布在丘陵山地；江南丘陵区及其以南地区，出现了甘薯与水稻水旱轮作，越往南方，水旱轮作在甘薯栽培总面积中所占的比重越大。栽培制度从北方的一年一熟，过渡到南方的一年三熟。

（一）北方春薯区

该区为斜跨华北、东北和西北边缘的一条狭长地带，包括辽宁、吉林、北京、黑龙江省中南部，河北省保定以北，陕西省秦岭以北至榆林地区，山西、宁夏的南部和甘肃东南地区。本区的黑龙江省是中国纬度最高的一个省，一般不适合甘薯生长，但由于地形复杂，温度差别大，群众充分利用某些有利自然条件，采取合理的栽培措施，也能种植成功。

本区属季风温带和寒温带，湿润和半湿润的气候。全年无霜期除黑龙江省、吉林省为120~130d外，其他地区无霜期为150~210d（平均170d），年平均气温8~13℃（平均10.5℃）。甘薯5月中、下旬栽插，9月下旬至10月初收获，生长期130~140d。全年总辐射量为106~134kcal/cm^2。年日照时数2 000~2 900h（平均2 690h）。年降水量为450~750mm（平均600mm、但雨水分布不匀，多集中在7—8月，春秋季节常受干旱威胁。本区夏短冬长，虽然甘薯生长期较短，但夏季雨水较多，秋季凉爽，昼夜温差大，辐射量高，日照充足，是甘薯栽插的有利条件。

黑龙江与吉林两省甘薯种植在暗棕壤上，土质较肥沃。辽宁的辽河流域，西部属草甸土，东南部属棕壤，为河流冲积土，土质疏松，地势平坦，灌溉条件好。河北省长城以北属山地棕壤，土地坡度大，水土冲刷较重，西南部为褐土。陕西和山西薯区的土壤以褐土、绵土为主，土壤耕性较好。

栽培制度为一年一熟，以春薯为主，南部有少量夏薯栽培，主要留种薯。

（二）黄淮流域春夏薯区

本区沿秦岭向东，北线顺太行东麓至保定、天津到旅大；南线进河南沿淮河向东至苏北。包括山东全部，河南中南部，山西的南部，江苏、安徽、河南的淮河以北，陕西秦岭以南，以及甘肃武都地区。本区甘薯分布较广，面积居各区之首，约占总面积的40%。

本区属季风暖温带半湿润气候，全年无霜期180~250d（平均210d）。年平均气温11~15℃（平均13.8℃）。本区甘薯生产分春薯、夏薯两种，春薯4月下旬至5月中旬栽插，10月上旬至下旬收获，生长期150~180d。生长期间5—9月平均气温20℃以上，气温日较差在9~15℃。夏薯于6月中旬、下旬至7月上旬栽插，与春薯收获期相同。生长期110~120d，生长期间7—8月平均气温25℃以上，9月气温逐渐下降，10月平均气温为13~16℃。全年总辐射量为114~123kcal/cm²（平均117kcal/cm²），全年日照时数1 780~3 100h（平均2 370h）。年降水量480~1 100mm（平均760mm），东部偏多，西部较少。

本区春季干旱，温度上升快，夏季高温多雨，秋季凉爽，日夜温差大。甘薯生长期间晴天多、雨天少，太阳总辐射量大，日照充足，光合效率高，对甘薯生长发育非常有利。但由于雨水分布不匀，春秋两季常遇干旱，特别是山丘旱地威胁较大，夏季多雨，低洼地区也常带来涝渍为害。

本区地处黄淮平原，土壤类型主要可分三大片：贯串南北的一片是潮土，分布在沿黄河、海河流域，向南延展到淮河以北广大地区；西南一片从豫西到陕西秦岭以南的广大地区，属黄棕壤；东部一片在山东黄河以南，大部分地区属棕壤；此外，在河北、山东少数地区还有部分褐土。本区平原土壤多属石灰性冲积土，pH值偏大，呈碱性，地势平坦，土质疏松，宜于机械化耕作。在平原旱薄地和丘陵山区甘薯分布较多。

本区主要栽培制度为二年三熟制，生产春薯或夏薯，但一年一熟的春薯也占一定的比例。

（三）长江流域夏薯区

本区指青海以外的整个长江流域，包括江苏、安徽、河南3省的淮河以南，陕西的南端，湖北、浙江全省，贵州的绝大部分，湖南、江西、云南3省的北部，以及川西北高原除外的全部四川盆地地区。

本区属季风副热带北部的湿润气候，冬季有寒潮侵袭，雨量较多。全年无霜期225~310d（平均260d），年平均气温13~19℃（平均16.6℃）。夏薯于4月下旬至6月中、下旬栽插，10月下旬至11月中旬收获，生长期140~170d，6—9月平均气温在22℃以上，10月平均气温比黄淮春夏薯区高2~3℃。初霜期在11月中旬前后。生长期气温日较差在8~11℃。全年总辐射量为83~124kcal/cm²（平均102kcal/cm²）。全年日照时数为1 200~2 450h（平均1 800h）。年降水量为780~1 800mm（平均1 240mm），雨量分布东部集中于春夏，西部集中于夏秋。

本区甘薯多分布于丘陵山地，土壤以红壤、黄壤为主，淮河以南及武汉以西有一片水稻土，四川盆地为紫色土。丘陵山地土层较浅，在高温多雨影响下，土壤易受冲刷，有机质较缺乏。

本区甘薯栽培制度主要是麦、薯两熟制，但在云、贵和川西高原也有一年种一熟春薯的。也有在夏薯前作中套种一季绿肥的。

（四）南方夏秋薯区

本区位居北回归线以北的一带狭长地带。包括福建、江西、湖南3省的南部，广东和广西的北部，云南省中部和贵州省南部的一小部分，以及台湾省嘉义（靠近北回归线）以北的地区。

本区属季风副热带中部和南部的湿润气候。全年无霜期230~350d（平均310d），年平均气温18~23℃（平均20℃）。夏薯一般在5月间栽插，8—10月收获。早稻和秋薯一年两熟制占有一定比重。水田或旱地秋薯，一般于7月上旬至8月上旬栽插，11月下旬至12月上旬收获（或延至次年1月收）。生长期120~150d，初霜期在12月上中旬。生长期间8—10月的平均气温在25℃左右。11月平均气温为13~18℃。生长期间气温日较差为7~10℃。全年总辐射量为103~131kcal/cm²（年平均113kcal/cm²）。年日照时数为1 500~2 140h（平均1 870h）。年降水量为960~2 690mm（平均1 570mm）。

本区甘薯多分布在红壤、黄壤和赤红壤的丘陵山地，这类土壤属酸性，比较瘦瘠，还有部分甘薯分布于水稻土，实行稻、薯两熟制秋薯生产。

北部地区栽培制度以麦、薯两熟为主，南部地区则以大豆、花生、早稻等早秋作物与甘薯轮作的一年两熟制为主。

（五）南方秋冬薯区

本区位居北回归线以南的沿海陆地和岛域。包括广东、广西、云南的南部，台湾省南部和南海诸岛。

本区属热带季风湿润气候，年平均气温在18~25℃（平均22.4℃），无霜期325~365d（平均356d），热季长达8~10个月，是全国气温日较差最小的地区。本区甘薯四季可长，主要种植的是秋薯和冬薯，秋薯又有水田薯和旱地薯两种。水田秋薯在7月中旬至8月中旬栽插，旱地秋薯7月上旬至8月上旬栽插，11月上旬至12月下旬收获，生长期120~150d。但秋薯也有越冬栽培的，多延迟至翌年春季收获，变成越冬薯。一般冬薯在11月栽插，翌年4—5月收获，生长期170~200d。冬薯生长期间除12月至次年2月平均气温在20℃以下外，其他月份多在20℃以上。气温日较差为5~8℃。全年总辐射量为114~123kcal/cm²（平均117kcal/cm²）。全年日照时数1 830~2 160h（平均2 080h）。年降水量1 510~2 060mm（平均1 730mm）。

本区土壤以台湾省比较复杂，其他省区多属赤红壤和少量砖红壤。

本区栽培制度比较复杂，旱地薯与水田薯都能实行一年两熟或一年三熟制。

二、陕西省甘薯生产布局

甘薯自传入陕西省后，在新中国成立前经历了漫长的零星种植、缓慢发展时期，新中国成立后甘薯才在全省逐渐普及种植，得到了大发展。

新中国成立前，由于甘薯耐旱，高产稳产，可以当粮，又可做菜，且食味甘甜，甚受人民喜爱。明代徐光启说："甘薯所在，居人便是半年之粮。"在陕南的浅山丘陵区，甘薯是当地人民的主要粮食，一年中有半年以上甚至更多的时间依靠甘薯为生。关中平原，地平土肥，气候良好，盛产小麦，所以，甘薯在关中栽培历史虽长，但面积甚少，且主要集中在省东旱塬以及沿渭河、泾河、洛河、黄河沿岸的沙质壤土上。在省东渭北旱塬地区的渭南、蒲城、大荔、合阳、澄城等地甘薯也曾是当地人民的主要粮食之一。但由于当时政府对甘薯生产不够重视，生产水平低下，生产上长期沿用老农家品种，生产技术落后，产量水平很低，没有专门从事甘薯的研究、推广机构。陕西省甘薯主要分布在陕南安康，汉中及商洛的浅山丘陵地区，种植北界约在洛川黄陵一带。

新中国成立后，针对陕西省解决粮食问题的迫切需要，大力发展甘薯生产，建立甘薯科研机构，培训技术人员。狠抓良种引进、推广，改进栽培技术，甘薯生产进入了快速发展阶段。由于甘薯科研的进步，在育种、育苗、栽培、贮藏等方面的技术水平不断提高，甘薯种植区域也不断拓展。过去不栽种的陕北地区，至今也有了广泛种植，种植北界一直推移至北部的神木、府谷等县，使甘薯生产遍布全省。

20世纪60—70年代针对陕西省发展农业解决粮食问题的迫切需要，各级领导重视发展高产作物薯类种植，为促进薯类发展采取了大力扶持薯类生产措施，狠抓良种引进、推广、改进栽培技术，在实践中通过多途径培训薯类技术人员，建立薯类科学研究机构等，从而显著而有效地促进了陕西省甘薯科技生产的大发展。随着技术推广应用，单产与总产逐步提高。甘薯全省都有种植，南起秦巴山，北至榆林、府谷均有种植，其中以陕南秦巴浅山丘陵区和关中渭北旱塬区种植比较集中，全省甘薯面积中陕南秦巴浅山区占50.4%，渭北旱塬区占16.9%。进入21世纪，由于种植业结构调整及先进技术的推广，特别是地膜覆盖技术的应用，关中、陕北的甘薯面积迅速增加，单产水平得到大幅度提高。其中甘薯种植面积主要为陕南占50%、关中占40%、陕北占10%。

陕西省地形南北狭长，气候生态条件差异大，秦岭作为长江、黄河的分水岭横亘东西，属大陆性季风气候。近年来，甘薯常年种植面积在6万 hm^2 左右，平均单产28 500kg/hm^2 左右，是西北地区唯一大面积种植甘薯的省份。本区横跨中北方春薯区、黄淮流域春夏薯区两大薯区，食用、兼用品种栽植为主，淀粉品种在部分地区分布。食用、兼用品种以宝鸡市农业科学研究院、西北农业大学选育的秦薯5号、秦薯4号、秦紫薯2号、秦薯7号等在当地推广面积最大，淀粉品种为引进品种徐薯22、徐薯27、商薯19等。陕北、关中地区以地膜覆盖栽培为主，有少量的露地、夏薯栽培；陕南以夏薯栽培为主。地膜覆盖栽培可使陕北、关中地区的春薯栽插时间较露地提前10~15d，克服了陕北、关中地区露地栽培无霜期短，有效积温少，早春低温、干旱等不利因素，提高产量30%以上。随着甘薯产业的发展，按照农业种植区划，传统上将甘薯主产区划分为3个种植区：

（一）陕北春薯区

气候为暖温带半湿润向温带半干旱气候过渡类型，属北方春薯区。全年无霜期140~200d，夏短冬长，夏季多雨日照长，昼夜温差大。土壤以黑垆土、黄绵土为主，肥力中等。甘薯种植面积仅占全省总面积的5%~10%。甘薯在该区种植历史较短，主要分布在沿延河、洛河、无定河等流域两岸的沙壤土，采用地膜覆盖技术，4月底至5月初栽植春薯。以蒸烤型鲜薯生产为主，薯块干率高，品质好，销售价格高，种植效益极高。

本区甘薯生长期较短，一年一熟，与玉米、谷子、小杂粮轮作。

（二）关中春夏薯区

为暖温带半湿润气候，包括渭河川道、渭北旱塬和商洛市3部分，属黄淮流域春夏薯区。土壤类型以沙壤土、壤土为主，土壤肥力较高。该区气候温和，全年无霜期170~220d，年降水量550~750mm。早春干旱，温度回升快，夏季高温多雨，秋季凉爽温差大，有利于甘薯生长发育。关中地区以春薯为主，渭河川道近年面积迅速扩大，夏薯有所增加。近年来推广品种以秦薯5号、秦薯4号和彩色新品种等蒸烤型鲜薯生产为主，品质优，商品率高，是全省甘薯单产水平最高的产区。该区甘薯面积占全省总面积的40%。

本区有春薯、夏薯两种，一年一熟或两年三熟。春薯在冬闲地春季栽培，夏薯在麦类、油菜等冬季作物收获后栽培。两年三熟：春薯，小麦（或大麦）—夏玉米（或夏大豆）；小麦，夏玉米（或夏大豆）—春薯。

（三）陕南夏薯区

为北亚热带湿润气候，地形由秦岭、大巴山和汉江谷地组成，属长江流域夏薯区。土壤以黄棕壤、黄褐土为主，土壤肥力中等偏下。全区气候适宜，无霜期230~250d，雨水丰沛，年降水量700mm以上，春季雨量适中，夏季温度高，秋雨较频繁。是陕西省甘薯主产区，种植面积占全省的50%，以夏薯栽培为主，主要栽植在海拔800~1 000m以下的浅山丘陵等旱坡地中，产量较低，品质和商品性较差，以饲用和加工淀粉为主要用途。近年来，本区春薯生产逐渐成为主要生产方式，充分利用无污染的优良自然环境，发展有机、绿色甘薯鲜薯生产。

本区以夏薯为主。夏薯在麦类作物和其他冬作物收获后栽培。一年两熟：麦类（或油菜）—夏薯。

三、陕西甘薯种植方式

甘薯与其他作物、幼龄果树间作套种，可充分利用空间、时间、光能和地力，增加复种指数，提高总产，增加经济效益。近年来，在关中地区栽培面积呈上升趋势。

（一）甘薯间作玉米、向日葵

玉米、向日葵要选用矮秆、高产、早熟、抗倒品种，甘薯要选耐阴、高产、结薯早且膨大快的品种。甘薯一般密度52 500株/hm²左右，玉米密度22 500株/hm²左右，向日葵密度10 500株/hm²左右。采取隔行间作，可减少田间遮阴，提高甘薯产量。

（二）甘薯甜瓜套种

甜瓜选用早熟、高产、品质好，抗逆性强的优良品种，如富尔1号、2号、5号，红城5号等。甘薯选用品质优良，食味好，商品率高的短蔓品种，如秦薯4号、秦薯5号、秦薯6号、秦薯8号等。

陕西关中地区一般3月初整地起垄，垄距90cm，垄高20~25cm。起垄后立即覆膜，每间隔两垄覆膜一垄，甜瓜与甘薯的栽植比例为1:2。4月上中旬定植甜瓜苗（瓜苗三叶一心），株距 40cm，密度 9 000株/hm²；若直播，每穴放预先催芽的甜瓜种子 2~3 粒，覆土 1~1.5cm。甘薯在 4 月中旬栽插，株距 20cm，密度 52 500株/ hm²，栽后立即覆膜。

（三）甘薯与大棚西瓜套种

甘薯、西瓜套种，在西瓜获得高产的同时，能实现一膜两用，充分利用西瓜剩余肥力，创造甘薯高产高效益。

西瓜选用早中熟、抗病抗逆性强的品种，如西农 8 号、丰抗 8 号、双抗巨龙、郑抗 7 号等；甘薯选用品质优良、食味好、产量潜力大、商品性好的品种，如秦薯 4 号、秦薯 5 号、秦薯 8 号等。西瓜定植前 10d 起垄，垄距 140cm，垄宽 60cm，垄高 15cm。起垄后灌水趁墒覆膜。双膜中棚西瓜于 3 月上旬定植，单膜西瓜于 4 月上中旬定植，甘薯在西瓜秧"搭沟"前定植。西瓜密度 9 000~12 000株/hm²，株距 60~80cm；甘薯密度 36 000株/hm²，株距 20cm。西瓜苗定植在垄面膜内侧 10cm 处，甘薯苗定植在垄面膜内另一侧 20cm 处，西瓜、甘薯苗间距 30cm，甘薯与西瓜共生期间，以西瓜管理为主。双膜西瓜 5 月下旬至 6 月旬收获，单膜西瓜 7 月下旬收获，甘薯在霜冻来临前收获。

（四）甘薯与幼龄果树间作

陕西渭北塬区土层深厚，雨量适中，光照充足，海拔高，温差大，果业生产条件得天独厚，是苹果最佳优生区，所产苹果个大、色艳、质脆、味美，被农业部列为黄土高原区苹果生产优势产业带。果业生产经过多年来的产业结构调整、区域布局优化、果树品种改良、生产技术创新，已经步入健康、稳定、持续、高效的发展之路，面积逐年上升。新植幼龄果树栽植密度小，行间大，空闲土地多，利于间作。实行果薯间作，可使同等条件下的水、肥、光、热资源充分利用，病虫杂草防治得到互补优化。地膜覆盖甘薯栽培，抑制了果树地内杂草的生长，利于果树地保水保肥。目前甘薯与幼龄果树的间作已在苹果园、梨树园、葡萄园等新植果园作为一种新栽培方式示范推广，面积逐年扩大。

新植果园 1~3 年果树行（4m×3m 规格），按 80~90cm 起垄，随树冠发育逐年缩小甘薯用地。地膜覆盖栽培，栽插时期要尽可能提早。成年果树进行高枝换优后，适宜间作期 3 年。甘薯垄高 20~25cm，垄顶可以适当加宽，利于果树根系发育。在果树根系区域外，增施 50~75kg/亩钾专用复合肥。选用短蔓、早期膨大类型的秦薯 4 号、秦薯 5 号为主栽品种，可适时早收，减少对果树枝条、叶片、根系的损伤。

本章参考文献

范泽民 . 2015. 中国甘薯品种 30 年 [J]. 中国种业（8）：6-9.

郭小丁，张允刚，唐君，等 . 2000. 中国甘薯种质资源研究现状及发展战略 [J]. 植物遗传资源学报（2）：59-63.

何永梅 . 2011. 叶用甘薯优良品种 [J]. 农家参谋（6）：10.

黄浩清 . 2014. 福菜薯 18 号甘薯 [J]. 蔬菜（12）：66-67.

黄立飞，房伯平，陈景益，等．2008．甘薯种质资源遗传多样性研究进展［J］．广东农业科学（S1）：63-66．

贾赵东，马佩勇，边小峰，等．2017．兼用型甘薯新品种苏薯26的选育及主要生产技术［J］．农业科技通讯（12）：251-254．

江苏省农业科学院．1984．中国甘薯栽培学［M］12版．上海：上海科学技术出版社．

江苏徐州甘薯研究中心．1993．中国甘薯品种志［M］．北京：农业出版社．

解道斌，谢一芝，张启堂，等．2017．甘薯新品种彭薯1号的选育经过及其特征特性［J］．现代农业科技（24）：29，32．

李慧峰，陈天渊，黄咏梅，等．2015．甘薯种质资源形态标记遗传多样性分析［J］．西南农业学报，28（6）：2 401-2 407．

李云，卢扬，宋吉轩，等．2013．贵州甘薯种质资源的抗病性评价［J］．天津农业科学，19（11）：73-75．

李政浩，罗仓学．2009．甘薯生产现状及其资源综合应用［J］．陕西农业科学（1）：75-77，80．

李宗芸，陈孚尧，蒋姣姣，等．2016．甘薯细胞遗传学研究进展［J］．中南民族大学学报（自然科学版），35（4）：34-39．

陆漱韵，刘庆昌，李惟基，等．1998．甘薯育种学［M］．北京：中国农业出版社．

孟凡奇，刘志坚，张勇跃．2017．兼用型甘薯新品种漯薯11的选育［J］．种子，36（11）：106-108．

米谷，薛文通，陈明海，等．2008．我国甘薯的分布、特点与资源利用［J］．食品工业科技（6）：324-326．

邱永祥，吴秋云，李光星，等．2004．2003年甘薯叶菜型品种国家区试福建试点小结［J］．福建农业科技（3）：12-13．

任晓菊，龙德祥，王冉，等．2017．10个紫甘薯品种的主要性状研究［J］．中国农业信息（21）：43-45．

邵侃，卜凤贤．2007．明清时期粮食作物的传入和传播——基于甘薯的考察［J］．安徽农业科学，35（22）：7 002-7 003，7 014．

宋吉轩，李云，李标，等．2017．贵州紫心甘薯种质资源ISSR遗传多样性分析［J］．种子（12）：17-19．

苏一钧，董玲霞，王娇，等．2018．菜用和观赏甘薯种质资源遗传多样性分析［J］．植物遗传资源学报（1）：57-64．

王文正，曹蕾．2011．中国甘薯引进问题考证［J］．中国烹饪（3）：114-115．

王钊，高文川，刘明慧，等．2017．陕西省甘薯产业现状及发展对策［J］．中国种业（6）：25-27．

吴海明．2017．福建省甘薯新品种生产试验（连城点）小结［J］．福建农业科技，48（8）：8-11．

岳瑾，杨建国，张桂娟，等．2018 北京地区不同甘薯品种的抗病性评价［J］．安徽农学通报（9）：72-73.

张凯，罗小敏，蒋玉春，等.2013.甘薯种质资源的 SRAP 鉴定及遗传多样性分析
　　[J].核能学报，27（5）：568-575.

赵冬兰，唐君，曹清河，等.2012.中国甘薯种质资源核心种质构建初探 [J].江
　　西农业学报，24（10）：36-39.

赵冬兰，唐君，曹清河，等.2013.引进甘薯种质资源主要品质性状鉴定评价 [J].
　　江西农业学报，25（10）：10-12.

赵海红，田芳，王晓云，等.2017.高产优质甘薯品种龙薯 9 号高产栽培试验 [J].
　　农业科技通讯（12）：160-161.

中国科学院中国植物志编辑委员会.1979.中国植物志 [M].北京：科学出版社.

第二章 甘薯生长发育

第一节 生育进程

一、生育期

一年生农作物的生育期是指从播种、出苗到成熟的完整生活周期，其长短用天数（d）表示。甘薯为旋花科甘薯属甘薯种。甘薯栽培的目的是收获地下块根，所以在生产上将栽插到块根收获的天数视为其生育期，其长短用天数（d）表示。生产上甘薯属无性繁殖作物，块根的发育没有一定明显的开始时期和终止时期即无明显的成熟期，只要气候及栽培条件适宜，块根发育能继续进行。因此，品种的早熟性和晚熟性仅指形成期和膨大期早迟而已。应该说，品种的遗传特性仅是影响块根发育的一个内在条件，而在很大程度上，它又受外界环境条件影响而改变。生产上按栽插时间分为春甘薯（生育期 150～190d）和夏甘薯（生育期 110～120d），生育期的长短主要由栽插时期决定，在不同的环境条件下还有一些变化，或是延长或是缩短。

二、生育时期

甘薯大田生产中均采用块根育苗、剪苗栽插的无性器官繁殖，其生产全过程不经过生殖生长阶段，只包括育苗、大田生长和贮藏三个阶段。因此，在整个生长期中，不像稻、麦等其他作物那样具有明显的发育阶段。不同栽插期的甘薯，其生长快慢、盛衰都随气候条件而变化。尽管如此，甘薯在大田生长过程中，在不同时期，不同器官的生长仍然有差别，各器官的生长仍有主次之分。在生育过程中，王季春（2002）根据地上部与地下部生长关系把甘薯的生育时期分为发根分枝结薯期、薯蔓同长期和薯块盛长期三个生长时期；刘淑云等（2010）根据作物生长度日恒定的原理把甘薯的生育时期分为发根还苗期、分枝结薯期、薯蔓同长期和薯块盛长期。

（一）根据地上部与地下部生长关系划分

从出现分枝到封垄（茎叶基本覆盖垄面），春、夏薯需 20～35d，有些品种主蔓增长迅速，称"拖秧"或"倒藤"。通常在栽后 15～20d 吸收根开始分化块根，此期末单株分枝数和结薯数基本固定，薯重占最高薯重的 10%～15%，茎叶鲜重占 30%～50%，夏薯可达 60%～70%。蔓薯比值（又称 T/R 比值，即茎叶鲜重/块根鲜重）变异幅度为2～8。通常促使茎叶早发快长，分枝又早又多，对大多数品种能相应提早结薯和增加结薯数。

1. 发根分枝结薯期

薯苗栽插后，在适宜的温度和水分条件下，从入土的茎节部两侧和薯苗切口部位，先后长出一批不定根。当新根吸收水分和养分，薯苗地上部开始抽出新叶或新腋芽时，称为还（缓）苗或活棵。春、夏薯栽插后 3~4d 发根，5~7d 还苗，此后以吸收根系的生长为中心，地上部腋芽开始伸长，并陆续长出分枝，吸收根系基本形成需 15~20d。生产上要求栽插后迅速发根和还苗。选用壮苗、适宜的土壤条件及栽插技术均有利于薯苗发根还苗形成。

2. 茎叶生长、块根膨大期

从封垄到茎叶生长高峰，春、夏薯在栽插后 35~70d。生长中心为茎叶。由于处于高温多雨季节，茎叶旺盛生长，栽后 90d 前后功能叶片数达到最高值，地上部生长量达到最大值。但黄叶、落叶也陆续出现，形成新、老叶片相互交替现象。这时同化物质向地下部运输增多，薯块相应在膨大，此期末薯重占全生育期总重量的 30%~40%。故本期又称"藤薯同长"或"薯蔓并长"时期。

3. 块根盛长、茎叶渐衰期

此期从茎叶生长高峰期开始直到收获为止。春、夏薯历时 60d 左右，即栽后 70~130d，秋薯历时 40~45d，秋薯在栽后 90~130d。生长中心为块根，是甘薯块根产量积累主要时期。由于气温降低和雨水减少，茎叶转向缓慢生长至停滞，叶色变淡落黄，基部分枝枯萎及薯叶脱落，逐渐呈现衰退。这时同化物质加速向地下部运转，薯重积累量一般占全生育期总重量的 50% 左右。此期应保护好茎叶，防治脱肥、受旱等原因发生早衰，以促使块根迅速膨大和延长膨大时期，增加块根积累量。

（二）根据作物生长度日恒定的原理划分

1. 发根缓苗期

指薯苗栽插后，入土各节发根成活。地上苗开始长出新叶，幼苗能够独立生长，大部分秧苗从叶腋处长出腋芽的时期。

2. 分枝结薯期

甘薯根系继续发展，腋芽和主蔓延长，叶数明显增多，主蔓生长最快，茎叶开始覆盖地面并封垄。此时，地下部的不定根分化形成小薯块，后期则成薯数基本稳定，不再增多。结薯早的品种在发根后 10d 左右开始形成块根，到 20~30d 时已看到少数略具雏形的块根。

3. 薯蔓同长期

甘薯茎叶覆盖地面开始到叶面积生长最高峰。茎叶迅速生长，茎叶生长量占整个生长期重量的 60%~70%。地下薯块随茎叶的增长，光合产物不断地输送到块根而明显膨大增重，块根总重量的 30%~50% 是在这个时期形成的。

4. 薯块盛长期

指茎叶生长由盛转衰直至收获，以薯块膨大为中心。茎叶开始停长，叶色由浓转淡，下部叶片枯黄脱落。地上部同化物质加快向薯块输送，薯块膨大增重速度加快，增重量相当于总薯重的40%~50%，高的可达70%，薯块干物质的积蓄量明显增多，品质显著提高。

（三）甘薯植株地上部分生育时期

甘薯地上部分一般可分为还秧期、菊花顶期、团棵期、甩秧期、长秧期、回秧期和枯秧期7个时期。

1. 还秧期

甘薯栽插后3~4d，由于新根未扎，缺乏吸收能力，秧苗蒸发失水，呈现萎蔫状态。5~6d后开始生不定根，在2~3d幼根即可大量发生，最长可达3~4cm，此时心叶有些伸展，叶腋幼芽萌发，秧苗开始生长，这就是还秧的标志。还秧期的农业技术措施十分重要，是为丰产奠定基础的时期。主要任务是缩短秧苗萎蔫时间，促进早生新根，多生新根，提高成活率，保证秧苗迅速而健壮的生长。为此要求在苗床期就应锻炼秧苗，栽插时要整好土地，选取壮苗，浇足水、封好窝，保证栽插质量，以后应酌情进行中耕松土。

2. 菊花顶期

还苗10d左右，能生出5~6片新叶，并有小的分枝，基部叶片有些变黄。新叶和分枝均簇生于顶端，向四周展开，形若"菊花"，故名"菊花顶期"。地下部继续产生新根，不久即进入团棵期。这一阶段时间较短，一般不进行特别的管理。在丰产栽培中为促使秧苗迅速生长，使栽培措施更积极主动，在菊花顶期就可开始追肥。此外应注意除草、防虫。

3. 团棵期

当植株呈现"菊花顶"状态之后，很快就有较大的分枝长出来，天气正常，3~5d就能产生4~5个分枝，叶片增多，叶面积加大，拐子变粗，地下部出现"梗根"。生长较好的植株在后期甚至会出现幼小的块根。据群众经验，这时天气较干，对秧苗起了"蹲苗"的作用，所以叶色较深，植株粗壮，是甘薯全育过程中第一次现"黑"。团棵期的栽培管理，应特别注意中耕除草，早追肥，促使地上部迅速制造养分，使拐子增粗，为下一时期植株旺盛生长创造条件。适时中耕具有促进块根形成的作用。

4. 甩秧期

团棵期的时间较长，在不灌溉的条件下，会一直延迟到雨季到来之后才进入甩秧期。所谓"甩秧"就是茎蔓明显伸长，植株失去直立平衡状态向一边斜倒，像甩头一样，故名"甩秧"。是植株旺盛生长的标志，田间观察可见秧头挺直向上，叶色稍转淡"黄"，群众说是"好看的黄"。此时，地下部正是块根形成的时候，薯块数目增加，对养分要求迫切，是丰产栽培中的关键时期。栽培上应当注意供应K肥，对于N肥则应慎重施用。

5. 长秧期

甘薯甩秧后就开始大量生长茎叶，同化面积迅速扩大，很快就会"封垄"，块根数目已趋稳定，生长较缓慢。约在处暑以后结束这一时期。长秧后期地上部生长速度渐缓，累积营养物质为块根膨大做准备。叶色又渐变浓绿，植株挺健，是为第二"黑"。

6. 回秧期

处暑以后，生长中心开始转向地下部分。茎叶中的营养物质向薯块累积，薯块迅速膨大，群众又称"长瓜期"。这时地上部生长变慢，茎尖生长点的延伸速度小于叶柄的生长速度，致使顶部5~6叶超过生长点。群众叫"封顶"。叶色又开始转淡——第二次"黄"。处暑秋分之间是甘薯生长最盛时期，是加强管理争取高产的最后一关。寒露过后薯块生长又因天气转冷，日趋缓慢。栽培上应当采取措施，增强光合作用，促进养分的转化、运输和累积。

7. 枯秧期

霜降时节，甘薯遇霜叶子枯萎丧失生机，裸露的薯块亦受冻，是为"枯秧期"。生产上为避免甘薯受冻，应适时收获以利贮藏。

（四）甘薯植株地下部分生育时期

甘薯幼根发育成块根分为两个时期，前期为初生形成层活动期，决定幼根的发展方向，为块根形成期；后期为次生形成层活动期，决定已形成的块根的膨大程度，为块根膨大期。

1. 块根形成期

甘薯栽插10d后，从出现初生形成层，并进行细胞分裂出薄壁细胞和淀粉开始积累，到出现次生形成层，块根逐渐变粗，中柱直径加大，原来的皮层组织脱落形成木栓层即薯皮为止，为块根形成期。本期初生形成层活动力的强弱和中柱薄壁细胞木质化程度的大小，决定着甘薯幼根的发展方向。幼根初生形成层活动力强，中柱细胞木质化程度小，才能形成块根；初生形成层活动力弱，中柱细胞木质化程度大，只能形成须根；初生形成层活动力虽强，但中柱细胞木质化程度大，不能产生大量的薄壁细胞，便形成梗根。一般需10~25d。

2. 块根膨大期

甘薯栽插25d后，从皮层组织脱落形成薯皮，原生木质部导管内侧产生次生形成层细胞开始，到次生木质部导管内侧和后生木质部导管周围出现次生形成层，分裂出大量薄壁细胞、薯块明显膨大为止，为块根膨大期。地上部分制造的养分不断向块根输送，块根的体积和重量不断增长，是决定块根体积大小的关键期。一般需30~60d，甚至更长。

（五）甘薯植株地上和地下部分生育时期的对应关系（图2-1）

三、甘薯的器官生长和产量形成

（一）茎叶生长与干物质生产

1. 茎叶生长和株型

甘薯茎叶再生能力强，一生中出叶数多，高产田茎叶盛长期单株绿叶数多至150~

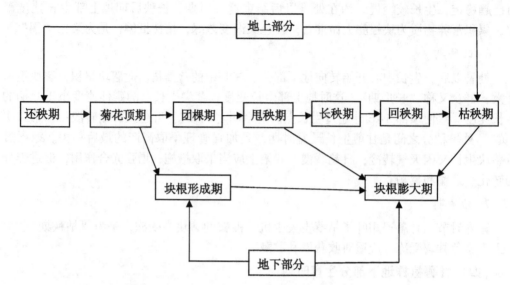

图 2-1 甘薯地上部分与地下部分生育时期及对应关系（郑太波，2018）

200 片，每公顷总绿叶数可达 750 万片左右。甘薯生长中期以后，出现老叶死亡与新叶出生交替现象。夏薯至栽后 60d 叶片数最多，茎叶增长量最大，90d 时叶面积最大，茎叶鲜重最高（赵瑞英，1999）。甘薯叶片寿命（自展开至枯萎的天数）差异甚大，一般 30~50d，最长的在 80d 以上（陈云池，1961），并与光照、水肥等条件有关。高温期形成叶片的寿命短于低温期形成的叶片。如早栽的叶片寿命为 62.9~74.7d，迟至 6 月中旬栽插的，叶片寿命缩短至 47.0~58.8d。

甘薯茎叶在发根缓苗后开始生长，随着根系的建成茎叶生长加快，随着块根的形成与膨大茎叶生长达到高峰并逐渐下降。整个生育期其生长速率呈现慢—快—慢的形式。

最适鲜干重大小和出现的时间因品种、气候、栽插季节和时期等因素而有变化。据四川农业大学试验表明，芒种前后栽植的夏薯，早熟品种（如胜利百号、华北 117）和晚熟品种（如南瑞苕）的茎叶高峰期分别出现在 8 月下旬至 9 月上旬和 10 月上中旬之间；立秋之后栽插的秋薯，则推迟至 10 月下旬邻近收获时始达高峰。

品种不同，茎叶生长的状态即株型也不同，有的将株型分为疏散型、中间型和重叠性；冯祖虾（1995）将株型分为多枝短蔓型、多枝长蔓型、粗枝大叶型、中茎中叶型、少枝少叶型、卷曲型和早花型 7 种类型。株型对产量也有影响，一般疏散型和多枝短蔓型的鲜薯产量高，其次为多枝长蔓型。

2. 叶面积指数和光合性能

据津野（1965）研究报道，甘薯品种的干物质生产因素归为"叶面积型"和"净同化型"两类。较高的叶面积指数是提高光能利用率和块根产量的生理基础。甘薯茎蔓的匍匐生长习性，使叶片呈水平状态生长，因而最适叶面积指数和光能利用率低于直立生长的作物。其甘薯最适叶面积指数因品种、气候和栽培条件而异，多在 3.5~4.5 范围内。叶面积指数超过 5，属徒长型；而叶面积生长不良的低产田，叶面积指数在 2 以下。叶面积变化随生育期呈现二次曲线变化趋势，要求前期上升快，中期稳定，后期下降缓慢。

甘薯单叶的光饱和点为 $2.5 \sim 3.5 L_x$，而群体的光饱和点较单叶高，约在 3.0 万 L_x 以上。叶片的光合强度和净同化率常因不同生育时期、品种、栽培及气候条件而有较大变化。成熟叶片的净光合速率一般为 $12.0 \sim 38.1 mgCO_2/dm^2 \cdot h$（chen H M，1994），但众多资料表明，净同化率的高低与甘薯产量并不总是呈正相关。高产甘薯则是总光合势（全生育期叶面积总数，$m^2 \cdot d$）与净同化率（单位叶面积、单位时间内的平均干物质积累量，$W/L \cdot D$）相互作用下达到最大值的结果。因此，认为甘薯块根产量高低与叶面积持续期（LAD）长短更为重要。在适宜的范围内总光合势（叶面积持续期）与块根产量成正相关关系。

总光合势与块根产量的关系与品种有关。据福建农学院的研究，在生育期 $180 \sim 185d$ 的条件下，单产 $60\,000\,kg/hm^2$，总光合势的适宜指标 A_2 品种为 25 万 ~ 28 万 $m^2 \cdot d$，闽抗 329 品种为 30 万 ~ 35 万 $m^2 \cdot d$。

（二）块根的形成与膨大

1. 块根形成和膨大的细胞和生理学特征

甘薯由幼根发育成块根，大致可划分为两个时期，前期为初生形成层活动期，决定幼根的发展方向，为块根形成期；后期为次生形成层活动期，决定已经形成的小块根膨大程度，为块根膨大期。初生形成层和次生形成层在甘薯块根发育中具有同等重要性。

（1）初生形成层活动与块根形成 薯苗发根后约 10d，先在初生韧皮部内侧与原生木质部之间的薄壁细胞分化成为弧形的初生形成层，随后又在原生木质部外端的中柱鞘细胞分化发生形成层，并使形成层弧段连接起来，成为围绕原生木质部的初生形成层环。成环的时间在发根后 $10 \sim 20d$。从初生形成层开始分化到形成层环完成，是决定块根形成的时期。根据观察初生形成层活动强弱仅是幼根发育的一个内在条件，决定根形态转变的另一重要内在条件为中柱鞘细胞木质化程度。只有在幼根发育初期，初生形成层活动程度强、中柱细胞的细胞壁木质化程度小，幼根才能发育成块根；初生形成层活动弱或中柱细胞木质化程度大的，发育成为细根或柴根。

（2）次生形成层活动与块根膨大 甘薯栽插发根 $20 \sim 25d$ 以后，除初生形成层继续活动外，先后在原生木质部导管内侧、次生木质部导管内侧和中央后生木质部导管周围，以至中柱薄壁组织中，先后发生为数众多的次生形成层。次生形成层产生的贮藏薄壁组织等远比初生形成层多。因此，在甘薯块根膨大过程中次生形成层的作用远比初生形成层大。形成层活动不断形成次生木质部、次生韧皮部以及大量贮藏薄壁组织，使块根膨大增粗。形成层活动最活跃的时期，也是块根膨大增重最迅速时期。由于次生形成层在块根各个部位分布不规则和活动强度不一，导致块根各部位发育的差异；隆起部位既是形成层活动强的结果；凹陷的往往是形成层发生少、活动弱的部位。甘薯块根的膨大主要依靠形成层分裂活动薄壁细胞数目的增加，其次依靠薄壁细胞体积的增大。块根的薄壁细胞体积随生长有所增大，但并不随块根膨大而成比例的增大，尤其到膨大后期，细胞体积基本上不增加。

甘薯块根膨大形成过程中，由于形成层活动，使根体中柱部分不断扩大，最终迫使表皮破裂和皮层脱落。与此同时，中柱鞘细胞出现木栓形成层。木栓形成层亦具分生能力，向外分生出木栓组织，向内分生出栓内层，并由木栓组织、木栓形成层和栓内层三者组成具多层细胞的周皮包覆于块根外。因品种差异，周皮中含有不同色泽和含量的花青素，因而形成不同的块根皮色。

2. 块根的增长速度和干物质积累

甘薯块根膨大过程及其增长速度，主要取决于地上部光合物质向块根部位运转量及速度。块根干物质主要是淀粉，到收获前30d，淀粉含量达最大值，此后增加甚微。块根增长随生长进程推移，光合产物向块根部位运转量加多，块根膨大增重随之加速。块根增长呈一渐进线形式。但也受气候、品种、栽培等条件影响。魏明山（1964）通过试验，观察到：甘薯在生育初期的一段时间里，主要是生长茎叶。在陕西省关中的气候条件下，自扦插之日（5月13日）到7月底以前是茎叶增长最旺盛的时期，但9月上旬以后，茎叶生长不但无明显增加，反而有所减少。当地上部生长构成一定量的光合器官后，块根才迅速成长，自7月底至9月15日以前是块根成长增重最快的时期。夏薯茎叶与块根的生长趋势基本上与春薯有相同的规律，随时期推迟，产量低于春薯；块根在成长过程中体积膨大与物质累积存在着一定的关系；前期块根的容重小、干物量少，表明块根体积膨大的速度高于物质累积速度，但到生长后期则显示以物质积累为主而体积膨大速度减缓；同一株甘薯上3级块根在成长过程中，从其绝对重量的增加和块根体积的膨大量来看，大块根比中、小型块根居先，显然大块根占有有利的成长因素；对大、中、小3级块根中水分、可溶性糖及淀粉含量的变化分析中，在接近收获时期块根中所发生的糖量增加与淀粉量增加与淀粉量减少的变化，主要受气温降低的影响，这一影响在大块根和小块根间有所不同。据四川农业大学（1979）测定，胜利百号品种栽后90~120d 期间，块根鲜重的绝对增长率达 $45.5 \sim 55.21 g/m^2 \cdot d$，干重的增长率为 $9.27 \sim 13.10 g/m^2 \cdot d$，90d 以前和120d 以后，其增长率都较低。大量试验证明，块根增长速度最快时期是90~120d，其干重增长可达 $54.7 g/m^2 \cdot d$（林衍栓，1996）、$37.3 g/m^2 \cdot d$（赵瑞英，1999）、$20.9 g/m^2 \cdot d$（陈年伟，1999）。

甘薯块根品种间发育特性存在明显差异。品种间大致可分为3种类型：前期增长速度快，后期增长速度慢；前期增长速度慢，后期增长速度快；前后期增长速度均较平稳。通常甘薯无明显的成熟特征，其品种间早、晚熟性的区别，多以结薯早迟和前后期膨大速度为主要依据，如块根形成早，前期膨大增重速度快，后期膨大慢，属早熟类型；结薯迟，前期膨大速度慢后期膨大速度快，为晚熟类型。但也有结薯早，前后期膨大均快的品种，则属于增长潜力大的高产类型。甘薯块根不同部位增长量也有差异，由此造成甘薯凸凹不平或极深的条沟形成。

3. 影响块根形成的因素

甘薯的块根、梗根或纤维根都是由幼根发育而成的。影响幼根的发育因素有薯苗的壮弱、不定根原基形成得早晚和粗细、内源激素水平、生长环境条件和品种等。这些因素都关系到初生形成层活动能力和中柱鞘细胞木质化程度。薯苗壮、不定根原基形成得早且粗壮，温度适宜（22~24℃）、水分适宜、通气良好、光照充足、土壤含钾量高、幼根容易形成块根；薯苗弱、不定根原基形成得晚或细，土壤含水量过高、通透性不好（缺氧）、氮素过多，光照不足，幼根容易形成纤维根；土壤干旱、板结，中柱鞘细胞木质化程度高，幼根容易形成梗根（图 2-2）。

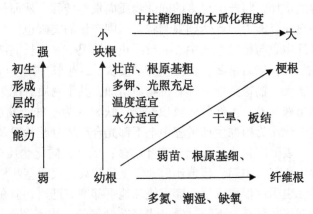

图 2-2　影响甘薯块根形成的因素（郑太波，2018）

4. 甘薯块根膨大动态

（1）春甘薯　5 月上旬栽植的春甘薯，于 6 月中旬即栽后 35~45d 开始结薯。6 月中旬至 7 月中旬即栽后 40~70d，茎叶生长迅速。高产田平均每天每公顷块根增重可达 450~525kg，出现第一次块根膨大高峰。7 月中旬到 8 月底即栽后 70~110d，进入高温多雨季节，茎叶旺盛生长，光合产物向块根运转较少，块根膨大变慢。进入 9 月，即栽后 110~140d，此时日照充足，昼夜温差加大，环境条件极利于块根膨大，同时茎、叶生长达到最大量，高产田平均每天每公顷块根增重 750~1 000kg，出现第二次块根膨大高峰。10 月以后，随着气温下降，茎叶衰退，块根膨大逐渐转慢。

（2）夏甘薯　麦收后抢时栽插的甘薯称夏甘薯。关中地区栽植期通常在 5 月下旬或 6 月上旬。夏甘薯高产田栽后 30d 左右结薯，结薯后到 9 月底为块根膨大高峰，以后随着气温下降膨大速度逐渐减慢。夏甘薯块根是随茎、叶生长而膨大，随茎叶衰退而转慢，只有一个膨大高峰期。

（三）甘薯茎叶生长与块根膨大的关系

1. 甘薯的源与库

甘薯绿色叶片的大小、数量和光合作用速率简称"源"，将甘薯利用同化物质的总容量简称"库"，将同化物向根部的分配或转移效率简称"流"，源丰、流畅、库大并能相互协调，甘薯方能获得高产。目前研究源库关系广泛采用不同类型甘薯品种（系）交互嫁接试验。块根的贮存能力"库"为数量性状，许多研究认为，影响块根贮存能力的因素很多，主要由组织形态及内在植物激素决定，如细胞分裂素、脱落酸（ABA）、生长素等，并发现核糖苷玉米素（ZR）在外侧初生形成层附近含量较高，而ABA 在次生形成层等所在的内侧含量较高（中谷诚等，1991）。运输系统的结构及性状决定。贮存物质合成系统的生化特性及贮存组织的结构决定。甘薯中 ADPGPPase

（ADPG 焦磷酸酯酶）是淀粉积累的关键因子之一。随生长期和品种而异，以生长期而言，栽插后 2~3 个月是库，4~5 个月是源，6 个月是库和源同等重要；以品种而言，在栽插 12~16 周具有较强库容效应的品种，茎叶停止生长较早，通常薯块产量较低。研究表明，由于库容的增加，将产生更多的同化物质向根部转移，从而使块根产量与库容平行增加；但是一旦光合能力因此达到限制状态，则产量的突破也需要源的改善。甘薯生长期光合物质分配中心与植株生长中心一致。正常情况下，生长前期有机物质大部分输向地上部，首先是叶，然后是茎，促使茎叶早发快长；生长中期茎叶生长发展到一定程度后，随着块根膨大，输送到地下部有机物质增加，其干物质分配为块根多于茎，茎多于叶。生长后期植株中养分大部分向块根输送，块根成为植株干物质主要分配部位。甘薯常以蔓薯比值变化作为植株生产过程中上下部光合产物分配状况及其协调与否的标志。蔓薯比值越大，表明同化物质分配至茎叶越多；反之，同化物质分配至块根越多。正常情况下，甘薯生长前、中期，蔓薯比值大于 1 且较大，表明茎叶早发，以后比值下降早、下降速度快，表明块根形成早，膨大快和地下部增重迅速。但在生长后期蔓薯比值下降过快，常表现茎叶早衰，下降过慢又表现茎叶徒长，均不利于块根产量的提高。蔓薯比值为 1（称为"蔓薯平衡期"）出现时间因品种、栽培条件及长势等而异。据绵阳市农业科学研究所研究（陈年伟，1999），早熟品种绵粉 1 号、绵薯早秋蔓薯比值 1 的出现时间早于晚熟品种绵薯 4 号和南薯 88，前者出现在栽插后 73~84d，后者出现在 84~98d。高产夏薯通常在栽插后 80~100d 蔓薯比值达到 1。

2. 茎叶生长与块根膨大的关系

甘薯茎叶与块根膨大的关系可用茎叶重量与块根重量的比值（T/R）表示。T/R 比值越大，表明甘薯同化产物分配到茎叶越多；反之，T/R 比值越小，则表明同化产物分配给块根越多。从源库关系看，生产上甘薯茎叶生长与块根膨大间一般有 4 种情况：①茎叶生长健壮，上下部生长协调，块根产量高。土壤肥水适中，通气性好，前期茎叶早发，结薯早；中期茎叶生长旺盛健壮，块根膨大较快；后期叶片不早衰，块根迅速、持续膨大。收获时，春薯 T/R 比值为 0.5 左右，夏薯为 0.8 左右。栽培措施应掌握促控相结合，即前期促茎叶早发、早结薯，中期控茎叶徒长，促块根膨大，后期防茎叶早衰，促块根迅速膨大。②茎叶生长势弱，块根产量低。由于弱苗、迟栽或土壤瘠薄，肥水不足，管理不及时等。表现为前期返苗慢，结薯晚；中期茎叶生长慢，后期茎叶早衰，块根膨大慢。T/R 比值较小，春薯 T/R 比值在 0.4 以下，夏薯多在 0.6 以下。栽培措施应以促为主，促使茎叶早发，早结薯。③茎叶徒长，块根产量亦低，土壤肥水充足，特别是施 N 肥过多，土壤通气差，前期茎叶猛发，结薯晚；中期茎叶徒长，叶片肥大，叶柄很长，最大叶面积指数在 5 以上；后期叶片不落黄，块根产量低，收获时 T/R 比值多在 1.0 以上。栽培措施应以控为主，特别要控制中期茎叶徒长。④前弱后旺，块根产量低，生长前期由于温度低，地瘠肥少，久旱不雨，茎叶生长差，长时间不封垄，影响结薯；而中后期则因施肥不当，或遇持续高温高湿，茎叶旺长，不能适时落黄，养分分配失调，块根积累很少，产量低，块根含水量高，淀粉少。

（四）甘薯内源激素变化与块根生长

植物生长发育过程中物质和能量的变化均受到植物内源激素系统的调控，植物的根系是产生植物激素的"源"（如细胞分裂素、乙烯的前体 ACC 等），又是接受地上部产生并转运来的内源激素的"库"，因此根系可以通过调控其输出或输入激素的水平来影响地上部激素的含量，从而在协调地上部茎叶和地下部根系的发育过程中起重要作用。植物块根膨大受许多因素制约，其中内源激素是主要的影响因素之一，块根产量的形成和提高与其内源激素含量密切相关。

目前，大家公认的植物内源激素有 5 大类，即生长素（Auxin）类、赤霉素（Gibberellin，CA）类、细胞分裂素（Cytokinin，CTK）类、乙烯（Ethylene）和脱落酸（Abscisic，ABA）。近年发现的内源激素还有油菜素内酯（Brassinolide，BR）、多胺（Polyamine）、茉莉酸（Jasmonic Acid，JA）等。其中细胞分裂素以玉米素和玉米素核苷(Z+ZR)、二氧玉米素和二氧玉米素核苷（DHZ+DHZR）、异戊烯基腺嘌呤和异戊烯基腺嘌呤核苷（IP+IPA）等组分为主。

1. 甘薯内源激素变化规律

从移栽至块根膨大期，甘薯叶片吲哚乙酸（IAA）、CTK 和 GA_4 含量变化趋势相同，均为前、中期高，后期低。叶片 ABA 含量动态变化呈逐步升高的趋势；而对块根内源激素变化的研究发现，从移栽至块根膨大期，ZR、DHZR、ABA、IPA、IAA 和 GA_4 均呈现先升高后降低的趋势。薛建平等（2004 年）研究证明在试管地黄诱导的初期，IAA 的含量略呈下降趋势，但当培养至 20d 时，IAA 的含量呈增加趋势；在地黄离体块根形成的初期，GA_3 含量呈现平稳趋势；而在离体块根快速膨大期，GA_3 含量急剧增加，出现一个明显的峰值，接着 GA_3 含量快速下降，此时块根呈现衰老迹象。对比试管地黄和甘薯块根膨大时的 IAA、GA、ABA 的动态变化，发现 GA、ABA 的变化趋势基本一致；而试管地黄 IAA 在经过培养初期的含量下降后，两者的变化趋势也基本一致。培养初期生长素的含量下降可能与根原基形成初期需要高含量的 IAA 有关。

甘薯在块根发育的不同阶段，大、中小块根的内源激素含量差异显著。膨大前期大块根的 ZR、DHZR、ABA 及 IAA 含量显著高于小块根，而大、中、小块根间 GA_4 和 IPA 含量基本无差异；块根膨大高峰期 ZR、DHZR 和 ABA 含量均表现为中等块根>大块根>小块根，差异均达极显著水平，IAA 含量也显著高于大块根和小块根，而大、中、小块根尖 CA_4、IPA 含量差异均不显著；块根膨大后期，大、中、小块根尖上述几种激素含量表现为小块根>中等块根>大块根。

对甘薯块根内、中、外层的内源激素含量测定表明，IAA 含量在膨大高峰期为内部高于中部和外部，后期则是中部含量最高，内部和外部差异不大；ABA 含量为膨大高峰期和后期外部均高于中部和内部，尤其是后期外部显著高于内部和中部；ZR 含量在膨大高峰前期中部和内部明显高于外部，后期外、中、内差异不大；DHZR 含量膨大高峰期中部和内部含量比外部高，后期外、中、内 3 部分含量差异不大；GA_4 含量前期和后期各部分（外部、中部和内部）变化不大。

不同发育时期甘薯块根顶部、中部和尾部的内源激素含量测定结果均显示，块根顶部的激素含量最高、生理活性最强，块根中各种内源激素的分布具有顶端优势。王庆美等（2005）在试验研究甘薯内源激素变化与块根形成和膨大的关系时也发现块根顶部的激素含量最高、生理活性最强，表明甘薯块根的发育具有顶端优势。进一步表明甘薯块根的生长发育同样具有顶端优势。

2. 内源激素与块根膨大的关系

甘薯块根的形成和膨大与块根内源激素的含量密切相关。从段院生等（2008）综述的甘薯块根生长调控研究进展中可以看出，甘薯块根的形成膨大受内源激素调控，内源激素的动态变化调控着块根的物质积累。甘薯块根的形成和膨大是 ZR、DHZR、ABA、IPA、IAA 和 GA 等多种内源激素协同作用的结果。其中，ZR、DHZR 和 ABA 含量的高低，在不定根能否转化成块根和块根膨大的速率方面起着关键的作用，与块根产量间存在显著正相关关系。suggiyama 指出，甘薯块根小 ZR 含量与贮存能力之间并无明显的关系，说明块根膨大有赖于膨大速率和积累时间，只有持续长时间的 ZR 含量才能保证根的更多物质积累，IAA 和 IPA 虽然不是决定块根形成和膨大的关键因素，但仍然对块根的膨大有着积极作用。

在块根发育的不同阶段，甘薯大、中、小块根的内源激素含量差异表明，在块根发育的不同阶段，地上部制造的光合产物向地下部输送储存的"库"重点也不同。膨大前期大块根的 ABA、ZR、DHZR 及 IAA 含量显著高于小块根，说明此期以大块根发育为主，光合产物运转的重点主要是大块根；到膨大高峰期，中等大小块根各种激素含量最高，说明此期中等大小块根成为光合产物的输送储存中心；而到块根发育后期，则以小块根发育为主。植物块根的次生形成层可发生在原生木质部导管内侧、次生木质部导管内侧、后生木质部导管周围，甚至中柱内的一些薄壁细胞，即主要发生在块根的中部和内部区域。次生形成层的活动是决定块根迅速膨大的关键。膨大高峰期的甘薯块根，除 ABA 外，IAA、ZR、DHZR 的含量均以中部和内部区域含量最高，表明次生形成层活动旺盛与否可能与 IAA、ZR、DHZR 等内源激素含量有着密切关系。

王庆美等（2005）的研究认为甘薯内源激素分布具有顶端优势，块根中早期积淀的碳水化合物首先聚积在顶部尖端，后逐渐向下部积累，块根发育是沿块根纵轴从顶尖开始向下梢转移的，证明块根中碳水化合物的转运是在激素系统的控制下从顶部向下转运的。

3. 内源激素的作用机理

由于每种器官都存在数种激素，因而决定生理效应的往往不是某种激素的绝对含量，而是各激素间的相对含量和它们的比值。IAA、GA、CTK 和 ABA 均有强化甘薯库器官活性、定向诱导同化物向其运输的作用。

叶片内源激素系统是影响叶片生长、发育和生理功能提高的主要内在原因，植物衰老基因对叶片衰老的调控主要是通过控制内源激素的合成。CTK 可显著延缓叶片衰老，并可能作为一种重要的信号引导同化产物的运输，维持或改变植物源库关系。CTK 及 GA 均抑制衰老，ABA 具有明显促进衰老的作用，IAA 则具有双重功效，可能前期促进生长，后期加速衰老。

玉米素核苷（ZR）和二氢玉米素核苷（DHZR）影响块根形成和膨大的作用机理主要是促进细胞分裂，抑制细胞伸长，促进细胞扩展。而 ABA 的主要作用是促进碳水化合物向块根内的运转和积累。较高的内源 ABA 含量促进块根膨大的可能原因是：①促进了淀粉合成酶活性，增加了淀粉合成，从而增加对蔗糖的需求而促进物质运转；②通过调节库中酸性磷酸化酶的活性促进了蔗糖的吸收和卸载；③通过调节 ATP 酶的活性，增加 H+/蔗糖的共运输，从而促进同化物向库的运输。

甘薯块根中 ABA 含量在块根膨大较快的时期最高，其次是块根迅速膨大期，块根膨大低谷期最低，说明块根中较高的 ABA 含量有利于块根膨大，与以往关于单薯较重的甘薯品种，其块根中 ABA 含量较高的试验结果一致。块根中 ABA 含量在块根迅速膨大期低于块根膨大较快的时期，这一结果同时表明块根中 ABA 和块根膨大的关系复杂，可能存在块根膨大过程叶 ABA 的浓度有一个适宜的范围，也可能与激素间的平衡有关。

甘薯块根中特异表达的 Sporamin 贮藏蛋白，是块根形成的一种生化标志，即在甘薯植株生长发育的过程中，块根一旦发生，便在发生部位伴随着大量 Sporamin 的合成。Sporamin 基因的表达还能接受 ABA 信号的诱导而提高水平，而 GA 阻遏 Sporamin 基因的表达。薛建平等（2004）的研究也发现，在培养基中加入外源 GA_3，不利于地黄离体块根膨大，因此推测 GA_3 在地黄离体块根的形成中并不起关键作用，高浓度的 GA_3 可能促进块根成熟，使块根衰老。由此可见，GA_3 对块根形成和膨大效应在块根形成前后期作用不尽一致，而 ABA 含量升高有利于贮存蛋白和淀粉合成。

茉莉酸类物质（JA）对离体马铃薯、薯蓣、菊芋的块茎形成和甘薯的块根及大蒜、洋葱的鳞茎形成具有显著的促进效应。高浓度 JA 能增加细胞中蔗糖的积累，促进微管与微丝的增粗，从而促进马铃薯块茎膨大；薛建平等（2004）提出，JA 能诱导离体培养的甘薯茎生不定根轻微加粗生长，并且使根从白色变为红色。在试管地黄膨大过程中，JA 含量呈明显的上升趋势，而且在其迅速膨大时期，JA 在根中的含量最高，可见 JA 参与了地黄离体块根的形成，并且有可能起着极为重要的作用。

（五）栽培措施对甘薯块根分化与形成的影响

1. 覆膜栽培

地膜覆盖栽培由于改善了根部土壤小环境，对于甘薯根系发育有很大的促进作用，能促进根系快速、尽早发育，优化苗期根系结构，为产量形成奠定良好基础。王翠娟等（2014）试验研究了覆膜栽培对甘薯幼根生长发育、块根形成及产量的影响。以济徐 23 为材料，进行 2 年大田试验和一年盆栽试验，研究 2 种覆膜栽培对甘薯生长前期幼根生长发育和吸收能力、分化根内源激素含量和封垄期单株块根鲜重的影响及其与产量的关系。结果表明，覆黑色膜和覆透明膜处理与对照相比，甘薯秧苗栽植后 10d 和 20d 的幼根数量、总长度、鲜重、表面积、体积和幼根根系的吸收面积、活跃吸收面积均显著（$P<0.05$）增加，其中幼根数量、鲜重、体积、幼根根系的吸收面积、活跃吸收面积在 2 种覆膜处理间差异显著（$P<0.05$），覆黑色膜优于覆透明膜；两种覆膜处理显著（$P<0.05$）提高秧苗栽植后 10d 的根系活力，且覆黑色膜优于覆透明膜。同时，在块根分化期（秧苗栽植后 20d 和 30d）2 种覆膜处理显著（$P<0.05$）提高了分化根的 ZR（玉米素核苷）含量，促进初生形成层的活动和块根形成；在块根膨大初期（秧苗栽植后 40d）2 种覆膜处理显著（$P<0.05$）提高分化根的 ABA（脱落酸）含量和显著（$P<$

0.05）降低分化根的 GA（赤霉素）含量，促进次生形成层的活动、淀粉积累和块根膨大，其中，块根膨大初期 2 种覆膜处理 ABA 和 GA 含量差异显著（$P<0.05$），均以覆黑色膜处理效果最好。在 2 年的大田试验中，2 种覆膜处理与对照相比，均显著提高了甘薯封垄期的单株有效薯块数和单薯鲜重，覆黑色膜的单株有效薯块数高于覆透明膜，而覆透明膜的单薯鲜重显著（$P<0.05$）大于覆黑色膜处理。覆黑色膜和覆透明膜处理 2011 年分别增产 10.71% 和 5.76%，2012 年分别增产 12.99% 和 7.45%。

2. 秧苗品质

薯苗上幼根原基的发育状况关系到扦插后幼根发育的方向（根形态转变的方向）；生机旺盛的壮苗，幼根原基发育好（体积大），扦插后发根快，易形成块根，并且易膨大为大薯，相反，瘦弱细苗幼根原基发育差，发根慢，成为块根的可能性也较少。在苗床中过于干燥或 N 肥不足等，育成的薯苗硬老。老苗扦插后根的中柱鞘细胞木质化较快，易形成纤维根或牛蒡根。司成成等（2015）以淀粉型甘薯品种济徐 23 为材料，研究秧苗素质对块根分化建成和产量的影响。结果表明，与弱苗处理相比，壮苗处理的幼根发育早、发育好；壮苗处理的分化根中，初生形成层的活动能力更强，次生形成层分布范围广；栽植后 $20 \sim 30d$，壮苗处理显著提高了分化根中玉米素核苷（ZR）的含量；栽植后 40d，壮苗处理显著提高了分化根中脱落酸（ABA）的含量。在块根膨大期间，壮苗处理的块根膨大速率始终高于弱苗处理，而 T/R 值（茎叶鲜重与块根鲜重比值）始终低于弱苗处理。与弱苗处理相比，壮苗处理单株结薯数增加 17.53%，块根产量提高 10.76%。

3. 脱毒处理

甘薯是无性繁殖的块根作物，被病毒和类病毒侵染后，势必影响到其正常的生理过程，使其光合作用减弱，呼吸作用增强。随着种植年限的增加，病毒在体内逐代积累，良种种性逐渐失去，产量降低，品质变劣。中国每年因甘薯病毒病造成的损失高达 40 亿元，而利用茎尖分生组织培养繁育脱毒苗是目前减少和防止因病毒造成损失的有效途径。大量研究表明，脱毒增产的机理主要是脱毒苗地上部生长势提高，还苗快，根系早发，地上部叶片叶绿素含量和光合速率提高，地下部块根形成早、膨大快，最终提高产量、改善品质。但由于不同甘薯品种感染病毒程度不同及抗病性的品种间差异，脱毒处理对甘薯产量和品质的影响程度不相同。陈选阳等（2001）从生理生化角度深入研究了脱毒苗增产机理，结果表明脱毒处理各时期叶绿素含量分别较对照（未脱毒）提高了 4.5%、2.8%、5.7%、9.4%、10.9%；脯氨酸含量提高了 1.2%、5.4%、6.9%、6.4%、7.8%；总 N 水平提高了 1.24%、6.46%、5.15%、4.30%、3.05%；硝酸还原酶活性提高了 25.20%、23.08%、19.78%、17.36%、12.41%；淀粉磷酸化酶活性提高 14.1%、13.9%、12.7%、21.7%、29.5%。

4. 栽插深度

甘薯薯苗在垄上栽插的深度与甘薯发根、抗旱以至结薯有很大的关系。栽得深有利于抗旱，但是由于栽得过深地温相对低又不利于发根和结薯等。而栽得浅则不利于抗旱，在甘薯根系发育尚不完全的情况下，根层的干旱则会导致甘薯死亡。应该根据品种特性、薯苗高矮和土壤肥力墒情等情况灵活掌握。一般情况下，栽培密度偏低，水肥条件较好的情况下，薯苗长，插入土节数多的发根多，结薯数也多；在栽插密度偏高，水肥条件较差的情况下，薯苗短，插入土节数少，单株结薯数也少，但大薯率高。根据多年甘薯生产经验的总结，甘薯通常栽的深浅的标准以 4～5cm 为宜，多数情况下这一深度是适合的。苗栽的深浅与入土的节数还与栽插方法有关，水平栽法和船底形栽法入土的节数多但不宜超过 5cm。直栽、斜栽法入土节数少，适合矮苗。栽得深的，相对入土节数多，有利于发根缓苗，增加结薯数，有一定增产效果。但入土节数也不宜过多，过多因长苗基部的叶节生长处于劣势导致植株发根差，营养供应不足，结薯少而小，空节增加反而减产。生产上采用的是 17～27cm 长的薯苗，入土 3～6 节为宜。

5. 无机营养

甘薯生长前期植株矮小，吸收养料较少，但也必须满足其需要，才能促使早发棵。中前期地上部茎叶生长旺盛，薯块开始膨大，这时吸收养分的速度快、数量多，是甘薯吸收营养物质的重要时期，决定着结薯数和最终产量。生长后期地上部茎叶从盛长逐渐转向缓慢，大田叶面积开始下降，黄枯叶率增加，茎叶鲜重逐渐减轻，大量光合产物源源不断向地下块根输送。总的情况是：从甘薯开始栽插成活生长一直到收获，吸收 K 素比 N、P 多，在块根膨大期吸收更多。对 N 素的需要是前、中期吸收较快，中、后期吸收较慢；对 P 素的需要是前中期较少，块根迅速膨大时吸收量增加。

（1）钾　K 素有维持甘薯细胞渗透压，调节气孔运动，保障酶活性、提高光合速率，促进植株内糖分的运输等作用。增施 K 肥能够提高干物质在块根中的分配率，增加干物质生产量和块根产量。汪顺义等（2017）通过试验，探讨了施 K 对甘薯根系生长和产量的影响及其生理机制。设 K_0（K_2O：0kg/hm^2）、K_1（K_2O：75kg/hm^2）、K_2（K_2O：150kg/hm^2）和 K_3（K_2O：225kg/hm^2）4 个处理，调查施 K 对甘薯生长前期和薯块膨大期根系生长、^{13}C 分配量、碳代谢酶活性、光合特性、叶绿素荧光特性以及产量和产量构成的影响。结果表明，与 CK 相比，施 K 处理 2 个生长时期光电子传递速率（ETR）提高 12.7%～63.6%，净光合速率（Pn）提高 7.2%～26.4%，施 K 通过提高光合特性加速光合产物积累，为根系生长提供物质基础。同时，施 K 有利于光合产物由地上部向地下部运转，地下部 ^{13}C 分配量提高 10.6%～66.2%（$P<0.05$）。其次，施 K 处理提高了块根中蔗糖合成酶、磷酸蔗糖合成酶、腺苷二磷酸葡萄糖焦磷酸化酶活性，加速了块根中碳的同化，利于光合产物在块根中的积聚，促进甘薯根系分化与生长。生长前期，施 K 处理总根长提高 13.6%～22.8%，根平均直径提高 11.3%～51.9%，显著提高了不定根向毛细根和块根的分化量（$P<0.05$），有利于有效薯块的早期形成，保证有效的单株结薯数。薯块膨大期，施 K 处理提高块根生物量，有利于薯块的膨大，提高平均薯块重，最终显著增产。与 CK 相比，2014 年 K_1、K_2 和 K_3 处理分别增产 15.8%、24.3%和44.7%，2015 年分别增产 7.9%、13.4%和22.8%。

（2）氮　N 素在甘薯生长前期能促进根系侧根的发生和吸收根的生长，在封垄期能显著提高单株有效薯块数，形成更为协调的地上部和根系生长关系。周利华（2017）在 N 素形态对甘薯块根分化建成的影响试验中看到，与不施用 N 素处理相比，铵态氮素处理增加了参试甘薯品种生长前期的根尖数，即促进了侧根的发生和吸收根的生长，而酰胺态氮素处理抑制了甘薯块根分化建成前（秧苗栽后 15d、30d）不定根的生长。相较于不施 N 素和酰胺态 N 素处理，铵态 N 素处理能促进甘薯生长前期根系的生长发育及块根的分化建成，且具有更为协调的地上部和根系生长关系；N 素形态对甘薯生长前期根系中蔗糖和 N 元素含量也有影响。在甘薯整个生长前期，铵态 N 素处理显著降低了根系的蔗糖含量，提高了根系的 N 元素含量。相较于不施 N 素和酰胺态 N 素处理，铵态 N 素处理的甘薯根系中蔗糖和 N 元素含量均有较为显著的变化；在 N 素形态对甘薯封垄期单株有效薯块数的影响中，与不施用 N 素相比，铵态 N 素处理显著提高了参试甘薯品种封垄期的单株有效薯块数，而酰胺态 N 素处理均显著降低了封垄期（秧苗栽后 45d）的单株有效薯块数。

（3）磷　P 素在甘薯生长中有调节植株对 N、K 等元素的吸收；调节地上部和地下部的生长发育的生物量，增加根系总体积、根尖数和平均直径，增强甘薯幼苗的根系活力。马若囡（2017）为明确缺 P 对甘薯前期根系发育及养分吸收的影响，以鲜食型甘薯品种烟薯 25 为试验材料，设置缺 P（P0）和正常供 P 磷（P1）2 个处理，通过沙砾培养的方法，研究缺 P 条件下甘薯根系发育特征及对养分吸收的影响。结果表明，缺 P 胁迫会抑制甘薯地上部和地下部生长，使地上部和地下部生物量下降；随着培养时间的延长，缺 P 胁迫下甘薯根的总表面积、根系总体积、根尖数、平均直径均呈现增加的趋势，但其根系活力下降，根系总体积和总生物量均显著低于正常供 P 处理；缺 P 胁迫可显著促进甘薯根系对 N、K、Ca、Mn、Cu 元素的吸收，降低根系对 Mg、Fe 元素的吸收，使甘薯地上部 N、K、Mn、Mg、Cu 含量升高，Ca、Fe 元素含量下降。

在生产上，甘薯因植株长相不同而有差别，其中徒长型 N 素吸收量过多，K 素较少；中产型的养分吸收量均不足；高产型吸收 K 量较高，吸收 N、P、K 的比例为 1：0.27：2.3，K 为 N 的两倍多。应根据甘薯生长发育的养分需求，选择合理的 N、P、K 肥比例。实施配方施肥既能促进甘薯地上部分生长，同时还能促进碳水化合物由叶片向块根的运输，促进块根迅速膨大，增加块根产量。

6. 生长调节剂

植物生长调节剂在农作物栽培实践中应用广泛，对植物的生长、发育和代谢起调节作用，且用量少、效益高。徐世宏（1994）、陈晓光（2012）等人研究表明喷施多效唑和乙烯利均能减缓甘薯主枝生长，提高鲜薯和淀粉产量。魏猛等（2013）在大田栽培条件下，以食用型甘薯品种"徐引 0602"为材料，研究了叶面喷施不同植物生长调节剂（多效唑和乙烯利）对甘薯叶片叶绿素含量、块根的产量和品质及其淀粉 RVA 特性影响。结果表明，喷施多效唑和乙烯利提高了叶绿素含量；降低地上部产量，降幅分别为 22.80% 和 21.60%；增加了块根和淀粉的产量，增幅分别为 19.05%、22.02% 和 17.78%、24.77%。由此可见喷施多效唑和乙烯利提高叶绿素含量，改变了光合产物在植株器官间的分配比例，减少了营养体对有机养分的消耗，促进光合产物向地下部转运，促进块根的分化、发育和物质积累起到了控上促下的作用，从而有利于块根膨大和提高经济产量。

第二节 影响甘薯生长发育的因素

中国是世界甘薯生产大国，甘薯在中国已有400多年的栽培历史。近年来，随着人们生活水平的逐渐提高，甘薯作为健康食品越来越受到人们的喜爱，消费量不断增加。了解甘薯生长发育对环境条件的要求，有助于综合考虑各生态因素对甘薯生长发育的影响，从而采取相应的农业技术措施，趋利避害，夺取高产。

一、自然因素的影响

春薯生长期为160~200d，夏薯为110~120d。根据甘薯在大田的生长特点及其与气候条件的关系，大体分为3个生长时期：

前期（从栽秧到封垄）：春薯历时60~70d，夏薯40d左右。该期茎叶生长较慢，根系发展较快，是以生长纤维根为主的时期。

中期（封垄到茎叶生长巅峰）：春薯约历时50d，夏薯约30d。该期块根膨大较慢，茎叶生长快，是以生长茎叶为主的时期。

后期（从茎叶开始衰退到收获）：春薯在8月下旬以后，夏薯在9月上旬以后，该期是块根膨大的主要时期。

（一）温度

甘薯原产热带，喜温暖，怕低温，忌霜冻。甘薯幼苗发根所要求的最低土壤温度为16℃，16~32℃时发根速度明显加快，根数也增多；块根形成与膨大适温为20~30℃，以22~24℃地温对块根的形成和膨大最有利，低温高温均不利于薯块的形成和膨大。茎叶生长的气温要求在18℃以上，最适温度21~26℃，在30℃范围内随温度的升高而生长加快，气温超过35℃茎叶生长受阻。

薯块在16~35℃的范围内温度越高，发芽出苗就快而多。16℃为薯块萌芽的最低温度，最适宜温度范围为29~32℃。薯块长期在35℃以上时，由于薯块的呼吸强度大，消耗养分多，容易发生"糠心"。温度达到40℃以上时，容易发生伤热烂薯。薯块在35~38℃的高温条件下，4d时间，能使破伤部分迅速形成愈伤组织，并增加抗病物质（甘薯酮）的形成，提高抗黑斑病的能力。但是，长期在35℃或超过35℃对幼薯生长有抑制作用。所以，在育苗时高温催芽以后，要把苗床温度降到31℃左右。出苗后的温度控制在25~28℃为宜。在采苗前2~3d，床温应降到20℃左右进行炼苗。

在适宜的温度范围内，昼夜温差大将有利于薯块的膨大。温度对块根膨大的影响主要是通过影响光合作用与呼吸作用之间关系来实现的，即昼温高有利于光合作用，夜温低有利于抑制呼吸作用，减少养分消耗，因此昼夜温差大有利于块根养分积累和膨大。

（二）光照

甘薯是喜光作物，光照充足有利于光合作用。晴朗天气多，块根产量高，阴雨天多、光照不足产量低。甘薯茎叶生长与块根膨大之间的关系是甘薯高产栽培的核心问题，其本质就是光合产物的积累和分配的关系。根据甘薯在大田生长过程中地上部、地下部的关系，人为地分为3个时期：发根分枝结薯期，此期以根系生长为中心；蔓薯并长期，生长中心虽然盛长茎叶，但薯块膨大也快；薯块盛长期，此时生长中心转为薯块盛长。在块根发育的不同阶段，地上部制造的光合产物向地下部输送贮存的"库"重点不同：膨大前期，光合产物运转的重点主要是大块根；膨大高峰期，中等大小块根成为光合产物的输送贮存中心；而到块根发育后期，则以小块根发育为主。因此，光合作用对甘薯块根膨大具有重要作用，光照条件的好坏影响甘薯的生长发育及产量品质。

1. 光照长度（光周期）的影响

甘薯是短日照作物，自然或人工控制每日受光8h左右，植株地上部分的花芽分化、开花、结实就可完成。但生产上是以增加无性器官块根的产量为目的，则需充足的光照，这种特性与马铃薯正好相反。光照不足时容易引起叶色发黄，严重不足时脱落。据研究证明，受光叶片比遮阴叶片的光合强度高6倍多。在生产实践中，光照不足往往伴随着雨水偏多，容易造成地上部徒长，而降低产量；甘薯田间套种高秆作物种植比例不当将严重影响产量。侯利霞（1997）介绍了D. G. Mortley等的水培试验结果。基因型和光周期对单株贮藏根数的主效应显著。这种效应表现在两个基因型品种的贮藏根数目随光周期增加呈现近似线性的增加。基因型×光周期互作不显著。随着光周期增加单株贮藏根数目增加之表现与Bonsi等（1992）报道的甘薯在持续光照下的表现相似。陈潇潇（2014）以白心甘薯为对象，设置红光、蓝光、绿光、黄光4个处理组并设置遮光对照组，比较根部接受不同光质光照对其光合速率及蒸腾速率的影响。结果表明，遮光对照组光合速率最大，黄光处理组的蒸腾速率最大，绿光处理组水分利用率最大。这也说明，不同光质可能通过影响光敏色素从而影响光合速率与蒸腾速率。此外，甘薯的水分利用率发生了改变，其中绿光和蓝光处理后水分利用率的升高，可能是通过影响某些植物激素的合成或者是影响根部细胞的活性以及光敏色素的活性等，从而影响植株的水分利用率，影响甘薯的结薯。

2. 光照强度的影响

在薯块萌芽阶段，光照对发根、萌芽没有直接影响，但光照弱会影响苗床温度。强光能使苗床增温快、温度高，可促进发根、萌芽。出苗后光照强度对薯苗生长速度和素质有明显影响。光照不足，光合作用减弱，薯苗叶色黄绿，组织嫩弱，发生徒长，栽后不易成活。因此，在育苗过程中要充分利用光照，以提高床温，促进光合作用，使薯苗健壮生长。此外，甘薯块根的分化与发育需要较强的光照。徐志刚（2004）等人以自行研制的组培苗光合速率测量系统检测了叶用甘薯无糖组培苗的光合速率，定量分析了外环境中 CO_2 浓度和光合光量子通量密度（PPFD）对无糖组培苗光合特性的影响。结果表明：采用透气封口材料和自然换气，间接合理调控PPFD和外环境 CO_2 浓度对组培苗净光合作用产生积极促进作用；仅提高PPFD或外环境 CO_2 浓度不能有效促进光合作用。当使用透气率为0.4的封口材料时，甘薯无糖组培苗的光合作用在光合光量子通量密度 $250\mu mol/(m^2 \cdot s)$ 和外环境 CO_2 浓度 $8\,735\mu mol/mol$ 时最为适宜。潘妃（2013）等研究了光照强度对甘薯叶片光合作用的影响，发现光照强度在 $0\sim70\mu mol/m^2 \cdot s$ 时，甘薯叶片的净光合速率小于0；当光照强度在 $100\sim1\,000\mu mol/m^2 \cdot s$ 时，甘薯叶片的光合速率随光照强度的增加而增加，其中光照强度由 $100\mu mol/m^2 \cdot s$ 增至 $400\mu mol/m^2 \cdot s$ 时叶片光合速率增加最快；光照强度超过 $800\mu mol/m^2 \cdot s$ 时，光合速率的增幅渐缓。甘薯叶片光合速率随光照强度的增加呈现先增后减的现象。戚冰洁（2013）等采用温室水培方法，以甘薯品种"徐薯22""苏薯11"和"宁紫1号"为材料，外源氯（0、42.2mmol/L、84.4mmol/L、168.8mmol/L、211mmol/L）胁迫处理 7d、14d 和 21d，测定其生理生化及气体交换参数，探讨 Cl^- 对甘薯幼苗生长以及光合特性的影响。结果发现：外源氯低浓度短期处理利于甘薯幼苗生长及光合作用的进行；在胁迫初期甘薯可有效抑制 Cl^- 向地上部转运，但在处理第3周该抗逆性明显减弱；甘薯对氯胁迫的耐受性存在基因型差异。李韦柳（2017）等采用人工遮阴的方法，研究了不同遮阴程度 [0（CK），30%，70%] 对甘薯地上部性状、产量、淀粉含量及生理特性的影响。结果表明，随遮阴程度的加重，甘薯叶片变大，节间距加大，叶柄和茎蔓伸长，茎粗变细，产量和淀粉产出率减少；叶片的叶绿素含量增加，叶绿素 a/b 值降低，SOD（超氧化物歧化酶）活性减小，POD（过氧化物酶）活性、CAT（过氧化氢酶）活性、MDA（丙二醛）含量和脯氨酸含量增加；与自然光照相比，轻度遮阴（遮阴30%）对淀粉型甘薯"桂经薯2号"生长发育影响较小，而重度遮阴（遮阴70%）造成弱光胁迫，地上部徒长，组织抗性降低，物质积累不足，影响了甘薯的产量和品质形成。

（三）水分的影响

甘薯耐旱力较强，蒸腾系数较小。大田生长期间的耗水动态由低到高，再由高到低。在扎根还苗、分枝结薯阶段，生理需水较少，要求田间持水量 60%~70%；分枝结薯至蔓叶生长高峰期间，生理需水较多，要求土壤最大持水量 70%~80%；进入茎叶衰退期后，以保持土壤含水量 60%~70% 为宜。

甘薯茎叶含水量一般为 85% 左右，块根含水量一般为 70% 左右，加之地上部产量很高，故一生中需水量相当大。据测定在整个生长期间，田间总耗水量为 500~800mm，相当于每亩用水 400~600m³；与一般旱作物相比其蒸腾系数略低，为 300~500。不同生长阶段的耗水量不同，发根缓苗和分枝结薯期植株幼小，这两个时期占总耗水量的 10%~15%；茎叶盛长期需水较多，约占总耗水量的 40%；薯块膨大期约占总耗水量的 35%。田间栽培中，前期土壤相对含水量以保持在 70% 左右为宜；有利于发根缓苗和纤维根形成块根；中期茎叶生长消耗水分较多，为尽快形成较大的叶面积，土壤相对含水量以保持在 70%~80% 为宜；薯块膨大期，应防止土壤水分过多，造成土壤内氧气缺乏，影响块根膨大，土壤相对含水量保持在 60% 左右为宜。需要指出的是甘薯较耐旱，但是水分过多过少均不利于增产。甘薯怕淹，特别是在结薯后受淹对产量影响很大。土壤干湿不定造成块根内外生长速度不均衡，常出现裂皮现象。总之，甘薯既怕涝，又怕旱，群众说："干长柴根，湿长须根，不干不湿长块根。"要获得甘薯高产，应根据具体条件适时适量灌水，及时彻底排涝，旱地要加强中耕保墒。

（四）土壤的影响

甘薯对土壤的适应性很强，据测定土壤 pH 值在 4.2~8.3 范围内，甘薯均可正常生长，但以 pH 值 6.5~7 较为适宜，因此甘薯常被作为垦荒种植的先锋作物。但要获得高产，则以土层疏松，保水保肥，通气性良好的沙壤土或壤土，pH 值 5~7 的土壤为最适宜。这样的土壤疏松，透气性好，块根形状粗短、整齐，皮色鲜艳，食味好，出干率高，耐贮藏性好。但是，沙壤土缺乏养料，保水性差，易受干旱，必须经过施肥、改土，才能获得高产。黏重板结的土壤，保水力虽好，但通气性差，易受涝害，块根形状细长，皮薄色淡，块根含水多，出干率低，食味差，不耐贮藏。

（五）空气的影响

研究证实，土壤通气性是影响甘薯块根膨大和块根产量的主要环境因素。育苗时薯块发根、萌芽、长苗过程中的一切生命活动，都需要通过呼吸作用获得能量。氧气不足，呼吸作用受到阻碍，严重缺氧被迫进行缺氧呼吸而产生酒精。由于酒精积累会引起自身中毒，导致薯块腐烂，因此在育苗过程中，必须注意通风换气。氧气供应充足，才能保证薯苗正常生长，达到苗壮、苗多的要求。甘薯系块根作物，块根膨大时需消耗大量的氧气，因此甘薯对土壤通透性要求较高，通透性好有利于根部形成层活动，促进块根膨大，也利于土壤中微生物活动，加快养分分解供根系吸收。

史春余（2002）等选用"鲁薯 7 号"和"徐薯 18"为材料，研究了土壤通气性对甘薯无机养分吸收、^{14}C 同化物分配和块根产量的影响。结果表明：改善土壤的通气性可以增加叶片中 K、Ca、Mn、B 和 Zn 的含量，增加块根中 K 和 Ca 的含量，促进 ^{14}C 同化物由叶片向块根的运转和分配，提高块根中淀粉含量，极显著地提高了块根的产量。

二、栽培因素的影响

（一）覆盖方式的影响

甘薯生育期间的低温，特别是栽植前期与生育后期的低温，是甘薯生产上影响产量的重要因素。地膜覆盖栽培能改善田间小气候，有利于甘薯生长发育，克服无霜期短、早春低温干旱等不利因素，是提高甘薯产量的有效措施；同时甘薯结薯早、大薯率高，可提早收获上市，是农户调整种植结构、增加收入的一项高效栽培技术。

地膜覆盖种植与露地相比可保温增温，控制土壤水分的无效蒸发，具有好的保墒、节水功能，对无霜期短、干旱和半干旱地区农业具有非常重要的意义。覆膜栽培能有效促进幼根的发生、生长发育和分化根初生形成层的活动，促进块根膨大初期次生形成层的活动和薄壁细胞中淀粉的积累，显著提高封垄期前后单株有效薯块数和单株鲜薯重，有利于协调甘薯生长中后期茎叶生长与块根膨大的关系，从而提高块根产量。

于文东（2003）等设置了覆膜与不覆膜两个处理，探讨了覆膜对春甘薯生长环境及生育动态的影响。结果表明，春甘薯覆膜明显起到了增温保墒，改善土壤理化性状，促苗早发快长，扩大全生育期叶片光合作用的面积和时间，增加光合物质积累量和转移率，改善经济产量，从而达到了增产增收的效果。

马志民（2012）等比较了 3 种不同覆膜方式即黑膜、透明膜及不覆膜对甘薯生长发育过程中土壤温湿度、孔隙度、甘薯地上部及地下部生长发育动态的影响，以确定最佳的覆膜方式。结果表明，土壤孔隙度在覆膜与不覆膜之间存在明显差异，覆膜可以使土壤保持疏松透气，同时还可以起到增温保墒的作用，为甘薯膨大提供一个好的环境；

相对于透明膜，覆黑膜可以将地温控制在更能适宜甘薯膨大的范围之内，抑制膜下的杂草生长。不同栽培方式对甘薯产量的影响依次为黑膜>透明膜>无膜。可见，在甘薯生长发育过程中，覆膜可以提高产量，并且覆黑膜比覆透明膜的效果更好。

付文娥（2013）等采用黑色膜、透明膜和露地3种栽培方式，研究覆膜栽培对甘薯生长动态及产量的影响。结果表明，覆膜前期增温保温作用显著，5~15cm 地温平均比露地提高 3.8~4.9℃；覆膜提墒保墒作用以 10cm 处效果最佳，黑色膜保水效果优于透明膜；地膜覆盖促进了甘薯早期生长发育，早缓苗3d，分枝提前 2~3d，封垄提前 3~4d，栽插后 50d 叶面积系数比露地提高，50~90d 甘薯地下部单株日生长量黑色膜为 18.8g，透明膜为 16.1g；覆膜后，光合物质能较快地分配到地下部，获得较高的经济产量，透明膜与黑色膜覆盖比露地栽培分别增产 21.2%、26.0%，大中薯率均约比露地高 11.0%。

王翠娟（2014）等以"济徐 23"为研究对象，设置不覆膜、覆透明膜、覆黑色膜3个处理，研究2种覆膜栽培对甘薯生长前期幼根生长发育和吸收能力、分化根内源激素含量和封垄期单株块根鲜重的影响及其与产量的关系。结果表明，覆黑色膜和覆透明膜处理与对照相比，均显著（$P<0.05$）增加甘薯秧苗栽植后 10d 和 20d 的幼根数量、总长度、鲜重、表面积、体积和幼根根系的吸收面积、活跃吸收面积；同时，在块根分化期（秧苗栽植后 20d 和 30d）2 种覆膜处理显著（$P<0.05$）提高了分化根的 ZR 含量，促进初生形成层的活动和块根形成；在块根膨大初期（秧苗栽植后 40d）2 种覆膜处理显著（$P<0.05$）提高分化根的 ABA 含量和显著（$P<0.05$）降低分化根的 GA 含量，促进次生形成层的活动、淀粉积累和块根膨大。在 2 年的大田试验中，2 种覆膜处理与对照相比，均显著提高了甘薯封垄期的单株有效薯块数和单薯鲜重，覆黑色膜的单株有效薯块数高于覆透明膜，而覆透明膜的单薯鲜重显著（$P<0.05$）大于覆黑色膜处理。

江燕（2014）等以淀粉型甘薯品种"济徐 23"为供试材料，设置不覆盖地膜（CK）、覆盖透明地膜（TF）和覆盖黑色地膜（BF）3个处理，研究地膜覆盖对土壤水热状况、甘薯块根形成及产量的影响。结果表明：地膜覆盖可以提高甘薯块根分化建成期（栽植后 0~20d）0~20cm 各土层的土壤温度 1.0~6.5℃，特别是在栽植后 10d 覆盖透明地膜比覆盖黑色地膜高 0.6~3.5℃；提高 0~20cm 土层的土壤相对含水量 9.97%~18.1%，且覆盖黑色地膜比覆盖透明地膜高 1.2%~5.1%。地膜覆盖增大根系吸收面积和提高根系活力，但在 20d 时覆盖黑色地膜处理的根系活力显著低于不覆盖地膜的对照（$P<0.05$）；同时，在栽植后 20d，地膜覆盖显著提高了甘薯的光合速率。地膜覆盖显著增加了分化根中内源激素玉米素核苷（ZR）含量，且黑色地膜在 20~30d 时 ZR 含量显著高于透明地膜（$P<0.05$）；显著（$P<0.05$）提高栽植后 40d 块根中脱落酸（ABA）的含量，且覆盖黑色地膜处理的 ABA 含量显著（$P<0.05$）高于覆盖透明地膜处理。地膜覆盖还提高了甘薯块根膨大期块根干物质初始积累量和平均积累速率，增加了单株结薯数和单薯重，最终显著提高了收获期块根产量，覆盖透明地膜和覆盖黑色地膜分别较对照增产 10.38% 和 15.91%。因此，覆盖地膜能促进甘薯块根早形成，协调其生长中后期地上部与地下部的关系，从而提高块根产量。

张磊（2015）等在研究黑色地膜对甘薯光合作用和叶绿素荧光特性的研究试验中，进行了覆盖黑色地膜和不覆膜（CK）的处理，结果表明，覆盖黑色地膜使甘薯的 Pn（净光合速率）和 Cond（气孔导度）值显著提高（$P<0.05$），二者呈直线正相关性；光补偿点、光饱和点和最大净光合速率值也显著提高。随着光强的不断增加甘薯的 ETR（PSⅡ非循环光合电子传递速率）、PCR（光化学速率）和 qP（光化学猝灭系数）值逐渐变大，PhiPS2（PSⅡ实际光化学效率）、Fv′/Fm′（PSⅡ反应中心原初光能捕获效率）和 NPQ（非光化学猝灭系数）值逐渐变小；当光强大于 1 500 μmol/（$m^2 \cdot s$）时，黑色地膜使甘薯的荧光参数值（ETR、PCR、PhiPS2、Fv′/Fm′和 qP）显著提高，NPQ 值则降低；黑色地膜甘薯的鲜重和干重分别提高 40% 和 31% 以上。因此得出，覆盖黑色地膜可显著提高甘薯在强光下吸收光子效率及其供给效率，进一步加强了甘薯能量转化速率和对强光环境的适应能力，最终提高甘薯光合生产能力。

（二）施肥的影响

甘薯具有高产稳产和适应性广、抗逆性强的特点，在肥水条件较好的土地上种植，亩（1 亩 ≈ 667m²，全书同）产可达 2 000~3 000kg，高的可达 5 000kg 以上。作为典型的块根类作物，甘薯根系不仅是矿质养分吸收器官，也是光合产物贮藏器官，甘薯根系形态、分化状况直接决定了甘薯产量。在甘薯生长发育中，施肥情况发挥着重要作用。N、K 是甘薯生长所必需的大量元素，对甘薯生长发育、品质的提高及产量形成具有重要意义。甘薯吸肥力强，在瘠薄的土地上也可获得相当产量。但甘薯是高产作物，需肥较多，只有供给充足的养分，才能充分发挥它的高产性能。除 N、P、K 外，S、Fe、Mg、Ca 等也有重要作用。在三要素中甘薯对 K 的要求最多，N 次之，P 最少。据分析，生产 1 000kg 鲜薯，需施纯氮肥（N）4~5kg、磷肥（P_2O_5）2~3kg、钾肥（K_2O）7~8kg。因此，土壤养分状况是甘薯获得高产的重要因子，甘薯生产上除要保证 N 肥、P 肥的供应外，要特别重视增施 K 肥。

1. 氮肥对甘薯生长的影响

甘薯发根结薯期 N 素同化关键限速酶为硝酸还原酶（NR），其活性影响地上部源器官的建成和光合同化物的合成。光合同化物（主要以蔗糖的形式）由源运输到根系，经蔗糖合成酶（SS）、蔗糖磷酸合成酶（SPS）和腺苷二磷酸葡萄糖焦磷酸化酶（AD-PGPPase）的催化反应合成淀粉并促进根系发育。适量的 N 素能够促进甘薯蛋白质和叶绿素形成并提高 NR 活性和光合作用，从而加速有机物转化和养分积累。而施 N 量过高时，植株会以超过自身需要的速度进行吸收，造成奢侈消耗，且不利于薯块的膨大；植株将过多吸收的硝态氮储存起来，形成的硝酸盐对人体健康为害巨大，并会对生态环境造成污染。

（1）氮源种类　不同 N 源对甘薯植株叶绿素含量及光合特性均有显著影响，其中硝态氮对叶绿素 a 含量、光合速率的影响大于铵态氮，且较铵态氮更容易提高硝酸盐含量。此外，硝化抑制剂双氰胺（DCD）可以使施用铵态氮的福薯 7-6 茎尖硝酸盐含量显著下降，但对施用硝态氮处理的影响不显著。余光辉（2006）、黄益宗（2002）等一致认为，硝化反应被硝化抑制剂抑制后，N 肥将长时间以 N 的形式保持在土壤中，避

免高浓度 NO_3^- 和 NO_2^- 的出现，达到减少 NO_3^- 和 NO_2^- 的淋溶损失以及减少 N_2O 释放的目的。

周利华（2017）通过施用铵态氮素硫酸铵和酰胺态氮素尿素 2 个形态 N 素，进行了 N 素形态对甘薯块根分化建成的影响试验，对甘薯生长前期根系生长发育情况、根系蔗糖及 N 元素含量、封垄期单株有效薯块数等进行了系统分析。结果表明，与不施用 N 素和施用酰胺态 N 素相比，施用铵态 N 素更有利于甘薯生长前期根系的生长发育，形成更为协调的地上部和根系生长关系，且更有利于提高甘薯封垄期的单株有效薯块数。

（2）施氮量 N 代谢直接影响甘薯地上部分的光合作用。前人研究表明，甘薯植株生长前期以 N 素代谢为主，具体表现植株具有较高的累积 N 素能力，从而提高了 N 素含量，更进一步促进茎叶的生长与壮大，而植株体内的碳素同化物质的比例较低。另一阶段是生长中后期，随着叶器官不断生长和壮大，加强了碳素的同化能力，使碳素代谢转为优势。当甘薯植株中氮浓度低时，干物质向块根的分配率高。

吴振新（2013）在研究甘薯的不同 N 肥施用量对甘薯生长及鲜薯产量的影响时，指出：在灰沙泥田较高土壤肥力条件下，每亩施用 N 素 12kg 能较好地协调甘薯藤蔓与块根的生长，块根产量高，为甘薯高产栽培的适宜施 N 量。另有研究报道，在黏土地肥力水平较高条件下，以迷你型甘薯"心香"为试材，施 N 量在 0~7.5kg/亩范围内，鲜薯产量与施 N 量呈正相关；而在棕壤土高肥力条件下，施用 N 肥对"济薯 21"增产没有促进作用，反而造成减产；在鲁南地区中等肥力土壤条件下，甘薯鲜薯产量随施 N 量增加呈先增加后下降趋势。

柴沙沙（2014）等通过对不同产量潜力甘薯品种的 N 代谢特性研究，发现：在甘薯生长前期，高产品种的植株 N 含量要低于低产品种，到了甘薯生长后期，高产品种的植株 N 含量则高于低产品种。高产甘薯品种的硝酸还原酶活性不一定高，但是低产品种的硝酸还原酶活性低。低产品种的谷氨酰胺合成酶活性高于高产品种。高产品种的叶片和叶柄中 C/N 比较低，说明高产品种叶片和叶柄中的碳水化合物含量较低，N 含量相对较高。叶片中 N 含量高，光合能力较强，制造的光合产物较多，而在茎叶中的碳水化合物含量较低，生成的光合产物大部分运向块根，促进干物质在块根中积累，因此产量较高。

杨育峰（2015）等人以兼用型甘薯品种"郑红 22"为试验材料，探讨不同 N 肥施用量对甘薯生长、含 N 量及产量的影响。结果表明，甘薯地上部鲜质量随施 N 量的增加及生长时间的延长均不断增加；地下部鲜质量随生长时间的延长而不断增加，随施 N 量的增加先升高后降低；地上部鲜质量与地下部鲜质量的比值随生长时间的延长而不断降低，随 N 肥施用量的增加先降低后升高。甘薯地上部干物质含 N 量和地下部干物质含 N 量均随生长时间的延长而不断降低，随施 N 量的增加先升高后降低；地上部干物质含 N 量与地下部干物质含 N 量的比值随生长时间的延长不断升高，总体上随施 N 量的增加而增加。鲜薯产量随施 N 量增加先升高后降低，以施 N 量 75kg/hm² 处理最高，为 43 819.44kg/hm²。相关性分析结果显示，地上部鲜质量与地上部干物质含 N 量呈显著正相关，地下部鲜质量及地下部干物质含 N 量均与鲜薯产量呈显著正相关，地上部鲜质量与地下部鲜质量的比值与地下部干物质含 N 量呈显著负相关。

2. 钾肥对甘薯生长的影响

甘薯是典型的喜钾作物，K 素有维持甘薯细胞渗透压，调节气孔运动，保障酶活性、提高光合速率，促进植株内糖分的运输等作用。增施 K 肥可以增加甘薯的干物质生产量，提高干物质在块根中的分配比例，有效地抑制地上部茎叶徒长，提高块根产量。在低肥力条件下，光合产物少、光合物质供应不足导致甘薯产量降低；在中高肥力条件下，茎叶生长过旺，甚至徒长，光合产物向块根运转不畅，干物质在块根中的分配率低是甘薯产量低的重要原因。甘薯产量的形成是各因素共同作用的结果，不同生态因素对甘薯会产生不同的影响，而甘薯的不同生长时期对同一生态因素的要求也是不同的。

史春余（2002）等选用"徐薯 18 号"为材料，通过大田试验研究了供 K 水平对甘薯块根薄壁细胞显微和超微结构、块根呼吸速率和 ATP 含量、^{14}C 同化物分配和产量等的影响。结果表明，施用适量 K 肥（$24g/m^2$），甘薯块根薄壁细胞膜结构完整、清晰，内含较多的线粒体和质体，胞质较丰富；块根的呼吸速率和 ATP 含量较高，有利于提高块根"库"的活性。适量供 K，增加单位体积块根内的淀粉粒数，提高块根淀粉含量；促进光合产物由叶片向块根的运输，提高了 ^{14}C 同化物在块根中的分配比例，促进块根迅速膨大，增加单薯重，提高块根产量。

张爱君（2010）等利用黄潮土肥料长期定位试验，研究长期不施 K 肥对甘薯产量的影响。结果表明，长期不施 K 肥，薯决膨大期迟后、日增重减少，导致鲜薯产量下降；与施 K 处理相比，不施 K 可提高薯块干物质含量，而单位面积干物质产量明显下降；长期不施 K 肥条件下，不同甘薯品种的产量反应存在显著差异，以此筛选出高耐低钾力品种"徐薯18"、K 高效型品种"徐薯 25-2"和 K 敏感型品种"苏薯7"，可为品种选育和生产应用提供材料。

许育彬（2007）以"秦薯 4 号"和"619"作为供试材料，研究了不同施肥条件下干旱对甘薯生长发育和光合作用的影响。结果表明，土壤干旱程度的加重会明显降低甘薯总叶数、绿叶数、分枝数、总茎长、茎干重、根系发育、单株光合面积和光合速率，而通过施肥改善土壤营养状况可极显著促进甘薯根、茎、叶的生长发育，增强光合能力。N、P 配施的施肥效应大于单营养施肥。施肥与土壤水分之间互作显著或极显著，土壤干旱程度的加重会降低施肥效应。

3. 氮钾肥互作对甘薯生长的影响

在甘薯生长发育过程中，N、K 肥各自在植株代谢中起着不可或缺的作用，并且 N、K 含量的比例对甘薯生长意义重大。N 和 K 在甘薯体内具有互为补充的作用，表现为块根中 K_2O/N 比和块根产量呈显著正相关；在高 N 条件下，增加 K_2O/N 比有利于块根盛长；在低 N 条件下，增加 K_2O/N 比则不利于块根生长。有的研究发现土壤中速效氮含量过高（$>70mg/kg$），速效钾含量较低，N、K 比例失调，造成地上部茎叶生长与块根盛长失调的现象。

汪顺义等（2015）以北方主栽淀粉型品种"商薯 19 号"为研究对象，采用沙培方式，设置 N、K 正常供给、多 N、多 K 和 N、K 交互 4 种处理方式，探讨了 N、K 及其交互作用对甘薯苗期养分吸收、农艺学性状、根系发育、硝酸还原酶（NR）、蔗糖合成酶（SS）、蔗糖磷酸合成酶（SPS）和腺苷二磷酸焦磷酸化酶（ADPGPPase）的影响。结果表明：与 N、K 正常供给处理相比，多 N 处理显著提高了甘薯地上部和地下部 N 吸收量、SPAD 值、叶片数、叶面积；多 N 处理提高了总根长、根表面积、根体积、平均直径和 NR 活性、SS 活性和 SPS 活性；另外，多 N 处理块根比例减少 7.9%，中等根（徒耗养分的根）分化比例升高 7.7%。与 N、K 正常供给处理相比，多 K 处理显著提高了地上部和地下部 N 吸收量，且多 K 处理提高了根系活力、总根长、根表面积、根体积、根平均直径、SS 活性、SPS 活性、ADPGPPase 活性。N、K 配施（NK）处理须根和块根分化比例升高 0.2% 和 12.4%，中等根（徒耗养分的根）分化比例降低 12.6%。与 N 和 K 处理相比，N、K 配施处理能够调控甘薯苗期地上部和地下部生物量比例（T/R 值），同时提高须根和块根分化比例，显著促进了薯块的膨大。双因素分析表明，N、K 配施对地上和地下部 N、K 含量、根系活力、根平均直径、NR 活性、SPS 活性、ADPGPPase 活性均存在显著的正交互效应。

唐恒朋（2016）等采用大田试验方法，以"宁紫 1 号""泰中 6 号"为研究对象，研究不同类型 K 肥对甘薯生长发育及产质量的影响。结果表明，施 K 肥可增加甘薯的平均茎长和提高块根干物质的积累量，"宁紫 1 号"的平均茎长明显高于"泰中 6 号"，且氯化钾对甘薯的平均茎长的影响稍大于硫酸钾；移栽后 70~130d，"宁紫 1 号"块根干物质积累变化较明显，随着施 K 量的增加，硫酸钾使同期甘薯的干物质积累量呈逐渐增加的趋势，氯化钾则呈先升后降的趋势；"泰中 6 号"甘薯块根随着生育进程的推进不断膨大。施 K 肥可增加甘薯的单薯重和产量。随着施 K 量的增加，"宁紫 1 号"单薯重与对照组相比呈逐渐增加的趋势；高 K 处理"泰中 6 号"单薯重呈一定的下降趋势，且对单薯重的增加效果氯化钾优于硫酸钾；施 K 肥可明显增加 2 个甘薯品种的产量，"泰中 6 号"的产量远高于"宁紫 1 号"。施 K 肥可显著增加"宁紫 1 号"块根中的花青素含量，而"泰中 6 号"花青素含量很少且变化不大；除 Mn、Zn 元素外，不同品种间 K 素对甘薯矿质元素含量的影响存在一定的差异，"宁紫 1 号"，施 K 肥可显著促进甘薯对 K、Fe 的吸收，降低其对 Ca 的吸收，而对 N、P、Cu 的吸收影响不大；对于"泰中 6 号"，施 K 肥可促进甘薯对 Ca 的吸收，降低对 K、Fe、Cu 的吸收，而对 N、P 的含量变化不大。

张海燕（2017）等以淀粉型甘薯品种"济薯 25"和鲜食型甘薯品种"济薯 26"为试验材料，研究了不同种类肥料对甘薯生长发育动态和产量的影响。结果表明，氨基酸水溶肥可显著提高甘薯的鲜薯和薯干产量、干物率和大中薯率。对于淀粉型甘薯品种，氨基酸水溶肥处理的鲜薯和薯干产量分别比对照提高 9.19% 和 13.61%，比腐植酸活性肥提高 11.21% 和 15.44%，比 N、P、K 复合肥提高 29.93% 和 35.95%；产量分别比对照提高 5.22% 和 13.74%，比腐植酸活性肥处理提高 37.52% 和 44.06%，比 N、P、K 复合肥处理提高 48.00% 和 53.20%。氨基酸水溶肥促进了甘薯地上部生长，栽后 40d，氨基酸水溶肥处理的地上部鲜重和干重均高于其他处理；生育中后期生长中心转移到地下，栽后 60~100d，氨基酸水溶肥处理的地下部鲜重和干重均高于其他处理，形成了合理的源库关系，促进了甘薯产量的提高，而腐植酸活性肥和 N、P、K 复合肥则由于地上部徒长，抑制了中后期块根的膨大，最终导致减产。

汪顺义（2017）等为探讨施 K 调控甘薯根系生长的生理机制，设 K_0（K_2O：0kg/hm^2）、K_1（K_2O：75kg/hm^2）、K_2（K_2O：150kg/hm^2）和 K_3（K_2O：225kg/hm^2）4 个处理，调查施 K 对甘薯生长前期和薯块膨大期根系生长、^{13}C 分配量、碳代谢酶活性、光合特性、叶绿素荧光特性、以及产量和产量构成的影响。结果表明，与 CK 相比，施 K 处理 2 个生长时期光电子传递速率（ETR）提高 12.7%~63.6%，净光合速率（Pn）提高 7.2%~26.4%，施 K 通过提高光合特性加速光合产物积累，为根系生长提供物质基础。同时，施 K 有利于光合产物由地上部向地下部运转，地下部 ^{13}C 分配量提高 10.6%~66.2%（$P<0.05$）。其次，施 K 处理提高了块根中蔗糖合酶、磷酸蔗糖合酶、腺苷二磷酸葡萄糖焦磷酸化酶活性，加速了块根中碳的同化，利于光合产物在块根中的积聚，促进甘薯根系分化与生长。生长前期，施 K 处理总根长提高 13.6%~22.8%，根平均直径提高 11.3%~51.9%，显著提高了不定根向毛细根和块根分化量（$P<0.05$），有利于有效薯块的早期形成，保证有效的单株结薯数。薯块膨大期，施 K 处理提高块根生物量，有利于薯块的膨大，提高平均薯块重，最终显著增产。

4. 磷肥对甘薯生长的影响

张爱君（2011）等利用 1980 年建立的黄潮土肥料长期定位试验，研究了长期不施 P 肥对甘薯产量与品质的影响。结果表明，长期不施 P 肥，土壤严重缺 P，致使薯块膨大期迟后、日增重减少，鲜薯产量显著下降（$P<0.05$）；与施 P 处理相比，不施 P 处理薯块干率、淀粉率及蛋白质含量下降不明显（$P>0.05$）。长期不施 P 显著提高薯块可溶性糖和还原糖含量（$P<0.05$），并导致甘薯淀粉黏滞力显著降低（$P<0.05$）；在长期不施 P 肥条件下，不同甘薯品种的产量反应存在显著差异，以此筛选出高耐低 P 力品种"徐薯 18"、P 高效型品种"徐薯 27"和 P 敏感型品种"苏渝 303"，可为品种选育、种质创新和生产应用提供材料。

（三）外源激素的影响

植物生长发育过程及其物质和能量的变化均受到植物内源激素系统的调控，激素系统是重要的信息系统。植物的根系既是产生植物激素的"源"（如细胞分裂素、乙烯的前体 ACC 等），又是接受地上部产生并转运来的内源激素的"库"，因此根系可以通过调控其输出或输入激素的水平来影响地上部激素的含量，从而在协调地上部茎叶和地下部根系的发育过程中起重要作用。甘薯块根膨大受许多因素制约，其中内源植物激素是主要的影响因素之一，块根产量的形成和提高与其内源激素含量密切相关。

甘薯的收获目标主要为地下部块根，生产上以提高块根产量为主要目的。甘薯块根膨大受许多因素制约，其中内源植物激素是主要的影响因素之一，块根产量的形成和提高与其内源激素含量密切相关。甘薯块根的形成和膨大是细胞分裂素（CTKs）、脱落酸（ABA）、生长素（IAA）、赤霉素（GAs）等多种内源激素协同作用的结果（张启堂等，1996），ZR、DHZR 和 ABA 含量的高低在不定根能否转化形成块根和块根膨大的速率方面起着关键作用，与块根产量间存在显著正相关。

唐君（2001）等利用激动素（KT）、α-萘乙酸（NAA）、6-苄基氨基嘌呤（6-BA）、吲哚乙酸（IAA）和赤霉素（GA$_3$）等外源激素，对甘薯不同品种茎尖分生组织进行处理，研究其愈伤组织培养效果和植株再生情况。结果表明：甘薯品种间对培养基有较强的选择性，在不同外源激素作用下品种成苗率存在明显差异；外源激素以 6-BA 对甘薯茎尖分生组织培养效果较好，其甘薯茎成苗率可达 74%~88%。

王庆美（2005）等以"徐薯18""Minamiyutaka"和"K123"为研究对象，研究了不同基因型甘薯块根内源激素含量变化对块根形成和膨大的影响。结果表明，块根形成前后和膨大高峰期，甘薯栽培种"徐薯18"和"Minamiyutaka"的 ZR、DHZR、ABA、IAA 和 IPA 含量均显著高于近缘野生种"I. trifida"（K123），差异达极显著水平。块根日鲜重增长速率与 ZR、DHZR 和 ABA 的含量变化动态高度一致。块根形成前后及块根膨大中期和高峰期，块根干重与块根 ABA、ZR 和 DHZR 含量间呈显著（或极显著）正相关，与 IAA、IPA 和 GA$_4$ 间无明显相关性。ZR、DHZR 和 ABA 含量的高低，在不定根能否转化形成块根和块根膨大的速率方面起关键的作用。块根不同部位（顶部、中部和尾部以及外部、中部和内部）各种激素含量差异显著，块根的顶部激素含量最高、生理活性最强，内部和中部（ABA 除外）也是各种激素含量高的部位。膨大前期大块根的 ZR、DHZR、ABA 及 IAA 含量显著高于小块根，膨大中期中等大小块根激素含量最高，膨大后期小块根的激素含量显著高于中等大小的块根和大块根。

张立明（2007）等以"徐薯18"甘薯苗为材料，设置脱毒原种苗（VF）、氯化胆碱（LH）浸根、叶面喷洒壮丰安（ZFA）、未脱毒徐薯18苗（CK）4 个处理，测定不同处理对块根产量、块根日增长速率、T/R 值、不同时期叶片及块根内源激素来研究脱毒苗和植物生长调节剂对甘薯内源激素含量及块根产量的影响。结果发现：VF 和 LH 处理使甘薯块根干物质产量两年平均分别增产 21.0% 和 24.2%，达极显著水平；ZFA 处理使块根干物质产量两年平均增产 5.2%，未达显著水平；与对照比较，各处理均可显著提高膨大高峰期块根的日鲜重增长速率；脱毒和氯化胆碱浸根处理可显著降低生长前、中期的 T/R 值，不同程度地提高功能叶叶片的 IAA 含量、CTKs 含量和 GA$_4$ 含量，提高膨大高峰期块根的 CTKs 含量、ABA 含量和 IAA 含量，并使高峰期提早出现 3~4 周；壮丰安处理显著降低了中后期叶片的 GA$_4$ 含量和 ABA 含量，提高了叶片 CTKs 含量、IAA 含量及生长后期块根的 CTKs、ABA 及 IAA 含量，但均未达显著水平。结论：VF、LH 和 ZFA 处理全面改变了甘薯源、库器官多种激素的含量水平，有效延缓叶片的衰老，延长叶片功能期，控制甘薯地上部的群体并防止茎叶的徒长，使地上部茎叶的生长与地下部块根的膨大更为协调，有利于块根产量的提高。

植物生长调节剂是一种类似植物激素的化合物，少量使用即可有效控制植物生长发育，提高产量，改善品质，在农业生产和园艺作物栽培上应用广泛。甘薯生产上运用较多的化控调节剂主要集中在缩节胺、多效唑、氯化胆碱和壮丰安等化学物质上。

解备涛（2008）等在温室内利用盆栽种植方式，研究了植物生长调节剂处理在甘薯移栽后不同水分条件下对甘薯根系的影响。结果表明，在轻度干旱胁迫下，甘薯苗期移栽成活率和根系须根数目显著下降，而根系生物量和抗氧化酶活力变化不明显。在中度和重度干旱胁迫下，除 MDA 含量急剧上升外，移栽成活率、根系数目、生物量和抗氧化酶活力均显著下降。植物生长调节剂在干旱胁迫下减缓了根系移栽成活率、须根数目、生物量和抗氧化酶活力的下降。

后猛等（2013）为了研究吲哚乙酸（IAA）和赤霉素（GA）对甘薯产量及品质性状的影响，以"苏薯8号""徐1901"和"徐薯28号"甘薯种苗为材料，设置IAA浸根、GA_3浸根和清水浸根（CK）3个处理，调查不同处理对茎叶产量、块根产量及其构成因素、T/R值以及品质性状的影响。结果表明，10mg/L GA_3或IAA对甘薯产量及品质性状的影响效应及其在不同类型品种间存在一定差异，IAA和GA_3处理对甘薯地上部生长影响未达显著水平。与对照相比，GA_3能够显著提高食用型品种"苏薯8号"的块根烘干率、鲜薯淀粉和可溶性糖含量，降低其鲜薯蛋白质含量；显著增加高胡萝卜素型品系"徐1901"的T/R比值，降低其单株结薯数，显著降低兼用型品种"徐薯28"的薯干率。IAA能够显著提高"苏薯8号"的块根烘干率，显著增加"徐1901"的大中薯率，降低其单株结薯数，还可以显著减少"徐薯28"的T/R比值。

张菡（2013）介绍了多效唑的不同喷施时间对甘薯生长和产量的影响。以"徐薯22"为试验材料，按照喷施时间设置4个处理，研究多效唑的不同喷施时间对甘薯生长发育和产量的影响。结果表明，喷施多效唑能有效提高甘薯的基部分枝数，抑制甘薯主蔓生长，降低主蔓长度，同时抑制甘薯地上部茎叶生长，控制单株藤叶重量，提高单株鲜薯重，从而提高甘薯的经济产量，并能有效提高甘薯烘干率，且均表现为封垄后喷施的时间越早，效果越明显。

（四）其他因素的影响

甘薯产量的形成是各因素共同作用的结果，不同生态因素对甘薯会产生不同的影响。而影响甘薯产量的因素是复杂多样的，除光照、温度、水分、激素、施肥外，研究者也探究了其他因素对甘薯生长的影响。

许育彬（2009）等以"秦薯4号"和"619"为材料，通过盆栽试验，测定和分析了不同土壤水肥条件下甘薯的净光合速率（Pn）、蒸腾速率（Tr）、叶片水分利用效率（WUE）、气孔导度（Gs）、气孔限制值（Ls）以及胞间CO_2浓度（Ci）。结果表明，土壤水分对两个甘薯品种的Pn、Tr、WUE、Ls、Gs、Ci均有极显著影响；除"秦薯4号"外，施肥对两个甘薯品种的6个生理指标的影响也均达到极显著水平。甘薯叶片的Pn、Tr随土壤水分的减少均呈下降趋势，而Gs和Ls在土壤轻旱条件下下降或略有不明显上升，但在重旱条件下这两个指标均明显下降。Ci在轻旱条件下变化不明显，但在土壤严重干旱时极显著升高，说明轻旱条件下叶片气体交换主要受气孔因素限制，而重旱条件下主要受非气孔因素限制。"泰薯4号"叶片WUE随土壤水分的下降而极显著下降，而"619"则呈明显先增后减趋势。甘薯叶片Pn随施肥量的增加而增加，说明增加施肥可促进叶片CO_2的气体内外交换。相对于不施肥处理，中肥处理的Tr略有不明显下降（秦薯4号）或明显上升（619），高肥处理极显著增加了Tr；叶片WUE在中肥处理下极显著增加，但继续增加施肥量时增加不明显或极显著下降；"619"的Gs随施肥量的增加而增加，而"秦薯4号"变化不明显。随施肥量的增加，Ls呈先增后减的趋势，Ci里先降后增的趋势，说明中肥处理下甘薯叶片气体交换主要受气孔因素的限制，而高肥处理下则主要受非气孔因素的限制。水肥间互作效应明显，合理施肥可提高干旱条件下 Pn、Tr、WUE，但品种间气体交换对施肥的反应机制存在差异。

易九红（2012）等介绍了甘薯生长与环境、栽培因素及内源激素的关系。认为甘薯块根产量取决于干物质总产及其分配到块根的比例，干物质生产源是叶片，库是积累干物质的块根。甘薯要获得高产不仅要求源器官（叶片）利用光能的效率高，库器官（块根）接受同化物的容量大，更要求源器官向根部分配同化物质（流）的能力强，甘薯源、流、库关系协调是甘薯获得高产的关键。

沈淞海（1994）等以甘薯品种"徐薯 18"为材料，分析其茎蔓和块根生长率与叶片叶绿素含量、光合作用强度、吸收根系和块根的 TTC 还原强度、可溶性蛋白质含量、α 和 β 淀粉酶活性、淀粉磷酸化酶活力等在不同生育期的动态变化。结果表明，幼薯分化的生理准备始于扦插后第四周，茎蔓的生长与叶面积的增加并不是平行的，生育期中叶绿素含量除了在阴雨时期明显升高外，一般相对稳定，而叶绿素 a/b 比例呈持续升高趋势；光合作用最强的叶片是茎蔓顶端第 4 平展叶；块根膨大速率最高的时期是扦插后 40~60d，20d 内薯净重增长 6 倍，这与该阶段薯块中淀粉酶活力低有关。

苏明（2011）等人研究发现，不论在甘薯苗的一侧或两侧施肥、撒施培土均比开沟施肥培土优越，不论撒施培土或开沟施肥培土，在苗一侧施肥均比在苗两侧施肥优越。最优的施肥方法为苗一侧撒肥、培土盖肥，比在苗两侧开沟施肥培土（EK）的传统方法简便、高产和高效，能提高单株鲜薯重 24.7%、鲜薯产量 25.0% 和薯干产量 35.8%，均达 1% 水平极显著差异。淀粉产量提高 32.0%，达 5% 水平显著差异。

司成成（2015）等以淀粉型甘薯品种"济徐 23"为研究对象，研究了秧苗素质对块根分化建成和产量的影响。结果表明：与弱苗处理相比，壮苗处理的幼根发育早、发育好；壮苗处理的分化根中，出生形成层的活动能力更强，次生形成层分布范围更广；栽后 20~30d，壮苗处理显著提高了分化根中玉米素核苷（ZR）的含量；栽植后 40d，壮苗处理显著提高了分化根中脱落酸（ABA）的含量。在块根膨大期间，壮苗处理的块根膨大速率始终高于弱苗处理，而 T/R 值始终低于弱苗处理。与弱苗处理相比，壮苗处理单株结薯数增加 17.53%，块根产量提高 10.76%。

杜清福（2017）等以"烟薯 24 号"为供试品种研究了温室条件下施用保水剂对土壤含水量、甘薯地上部性状和地下部产量的影响。结果表明：施用保水剂可以增加土壤含水量，用量越大土壤含水量越高；且能显著提高薯苗成活率，施用 22.5kg/hm² 处理薯苗成活率达 97.5%；施用保水剂甘薯植株的叶片数、分枝数和蔓长都明显增加，其中施用 22.5kg/hm² 处理增效最明显，其鲜薯产量和薯干产量较对照分别增加 63.7% 和 80.4%。

第三节　甘薯的碳、氮代谢和水分代谢

代谢是农作物最基本，也是最重要的生命活动过程。作为植物体内两大重要基本元素，C、N 代谢在植物的生命活动中扮演着至关重要的作用，是作物最基本的两大代谢过程，其在生育期间的变化动态直接影响着光合产物的形成、转化及矿质营养的吸收、蛋白质的合成等。因此，C、N 代谢的运转效率在很大程度上决定了农作物的经济产

量。C、N 代谢两者之间具有非常紧密的联系，N 代谢需要依赖 C 代谢提供 C 源和能量，而 C 代谢又需要 N 代谢提供酶和光合色素，二者需要共同的还原力、ATP 和碳骨架，两者协作运转，不仅促进作物生长发育进程，而且提高农作物产量和品质。因此，在甘薯生产中合理调控 C、N 营养对甘薯实现高产、稳产、优质及高效有着重要的意义。

水在植物的生命活动中起着至关重要的作用。光合作用需要植物从大气中吸收 CO_2，但同时也使植物面临失水，甚至脱水的威胁，为避免叶片脱水，植物通过根部吸水并在植物体内运输，这种吸收、运输的水分和散失到大气中的水分之间必须保持平衡，即使是微弱的失衡都可以导致水分亏缺，引起细胞的生命过程严重失常。因此，在甘薯生产中，应合理灌溉，从而保持水分吸收、运输和散失之间的平衡。

一、甘薯的碳代谢

C 代谢是植物体内有机物质的合成、转化和降解的代谢过程。植物从环境吸收水分及 CO_2 等，然后把这些简单的、低能量的无机物质合成复杂的、具有高能量的有机物质，并利用这些物质来建造自己的细胞、组织和器官，或作为呼吸消耗的底物，或作为贮存物质贮藏于果实、种子等器官中。C 代谢在作物生育过程中的动态变化和强度对作物产量和品质的形成将产生重大影响。

根据植物光合 C 代谢途径的不同，将植物分为 C_3 植物、C_4 植物和 CAM 植物（景天酸代谢植物）。高等植物大多为 C_3 植物，C_4 植物和景天酸代谢植物是由 C_3 植物进化而来的。CO_2 光合同化过程的最初产物是 2 分子的 3-磷酸甘油酸的植物，称为 C_3 植物；而最初产物为四碳化合物苹果酸或天门冬氨酸，然后再转化形成三碳化合物的植物，称为 C_4 植物；夜间吸收并固定 CO_2，白天气孔关闭，进行脱羧，CO_2 被再固定进入 C_3 途径的植物，称为 CAM 植物。碳同化途径中，C_3 途径是最基本、最普遍的途径，C_4 植物和 CAM 植物形成糖类除需 C_4 途径和 CAM 途径外，还需最终通过 C_3 途径。且许多植物的碳同化途径并不是固定不变的，而是随着植物的器官、部位、生育期及环境条件的变化而变化。例如高粱是典型的 C_4 植物，但其开花后便转为 C_3 植物。禾本科的毛颖草在低温多雨地区主要以 C_3 途径固定 CO_2，而在高温干旱地区则以 C_4 途径固定 CO_2。玉米幼苗最初具有 C_3 植物的基本特征，生长到第五叶时才具备 C_4 植物的光合特性。有些植物，如冰叶日中花，当缺水时进行 CAM 途径，而水分供应适宜时，则进行 C_3 途径。可见植物光合碳同化途径的多样性及其相互转化是植物对多变生态环境适应性的表现。

（一）光合作用

1. 甘薯光合作用的暗反应——CO_2 固定和循环

（1）发生部位　甘薯是 C_3 植物，甘薯叶片的叶绿体只存在于叶肉细胞中，维管束鞘细胞排列疏松，其中并没有叶绿体的存在，因此，甘薯光合作用的反应场所在叶肉细胞中，光合作用的产物首先在叶肉细胞中累积。

不同甘薯品种的叶片中叶绿素含量存在差异，并导致光合作用的强弱有差异，这体现在叶绿素含量的高低与甘薯单株生物学产量呈显著正相关，甘薯植株的生长速度与叶

片叶绿素的含量也存在明显的一致性。研究表明，甘薯生育中期叶面积系数应保持在
4.5 左右，后期保持在 3.5 左右比较合理，至收获前叶面积系数保持在 3 左右，若叶面
积系数超过 5，则有徒长的趋势（卢鑫，2014）。

（2）C_3 途径　　C_3 途径是 20 世纪 50 年代 Calvin 和他的学生 Benson 研究发现的。他
们以单细胞的藻类作为材料，饲喂 $^{14}CO_2$，照光后从数秒到几十分钟的不同时间，用沸
腾的酒精杀死材料以终止其生化反应，用双向纸层析方法分离 ^{14}C 同位素标记物，根据
标记化合物出现的时间顺序来确定 CO_2 同化的生化步骤。经过 10 年的研究，总结出了
CO_2 同化的生化途径。由于该途径固定 CO_2 后形成的第一个稳定的产物是三碳化合物，
故称之为 C_3 途径，也称为卡尔文循环。只用该途径进行碳同化的植物称为 C_3 植物。C_3
途径可分为 3 个阶段：羧化阶段、还原阶段和再生阶段（图 2-3）。

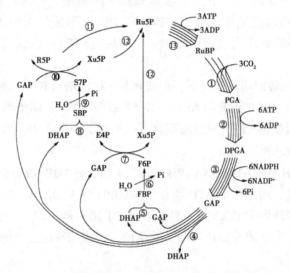

（每一线条代表 1mol 代谢物的转变。①是羧化阶段；②和③是还原阶段；其余
反应是再生阶段。要产生 1molGAP 需要 3molCO₂，9molATP 和 6molNADPH）

图 2-3　卡尔文循环（潘瑞炽，2001）

羧化阶段（carboxylation phase）：在绿色细胞内的 CO_2 并不是直接被还原的，而是
先和某种受体结合，以后再进行还原反应。CO_2 与受体的结合过程称为 CO_2 的固定。高
等植物中，二磷酸核酮糖（RuBP）是 CO_2 的受体，它在二磷酸核酮糖羧化酶（ribulose
bisphosphate carboxylase）催化下与 CO_2 作用生成 3-磷酸甘油酸（PGA），以固定 1 分子
CO_2 为例，反应式为：

$$RuBP+CO_2+H_2O \rightarrow 2PGA+2H^+$$

还原阶段：羧化阶段形成的 PGA 是一种呈氧化状态的有机酸，化合物的能量水平
较低，需要消耗同化力将其还原到糖的水平，也就是利用 ATP 和 NADPH 将 PGA 的羧
基还原成醛基。还原阶段（reduction phase）包括两个反应，在上述反应中生成的 3-磷
酸甘油酸，在磷酸甘油酸激酶作用下发生磷酸化生成 1，3-二磷酸甘油酸（DPGA），
DPGA 是一个非常活跃的高能化合物，很容易被 NADPH 还原。在脱氢酶催化下，

DPGA 由 NADPH 还原为 3-磷酸甘油醛（GAP），GAP 是三碳糖，可进一步合成单糖及淀粉，也可由叶绿体输出到细胞质中进一步合成蔗糖。磷酸甘油酸转变为磷酸甘油醛的过程中，光合作用的同化力——ATP 和 NADPH 被消耗掉。反应式为：

$$PGA+ATP+NADPH+H^+ \rightarrow GAP+ADP+NADP^++Pi$$

再生阶段：再生阶段（regeneration phase）是 GAP 经过一系列转变，重新形成 CO_2 受体 RuBP 的过程。首先 GAP 在丙糖磷酸异构酶作用下，转变为二羟丙酮磷酸（DHAP）。GAP 和 DHAP 在果糖二磷酸醛缩酶的作用下形成果糖-1，6-二磷酸（FBP），FBP 在果糖-1，6-二磷酸磷酸酶作用下释放磷酸，形成果糖-6-磷酸（F6P）。F6P 进一步转化为葡萄糖-6-磷酸（G6P）。G6P 可在叶绿体中合成淀粉，同时部分 F6P 进一步转变下去。

F6P 与 GAP 在转酮酶作用下，生成赤藓糖-4-磷酸（E4P）和木酮糖-5-磷酸（Xu5P）。在果糖二磷酸醛缩酶催化下，E4P 和 DHAP 形成景天庚酮糖-1，7-二磷酸（SBP）。SBP 脱去磷酸后成为景天庚酮糖-7-磷酸（S7P），该反应由景天庚酮糖-1，7-二磷酸酶催化。

S7P 又与 GAP 在转酮酶的催化下，形成核糖-5-磷酸（R5P）和 Xu5P。在核酮糖磷酸异构酶的作用下，R5P 转变为 Ru5P。Xu5P 在核酮糖-5-磷酸差向异构酶作用下形成 Ru5P。Ru5P 在核酮糖-5-磷酸激酶催化下又消耗了一个 ATP，形成 CO_2 受体 RuBP。

C_3 途径的总反应式可写成：

$$3CO_2+5H_2O+9ATP+6NADPH+6H^+ \rightarrow GAP+9ADP+8Pi+6NADP^+$$

由总反应式可见，利用 9 个 ATP 和 6 个 NADPH 将 $3CO_2$ 个固定成为一个磷酸丙糖。也就是说，卡尔文循环固定 CO_2 时，ATP：NADPH 比率是 3：2。形成的磷酸丙糖可运出叶绿体，在细胞质中合成蔗糖或参与其他反应；形成的磷酸己糖则留在叶绿体中转化成淀粉而被临时储藏。

光合作用是植株积累干物质的基础，较高的光合碳同化能力是甘薯获得高产的有力保障，甘薯的光合作用能力强弱不仅受制于品种遗传特性，还与外界生长环境条件息息相关。在叶片光合作用过程中，CO_2 从空气中向叶绿体光合部位扩散受到诸多因素的影响，例如蒸腾速率、气孔阻抗及胞间 CO_2 浓度等。研究甘薯光合特性的影响因素，对了解其生长发育规律有着重要意义，且能够指导生产实际，达到合理充分利用光源，促使甘薯产量最大化。

2. 甘薯的光饱和点、光补偿点、CO_2 饱和点和 CO_2 补偿点

（1）光饱和点　在一定的光照强度范围内，光合作用随光照强度的上升而增强，但光照强度达到一定的数值以后，光合作用维持在一定的水平而不再提高，此现象称为光饱和现象（light saturation），而此时的光照强度临界值称为光饱和点（light saturation point，LSP）。超出饱和点的光水平不再影响光合作用，电子传递速率、Rubisco 活性或磷酸丙糖代谢等，则成为光合作用的限制因素。

大多数叶片的光响应曲线在光子通量为 $500 \sim 1\,000 \mu mol/（m^2 \cdot s）$ 时就达到饱和状态，这个值远低于太阳辐射值，约 $2\,000 \mu mol/（m^2 \cdot s）$。虽然单个叶片很少能利用

全部太阳能，但整株植物是由很多叶片组成的，且叶片间彼此互相遮挡，因此一株植株的叶片中仅有一小部分可以在一天中的任何时间都暴露在高太阳辐射条件下。其他叶片所接收到的光子通量则主要来自叶片缝隙形成的光斑，或其他叶片透射过来的光。因为整株植物的光合作用是所有叶片光合作用之和，所以几乎很少有在整株植株水平上达到光饱和点。作物在水分和养分供应充足的情况下，接收到的光量越多，生物量越大。在温度为 23 ~ 31℃ 范围内，甘薯单叶光饱和点为 25 000lx 左右，而群体光饱和点则在 30 000lx 以上。

（2）光补偿点　光照强度在光饱和点以下时，随光强减弱，光合速率也降低，当光强减弱到某一值时，光合作用吸收的 CO_2 与呼吸作用释放的 CO_2 处于动态平衡，这时的光照强度称为光补偿点（light compensation point，LCP）。植物在光补偿点时有机物的形成与消耗相等，即净光合速率等于零，没有光合产物积累，加上夜间的呼吸消耗，还会造成光合产物的亏缺。生长在不同环境中的植物光补偿点不同，一般来说，阳生植物光补偿点较高，为 $10 \sim 20 \mu mol/ (m^2 \cdot s)$；阴生植物的呼吸速率较低，其光补偿点也低，为 $1 \sim 5 \mu mol/ (m^2 \cdot s)$。所以在光强有限条件下，植物生存适应的一种反应是降低光补偿点，能更充分地利用低强度光（图 2-4）。

掌握植物光饱和点和光补偿点的特性，在生产实践中有指导作用。例如，间作、套种时作物种类的搭配，合理密植的程度等，都要根据植物光合作用对光强的要求。冬季或早春的光强低，在温室管理上应避免高温，则可以降低光补偿点，并且减少夜间呼吸消耗。在大田作物的生长后期，下层叶片的光强往往处于光补偿点以下，生产上除了强调合理密植和调节水肥管理外，整枝、去老叶等措施能改善下层叶片的通风透光条件。去掉部分处于光补偿点以下的枝叶，则有利于增加光合产物的积累。陆燕元等（2015）研究发现，干旱使甘薯叶片的光饱和点下降，光补偿点升高，表明干旱胁迫使气孔关闭，光能利用率降低，同时利用 CO_2 的能力降低，光合产物消耗增加，不利于同化产物的积累。唐忠厚等（2016）通过试验发现，在低钾胁迫下，甘薯叶片光饱和点降低，补偿点提高，低钾一定程度减弱光照度对甘薯叶片光合作用的影响，降低甘薯叶片光合性能，在 CO_2 浓度小于 $400 \mu mol/mol$ 时 CO_2 浓度的升高有利于低钾条件下甘薯叶片净光合速率的增强，不同钾利用效率品种对光照度与 CO_2 响应强度次序相同，在正常施钾条件下均表现为徐薯 18 > 徐薯 32 > 宁紫薯 1 号，低钾条件下均表现为徐薯 32 > 徐薯 18 > 宁紫薯 1 号，低钾下 3 个甘薯品种中徐薯 32 的净光合速率、饱和光照度与饱和 CO_2 浓度最大，CO_2 补偿点与光呼吸速率最低，低钾对徐薯 32 叶绿素含量的影响较小，因此徐薯 32 较适宜于低钾下种植（图 2-5）。

（3）CO_2 补偿点　植物光合作用吸收 CO_2 和呼吸作用放出 CO_2 相等，植物净光合速率为 0，这时外界的 CO_2 浓度称为 CO_2 补偿点（CO_2 compensation point）。各种植物的 CO_2 补偿点不同，据测定玉米等 C_4 植物的 CO_2 补偿点很低，为 $0 \sim 10 \mu l/L$，小麦等 C_3 植物的 CO_2 补偿点较高，约为 $50 \mu l/L$。植物必须在高于 CO_2 补偿点的条件下，才有同化物积累，才会生长。

（4）CO_2 饱和点　当空气中 CO_2 浓度超过植物 CO_2 补偿点后，随着空气 CO_2 浓度增高，植物的光合速率不断增加。但是，当 CO_2 浓度增至一定程度时，光合速率不再升

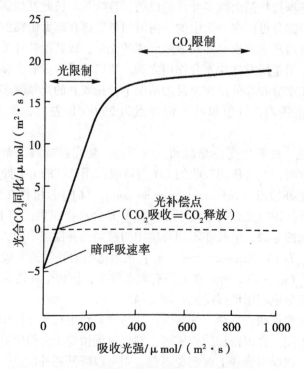

图 2-4　光照强度与光合速率的关系（宋纯鹏，2015）

高，这时的 CO_2 浓度为 CO_2 饱和点（CO_2 saturation point）。不同植物的 CO_2 饱和点相差很大，C_3 植物的 CO_2 饱和点较 C_4 植物的高，超过饱和点时再增加 CO_2 浓度，光合便受抑制，其可能原因是：CO_2 浓度过高，会引起气孔关闭，阻止 CO_2 向叶内扩散；甚至引起原生质中毒，抑制正常呼吸进行。

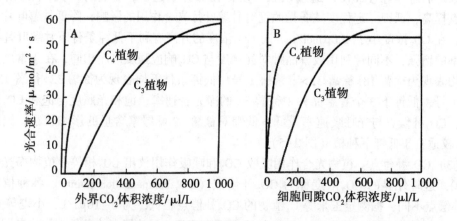

图 2-5　C_3 植物和 C_4 植物的光合速率与外界 CO_2 浓度的关系（宋纯鹏译，2015）

大气中 CO_2 浓度约为 350μl/L，一般不能满足作物对 CO_2 的需求，在中午前后光合速率较高时，株间 CO_2 浓度更低，可能降至 200μl/L，甚至 100μl/L，所以，必须有对流性空气，让新鲜空气不断通过叶片，才能满足光合作用对 CO_2 的需求。在作物栽培实践中，通过改良作物的群体结构，便于通风透光，或增施 CO_2 肥料，均可达到提高作物光合作用增加产量的目的。潘妃等（2013）认为，CO_2 补偿点和 CO_2 饱和点高低可衡量作物在不同 CO_2 浓度下对 CO_2 的利用率，4 个材料中，紫薯 11ZY-1 的 CO_2 补偿点和饱和点最低，说明紫薯 11ZY-1 利用低浓度 CO_2 的能力相对较强，能利用较低浓度的 CO_2 进行光合作用，紫薯 10（2）-1 的 CO_2 补偿点最高，在栽培管理过程中可适当增加 CO_2 浓度来提高其净光合速率，从而达到增产的目的。张磊等（2015）研究发现，覆盖黑色地膜可显著提高甘薯在强光下吸收光子效率及其供给效率，进一步加强了甘薯能量转化速率和对强光环境的适应能力，最终提高甘薯光合生产能力。肖关丽等（2013）研究玉米/甘薯套作中发现，相对单作，套作甘薯光合速率，气孔导度及蒸腾速率降低，胞间 CO_2 浓度提高。柴沙沙等（2016）选取中国主栽的食用型甘薯品种龙薯 9 号、红香蕉、泰中 6 号、苏薯 8 号、遗字 138 和北京 553 进行大田试验，研究不同产量潜力甘薯品种光合产物的生产、运转及其与块根产量的关系。结果表明，高产品种整个生育期干物质积累快，光合产物向块根输送多，同化物在块根中的分配率较高，而且高产品种的标记叶合成的光合产物能够较多地运出。

3. 光合作用的关键酶

参与 C_3 途径的酶类很多。其中，RuBP 羧化酶、FBP 酯酶和 Ru5P 激酶等属于光调节酶，这些光调节酶在光下活化，其中 RuBP 羧化酶是碳同化的关键酶，在植物体内含量丰富，占叶片可溶性蛋白的 40%。

RuBP 羧化酶是植物 C_3 光合同化中的关键酶，可以调节光合作用（Singh B et al.，2003；Demirevska K et al.，2009），在光合作用中卡尔文循环里催化第一个主要的碳固定反应，在叶绿体基质中催化 CO_2 与 RuBp 即 1，5-二磷酸核酮糖结合生成 2 分子 3-磷酸甘油酸，进而发生一系列反应，将 ATP 中的化学能转化到葡萄糖中。其活性与叶绿体间质中的 pH 值和 Mg^{2+} 含量有密切关系，在光下，由于光合电子传递使叶绿体间质中的 H^+ 向类囊体空间转移，使类囊体空间的 pH 值下降，而间质中 pH 值由 7.0 上升至 8.0。与此同时，Mg^{2+} 作为对应离子则从类囊体空间转移至间质。间质中 pH 值升高和 Mg^{2+} 含量增多，都促使 RuBP 羧化酶的活化。相反，在黑暗中间质的 pH 值下降至 7.0，Mg^{2+} 浓度也降低，RuBP 羧化酶钝化。

FBP 酯酶控制淀粉和蔗糖的积累，FBP 酯酶随着光下间质中的 pH 值升高和 Mg^{2+} 数量增加而活化。Ru5P 激酶则随光合磷酸化过程中 ATP 合成而活化。C_3 途径的光调节酶在光下活化，暗中钝化的特性，使此成为一个自动调节的系统。

（二）呼吸作用

呼吸作用是一切生活细胞所共有的生命活动，是植物新陈代谢的一个重要组成部分，与植物的全部生理活动过程有极重要而密切的关系。呼吸作用和光合作用共同组成了绿色植物代谢的核心。植物通过光合作用捕获太阳能，合成有机物；而通过呼吸作用将有机物氧化分解，释放能量用于生命活动，它的中间产物在植物体各种主要物质转变中起枢纽作用，所以呼吸作用是植物代谢中心。

呼吸作用包括有氧呼吸和无氧呼吸两大类型。有氧呼吸（aerobic respiration）是指生活细胞在氧气的参与下，把某些有机物彻底氧化分解，放出 CO_2 并形成 H_2O，同时释放能量的过程。无氧呼吸（anaerobic respiration）是指在无氧条件下，生活细胞把某些有机物氧化分解成不彻底的氧化产物，同时释放能量的过程。有氧呼吸是高等植物进行呼吸的主要形式，通常所说的呼吸作用就是指有氧呼吸。呼吸作用的总化学反应式为：

$$C_6H_{12}O_6 + 6O_2 = 6CO_2 + 6H_2O + 能量$$

植物的呼吸作用主要在细胞的线粒体中进行，其全过程可以分为 3 个阶段：第一个阶段称为糖酵解途径，（Embden Meyerhof Pathway, EMP）主要发生在细胞质基质中，一个分子的葡萄糖分解成两个分子的丙酮酸，在分解的过程中产生少量的氢（［H］），同时形成少量的能量物质 ATP；第二个阶段为三羧酸循环（Tricarboxylic Acid Cycle, TAC 循环）是在线粒体基质中进行的，形成的丙酮酸经过一系列氧化分解反应，形成 CO_2 和［H］，同时释放出少量的 ATP 和 NADH；呼吸电子传递链（electron transport chain of respiratory）是植物细胞呼吸反应的第三个阶段，发生在线粒体内膜中，该阶段是将前两个阶段产生的［H］，通过一系列的电子传递链反应，最终与 O_2 结合而形成 H_2O，同时释放出大量的能量。

1. 糖酵解

糖酵解是指己糖在无氧状态下降解为丙酮酸的过程。糖酵解的化学历程包括以下几个阶段。

（1）己糖的活化　己糖消耗 2 分子的 ATP 逐步氧化成果糖-1，6-二磷酸，为进一步降解奠定了基础。

（2）果糖-1，6-二磷酸的裂解　果糖-1，6-二磷酸在醛缩酶的催化下，裂解为 2 分子丙糖磷酸，即甘油醛-3-磷酸和二羟丙酮磷酸，二者在磷酸丙糖异构酶的催化下，互变异构，相互转化而存在。

（3）丙糖磷酸的氧化和 ATP 的生成　甘油醛-3-磷酸在磷酸甘油醛脱氢酶的催化下和无机磷酸反应，形成甘油酸-1，3-二磷酸，同时发生底物的最初脱氢氧化，NAD^+ 还原为 NADH。随后，磷酸甘油酸激酶将甘油酸的高能磷酸键转移给 ADP，形成 1 分子 ATP，并形成甘油酸-3-磷酸。

（4）丙酮酸的生成　甘油酸-3-磷酸由磷酸甘油酸变位酶转化为甘油酸-2-磷酸。在烯醇化酶作用下，甘油酸-2-磷酸脱去 1 分子水，形成磷酸烯醇式丙酮酸。丙酮酸激酶将磷酸转移给 ADP，又生成 1 分子 ATP，磷酸烯醇式丙酮酸转变为丙酮酸。

在糖酵解的全过程中，葡萄糖经磷酸化，裂解为 2 分子丙糖，经氧化形成 2 分子 NADH，并产生 4 个 ATP，但在最初磷酸化过程中消耗 2 个 ATP，故净得 2 个 ATP。参与糖酵解各反应的酶都存在于细胞质中，所以糖酵解是在细胞质中进行的。糖酵解的总反应式为：

$$C_6H_{12}O_6 + 2NAD^+ + 2ADP + 2Pi \rightarrow 2CH_3COCOOH + 2NADH + 2H^+ + 2ATP + 2H_2O$$

2. 三羧酸循环

糖酵解所产生的丙酮酸，在有氧条件下，通过一个包括三羧酸和二羧酸的循环逐步

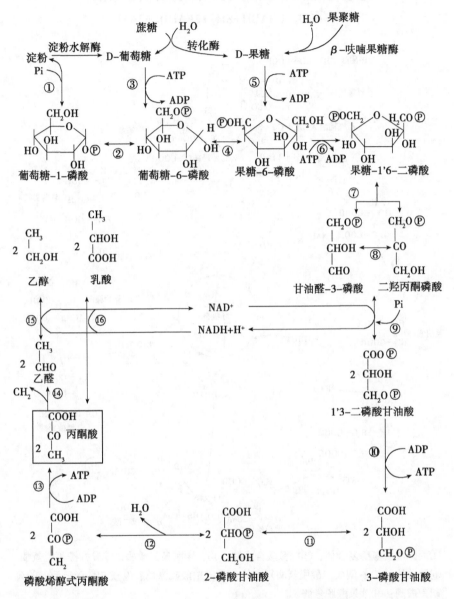

①淀粉磷酸化酶；②磷酸葡萄糖变位酶；③己糖激酶；④磷酸葡萄糖异构酶；⑤果糖激酶；⑥磷酸果糖激酶；⑦醛缩酶；⑧磷酸丙糖异构酶；⑨磷酸甘油醛脱氢酶；⑩磷酸甘油酸激酶；⑪磷酸甘油酸变位酶；⑫烯醇化酶；⑬丙酮酸激酶；⑭丙酮酸脱羧酶；⑮乙醇脱氢酶；⑯乳酸脱氢酶

图 2-6 糖酵解途径（萧浪涛，2005）

氧化分解，直到形成水和 CO_2 为止，此过程为三羧酸循环。三羧酸循环的全部历程见图 2-7，按反应顺序分为两个阶段。丙酮酸从细胞质转移到线粒体中，首先氧化脱羧形成乙酰 CoA，然后再进入三羧酸循环。三羧酸循环的总反应式为：

$$2CH_3COCOOH+8NAD^++2FAD+2ADP+2Pi+4H_2O$$
$$\rightarrow 6CO_2+8NADH+8H^++2FADH_2+2ATP$$

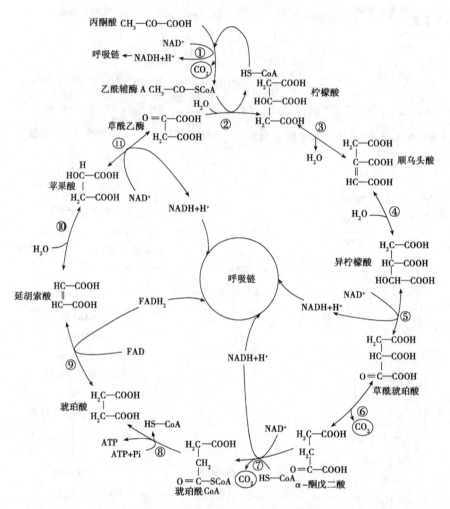

①丙酮酸脱氢酶复合体；②柠檬酸合成酶；③、④顺乌头酸酶；⑤异柠檬酸脱氢酶；
⑥脱羧酶；⑦α-酮戊二酸脱氢酶复合体；⑧琥珀酸硫激酶；⑨琥珀酸脱氢酶；⑩延
胡索酸酶；⑪苹果酸脱氢酶

图 2-7 三羧酸循环（萧浪涛，2005）

3. 呼吸电子传递链

糖酵解-三羧酸循环所产生的电子和质子，不能直接与游离 O_2 结合，需要经过不同
传递体组成的呼吸链传递后，才能与 O_2 结合生成水，其电子传递过程中所释放出的自
由能，贮存在 ATP 中。呼吸链的作用代表了线粒体最基本的功能，包含复合体Ⅰ［由
NADH 脱氢酶（一种以 FMN 为辅基的黄素蛋白）和一系列铁硫蛋白组成］、复合体Ⅱ
［琥珀酸脱氢酶（一种以 FAD 为辅基的黄素蛋白）和一种铁硫蛋白组成］、复合体Ⅲ

（细胞色素 bc_1 复合体）、复合体Ⅳ（细胞色素 C 氧化酶复合体）、辅酶 Q 和细胞色素 C 等 15 种以上组分，具体传递过程见图 2-6。呼吸作用是植物代谢中心，和整个生命活动过程都有密切的联系，维持正常的呼吸可以促进有机物质转化和能量代谢，促进生长发育，但呼吸又是消耗有机物的过程，因此控制呼吸有利于提高农作物产量，减少采收后贮藏期间养分的消耗，有利于品质和风味的保持。

甘薯块根皮薄，其含水量高达 70% 左右，含糖量达 5%~10%，贮藏时稍有不慎，容易霉烂或由于呼吸过旺消耗较多的贮藏养分，失去经济价值。另外在收获和贮藏过程中，易造成机械损伤，从而导致呼吸速率提高，所以贮藏时应尽量避免损伤。甘薯贮藏入窖后，主要是注意调节窖内温度，控制呼吸，初入窖时由于气温高，呼吸旺盛，会增加窖内温度和湿度，导致呼吸增强，易引起病菌滋生，造成腐烂，同时旺盛的呼吸会使窖内缺氧，引起无氧呼吸，薯块组织中积累乙醇等，也易引起腐烂。所以生产上，不早闭窖门，适当通气，随着温度下降，逐渐缩小窖门，在最后封闭时要设置通气孔，这样既不使窖温下降过低，也不会发生无氧呼吸。窖内温度一般在 12~13℃ 为最好，但不能低于 9~10℃，以防受冻；最高温度不超过 15℃，温度过高，呼吸旺盛，消耗增加，薯块容易发芽，降低食用价值。窖内相对湿度，以维持在 85%~90% 为宜，相对湿度低于80% 时，薯块大量失水反而使呼吸增强，对贮藏不利。

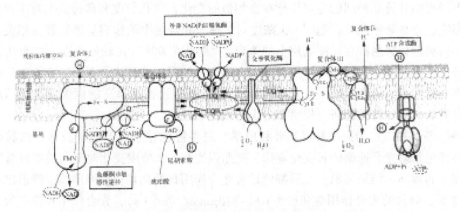

图 2-8　植物线粒体内膜上的复合体及其电子传递（Buchanan，2000）

（三）甘薯碳代谢的影响因素

1. 品种间差异

史春余等（2008）为探讨食用型甘薯品种块根碳水化合物代谢特性及与品质的关系，以淀粉型品种为对照，选用典型的食用型品种于 2004—2005 年 2 个生长季进行试验研究。采用块根膨大过程中定期取样的方法，观察块根膨大过程中可溶性糖、淀粉及淀粉组分含量的变化、淀粉酶活性变化及其与甘薯收获期块根品质的关系。结果是与淀粉型品种比较，食用型品种块根总淀粉含量、直链淀粉含量以及支链淀粉含量均较低，可溶性总糖和 β-胡萝卜素含量较高；块根粉的高峰黏度和崩解值等较高、糊化温度较低；块根蒸煮食味较好。栽秧 100d 以后，食用型甘薯块根总淀粉含量和 β-淀粉酶活性下降，可溶性总糖含量提高，其变化趋势与淀粉型品种相反。食用型品种块根膨大后期，由于淀粉酶的作用导致淀粉分解是其总淀粉含量较低、可溶性总糖含量较高的一个重要原因。

许可等（2008）对种植于成都地区的3个甘薯品种的植株性状、光合特性、鲜薯产量、茎叶产量等进行了分析比较。结果是绵粉1号在生长前期净光合速率最低，而在生长后期则最高；潮薯1号在生长前期净光合速率最高，而在生长后期则最低；徐薯18的净光合速率在生长前期与后期都处于中间水平。在3个品种中，绵粉1号是低产量高淀粉含量的品种，潮薯一号是高产量高淀粉含量的品种，徐薯18则是产量与淀粉含量都较高的品种。

张玉娟等（2011）对水培甘薯做了光合研究。使用LI-6400便携式光合测定系统对3种水培甘薯食用型"南薯88"、兼用型"徐薯18"和特用型"南紫薯008"的光合作用进行了测定，利用非直角双曲线模型对3种甘薯品种的光合作用生理参数进行拟合。结果表明，不同类型甘薯品种的光响应曲线的特征参数存在着差异，食用品种"南薯88"的光合潜力最强，可在高密度栽培下发挥群体优势达到高产；兼用型品种"徐薯18"对光的适应性次之，在较高密度栽培下能发挥群体优势；特用型品种"南紫薯008"的光合潜力和对光的适应性均最弱，但对弱光的利用率最高，最适合于间套作。不同类型甘薯品种间的生理指标存在相似的变化，气孔导度和蒸腾速率对净光合速率的影响达极显著正相关，胞间CO_2浓度对甘薯净光合速率的影响呈极显著负相关，揭示了不同类型甘薯品种在光能利用上的差异。"南紫薯008"在较低光强下能很快使气孔打开，蒸腾速率也快速增加，从而使光合速率也加强。在高光强下，"南薯88"的气孔导度、胞间CO_2浓度值最大，这可能是"南薯88"光合速率高的原因。这些结论为田间甘薯的共性和特异性研究提供了一定的理论基础。

潘妃等（2013）为提高甘薯光合利用率、完善特色甘薯高产栽培技术，试验研究了几种特色甘薯光合速率的日变化规律、光照强度和CO_2浓度变化对不同类型甘薯叶片光合作用的影响。结果显示：几种特色甘薯光合作用日变化均呈单峰曲线，峰值出现在10—12时；叶片的光合作用饱和点为$630\sim810\mu mol/（m^2·s）$，光合作用补偿点为$44\sim68\mu mol/（m^2·s）$；叶片的$CO_2$饱和点为$450\sim550\mu mol/（m^2·s）$，$CO_2$补偿点为$50\sim70\mu mol/（m^2·s）$；不同类型甘薯叶片的最大净光合速率、光补偿点、光饱和点、CO_2补偿点、CO_2饱和点之间均存在极显著差异。

2. 环境和栽培措施的影响

陈潇潇等（2014）比较了根部接受不同光质光照对其光合速率及蒸腾速率的影响。结果表明，遮光对照组光合速率最大，黄光处理组的蒸腾速率最大，绿光处理组水分利用率最大。

代红军等（2004）通过盆栽试验，从生理角度研究蔓割病病原菌侵染对不同抗性甘薯品种叶片光合作用相关指标的影响。结果表明，感染蔓割病病原菌后，感病品种的叶绿素含量、光合强度、气孔导度及希尔反应活性下降，乙醇酸氧化酶活性上升。

许育彬等（2007）通过盆栽试验，以生产上大面积推广种植的秦薯4号和619为材料，探讨不同施肥条件下干旱对甘薯生长发育和光合作用的影响。结果表明，土壤干旱程度的加重会明显降低甘薯总叶数、绿叶数、分枝数、总茎长、茎干重、根系发育、单株光合面积和光合速率。通过施肥改善土壤营养状况可极显著促进甘薯根、茎、叶的生长发育，增强光合能力，N、P 配施的施肥效应大于单营养施肥。施肥与土壤水分之间互作显著或极显著，土壤干旱程度的加重会降低施肥效应。

戚冰洁等（2013）研究了外源氯胁迫对甘薯幼苗光合特性的影响。采用温室水培方法，以甘薯品种徐薯 22，苏薯 11 和宁紫 1 号为材料，外源氯（1mmol/L、42.2mmol/L、84.4mmol/L、168.8mmol/L、211mmol/L）胁迫处理 7d、14d 和 21d，测定其生理生化及气体交换参数，探讨 Cl⁻ 对甘薯幼苗生长以及光合特性的影响。结果表明，徐薯 22 叶面积与主蔓生长速率受外源氯胁迫而降低但仍维持在一定水平，而苏薯 11 和宁紫 1 号则在低浓度 Cl⁻（≤84.4mmol/L）处理下高于对照；3 个甘薯品种叶片净光合速率（Pn）及光合色素含量在 42.2mmol/L 的 Cl⁻ 处理下均高于对照，导致徐薯 22 光合能力降低的主要因素为非气孔限制，而苏薯 11 和宁紫 1 号兼有气孔限制和非气孔限制因素，在短期或低浓度 Cl⁻ 处理条件下以气孔限制因素为主，处理 21d 时，甘薯幼苗根系氯离子含量低于 14d 且氯离子向地上部运输比率（SCl）上升，徐薯 22 积累 Cl⁻ 含量低于"苏薯 11"和"宁紫 1 号"。研究发现，外源氯低浓度短期处理利于甘薯幼苗生长及光合作用的进行，在胁迫初期甘薯可有效抑制 Cl⁻ 向地上部转运，但在处理第 3 周该抗逆性明显减弱，甘薯对氯胁迫的耐受性存在基因型差异，本试验中以徐薯 22 耐性较强。

汪顺义等（2015）研究了氮钾互作对甘薯根系发育及碳氮代谢酶活性的影响。采用沙培研究方法，设氮钾正常供给（正常）、多氮（N）、多钾（K）和氮钾配施（NK）4 个处理。探讨了氮、钾及其交互作用对甘薯苗期养分吸收、农艺学性状、根系发育、硝酸还原酶（NR）、蔗糖合成酶（SS）、蔗糖磷酸合成酶（SPS）和腺苷二磷酸焦磷酸化酶（ADPGPPase）的影响。结果表明，与氮钾正常供给处理相比，N 处理显著提高了甘薯地上部和地下部氮吸收量、SPAD 值、叶片数、叶面积；N 处理总根长、根表面积、根体积、平均直径和 NR 活性、SS 活性和 SPS 活性分别提高了 5.9%，12.1%，1.9%，3.6%，14.1%，13.6%，19.5%，而 ADPGPPase 活性降低了 7.1%；另外 N 处理块根比例减少 7.9%，中等根（徒耗养分的根）分化比例升高 7.7%。与氮钾正常供给处理相比，K 处理显著提高了地上和地下部氮吸收量，且 K 处理根系活力、总根长、根表面积、根体积、根平均直径、SS 活性、SPS 活性、ADPGPPase 活性分别提高了 16.2%，28.2%，10.1%，39.3%，12.6%，14.9%，20.1%，14.5%；氮钾配施（NK）处理须根和块根分化比例分别升高 0.2% 和 12.4%、中等根（徒耗养分的根）分化比例降低 12.6%。与 N 和 K 处理相比，氮钾配施（NK）处理能够调控甘薯苗期地上部和地下部生物量比例（T/R 值），同时提高须根和块根分化比例，显著促进了薯块的膨大。双因素分析表明，氮钾配施（NK）对地上部和地下部氮钾含量、根系活力、根平均直径、NR 活性、SPS 活性、ADPGPPase 活性均存在显著的正交互效应。从地下部根系形态和地上部酶学变化两方面揭示氮钾交互机制，可为甘薯高产优质栽培提供理论依据。

张磊等（2015）为了揭示黑色地膜影响甘薯产量的光合机理，以烟薯 25 为试验材料，进行了覆盖黑色地膜和不覆膜（CK）的处理，研究黑色地膜对甘薯光合作用和叶绿素荧光特性的影响。结果表明，覆盖黑色地膜使甘薯的 Pn 和 Cond 值显著提高（$P<0.05$），二者呈直线正相关性；Ic、Isat 和 Pmax 值也显著提高。随着光强的不断增加，甘薯的 ETR、PCR 和 qP 值逐渐变大，PhiPS2、Fv′/Fm′和 NPQ 值逐渐变小；当光强大于 1 500μmol/（m^2·s）时，黑色地膜使甘薯的荧光参数值（ETR、PCR、PhiPS2、Fv′/Fm′和 qP）显著提高，NPQ 值则降低；黑色地膜甘薯的鲜重和干重分别提高 40%和 31%以上。因此，覆盖黑色地膜可显著提高甘薯在强光下吸收光子效率及其供给效率，进一步加强了甘薯能量转化速率和对强光环境的适应能力，最终提高甘薯光合生产能力。

徐西红等（2016）为探讨丛枝菌根真菌和磷水平对甘薯生长特性的影响，采用盆栽试验方法，设置 3 个 P 水平（P0，P50，P150mg/kg），研究了接种 AM 真菌对甘薯生长、光合特性和叶片酶活性的影响。结果表明：接种 AM 真菌显著增加了甘薯根系侵染率、丛枝丰度、根内菌丝丰度和泡囊丰度。不同磷水平间甘薯的侵染率、丛枝丰度均差异显著，中磷的总体侵染情况显著高于低磷和高磷水平（$P<0.05$）。低磷和中磷条件下，接种处理显著提高了甘薯的生物量和 N、P 吸收量（$P<0.05$），其中在磷 50mg/kg 水平下，接种菌根真菌后甘薯 N、P 养分吸收量显著高于未接种处理，地上部和地下部生物量分别提高了 28.6%和 73.3%，而高磷条件下接种处理甘薯地上部和地下部的生长显著降低。在低磷和中磷水平下，接种 AM 真菌显著提高了甘薯的净光合速率、气孔导度和蒸腾速率；在中磷水平下接种 AM 真菌甘薯叶片的蒸腾速率和气孔导度达到最大值，之后随着磷水平的升高而降低；当土壤磷素供应过高时，接种 AM 真菌属非气孔限制因素导致的光合速率降低（$P<0.05$）。在低磷和中磷水平下，接种菌根真菌显著提高了甘薯叶片中蔗糖合成酶、6-磷酸葡萄糖酸脱氢酶、蔗糖磷酸合成酶和磷酸酶的活性；在高磷水平下，接种后甘薯叶片代谢酶活性明显降低。不同磷水平下的菌根效应表现为 P50>P0>P150，说明接种菌根的效果受土壤磷水平的影响。

柳洪鹃等（2015）试验表明，施用钾肥可减少生长前期甘薯功能叶中淀粉的合成，保证块根中光合产物的充足供应，扩大运输通道的横截面积，提高茎部运输的渗透动力促进茎基部光合产物的卸载，及时形成较强的库，提高生长中后期功能叶蔗糖含量和可运输态（蔗糖）的比例，增加光合产物运输通道数量，降低运输距离，提高运输有效性，并提高茎部运输的渗透动力，促进茎基部光合产物卸载，促进块根的膨大，形成高产。

二、甘薯的氮代谢

N 是植物重要的营养元素，植物吸收的 N 主要是无机态氮，即 NH_4^+ 和 NO_3^-，此外也可吸收某些可溶性的有机氮化物，尿素、氨基酸、酰胺等，但数量有限，低浓度的亚硝酸盐也能被植物吸收。各种形态 N 吸收利用的形式是不同的，但进入植物体后，最终都要以同样的方式经过谷氨酸或谷氨酰胺的转氮作用形成不同的氨基酸，进而合成蛋白质。根系吸收的 NO_3^- 和 NH_4^+ 进入根细胞以后，可随蒸腾流由木质部导管运到植株地上部，运移到地上部的 N 素除了参与生理代谢外，部分 N 素又以氨基酸的形态通过韧皮部向根部转运。N是甘薯生长发育必需的营养元素，氮代谢是甘薯体内的一个重要生理过程，在其生长发育过程中发挥着重要的作用，是决定甘薯块根产量和品质的关键因素之一。

（一）氮素的同化

1. 硝态氮同化

NO_3^-中的N是高度氧化态的N，必须经过还原过程转变为铵态氮（NH_3），才能用于氨基酸和蛋白质的合成。在植物体中，硝酸盐还原过程如下：

$$\overset{(+5)}{NO_3^-} \xrightarrow[\text{硝酸还原酶}]{+2e^-} \overset{(+3)}{NO_2^-} \xrightarrow[\text{亚硝酸还原酶}]{+6e^-} \overset{(-3)}{NH_3}$$

在上反应式中，硝酸还原酶（nitrate reductase，NR）催化硝酸盐还原为亚硝酸盐，它是硝酸还原的关键酶。硝酸还原酶是一种可溶性的钼黄蛋白，由黄素腺嘌呤二核苷酸、细胞色素b_{557}和钼等辅基组成，相对分子质量为200 000～500 000。硝酸还原所需要的供氢体是NADH，NR是一种诱导酶，活性与底物NO_3^-的浓度密切相关，NR能被NO_3^-快速诱导，即使浓度低于$10\mu mol/L$，此外，NR的mRNA水平受下游的氮同化产物、光合产物的反馈调节，细胞中NR可能存在以下3种状态：自由的NR（具有酶活性）、被磷酸化的NR（pNR，具有酶活性）、14-3-3s结合的磷酸化NR（pNR：14-3-3s，无酶活性），以上3种状态的NR依赖环境的改变发生快速而可逆的变化。NO_3^-还原为NO_2^-的过程如图2-9所示。

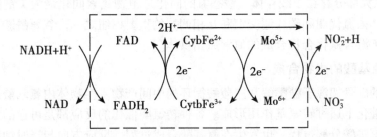

图2-9 硝酸还原酶催化硝酸盐还原的过程（张继澍，2000）

亚硝酸还原酶（nitrite reductase，NiR）催化亚硝态氮还原为氨。在正常有氧条件下，由NR催化形成的亚硝态氮，很少在植物体内积累，因为在植物组织中NiR存在量大。亚硝酸还原酶相对分子质量为60 000～70 000，它由两个亚基组成，其辅基由西罗血红素和一个Fe_4S_4簇组成。西罗血红素的作用是使6个电子转移到底物亚硝酸上，其反应如图2-10所示。

2. 铵态氮同化

植物体内的铵态氮，部分是植物从土壤中吸收的，部分是硝态氮的还原产物。铵进入植物体后或形成后，立即被同化为氨基酸，在所有的植物组织中，氨同化是通过谷氨酸合成酶循环进行的，在这个循环中有两种重要酶参与催化作用，他们分别是谷氨酰胺合成酶（glutamine synthetase，GS）和谷氨酸合成酶（glutamine-oxoglutamate aminotransferase，GOGAT）。谷氨酰胺合成酶催化下列反应：

$$L-谷氨酸+ATP+NH_3 \rightarrow L-谷氨酰胺+ADP+Pi$$

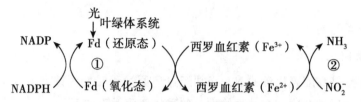

图 2-10 亚硝酸还原酶的电子传递体系（张继澍，2000）

GS 普遍存在于各种植物的所有组织中，它对氨有很高的亲和力，能防止氨积累造成的毒害。另一种酶是 GOGAT，这种酶存在两种形式，以 NAD（P）H 为电子供体的 NAD（P）H-GOGAT，和以还原态 Fd 为电子供体的 Fd-GOGAT。两种形式的 GOGAT 均可催化如下反应：

$$L-谷氨酰胺+\alpha-酮戊二酸+NAD（P）H 或 Fd_{red} \rightarrow 2L-谷氨酸+NAD（P）^+ 或 Fd_{ox}$$

此外，还有谷氨酸脱氢酶（glutamine dehydrogenase，GDH）也参与氨的同化过程，它催化下列反应：

$$\alpha-酮戊二酸+NH_3+NAD（P）H+H^+ \rightarrow L-谷氨酸+NAD（P）^++H_2O$$

依赖 Fd 的谷氨酸合成酶、依赖 NAD（P）H 的谷氨酸合成酶，存在于叶绿体中；谷氨酰胺合成酶（GS）在叶绿体和细胞质中都存在；而依赖 NAD 的谷氨酸脱氢酶（GDH）几乎大部分存在于线粒体。铵态氮的同化是植物氮素同化最为关键的步骤，同时也是植物体内氮代谢和碳代谢交汇和互相调控的重要枢纽之一。谷氨酰胺和谷氨酸是植物中许多下游含氮化合物合成的氮素原始供体。

（二）氨基酸的生物合成

氨基酸的碳骨架源于糖酵解和三羧酸循环的中间产物。生物体内氨基酸的合成主要在转氨酶的催化下通过转氨基作用形成。各种转氨酶催化的反应都是可逆的，转氨基过程既发生在氨基酸分解过程，也发生在氨基酸合成过程。反应方向与当时细胞中具体代谢的需要有关（图 2-11）。

侯松等（2018）研究叶片施硒条件下，甘薯块根中除苏氨酸之外的其他 7 种人体必需氨基酸含量均显著升高，天冬氨酸、丝氨酸、谷氨酸等 6 种人体非必需氨基酸含量也明显增加，施硒使块根中苏氨酸、胱氨酸含量下降，不同施硒量对组氨酸和脯氨酸的影响不同。甘薯块根必需氨基酸总量及各组分含量受氮肥影响较大，氨基酸含量随施氮量增加而显著提高，原因在于，土壤中含氮量高，硝酸还原酶活性增强，从而有利于蛋白质的合成，施氮量较高的土壤上收获的甘薯块根更容易满足人体对必需氨基酸的需要，但施氮量过度氨基酸含量则下降（吴春红，2015；张辉，2017）。刘文静等（2011）对福薯88在相对湿度85%、温度在5℃、10℃、17℃条件下贮藏过程中淀粉、还原糖、蔗糖、蛋白质、氨基酸、维生素C、粗纤维等营养含量的变化进行测试。结果表明，贮藏温度对甘薯营养含量变化影响较大，贮藏温度为10℃时，可延长贮藏保鲜时间，保持甘薯的食用品质。贮藏温度为5℃时易造成冷害烂薯，贮藏温度超过17℃会

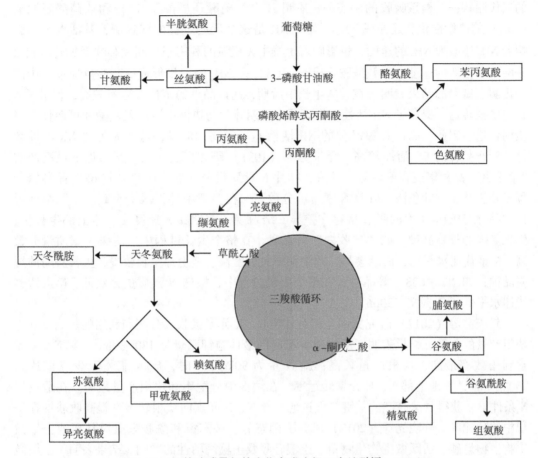

图 2-11 氨基酸碳骨架的生物合成途径（宋纯鹏译，2015）

加速生理代谢，贮藏 30d 就开始发芽影响食用品质。贮藏期营养成分相关性研究表明，10℃条件下贮藏过程中淀粉含量与还原糖呈极显著负相关，蛋白质和氨基酸呈极显著正相关。

（三）影响氮素吸收利用的因素

植物对 N 素的利用涉及很多步骤，包括 N 素的吸收、同化、转运，以及循环和分配等。研究中常用氮素利用效率（nitrogen use efficiency，NUE），作为施肥等农业措施、耕作制度及作物生长适宜程度的综合生理、生态评价指标。一般来说，高效利用 N 素有两种机制：一是在较低有效养分条件下吸收较多的 N 素；二是用较少的 N 素生产较多的干物质或较高的产量，前者反应 N 素吸收效率，后者则是 N 素利用效率。影响植物对土壤中 N 素吸收利用的因素有很多，N 素的吸收和同化与植物的很多生理过程（如光合作用、光呼吸等）、产量和品质关系密切，与品种、基因型的差异也紧密相连。植物对不同形态 N 素的吸收也存在差异，根据对硝态氮和铵态氮的偏好特性可将植物分为"喜硝植物"和"喜铵植物"，甘薯属喜铵植物，优先吸收土壤中的铵态氮。

关于甘薯氮代谢的品种间差异，柴沙沙等（2014）分析了甘薯不同产量潜力品种的氮代谢特征，根系吸收的硝态氮，在叶片中经硝酸还原酶（NR）和亚硝酸还原酶（NiR）的连续催化，还原成 NH_4^+，其中 NR 是这个反应过程的限速酶，其活性大小影响着 NO_3^- 还原为 NH_4^+ 的速度，也影响着土壤中无机氮的利用率，间接影响着 NH_4^+ 形成氨基酸、蛋白质的速度，谷氨酰胺合成酶（GS）是 NH_4^+ 进一步形成氨基酸反应过程中的关键酶。试验的结果表明，在甘薯生长中后期，高产品种的植株 N 含量较高，促进了 N 素向块根转运，提高了 NR 活性，提高了中后期叶片与块根中游离氨基酸和可溶性蛋白质的含量，因此，高产甘薯品种的 NR 活性不一定高，但是，低产品种的 NR 活性较低，低产品种的 GS 活性较高。泽畑秀等（1991）研究指出，在多肥条件下最高产的"金千贯"品种繁茂程度较好，叶大，叶片 N 素质量分数低；而"九州 65"品种繁茂程度差、叶小、叶色浓、叶片 N 素质量分数高、在多肥条件下减产率高。不同结薯习性的品种对植株 N 素的吸收量存在差异，结薯晚、前期膨大速度慢、地上部生长快、生长势强的长蔓品种，如"丰收白"等品种，在整个生长过程中，植株 N 素质量分数高、N 素代谢水平高；而结薯早、前中期膨大速度快、地上部生长较慢、生长势弱的短蔓品种，如"76-638"等品种，在整个生长过程中，植株 N 素质量分数低、N 素营养代谢水平低（于振文，2006）。

赵庆鑫等（2017）研究氮钾互作对甘薯 N、K 元素吸收、分配和利用的影响及其与块根产量的关系。结果表明，不施用 N 肥时的最佳施钾肥量是 $180kg/hm^2$，其 N、K 元素利用效率最高、块根产量较高；施 N 量为 $90kg/hm^2$ 时，施 K 肥量至少应该达到 $360kg/hm^2$，其地上部 N、K 元素转运率、在块根中分配率和块根产量最高。在适量施 N 条件下，获得甘薯高产的关键是促进地上部 N、K 元素向块根转运，提高收获期在块根中的分配率。陈晓光等（2017）研究了硝态氮、铵态氮和酰胺态氮对甘薯地土壤微生物生物量碳、活跃微生物生物量、土壤呼吸及土壤酶活性的影响。结果表明，土壤微生物生物量碳、活跃微生物量、呼吸速率和土壤酶活性对不同 N 素形态的响应不同。土壤微生物生物量碳在块根膨大前中期以铵态氮处理最大，而在收获期以硝态氮处理最大。土壤活跃微生物量以铵态氮处理最大。土壤呼吸速率、呼吸熵和蔗糖酶活性均以酰胺态氮处理最大。甘薯施用铵态氮肥有利于提高土壤活跃微生物量和微生物生物量碳，适当增施铵态氮是保证土壤生物健康的较好施氮模式。周利华（2017）研究发现，铵态氮素处理增加了甘薯生长前期的根尖数，即促进了侧根的发生和吸收根系的生长，而酰胺态氮素处理抑制了甘薯块根分化建成前（秧苗栽后 15d、30d）不定根的生长发育。相较于不施 N 素和酰胺态 N 素处理，铵态 N 素处理能促进甘薯生长前期根系的生长发育及块根的分化建成，且具有更为协调的地上部和根系生长关系。

三、甘薯的水分代谢

生命是在水中发展的，陆生植物是由水生植物演化而来的。因此，水是植物一个重要的先天环境条件，在植物的生长发育中起着至关重要的作用。植物的一切正常生长发育只有在含有一定量水分的条件下才能进行，否则就会受到阻碍，甚至死亡。因此，在农业生产上，水是决定收成有无的重要因素之一，农谚说"有收无收在于水"，就是这个道理。

陆生植物一方面不断地从土壤中吸取水分，以保持其正常的含水量；另一方面，它的地上部分（尤其是叶片）又以蒸腾作用的方式散失水分。植物的吸水与失水是一个相互依赖、相互依存的过程，也正是由于这个过程的存在，植物体的水分永远处于动态变化状态中。根系吸收的水分除极少部分参与体内的生理生化代谢外，绝大部分通过蒸腾作用散失到大气中。植物正常的生命活动就是建立在不断地吸水、传导与运输、利用和散失的过程之上，植物对水分的吸收、运输、利用和散失的过程，称为植物的水分代谢（water metabolism）。了解甘薯水分代谢的基本规律是甘薯栽培中合理灌溉的生理基础，通过合理灌溉可以满足甘薯生长发育对水分的需要，为甘薯提供良好的生长环境，对甘薯的高产、优质具有重要意义。

（一）水分的生理作用

1. 水分是细胞原生质的主要成分

植物细胞含有大量的水分，一般占原生质质量的70%~90%。含水量的变化直接影响细胞原生质自由水与束缚水比值的大小，从而影响植物代谢活动的强弱。含水量的变化还影响细胞代谢的方向和性质，当原生质处于水分充足的紧张状态时，细胞内物质的合成与分解反应能够有序进行，当原生质处于缺水状态而失去紧张度时，各种酶催化的氧化分解作用加强，但生成ATP的数量却减少，结果造成细胞内物质的大量消耗，甚至导致植物死亡。

2. 水是植物代谢过程中重要的反应物质

水是合成光合产物的原料，在呼吸作用以及植物体内许多有机物的合成和分解过程中都有水分子作为反应物质参与反应，成为植物体内代谢反应不可缺少的物质之一。

3. 水是植物体内各种物质代谢的介质

水分子是极性分子，可以与许多极性物质形成氢键而发生水合作用，所以，水是自然界中非常优良的溶剂。植物生长所需要的各种矿物质大都溶解在水中而被根系吸收。水分子之间也因为存在着大量的氢键而相互吸引，形成较大的内聚力和表面张力，与极性物质产生较大的黏附力，这些力共同作用而构成毛细管作用。植物的细胞壁、木质部中的导管壁等主要由亲水的纤维素等物质组成，纤维素微纤丝间存在着许多空隙，这些空隙构成了植物体内巨大的毛细管系统，使溶有大量有机物和无机物的液体在其中流动，并将这些物质运输到植物体的各个部分。

4. 水分能够保持植物的固有姿态

植物没有像动物那样的骨架支撑，但有纤维素等构成的高强度细胞壁和高浓度的细胞质。后者能够吸收大量的水分而膨胀，形成植物细胞较大的紧张度。这使植物能够枝叶挺立，花朵开放，气孔张开，便于接受阳光，进行气体交换，有效传粉授粉，以及使植物根系在土壤中伸展，有利于对营养的吸收。植物缺水萎蔫而失去固有姿态，就是水分能够保持植物形态最好的反证。

5. 水分能有效降低植物的体温

水具有很高的汽化热和比热，又有较高的导热性，因此水在植物体内的不断流动和叶面蒸腾，能够顺利地散发叶片所吸收的热量，保证植物体即使在炎夏强烈的光照下，也不致被阳光灼伤。

6. 水是植物原生质胶体良好的稳定剂

植物细胞富含蛋白质等大分子化合物，这些大分子含有-COOH、-OH、-NH$_2$等亲水基团，水分子能与这些基团形成氢键，在其周围定向排列，形成水化层，以减少大分子之间的相互作用，增加其溶解性，维持细胞原生质体的稳定性。水分子也可与带电离子，如 K$^+$、Na$^+$、Ca^{2+}等结合，形成高度可溶的水化离子，共同影响细胞原生质体的状态，调节细胞代谢的速率。

（二）甘薯的需水量和需水节律

作物需水量就是作物生长发育过程中所需的水量，一般包括生理需水和生态需水两部分。生理需水（physiological water requirement）是指作物生命过程中各项生理活动（蒸腾作用、光合作用和构成生物体系等）所需要的水分。生态需水（ecological water requirement）是指给作物正常生长发育创造良好生活环境所需要的水分，如调节土壤温度、影响肥料分解、改善田间小气候等所需要的水分。由于上述各项需水量不好测定和计算，在生产实践中用作物的蒸腾量和颗间蒸发量来表示作物需水量，又叫腾发量（evapotranspiration）。作物生长过程中可以从天然降雨和地下水获得一部分水分，差额部分就是需要灌溉的净水量。

甘薯具有较强的耐旱耐瘠性，被称为荒地开发的先锋作物，具有高产、稳产、适应性广的特点，在中国广泛种植。姜增辉等（2010）认为，土壤湿度以田间最大持水量70%为宜，持水量低于60%时须进行灌水。Chowdhory 等（2000）认为，随着土壤水分含量的下降，土壤机械阻力增大，限制了块根的膨大，同时降低了土壤中 N、K 养分的移动，影响根系对养分的吸收，不利于块根的生长发育和干物质积累。甘薯对土壤水分的需求还与生育期紧密相关。甘薯扎根缓苗期和生长前期对土壤水分状况要求较高，最佳土壤含水量为田间最大持水量的 60%~80%，低于 50% 则严重抑制各器官的生长，高于 80% 则有徒长趋势。生长中期的土壤含水量应偏低些，以 50%~60% 为宜，有利于控制徒长。生长后期土壤水分的变幅可大些，但也不宜大于田间最大持水量的 80% 或低于 45%，否则会降低鲜薯产量。总之，甘薯在其生长前期要求土壤水分充足，后期则要求土壤水分适中。再者，甘薯的不同部位，茎叶和块根对水分的响应也不同。Gomes 等（2003）发现，茎叶在雨季和旱季的水分利用率均增加，且旱季增加量显著高于雨季的增加量，而块根则相反，在雨季和旱季块根的水分利用率均减少。张明生等（2006）研究表明，甘薯生长前期的水分亏缺对甘薯产量影响最为显著，而旺长期以后的水分亏缺则对甘薯产量影响较小。朱绿丹等（2013）的试验结果表明，提高土壤含水量有利于甘薯干物质的积累，施 N 则有利于甘薯地上部干物质的积累，但是当土壤水分含量较低时，施 N 会降低甘薯块根干物质积累量，只有当水分供应充足时，施氮才能够促进块根干物质的积累，N 素和水分充分供应时，才能够充分发挥甘薯的高产潜能。

(三) 甘薯的水分循环

1. 甘薯根系对水分的吸收

(1) 根部吸水的区域　根系虽然是植物吸水的主要器官，但是，并不是根的各部位都能吸水。实际上，表皮细胞木质化的根段吸水能力非常小，根的吸水主要在根尖进行。根尖中以成熟区 (也叫根毛区) 的吸水能力最强，伸长区、分生区和根冠区吸水能力很弱，后 3 部分由于原生质浓厚，疏导组织尚欠发达，对水分移动阻力大。成熟区有许多根毛，增大了吸收面积，同时根毛细胞壁的外部由于果胶物质覆盖，黏性强，亲水性好，有利于与土壤颗粒黏着和吸水，而且成熟区输导组织发达，对水分的移动阻力小，所以成熟区吸水能力最大。成熟区随着根的生长不断前进，老根毛不断死亡，新根毛不断产生，根毛的寿命一般只有几天。

(2) 根系吸水方式及动力　植物根系吸水主要有两种方式：一种是主动吸水；另一种是被动吸水。

主动吸水 (active absorption of water) 也叫作代谢性吸水，是由甘薯根系本身的生理活动而引起的吸水，因此，主动吸水也叫根压吸水。根压 (root pressure) 是指由于甘薯根系生理活动而促进液流从根部上升的压力，根压是主动吸水的动力。根压吸水并不是吸水的主要方式，只是在甘薯植株未长出叶片之前的吸水，根压吸水才占优势，伤流和吐水两种现象可以表明根压的存在。①把甘薯植株从基部切断或植株受到创伤时，就会从断口或伤口处溢出液体，这种现象就叫作甘薯的伤流 (bleeding)。如果在植株根的切口套上一根橡皮管，再与压力计相连接，就可测定出使伤流液从伤口流出根压的大小，伤流液中含有各种无机盐和有机盐，其数量和成分可以作为根系生命活动强弱的指标。②在土壤水分充足，空气比较潮湿的环境中生长的植物，其叶片可直接向外溢泌水分，这种现象叫作甘薯的吐水 (guttation)。这是植物在体内含水较多，而且湿度较大，气孔蒸腾效率较低的情况下，由于根压的存在使植物以液体的形式向体外散失水分的一种特殊方式。

植物枝叶的蒸腾作用使水分沿导管上升的力量称为蒸腾拉力 (transpiration pull)，通过蒸腾拉力进行的吸水称为被动吸水 (passive absorption of water)。当植物蒸腾时，叶片气孔下腔周围叶肉细胞中的水分以水蒸气的形式，经由气孔扩散到水势较低的大气，从而导致其水势下降，这样就产生了一系列相邻组织细胞间的水分运动，叶脉导管中的水分向失水的叶肉细胞移动，叶柄导管中的水分又补充叶脉导管，依次类推，最后根从土壤吸水。在这过程中，相邻组织细胞依次失水，形成了从土壤溶液到植物气孔连续的水势梯度差，从而使土壤水分源源不断地通过根系进入植物体，并运向地上各个部分。这是一个纯粹的物理过程，不需要任何代谢能量的参与。凡能够进行蒸腾的枝条通过死亡的根系吸水，甚至在切除根系后仍能正常吸水。被动吸水由叶片蒸腾拉力引起，所以受植物蒸腾强弱的直接影响，在甘薯正常生长期中，被动吸水是其主要吸水方式。

2. 甘薯体内的水分运输

甘薯的根部从土壤吸收水分，通过茎转运到叶子及其他器官，少部分参与代谢和构建植株体，绝大部分通过蒸腾作用，以水汽状态散失到外界大气中。水分在体内运输的途径为：土壤水→根毛→根皮层→根中柱鞘→中柱薄壁细胞→根导管→茎导管→叶柄导管→叶脉导管→叶肉细胞→叶细胞间隙→气孔下室→气孔→大气。

水分从根向地上部运输的途径可分为两部分：一部分是经过维管束中的死细胞和细胞壁与细胞间隙进行长距离运输，即所谓的质外体部分；另一部分与活细胞有关，属短距离径向运输，包括根毛→根皮层→根中柱以及叶脉导管到叶肉细胞→叶细胞间隙，即共质体运输。径向运输距离短，但运输阻力大，因为水分要通过生活细胞，这一部分是水分传导的制约点，沿导管或管胞的长距离运输中，水分主要通过死细胞，阻力小，运输速度快。

在导管或管胞中，水分向上转运的动力是由导管两端的水势差决定的，甘薯叶片因蒸腾作用不断失水，叶片与根系之间形成水势梯度，在这一水势梯度的推动作用下，水分源源不断地沿导管上升，蒸腾作用越强，此水势梯度越大，则水分运转也越快。

3. 蒸腾作用

蒸腾作用（transpiration）是植物体内的水分以气态方式从植物的表面向外界散失的过程，陆生植物吸收的水分，只有约1%用来作为植物体的构成部分，绝大部分通过地上部分散失到大气中去了。水分从植物体内散失到大气中的方式有两种，一种是以液态逸出体外，另一种是以气态逸出体外，即蒸腾作用，这是植物失水的主要方式。

（1）蒸腾部位　植物体的各部分都有潜在的对水分的蒸发能力。当植物幼小的时候，暴露在地面上的全部表面都能蒸腾；植物长大以后，茎枝形成木栓质，这时，茎枝上的皮孔可以蒸腾，这种通过皮孔的蒸腾叫皮孔蒸腾（lenticular transpiration），皮孔蒸腾的量非常小，约占全部蒸腾量的0.1%，所以，植物的蒸腾作用绝大部分是在叶面上进行的。

叶片的蒸腾有两种方式：①通过角质层的蒸腾称为角质蒸腾（cuticular transpiration）。②通过气孔的蒸腾称气孔蒸腾（stomatal transpiration）。角质层本身不透水，但角质层在形成过程中有些区域夹杂有果胶，同时角质层也有孔隙，可使水汽通过。角质蒸腾和气孔蒸腾在叶片中所占的比例，与植物的生态条件和叶片年龄有关，实质上就是与角质层厚度有关。例如，生长在潮湿环境的植物，角质蒸腾往往超过气孔蒸腾；水生植物的角质蒸腾也很强烈；遮阴叶子的角质蒸腾能达总蒸腾的1/3；幼嫩叶子的角质蒸腾能达总蒸腾量的1/3~1/2。但是除上述情况外，一般植物的成熟叶片，角质蒸腾仅占总蒸腾量的5%~10%，因此，气孔蒸腾是植物叶片蒸腾的主要形式。

（2）气孔蒸腾作用　气孔蒸腾分为两步进行：首先水分在细胞间隙及气孔下室周围叶肉细胞表面上蒸发成水蒸气，然后水蒸气分子通过气孔下室及气孔扩散到叶外。

气孔蒸腾速率的大小与蒸发和扩散都有关系。叶子的内表面面积越大，蒸发量越大，事实上，叶内表面积要比叶外表面积大许多倍，在这样大的内表面积上，水很容易转变为水蒸气。因此，气孔下室经常被水汽所饱和。水蒸气扩散是气孔蒸腾的关键步骤，扩散的快慢决定于通过气孔的阻力以及叶表面界面层阻力。扩散阻力的大小由气孔阻力（气孔开度大小）和叶片表面水蒸气界面层阻力（界面层厚度）来决定。在这两种阻力中，气孔阻力是主要的，气孔开度对蒸腾有着直接的影响。现一般用气孔导度（stomatal conductance）表示，在许多情况下气孔导度使用与测定更方便，因为它直接与蒸腾作用成正比。气孔导度与气孔阻力呈反比关系。

　　甘薯植株蒸腾失水的同时，不断地从土壤中吸收水分，这样就在生命活动过程中形成了吸水和失水的连续过程，在正常情况下，吸水、用水、失水三者处于动态平衡。农业中解决水分问题，也就是保持水分平衡问题，而维持水分平衡通常以增加吸水方面入手，根据作物的需水量和需水规律进行合理灌溉是解决这一问题的主要途径。甘薯各生育期各器官生物量均随着水分增加而增加，水分利用效率在田间持水量50%时达到最大，在田间持水量75%和田间持水量100%中没有显著差异，且在甘薯收获期达到最大值。甘薯光合同化物向地下部的分配比例随着水分增加而降低，因此，碳同位素可以作为甘薯水分利用效率的评价方法（张辉等，2014）。干旱胁迫使甘薯叶片大小、比叶面积和叶面积系数不同程度降低，叶片净光合速率下降，茎叶和块根的生长受到抑制，产量显著下降（李长志等，2018；Aroca R et al.，2003）。张海燕等（2018）研究认为，干旱胁迫导致甘薯的耗水量和日耗水量降低，以全生育期干旱胁迫和发根分枝期干旱胁迫的影响较大，可持续到收获期，蔓薯并长期和快速膨大期是甘薯产量形成的关键时期，也是甘薯耗水高峰期。正常灌水条件下，耗水模系数分别为37.7%和34.5%，而干旱胁迫条件下，胁迫处理的耗水模系数在蔓薯并长期和快速膨大期均显著低于对照，可见，干旱胁迫改变了甘薯的耗水特性，使甘薯块根形成和膨大的关键时期由于得不到充足的水分供应而发育迟缓，产量大幅度下降。

本章参考文献

柴沙沙，杨新笋，雷剑，等 .2014. 甘薯不同产量潜力品种的氮代谢特性 ［J］. 湖北农业科学，53（23）：5 649-5 652.

陈潇潇，卢琳琳，陈思思 .2014. 根部光照对甘薯光合速率及蒸腾速率的影响 ［J］. 现代园艺（7）：12.

柴沙沙，刘兵，雷剑，等 .2016. 不同产量潜力甘薯光合产物的生产、运转与块根产量的关系 ［J］. 湖北农业科学，55（24）：6 367-6 371.

陈晓光，李洪民，张爱君，等 .2017. 氮素形态对甘薯土壤微生物及酶活性的影响 ［J］. 西南农业学报，30（3）：619-623.

陈选阳，陈凤翔，袁照年，等 .2001. 甘薯脱毒对一些生理指标的影响 ［J］. 福建农业大学学报，30（4）：449-453.

代红军，柯玉琴，潘廷国，等 .2004. 甘薯蔓割病病菌的侵染对甘薯光合作用的影响 ［J］. 福建农业大学学报（自然科学版），33（3）：304-307.

杜清福，商丽丽，韩俊杰，等 .2017. 保水剂对温室栽培甘薯前期生长及产量的影响 ［J］. 山东农业科学，49（2）：81-84.

段院生，杨莉 .2008. 甘薯块根生长调控研究进展 ［J］. 安徽农业科学，36（32）：14 030-14 032，14 083.

付文娥，刘明慧，王钊，等 .2013. 覆膜栽培对甘薯生长动态及产量的影响 ［J］. 西北农业学报，22（7）：107-113.

侯利霞.1997.水培甘薯对连续光周期耐性的生长反应［J］.园艺与种苗（2）：30-32.

侯松,田侠,刘庆.2018.叶面喷施硒对紫甘薯硒吸收、分配及品质的影响［J］.作物学报,44（3）：423-430.

后猛,王欣,张允刚,等.2013.外源激素对甘薯生长发育的影响［J］.西南农业学报,26（5）：1 829-1 832.

江苏农业科学院,山东农业科学院.1984.中国甘薯栽培学［M］.上海：上海科学技术出版社.

江燕,史春余,王振振,等.2014.地膜覆盖对耕层土壤温度水分和甘薯产量的影响［J］.中国生态农业学报,22（6）：627-634.

姜增辉,吕雅芳.2010.甘薯高产栽培技术［J］.杂粮作物,30（3）：225-226.

解备涛,王庆美,张立明.2008.不同水分条件下植物生长调节剂对甘薯移栽后根系的影响［J］.青岛农业大学学报（自然科学版）,25（4）：247-252.

荆彦平,李栋梁,刘大同,等.2013.甘薯块根生长及其淀粉体发育过程的解剖结构特征［J］.西北植物学报,33（12）：2 415-2 422.

李长志,李欢,刘庆,等.2016.不同生长时期干旱胁迫甘薯根系生长及荧光生理的特性比较［J］.植物营养与肥料学报,22（2）：511-517.

李韦柳,唐秀桦,韦民政,等.2017.遮阴对淀粉型甘薯生长发育及生理特性的影响［J］.热带作物学报,38（2）：258-263.

刘淑云,谷卫刚,封文杰,等.2010.基于生长度日的甘薯植株发育模拟模型的研究［J］.中国农学通报,26（23）：130-133.

刘文静,余华,黄薇,等.2011.不同温度对甘薯新品系福薯88贮藏生理营养性状的影响［J］.福建农业学报,26（5）：711-717.

刘中良,郑建利,杨俊,等.2014.甘薯不同生育期种薯萌芽性及耐储性差异研究［J］.山东农业科学（1）：37-39.

柳洪鹃,史春余,柴沙沙,等.2015.不同时期施钾对甘薯光合产物运转动力的调控［J］.植物营养与肥料学报,21（1）：171-180.

陆燕元,马焕成,李昊民,等.2015.土壤干旱对转基因甘薯光合曲线的响应［J］.生态学报,35（7）：2 155-2 160.

马若囡,刘庆,李欢,等.2017.缺磷胁迫对甘薯前期根系发育及养分吸收的影响［J］.华北农学报,32（5）：171-176.

马志民,刘兰服,姚海兰,等.2012.不同覆盖方式对甘薯生长发育的影响［J］.西北农业学报,21（5）：103-107.

Melis R.1985.薯类作物的成块作用和激素［J］.国外农学：杂粮作物（2）：19-23.

潘妃,邢铮,秦玉芝,等.2013.几种特色甘薯叶片光合作用特征的研究［J］.湖南农业科学（21）：26-28.

潘瑞炽.2001.植物生理学［M］4版.北京：高等教育出版社.

戚冰洁，曹月阳，张佩琪，等 . 2013. 外源氯胁迫对甘薯幼苗光合特性的影响 [J].
　　西北植物学报，33（5）：984-991.

沈淞海，黄冲平，沈海铭 . 1994. 甘薯生长发育过程中的一些重要生化特性 [J].
　　浙江农业学报，6（2）：98-101.

史春余，王振林，郭风法，等 . 2002. 土壤通气性对甘薯养分吸收、C^{14} 同化物分配
　　及产量的影响 [J]. 核农学报，16（4）：232-236.

史春余，王振林，赵秉强，等 . 2002. 钾营养对甘薯块根薄壁细胞微结构、^{14}C 同化
　　物分配和产量的影响 [J]. 植物营养与肥料学报，8（3）：335-339.

史春余，王汝娟，梁太波，等 . 2008. 食用型甘薯块茎碳水化合物代谢特征及与品
　　质的关系 [J]. 中国农业科学，41（11）：3 878-3 885.

司成成，史春余，王振振，等 . 2015. 甘薯秧苗素质对块根分化建成和产量的影响
　　[J]. 西南农业学报，28（3）：1 003-1 008.

宋纯鹏，王学路，周云，等 . 2015. 植物生理学 [M] 5 版 . 北京：科学出版社 .

苏明，黄洁，甘学德，等 . 2011. 不同一次施肥法对甘薯生长和产量性状的影响初
　　探 [J]. 热带作物学报，32（9）：1 642-1 644.

孙晓辉 . 2002. 作物栽培学 [M]. 成都：四川科学技术出版社 .

唐恒朋，李莉婕，杨守祥，等 . 2016. 不同类型钾肥对甘薯生长发育及产质量的影
　　响 [J]. 西南农业学报，29（5）：1 150-1 155.

唐君，张华，刘亚菊 . 2001. 外源激素对甘薯不同品种茎尖培养与植株再生的影响
　　[J]. 江苏农业研究，22（3）：22-25.

唐忠厚，陈晓光，魏猛，等 . 2016. 低钾下光照度与 CO_2 浓度对不同钾效率基因型
　　甘薯光合作用的影响 [J]. 江苏农业学报，32（2）：267-273.

汪顺义，李欢，刘庆，等 . 2015. 氮钾互作对甘薯根系发育及碳氮代谢酶活性的影
　　响 [J]. 华北农学报，30（5）：167-173.

汪顺义，李欢，刘庆，等 . 2017. 施钾对甘薯根系生长和产量的影响及其生理机制
　　[J]. 作物学报，43（7）：1 057-1 066.

王翠娟，史春余，王振振，等 . 2014. 覆膜栽培对甘薯幼根生长发育、块根形成及
　　产量的影响 [J]. 作物学报，40（9）：1 677-1 685.

王迪轩 . 2014. 薯芋类蔬菜优质高效栽培技术问答 [M]. 北京：化学工业出版社 .

王庆美，张立明，王振林 . 2005. 甘薯内源激素变化与块根形成膨大的关系 [J].
　　中国农业科学，38（12）：2 414-2 420.

魏猛，李洪民，唐忠厚，等 . 2013. 植物生长调节剂对食用型甘薯产量、品质性状
　　及淀粉 RVA 特性的影响 [J]. 西南农业学报，26（6）：2 261-2 264.

魏明山 . 1964. 甘薯块根的发育与糖类物质的变化 [J]. 植物生理学报（5）：
　　25-28.

吴春红，孔凡美，刘庆，等 . 2015. 氮肥对不同品种紫甘薯块根营养品质的影响
　　[J]. 水土保持学报，29（2）：188-192.

吴振新 . 2013. 氮肥施用量对甘薯生长及鲜薯产量的影响 [J]. 安徽农学通报，19

（16）：33-34.

萧浪涛，王三根 . 2005. 植物生理学 [M] 1 版 . 北京：中国农业出版社 .

肖关丽，龙雯虹，赵鹏，等 . 2013. 玉米—甘薯间作的光合效应及产量研究 [J].
云南农业大学学报（自然科学）（28）：52-55.

徐西红，李腾腾，李欢 . 2016. 接种 AM 真菌对甘薯光合作用及碳磷代谢酶活性的
影响 [J]. 水土保持学报，30（2）：255-258.

徐志刚，崔瑾，焦学磊，等 . 2004. 光照强度和 CO_2 浓度间接调控对甘薯无糖组培
苗光合特性的影响 [J]. 南京农业大学学报，27（1）：11-14.

许可，周爽，何博文，等 . 2008. 三个甘薯品种光合特性与生产量关系的比较 [J].
中国农学通报，24（6）：172-175.

许育彬，程雯蔚，陈越，等 . 2007. 不同施肥条件下干旱对甘薯生长发育和光合作
用的影响 [J]. 西北农业学报，16（2）：59-64.

许育彬，宋亚珍，李世清 . 2009. 土壤水分和施肥水平对甘薯叶片气体交换的影响
[J]. 中国生态农业学报，17（1）：79-84.

杨育峰，张晓申，王慧瑜，等 . 2015. 氮肥施用量对甘薯生长、含氮量及产量的影
响 [J]. 河南农业科学，44（3）：52-55.

易九红，张超凡，刘爱玉，等 . 2012. 甘薯生长与环境、栽培因素及内源激素的关
系 [J]. 作物研究，26（6）：719-724.

于文东，于坤令，姜成选，等 . 2003. 覆膜对春甘薯生育动态的影响 [J]. 作物杂
志（1）：18-20.

于振文 . 2006. 作物栽培学 [M]. 北京：中国农业出版社 .

泽畑秀，董起 . 1991. 关于甘薯块根膨大特性的研究Ⅲ. 不同养分供给量对块根膨
大影响的品种间差异 [J]. 国外农学：杂粮作物（1）：32-35.

张爱君，李洪民，唐忠厚，等 . 2010. 长期不施钾肥对甘薯产量的影响 [J]. 安徽
农业大学学报，37（1）：22-25.

张爱君，李洪民，唐忠厚，等 . 2011. 长期不施磷肥对甘薯产量与品质的影响 [J].
华北农学报，26（B12）：104-108.

张海燕，段文学，解备涛，等 . 2017. 不同肥料种类对甘薯生长发育动态和产量的
影响 [J]. 山东农业科学，49（7）：99-103.

张海燕，解备涛，段文学，等 . 2018. 不同时期干旱胁迫对甘薯光合效率和耗水特
性的影响 [J]. 应用生态学报，29（6）：1 943-1 950.

张茵，王良平，魏鑫，等 . 2013. 多效唑的不同喷施时间对甘薯生长发育和产量的
影响研究 [J]. 作物杂志（4）：97-99.

张辉，张永春 . 2017. 肥料对甘薯营养品质影响的研究进展 [J]. 江苏农业科学，
45（17）：1-5.

张继澍 . 2006. 植物生理学 . [M] 1 版 . 北京：高等教育出版社 .

张磊，林祖军，刘维正，等 . 2015. 黑色地膜对甘薯光合作用及叶绿素荧光特性的
影响 [J]. 中国农学通报，31（18）：80-86.

张立明，王庆美，何钟佩.2007. 脱毒和生长调节剂对甘薯内源激素含量及块根产量的影响［J］.中国农业科学，40（1）：70-77.

张明生，谢波，戚金亮，等.2006. 甘薯植株形态、生长势和产量与品种抗旱性的关系［J］.热带作物学报，27（1）：39.

张启堂.1996. 甘薯和 *Ipomoea trifida* 根内玉米素含量的高效液相色谱分析［J］.中国甘薯（8）：141-144.

张亚娟，周金卢.2011. 水培甘薯的光合研究［J］.中国农学通报，27（3）：112-115.

赵庆鑫，江燕，史春余，等.2017. 氮钾互作对甘薯氮钾元素吸收、分配和利用的影响及与块根产量的关系［J］.植物生理学报，53（5）：889-895.

周利华.2017. 氮素形态对甘薯块根分化建成的影响［J］.上海农业科技（2）：106-108.

朱红，李洪民，张爱君，等.2009. 贮藏温度对甘薯呼吸强度的影响［J］.江苏农业科学（4）：299-300.

朱绿丹，张珮琪，陈杰，等.2013. 不同土壤水分条件下施氮对甘薯干物质积累及块根品质的影响［J］.江苏农业学报，29（3）：533.

Aroca R, Irigoyen J, Sánchez-díaz M. 2003. Drought enhances maize chilling tolerance. Ⅱ. Photosynthetic traits and protective mechanisms against oxidative stress ［J］. Physiologia Plantarum, 117：540-549.

Buchanan B B. Gruissem W, Russell L. 2000. Biochemistry and Molecular Biology of Plants ［M］. Published by Arrangement with the American Society of Plant Physiology.

Chowdhory S R, Singh R, Kundu D K. 2000. Growth, dry matter and yield of sweet potato as influence by soil mechanical impedance and mineral nutrition under different irrigation regimes ［J］. Advances in Horticultural Science, 16（1）：25-29.

Demirevska K, Zasheva D, Dimitrov R, et al. 2009. Drought stress effects on Rubisco in wheat：changes in the Rubisco large subunit ［J］. Acta Physiologiae Plantarum, 31（6）：1 129-1 138.

Gomes F, Carr M. 2003. Effects of water availability and vine harvesting frequency on the productivity of sweet potato in southern Mozambique. Crop yield／water-use response functions ［J］. Experimental Agriculture, 39（4）：409-421.

Singh B, Usha K. 2003. Salicylic acid induced physiological and biochemical changes in wheat seedlings under water stress ［J］. Plant Growth Regulation, 39（2）：137-141.

第三章　甘薯种苗繁育

第一节　脱毒种薯生产

一、培育脱毒种薯的作用和意义

随着生产的发展和产业结构的调整以及人们膳食结构的改变，甘薯作为集能源、粮食、饲用、食品加工、保健等功能于一身的粮食作物，种植面积日益扩大。甘薯是无性繁殖作物，整个生育期都很容易感染病毒。一旦感染上病毒，病毒就会通过薯块或薯苗在甘薯体内不断增殖、积累，代代相传，病害逐渐加重，最终导致甘薯品种种性退化，产量下降、质量降低。杨永嘉（1993）报道，甘薯由于病毒的为害，产量减产 20% 以上，造成的经济损失约 40 亿元。在引起甘薯品种种性退化的诸因素中，病毒为害是主要的因素。

据孟清等（1995）报道的甘薯病毒有 10 多种，中国甘薯病毒主要有甘薯羽状斑驳病毒、甘薯潜隐病毒、甘薯脉花叶病毒、甘薯黄矮病毒等，主要表现为花叶、皱缩、黄化、老叶出现紫红色羽状斑驳或环斑，块根表皮粗糙，皮色变淡，薯块龟裂等。还表现出新病毒病种类多，为害加重，传播途径广，造成大面积减产；复合侵染现象严重，全国 17 个省采样鉴定发现单株甘薯上有 2 种病毒侵染的占 14.8%，3 种病毒侵染的占 16.5%。由于病毒与细胞质共存于细胞中，不同于一般真菌或细菌引起的病害，目前尚无法采用杀菌剂、抗生素等药物进行防治，也无高抗病毒病的实用甘薯品种。在植物体内病毒主要通过维管束输导组织传播，而茎尖分生组织尚未形成维管束，病毒则主要通过胞间连丝扩散，传播速度很慢，且茎尖分生组织新陈代谢活动旺盛，生长组织不带或很少携带病毒。因此，将甘薯茎尖分生组织切下在合适的培养基上进行离体培养获得无病毒的茎尖脱毒苗，再按脱毒种薯生产程序培育成脱毒种薯已成为目前防治甘薯病毒病，提高甘薯产量和品质的唯一途径。

（一）恢复种性、提高产量和品质

营养生长旺盛，生理机能提高，脱毒种薯在苗床表现薯块萌芽性好，出苗早，产苗量和百苗重增加。田间春夏栽培均表现出薯苗缓苗快，分枝增多，叶面积增大，光合速率提高；产量构成明显变化，结薯早且多，薯块膨大早且快，薯块整齐，皮色鲜艳；茎叶鲜重、干重、净光合速率均显著高于普通甘薯；淀粉用品种出干率提高 1~3 个百分点，商品价值提高，能够实现优质高产的目的。

（二）增强植株抗性

茎尖试管苗的培育过程，是从实验室、接种室到组培室培育过程，必须包括消毒灭菌，实行无菌操作及培育，因此在培育甘薯茎尖试管苗的过程中不仅脱除了病毒，同时也脱去了多种真菌、细菌、线虫等病原，使甘薯黑斑病、黑痣病、茎线虫病等得到杜绝或明显降低。另外，脱毒后营养生长增强，需肥量（特别是氮肥）减少，因而对农药、化肥需用量都降低了。既减少了田间污染，又降低了生产成本。

（三）增产效果明显，经济效益显著

与相同品种的普通甘薯相比，脱毒甘薯的增产幅度可达 20%～200%，具体增产幅度依品种对病毒感染的耐性差异而不同，病毒感染越严重，脱毒后增产幅度越大。按平均亩产 1 500kg，增产 30% 计算，种植脱毒种薯每亩可多收鲜薯 450kg，每千克甘薯以1.6 元计，每亩每年可增加收入 720 元。

二、甘薯病毒种类、检测及脱除

（一）甘薯病毒种类

1. 甘薯羽状斑驳病毒（SPFMV）

是目前研究较为深入的一种甘薯病毒，对甘薯为害最重，分布最广，世界主要甘薯产区普遍发生，几乎在所有种植的甘薯品种上都可发现。Cadena-Hinajosa, M. A. 等将甘薯羽状斑驳病毒（SPFMV）分为 4 个株系，即普通株系（SPFMV 0）、褐裂株系（SPFMV RC）、内木栓株系（SPFMV IC）和褪绿叶斑株系（SPFMV CLS）。4 个株系在 *Ipomoea* sp 叶片上引起相似的症状：明脉、褪绿叶斑、沿脉变色、缩叶、矮缩，差异仅出现在被侵染的甘薯块根上。SPFMV RC，SPFMV IC 及 SPFMV CLS 3 株系可引起甘薯块根褐裂，而 SPFMV 0（或 SPFMV C）则不能。SPFMV 0 感染普通牵牛后无可见症状出现，而 SPFMV RC 感染后，普通牵牛叶片出现系统性明脉，随后褪绿，形成褪绿脉带。Cali 等将从甘薯块根中分离到的 SPFMV RC 株系划分为 SPFMV RC 弱毒（Mild）和强毒（Severy）两个株系。SPFMV 引起的症状常依寄主、病毒株系及环境而改变，在叶片上表现为褪绿斑，老叶上沿中脉发生不规则羽状黄化斑点，有时还会在斑点外缘产生紫色素而形成界限，有的株系会造成某些甘薯品种块根外部坏死（锈裂）或内部坏死（木栓），在指示植物牵牛和巴西牵牛（（*I. setosa*）上产生明脉、脉带及黄化斑点等病状。进一步的研究表明甘薯羽状斑驳病毒（SPFMV）是马铃薯 Y 病毒属病毒的成员，在分子生物学上既有与马铃薯 Y 病毒属病毒其他成员共同的特性，又有其各自的特点，如粒体线状，长约 805～880nm，是所有马铃薯 Y 病毒属病毒中最长的，其基因组 RNA由 10 820 个核苷酸排列组成，整个基因组按一个（ORF）进行翻译，产生一个大得多聚蛋白前体，并通过翻译后的加工、切割形成不同功能的成熟蛋白，执行该病毒在侵染循环中的侵入、复制、酶切加工、寄主细胞间的运动、蚜传等各种生理过程。该病毒的基因组 RNA 的基本结构与其他马铃薯 Y 属病毒相比，也极具相似性，由 SPFMV 基因组编码的多聚蛋白，除了 P1 和 P3 区域外，其他区域具有很高的氨基酸序列同源性。但 SPFMV RNA 的 P1 蛋白有 664 个氨基酸残基，是马铃薯 Y 属病毒中最大但同源性最小，而 P1 蛋白氨基酸数量在马铃薯 Y 病毒属中为 237（JGMV）~ 663（SPFMV）。SPFMV 的 HC，CI，NIb 等几个蛋白与其他马铃薯 Y 病毒属病毒的同源性较高。SPFMV 的基因组编码的各蛋白的氨基酸序列和结构特点上具特异性，但每个蛋白所执行功能上与其他马铃薯 Y 属病毒成员有相似之处。SPFMV 在寄主内可诱导出胞质风轮状内含体，可通过汁液传播，介体昆虫如桃蚜、棉蚜以非持续方式传播，可随薯块和薯苗营养繁殖体传播。该病毒的寄主范围相对较窄，据 MOYEB J W 等报道，来自 7 科的 27 种植物只有 8 种牵牛属植物（*Ipomoea* spp）被侵染，而孟清等报道，接种 13 种植物只有旋花科的 *I. setosa* 和 *I. nil* 被感染，而其他 11 种如千日红、甜菜、心叶烟等均不发病。在牵牛（*I. nil*）汁液中，病毒粒体失活温度为 60~65℃，稀释终点为 10^{-4}~10^{-3}，体外存活期 12h，在巴西牵牛（（*I. setosa*）汁液中病毒粒体失活温度为 60~65℃，稀释终点为 10^{-5}，在 4℃条件下原汁液的体外存活期为 6~12h，而在室温（18~26℃）条件下，其存活期为 3~6h。

2. 甘薯潜隐病毒（SPLV）

1979 年 Loao C H 等在中国台湾的台农 65 号甘薯品种上首次发现该病毒，曾命名为 SPLV-N，随后李汝刚等人（1990）从北京、江苏、四川、山东的 200 多个样品中均检测到了甘薯潜隐病毒（SPLV），SPLV 侵染的许多甘薯品种不产生明显的叶部症状，仅产生轻度的斑驳，可经汁液摩擦接种传播，能侵染旋花科的多种、黎科 3 种、茄科 9 种植物。在巴西牵牛上出现轻微症状，在觅色葵上显示褐色坏死斑和具红环的褐色坏死斑，在本氏烟草上出现系统性的黄绿相间的花叶。该病毒的稀释终点为 10^{-3}~10^{-2}，失活温度 60~65℃，于 25℃下体外存活期不超过 24h。病毒粒体丝状，长度 800~870nm。甘薯潜隐病毒具有马铃薯 Y 病毒组的许多特性，包括在被感染植物细胞中产生持异性的内含体，桃蚜、白粉虱和种子均不能传毒，并且与 SPFMV 无血缘关系，因此 SPLV 的分类地位还有待进一步研究。

3. 甘薯轻斑驳病毒（SPMMV）

1976 年由 Hollings 等在坦桑尼亚、乌干达、肯尼迪的甘薯上分离出来，最初被称为甘薯病毒 T（Sweet Potatovirus T，SPV T），被感染的甘薯生长缓慢、矮化，叶片产生斑驳、叶脉褪绿。寄主范围包括 14 科中的 45 种植物，贝氏烟、心叶烟受此病毒感染后呈现明脉、卷叶和畸形等症状，昆诺黎（*C. quinoa*）是该病毒的适宜局部斑寄主，SPMMV 为丝状粒体，长约 950nm，在烟草（*N. tabacum*）汁液中保持其侵染活性的稀释终点为 10^{-3}，灭活温度为 60℃，在 18℃条件下，体外存活期为 3d，在 2℃时，其侵染存活可保存 42d。以白粉虱传播为主，也可通过无性繁殖材料传播，不通过蚜虫传播。

4. 甘薯脉花叶病毒（SPVMV）

Nome 于 1973 年在阿根廷发现的，被感染的甘薯由于节间缩短而严重矮化，结薯减少，引起严重叶部症状，畸形叶片上产生泡状突起、明脉、扩散状斑驳和全面褪绿，从而形成花叶。寄主范围限于旋花科植物，在 *I. setosa* 叶片上诱发畸形、变小、失绿，症状与甘薯羽状斑驳病毒诱发的症状相似。SPVMV 粒体为弯曲杆状或丝状，长度约 761nm，致死温度为 62~65℃，稀释终点为 10^{-5}~10^{-4}，体外存活期 10~20d，由蚜虫非持续传播和机械传播，受该病毒侵染的叶片中观察到风轮状、管状和薄片状的内含体，与马铃薯 Y 病毒相似。

5. 甘薯凹脉病毒（SPSW）

Cohen J 等于 1992 年在以色列的甘薯上发现的，该病毒可引起甘薯叶脉凹陷，在 *I. setosa* 上引起植株矮化和叶片黄化脆裂，SPSW 粒体长线形，具有开环螺旋结构，其核糖核酸为双链 RNA 粒体长 850nm，直径 12nm。在感病植株韧皮细胞中形成膜状液泡。该病毒可借白粉虱以半持久性传播，亦可嫁接传播，但不能机械接种传播，可染牵牛属（Ipomoea）的多种植物。

6. 甘薯黄矮病毒（SPYDV）

仅在中国台湾省报道过，该病毒可造成甘薯叶片斑驳、黄化及植株矮化，薯块变小，尤其在土壤肥力较差及气温较低时病症更为明显，感病植株叶绿素降低 50% 以上，根系发育不良，薯块产量降低且品质变劣。寄主范围以旋花科和黎科为主。SPYDV 粒体与马铃薯 Y 病毒相似，弯曲杆状，长度约 750nm，可通过汁液机械传播，也可由粉虱传播。

7. 甘薯花椰菜花叶病毒（SPCLV）

最初报道是从波多黎各种植的甘薯品种普利召上分离出来的。该病毒通过嫁接后才从甘薯上分离出来，具有花椰菜花叶病毒组的相似特性，故得此名。SPCLU 侵染甘薯不表现有诊断价值的症状，*I. setosa* 被感染后，早期症状为沿叶支脉出现褪绿斑点和脉间褪绿斑，进而发展为大面积褪绿，导致叶片萎蔫死亡，最后植株枯萎。从染病的 *I. setosa* 中检测到病毒粒体和细胞内含体，病毒粒体为正多面体，直径 50nm，内含体为卵圆形或球形。可进入微管束组织内，使木质部导管堵塞，引起植株萎蔫。

8. 甘薯褪绿斑病毒（SPCFV）

主要分布在中南美洲，中国和日本亦报道发现该病毒，国际马铃薯中心曾定名为 C-2 病毒，在甘薯上发生较为普遍，感染植株无症状或叶片上呈现褪绿斑。*I. nil* 机械接种后，在子叶及第 1~2 片真叶上产生褪绿斑和明脉，寄主范围限于旋花科和葵科植物。

9. 其他病毒

目前至少有 3 种寄主范围广泛的病毒从甘薯上分离出来，它们是黄瓜花叶病毒（CMV），烟草花叶病毒（TMV）和烟草条斑病毒（TSV），黄瓜花叶病毒侵染甘薯依赖于 SPFMV 的存在，被 CMV 侵染的田间植株均携带有 SPFMV，则很容易获得 SPFMV，CMV 很难通过蚜虫和机械传播，但植株若感染 CMV，表明 CMV 在甘薯中的增殖需要一种辅助因子。主要甘薯病毒的特征、分布及传播方式等见表 3-1 和表 3-2。

表 3-1　主要甘薯病毒的粒子形态、寄主范围与地理分布（王庆美等，1994）

病毒	粒子形状（mm）	地理分布	寄主范围
甘薯羽状斑驳病毒（SPFMV）	曲杆状（830~850）×3	世界各地	旋花科

（续表）

病毒	粒子形状（mm）	地理分布	寄主范围
甘薯潜隐病毒（SPLV）	条状 750×3	中国、日本	旋花科、藜科许多植物及茄科的一些植物
甘薯脉花叶病毒（SPVMV）	线形（761~767）×13	阿根廷	不详
甘薯轻斑驳病毒（SPMMV）	条状（600~900）×14	东非	不详
甘薯黄矮病毒（SPYDV）	曲杆状（800~900）×14	台湾	旋花科、藜科的植物，千日红、芝麻、羊角豆、曼陀罗
甘薯花椰菜花叶病毒（SPCLV）	不详	波多黎各、马德拉、新西兰、巴布亚新几内亚	不详
黄瓜花叶病毒（CMV）	球形直径 28nm	以色列	40 科 191 种的植物
烟草花叶病毒（TMV）	竖直杆状 300×15	不详	33 科 236 种的植物

表 3-2　主要甘薯病毒的传播方式（王庆美等，1994）

病毒	块根传代	嫁接	机械	昆虫媒介	土壤
甘薯羽状斑驳病毒（SPFMV）	+	+	+	棉蚜、桃蚜	—
甘薯潜隐病毒（SPLV）	+	+	+	—	—
甘薯脉花叶病毒（SPVMV）	+	+	+	桃蚜	—
甘薯轻斑驳病毒（SPMMV）	+	+	+	木薯粉虱	—
甘薯黄矮病毒（SPYDV）	+	+	+	木薯粉虱、苘麻粉虱	—
甘薯花椰菜花叶病毒（SPCLV）	+	+	+	—	—
黄瓜花叶病毒（CMV）	+	+	+	粉虱	—
烟草花叶病毒（TMV）	+	+	+	蛞蝓、烟青虫、小跳甲、柑橘粉蚧、丫纹夜蛾等	

（二）甘薯病毒检测

1. 田间检测

田间检测是甘薯病毒病最简单的检测方法。感染甘薯病毒的薯苗，一般苗期即出现症状，多表现为长势弱，叶色淡，叶片上出现花叶、明脉、褪绿斑等。

2. 指示植物检测

由于 I. pomoea 属的巴西牵牛（I. setosa）、裂叶牵牛（I. nip）、牵牛（I. nil）对侵染甘薯的多种病毒敏感，受病毒浸染后叶片上易产生系统性症状，因此可采用嫁接法来检测甘薯病毒。方法是将甘薯脱毒茎尖苗切下 3~4 节做接穗，每节一段，去掉叶后基部削成楔形。砧木是在防虫网室培育的具 1~2 片叶的巴西牵牛，在其子叶以下的茎中部切 lcm 左右的斜口，把接穗插入，用缚料扎住，然后置防虫网室内，遮阴保湿 2~3d，嫁接后 1 周开始连续观察。如果薯苗带有病毒，一般于嫁接后 10d 左右（26~30℃）巴西牵牛的新叶上开始呈现明脉，接着出现半透明褪绿点或脉带，直至叶片变形扭曲，甚至坏死等系统病毒症状出现。嫁接时每株砧木上接一段接穗并保留砧木上部，每样本接种 3~5 株，有 1 株发病即认为该样本带毒，如果都不发病，应再重复嫁接 1 次，经两次测定均不发病的，可认为该样本为无毒苗。指示植物嫁接检测优点是灵敏度高，某些样本在 NCM-ELISA 检测中呈阴性，但嫁接检测为阳性，无须抗血清就可同时检测多种甘薯病毒，无须贵重设备和生化试剂，方法简便易行，成本低。缺点是所需时间长，不能区分病毒种类。

3. 血清学检测

目前已研制出 4 种甘薯病毒的抗血清，分别是甘薯羽状斑驳病毒抗血清、甘薯潜隐病毒抗血清、甘薯轻斑驳病毒抗血清和甘薯类花椰菜花叶病毒抗血清。血清学检测技术有多种，常用的有：①琼脂免疫双扩散法，这是研究植物病毒的常用方法，鉴定有近缘关系的病毒，原理是在琼脂凝胶平板上，做免疫沉淀试验，在抗原、抗体最适比例处形成肉眼可见的抗原抗体复合物，最终形成一条沉淀线，这就是特异性反应，表明病毒存在，用此方法检测，需要较高浓度的病毒液。②斑点酶联免疫法（Dot-ELISA），这是继酶联免疫吸附试验（EL1SA）后发展起来的以硝酸纤维膜（NCM）为固相载体进行的 ELISA 试验，根据在硝酸纤维膜上是否形成有色斑点来判定样品有无相应的免疫反应，通过所设阴性阳性对照来确定哪种颜色深度为阳性反应。采用此法一次可检测大量的样品，而且对样品中含有的少量病毒也可检出，具有快速、简便、经济等优点。邢继英等报道用叶柄印渍法可显著提高血清学的检测效果，叶柄印渍法无须加缓冲液研磨和澄清等样品制品稀释，具有简便、快速的特点。

4. 电镜观测

直接用样品汁液制备电镜铜网，置电子显微镜下观察或用甘薯病毒抗血清做免疫电镜铜网，在电镜下观察抗体和抗原的特异结合情况，由于甘薯病毒抗血清对病毒粒子的装饰作用，加大了病毒粒子的体积，提高了样品中病毒的检出率。

5. cDNA 探针检测

利用核酸探针进行斑点杂交检测技术检测甘薯羽状斑驳病毒，其原理是用酚—SDS—蛋白酶 K 法提取 SPFMV RNA，以 Oligo（dT）作引物合成 cDNA，以质粒 puc19 为载体，转化 E. coli DH5a，筛选出插入片段长度为 1.9kb 的阳性克隆，并以其模板合成核酸探针，按常规的预杂交、杂交、放射显影方法测定样品中的甘薯羽状斑驳病毒的

RNA。cDNA 探针检测病毒 RNA 是从核酸水平识别病毒，具有准确和灵敏度高的特点。cDNA 探针法除了为甘薯病毒检测提供了一个工具外，还为甘薯病毒的研究开辟了一条新途径。

（三）甘薯病毒脱除技术

甘薯脱毒技术目前主要应用并取得良好效果的有茎尖组织培养、热处理结合茎尖培养和化学药剂处理脱毒。

1. 茎尖培养脱毒

通过茎尖分生组织培养来脱除病毒是最早发明的脱毒方法，该方法得到了研究者的普遍认可，一直沿用至今。甘薯茎尖分生组织培养属植物组织培养中的体细胞培养，茎尖脱毒是多种植物汰除病毒病的方法，其主要技术步骤如下：首先将带毒薯在室内催芽、消毒处理；然后在超净工作台无菌条件下，切取 0.1~0.3mm，带 1~2 个叶原基的茎尖分生组织，移植于装有 MS 培养基的试管中培养，大约 4 个月后，茎尖分生组织直接长成试管苗，或者通过愈伤组织分化而形成再生植株。早在 1943 年 White 发现，一株被病毒侵染的植株并非所有细胞都带病毒，越靠近茎尖和芽尖的分生组织病毒浓度越小，并且有可能是不带病毒的。经过研究者多方面分析，导致这一现象的原因可能是：①分生组织旺盛的新陈代谢活动。病毒的复制须利用寄主的代谢过程，因而无法与分生组织的代谢活动竞争。②分生组织中缺乏真正的维管组织。大多数病毒在植株内通过韧皮部进行迁移，或通过胞间连丝在细胞之间传输。因而从细胞到细胞的移动速度较慢，在快速分裂的组织中病毒的浓度高峰被推迟。③分生组织中高浓度的生长素可能影响病毒的复制。1960 年美国学者 Nielsen 进行甘薯茎尖分生组织培养并首次获得脱毒苗，此后茎尖组织培养技术广泛应用于甘薯脱毒过程中。茎尖培养除可去除病毒外，还可除去其他病原体，如细菌、真菌、类菌质体。

2. 热处理钝化脱毒

热处理脱毒法又称温热疗法，已应用多年，被世界多个国家应用。该项技术设备条件比较简单，脱毒操作简便易行。

热处理方法是根据高温可以使病毒蛋白失活的原理，利用寄主植物与病毒耐高温程度不同，对甘薯块根或苗进行不同温度不同周期的高温处理。Dawson 和 Coworker 发现，当植株在 40℃高温处理时，病毒和寄主 RNA 合成都是较为缓慢的，但是当把被感染的组织由 40℃转移到 25℃时，寄主 RNA 的合成便立即恢复。不过病毒 RNA 的合成却推迟了 4~8h，例如烟草花叶病毒的 RNA 需要 16~20h 才能恢复。根据此原理，可以设计不同时间段及温度脱除甘薯病毒。王宇（2005）针对红心、03-3-1、庄 lbd，xlb，03-2、02-6、辽师 1 号、x3、Ol-6r 和 x1 等 10 个甘薯品种耐热性实验得出，存活率为 100%的品种占 30%，存活率为 80%的甘薯品种占 50%，表明甘薯是很耐热植物，该方法适用于多种甘薯品种的 SPFMV 脱除。

热处理方法的主要影响因素是温度和时间。在热处理过程中，通常温度越高、时间越长、脱毒效果就越好，但是同时植物的生存率却呈下降趋势。所以温度选择应当考虑脱毒效果和植物耐性两个方面。热处理法的缺点是脱毒时间长，脱毒不完全，热处理只对球状病毒和线状病毒有效，而且球状病毒也不能完全除去，而对杆状病毒不起作用。

3. 热处理结合茎尖培养脱毒

茎尖培养脱毒法脱毒率高，脱毒速度快，能在较短的时间内得到合格种苗，但此种方法的缺点是植物的存活率低。为了克服这一局限，许多研究者把高温处理与茎尖组织培养相结合，利用病毒和寄主植物对高温忍耐性的差异，使植物的生长速度超过病毒的扩散速度。耐热性强的植株生长速度快，茎尖部分病毒少，通过茎尖培养容易得到脱毒苗，所以耐热性强的植株适合使用热处理和茎尖培养相结合的方法脱毒。这种方法也成为较常见的甘薯脱毒方法。

4. 化学药剂脱毒

化学药剂法是一种新的脱毒方法，其作用原理是，化学药剂在三磷酸状态下会阻止病毒 RNA 帽子的形成。在早期破坏 RNA 聚合酶的形成；在后期破坏病毒外壳蛋白的形成。

常用的脱病毒化学药剂有三氮唑核苷（病毒唑）、5-二氢尿嘧啶（DHT）和双乙酰-二氢-5-氮尿嘧啶（DA-DHT）。

病毒唑（Ribavirin）最初是作为抗人体和动物体内病毒的药物被研究和开发出来的，可以阻止病毒核酸的合成，除了对人和动物体内 20 多种病毒有良好的治疗作用外，还对马铃薯 X 病毒、马铃薯 Y 病毒、烟草坏死病毒（TNV）等植物病毒均有不同的预防和治疗作用，因此有人尝试把它以一定浓度加入到培养基中，与茎尖分生组织培养相结合从而提高脱毒率。王宇（2005）通过实验证实了甘薯各品种对病毒唑的耐药性虽有差异，但使存活率在 50% 左右的病毒唑浓度比较接近。确定在培养基中加入 200mg/L 病毒唑能够提升甘薯脱毒率。同样，尝试将 3，5-二硝基水杨酸加入培养基中，进行甘薯 10 个品种幼苗的离体培养，通过耐受试验表明 10 个品种的甘薯幼苗在 100mg/L 的浓度下，约 50% 的幼苗可缓慢生长，初步表明应用 3，5-二硝基水杨酸进行药物处理脱病毒的可行性。

还有一些化学药剂可以脱除甘薯病毒，例如，0.1% 新洁尔灭、0.05% 高锰酸钾、3% 过氧化氢、5% 尿素。

三、甘薯的组织培养

（一）甘薯体细胞胚发生

植物组织培养从不同组织、器官以及悬浮培养的细胞和原生质体都可以形成类似合子胚的结构，但它们与合子胚起源不同，因此称为不定胚或胚状体（Embryoid），由体细胞发生的胚状体称为体细胞胚（SE）。胚状体的诱导为优良种质的无性繁殖、人工种子研制、单倍体育种、品种改良、植物转基因和突变体筛选等提供了材料，具有重要的实践意义。Sharp 等把体胚发生方式概括为两种：一是从组织或细胞直接发生，不经过愈伤组织；二是经过愈伤组织阶段再分化为体胚。通常 SE 诱导也分两阶段，首先外植体在条件培养基上进行胚性细胞诱导或孕育与增殖或克隆，然后胚性细胞在诱导培养基上进行胚的发育。谈锋等（1993）用徐薯 18、苏薯 2 号、高自 1 号等 7 个甘薯品种进行茎尖培养，诱导出胚状体并使高淀粉品种苏薯2号再生出植株，还对甘薯体细胞胚性愈伤组织进行了形态解剖观察，表明甘薯体细胞胚是以在胚性愈伤组织内部先形成分生组织结节的方式发生的，随后又对甘薯品种"白星"进行体细胞诱导并再生出植株。刘庆昌（2003）利用港17、红皮早、高系14号、栗子香等8个品种对甘薯高频率体细胞胚胎发生进行了研究，将长约0.5mm的茎尖培养在含0.2mg/L、2.0mg/L 2，4-D的MS培养基上，产生了非胚性愈伤组织，培养3~4周后，在非胚性愈伤组织上形成胚性愈伤组织，其形成率因品种和2，4-D浓度而有很大差异，为2.9%~75.4%，通过继续培养，胚性愈伤组织形成体细胞胚。在含2，4-D的MS培养基上，个别品种的体细胞胚可发育到子叶期。将具有体细胞胚的胚性愈伤组织转移到MS基本培养基上，有7个品种的体细胞胚发育成植株，实现了高频率植株再生。赖锦盛等（1994）研究表明，单个胚状体萌发成植株的能力与胚状体的发育时期有关，长鱼雷形胚的萌发率（84.0%）明显高于子叶胚（18.0%）。辛淑英（1987）的试验表明，ABA对甘薯体细胞胚诱导具有显著的抑制作用，体细胞胚是从外植体表皮下的细胞隆起直接发育而来的。激素是影响体细胞胚发生的关键因素，2，4-D对不同外植体胚性愈伤组织的诱导有效，没有2，4-D或2，4-D再附加其他生长调节物质，对胚性愈伤组织的诱导都是不利的。利用块根、茎、叶柄、叶片、花药及茎生长点等器官均能诱导出体细胞胚，但茎尖分生组织最易诱导成功，目前大都采用茎尖分生组织诱导甘薯体细胞胚胎发生。

（二）甘薯原生质体培养

植物原生质体及其衍生系统不仅是探索生命活动理论研究的良好体系，而且还可以对其进行细胞操作和遗传操作，从而改良作物的性状，在生产应用上有巨大潜力。甘薯是同源6倍体（基本染色体数15的无性繁殖作物）自交和杂交不亲和性植物，通过原生质体融合实现体细胞杂交，是克服各种杂交不亲和的有效途径。吴耀武等（1979）曾报道利用武薯1号茎段诱导出愈伤组织，从中分离大量原生质体，得到了不具分化能力的愈伤组织。之后，刘庆昌等（2003）报道了甘薯及近缘野生种原生质体培养及植株再生研究进展。刘庆昌等对甘薯品种高系14号及近缘野生种 *I. triloba*（2x）和 *I. lacunosa*（2x）进行叶柄原生质体植株再生研究，用PEG融合法融合甘薯品种高系14号（6x）及其近缘野生种 *I. triloba*（2x）的原生质体，融合率达28%。将融合原生质体培养在含有0.05mg/L 2，4-D和0.5mg/L激动素（KT）的改良MS培养基中，4~5d后，再生细胞发生首次细胞分裂。培养12周后，将直径约2.0mm的小愈伤组织转移到添加0.05mg/L 2，4-D的MS培养基上培养4周，愈伤组织迅速增殖。将其中的37个愈伤组织转移到添加0.2mg/L IAA和1.0mg/L BAP的MS培养基上，2个愈伤组织再生植株，将未再生植株的35个愈伤组织培养在MS基本培养基上，17个愈伤组织再生植株，由其中仅存的7个愈伤组织所获得的再生植株的染色体数为44~50，经细胞学鉴定，表明为体细胞杂种植株。

（三）甘薯细胞悬浮培养

甘薯茎尖组织培养是实现甘薯高频率植株再生的有效途径。但甘薯茎尖剥离比较麻烦，要获得大量茎尖组织相当花费时间。Liu（2003）曾提出可先由茎尖组织诱导得到胚性愈伤组织，然后再将胚性愈伤组织进行振荡培养，建立胚性细胞悬浮培养系，以便在短时间内获得大量再分化能力强的胚性细胞。刘庆昌等（2003）用甘薯品种栗子香、高自1号和高系14号诱导得到胚性愈伤组织，振荡培养建立了增殖迅速、分散程度良好的胚性细胞悬浮培养系，悬浮培养24周后，3个品种的植株再生率均达100%，悬浮培养37周后，植株再生率分别是45.8%，83.3%，79.2%，并认为悬浮培养24~28周的细胞团是甘薯生物工程最适宜的供试材料，其植株再生率最高达100%。陈克贵等（1999）对在悬浮培养中甘薯细胞的生长特性及其影响因素进行了研究，结果表明：南薯88和8129-4两种细胞系生长曲线均呈"S"形；南薯88细胞悬浮培养的最佳2，4-D质量浓度为1.0mg/L，最佳蔗糖质量浓度为30g/L，对于8129-4，最佳2，4-D质量浓度为2.5mg/L，最佳蔗糖质量浓度为15g/L，椰乳和酵母汁能明显促进南薯88的生长，但椰乳对8129-4无效，谷氨酰胺、色氨酸和脯氨酸对甘薯悬浮细胞的生长无促进作用，水解酪蛋白对其生长的促进作用亦不大，葡萄糖则抑制其生长。

（四）甘薯组织培养

甘薯的组织培养已有不少的报道，从茎、叶片、叶柄及块根的组织培养、茎尖培养、花药培养、原生质体培养等。吴耀武等（1979）在2.0mg/L 2，4-D，0.5mg/L NAA和0.5mg/L KT培养基上诱导了甘薯茎蔓愈伤组织。武筑珠等（1991）以遗字306、胜南等品种的茎段为外植体在附加IAA1mg/L+6-BA 0.5mg/L的MS培养基上进行培养并产生愈伤组织，不经转移，30d左右形成粗根，这种粗根生长迅速，其上长出大量的侧根，在与愈伤组织相连的约1cm长的根段呈浅紫色，直径3~4mm。将培养40d的愈伤组织与愈伤组织分化的不定根一同移入不含植物激素的MS培养基上，培养4~30d后，开始产生两种不定芽。一种是在根上产生一个紫点或绿色芽点，很快抽出芽尖，生长成苗，有90%的粗根上形成了芽苗，说明茎段愈伤组织分化的粗根上已形成了芽原基。另一种是直接由愈伤组织分化成苗，先在愈伤组织上长出一片带柄小叶，然后从叶柄基部长出小芽，这种出芽形式仅占愈伤组织的20%。张宝红等（1993）以济南红、宁-331、千系-682等甘薯的叶片为外植体，在附加有不同植物激素的MS培养基上均诱导出愈伤组织，其中附加0.16mg/L NAA和1.0mg/L BA的MS培养基是诱导愈伤组织的适宜培养基，芽的分化在处理、基因型间差异较大，其中诱导芽分化的最佳培养基为附加1.0mg/L NAA，1.0mg/LBA和0.1mg/LABA的MS培养基，在供试的3个品种中，济南红的分化率最高，宁-331次之，千系-682最差，最高分化率为21.5%，分化苗移栽成活率达100%。姚敦义等（1981）以块根和叶片为外植体，培养在附加BA和IAA各1.0mg/L的MS培养基中，诱导产生质地致密的愈伤组织，并分化出根和芽。张宝红（1995）以3个甘薯品种的叶片、叶柄及茎段为外植体，均诱导获得了愈伤组织，根的诱导因基因型、外植体不同而有差异，芽的诱导，济南红较易，宁-331次之，千系-682较难。不同外植体间存在着较大差别，叶片和茎段均能诱导出芽，而叶柄则未再生出植株，其最高分化率为21.5%。继代培养的愈伤组织仅在附加0.5mg/L KT的MS培养基上分化出芽。在分化根培养中，粗根较易分化出苗，在无激素的培养基上分化出苗率高达57.1%，细根则不能分化出苗。

四、选用脱毒种薯

(一) 脱毒种薯生产程序

甘薯脱毒种薯生产体系包括两个阶段：即在设施条件下生产茎尖苗、脱毒试管苗、原原种和在田间自然条件下生产原种、良种（一级生产种、二级生产种）和合格种苗。种薯（苗）的质量检验将针对上述两个阶段不同环节产出的种薯进行检测。

1. 甘薯脱毒种薯的基本概念

（1）茎尖苗　茎尖苗是由甘薯茎尖分生组织培养诱导而成的再生小苗。茎尖苗有的已经去除了病毒，但有的仍然含有病毒。

（2）脱毒试管苗　茎尖苗经过严格病毒检测确认不含病毒，且经过株系评选而中选的优良试管苗以及用它离体快繁得到的甘薯组培苗。

（3）原原种　脱毒试管苗是在防蚜虫网棚或温室内无病原土壤上生产出来的、不带甘薯病毒及其他甘薯病虫害的、具有所选品种（品系）典型特征特性的种薯。由原原种育出的薯苗叫原原种苗。

（4）原种　原种即利用原原种苗在具备500m以上隔离条件（即500m内没有种植普通带毒甘薯）而且土壤无病原的田块生产的种薯。由原种育出的薯苗叫原种苗。

（5）良种　良种又分一级生产种和二级生产种。利用原种苗在普通无病留种田生产的种薯叫一级生产种。良种育出的苗叫良种苗。利用良种苗在普通无病留种田块生产的种薯叫二级生产种。

2. 脱毒种薯生产程序

甘薯在中国分布很广，全国各地都有脱毒种薯生产经验报道。据康明辉等（2009）介绍，脱毒甘薯的生产过程包括茎尖苗的培养、病毒检测、优良茎尖苗株系评选、脱毒试管苗的快繁、原原种、原种和良种种薯及种苗的繁殖等7个环节。周开芳等（2011）介绍了脱毒甘薯种薯繁育包括"种薯→种苗→茎尖剥离→组织培养"试管苗技术和"试管苗→原原种→原种→生产种"高产高效扩繁技术。延安市农业科学研究所（2015）以脱毒甘薯种薯繁育技术研究为中心，以推动甘薯产业化发展为主线，创新、集成了甘薯新、优品种筛选→茎尖试管苗培养→病毒检测→优良株系评选→脱毒苗快繁→原原种→原种→良种繁育技术体系（图3-1）。

（1）新优品种筛选　甘薯优良品种很多，而且经过脱毒后都能不同程度地提高产量、改善品质。但甘薯品种都有一定的区域适应性和生产实用性，在进行甘薯脱毒时一定要根据本地区气候、土壤和栽培条件，在有关甘薯科研、育种单位或甘薯栽培优生区引进或征集各类甘薯新品种进行品比试验，选用适合本地区大面积栽培的高产优质品种或具有特殊用途的品种，作为脱毒用种材料。例如，陕北地区鲜食品种最好选用秦薯5号、秦薯6号、秦薯8号，延青2号等品种；加工专用应选用徐薯18、梅营1号等淀粉用品种。

（2）甘薯茎尖苗培养　虽然从甘薯的根、茎、叶、叶柄及茎尖等外植体均能获得甘薯植株，但目前在生产上得到广泛应用的是甘薯茎尖培养及脱毒快繁技术。根据病毒

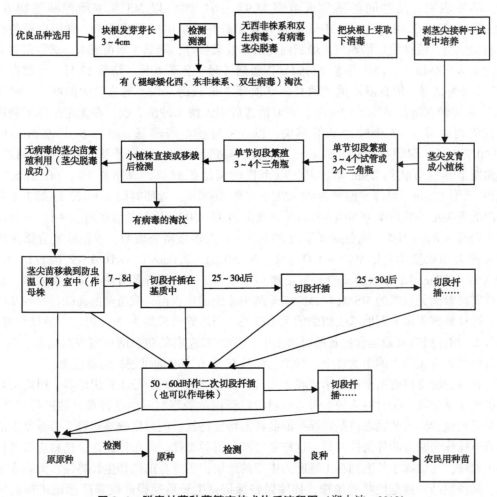

图 3-1　脱毒甘薯种薯繁育技术体系流程图（郑太波，2018）

在植物体内不均匀分布的特性，利用甘薯茎尖病毒含量低或不带病毒的特点，1960 年美国学者 Nielsen 进行甘薯茎尖分生组织培养并首次获得脱毒苗，此后日本、新西兰、中国台湾、阿根廷、巴西等 10 多个国家和地区以及国际马铃薯研究中心（（CIP）、亚洲蔬菜研究和发展中心（CIP）、国际热带农业研究所（（IITA）也先后进行了甘薯的组织培养研究。国内的甘薯组织培养则开始于 20 世纪 80 年代。辛淑英（1987）报道，用甘薯栽培种和近缘野生种植物材料取自温室盆栽植株的茎尖约 5cm，经消毒后，剥出分生组织细胞圆锥体并附带 1～2 个叶原基，切取芽的长度 0.25～0.4mm，在 MS+KT2mg/L+IAA0.5mg/L，0.5% 琼脂固化的培养基上培养 7～14d，待芽发绿后转移到不加激素的 MS 培养基上培养成苗。刘玉敬等（1993）以徐薯18、济薯12，86320 等为试材，取苗床植株茎顶端约 5cm 剪掉叶子，先用 0.2% 的洗洁净浸泡 10～15min，同时不断搅拌，用自来水冲洗干净，在超净台内，先用 95% 的酒精浸 10～20s，再用 0.1% 的升汞与吐温 80 倍溶液消毒 8～10min，最后用无菌水冲洗 3 次，在解剖镜下切取长约 0.2～0.4mm 的茎尖，采用 MS 为基本培养基，附加不同种类及组合的生长激素进行茎尖培养。结果表明，品种间的茎尖成苗率为 9%～64.7%，以 MS 基本培养基附加 6-BA1mg/L+NAA0.0lmg/L+GA31mg/L 培养效果最好。采用单茎节繁殖，食用白糖替代分析纯蔗糖，液体浅层培养替代琼脂固化培养效果良好，降低了繁苗成本，试管苗移栽成活率达 90% 以上。尚佑芬等（1994）以鲁薯 3 号、鲁薯 6 号、济薯 13 号、丰收白等7 个品种为试材，取自温室池栽的甘薯茎顶部 3cm 长的芽段，剪去较大的叶片，采用2% 次氯酸钠水溶液消毒 5～10min，表面消毒后用无菌水冲洗 3 次，在无菌条件下利用解剖镜剥离带 2～3 个叶原基的茎尖，以 MS 为基本培养基，添加 6-BA0.5mg/L，NAA0.2mg/L，腺嘌呤（Ad）5mg/L，试管培养每管装 5～6ml 培养基，普通棉塞封口，三角瓶培养每瓶装约 25ml 培养基，以市售的锡箔纸封口，琼脂 0.7%，pH 值 5.8，121℃灭菌 15min。培养室温度为 28±2℃，光照 16001x，光照时间 16h/d。结果 7 个品种间的茎尖培养成苗率为 50%～78.1%，成苗期 43～60d，适量的腺嘌呤（Ad）可使成苗率提高 5.8%～21%，成苗期可缩短 20d 左右。大多数研究表明，单独或复合添加的激素种类和浓度为：IAA0.2～2.0mg/L，NAA0.01～2.0mg/L，KT0.1～2.0mg/L，6-BA0.5～4.00mg/L，GA1.0mg/L，成苗期 3～4 个月。有些培养基可使茎尖直接成苗，但有些需转管到无激素的 MS 或 1/2MS 培养基中才能诱导成苗，成苗率的高低与品种基因型、操作熟练程度和剥取茎尖组织的大小有关。当培养苗长到 3～5cm 时，去掉试管塞，练苗 5～7d。然后移栽至含蛭石的灭菌土中，置 28℃左右的防虫隔离室保湿培养，约 1周后移到装有无菌土的小盆钵中，待苗长到具有 5～6 节时即可进行病毒检测。

甘薯的脱毒试管苗生产技术流程大致可分为：茎尖剥离、分生组织培养、组培苗切段扩繁 3 个阶段。①材料选择：母体材料应当根据欲脱毒材料的品种典型性进行选择，这关系到脱毒以后的脱毒苗是否保持原品种的特征特性；同时应选感病轻、带毒量少的健康植株作为脱毒的外植体材料，这样更容易获得脱毒株。若条件允许，选材应该进行大田选株，在植株生长期间在土壤肥力中等的地块，于放蔓前选择生长势强、无病症表现、具备原品种典型性状的植株，挂牌做好标记；生长后期提前收获所标记植株的块根。待获得块根发芽后，取其芽通过表面消毒的方法转入到试管里，得到第一批茎尖组培苗。每个茎尖放入一个试管，成苗后，不断扩繁，每个茎尖为一个株系，单独扩繁。针对初步获得试管苗采用 RT-PCR 分子检测技术检测褪绿矮化（西非、东非）株系、双生病毒和羽状斑驳病毒等病毒，如果得到的组培苗带有病毒，则需要进行高温处理，将病毒脱除。最后经过检测确认不带病毒的组培苗，就是所需要的脱毒组培苗。利用组织培养技术，很快可以得到进行原原种生产所需要的苗数。②设计适宜的培养基：培养基配制。基本培养基有许多种，其中 MS 培养基适合于多数双子叶植物，B_5 培养基和 N_6培养基适合于多数单子叶植物，White 培养基适合于根的培养。设计特定植物的培养基首先应当选择适宜的基本培养基再根据实际情况对其中某些成分做小范围调整。MS 培养基的适用范围较广，一般的植物的培养均能获得成功。针对不同植物种类、外植体类型和培养目标，需要确定生长调节剂的浓度和配比。确定方法是用不同种类的激素进行浓度和比例的配合实验。在组合比较好的基础上进行微调整，从而设计出新的配方，经此反复摸索，选出一种最适宜培养基或较适宜培养基。器皿及培养基消毒：装培养基的器皿置于高压蒸汽灭菌锅 121℃高压灭菌 20min。配好的培养基分装到瓶子或者试管里面，拧紧盖子或塞好塞子，整齐码放在灭菌锅内，121℃高压灭菌20min，冷却后在无菌贮存室放置2~3d，无污染的培养基即可放到超净工作台上备用。放之前须用75%酒精擦拭瓶子的外表面。③环境消毒及外植体材料准备：环境消毒。组培室用甲醛溶液熏蒸后，用紫外线灯照射40min。工作人员用硫黄皂洗手，75%酒精擦拭消毒，操作用具置烘箱180℃消毒。催芽处理：块根可通过自然方法萌芽获取健壮、容易操作的芽子。病毒钝化：将甘薯薯块在温度37℃，光照强度2 000lx，12h/d条件下处理28d后制取脱毒材料，用紫外线照射脱毒材料10min，或在培养基中加入病毒唑，使病毒失活钝化。茎尖消毒：待芽萌发至2~3cm时，选取粗壮的芽，用解剖刀切下，剥去外叶，自来水下冲洗40~60min，之后用75%酒精均匀喷湿静置10min后用无菌水冲洗3~5遍，再用体积比5%的次氯酸钠溶液浸泡10min，无菌水冲洗3~4次，再用无菌滤纸吸干水分备用。④剥离茎尖和接种：茎尖剥离的整个过程都需要无菌操作，在超净工作台上进行。将消毒过的甘薯芽放在40倍体视显微镜下，一手持镊子将其固定，另一手用解剖针将叶片一层一层剥掉，露出小丘样的顶端分生组织，之后用解剖针将顶端分生组织切下来，为了提高成活率，可带1~2个叶原基，接种到培养基上。用酒精灯烤干容器口和盖子并拧紧盖子，在瓶身上标明品种名称、接种序号、接种时间等信息。剥茎尖时必须防止因超净台的气流和解剖镜上碘钨灯散发的热而使茎尖失水干枯，因而操作过程要快速，以减少茎尖在空气中暴露的时间。超净工作台上采用冷源灯（荧光灯）或玻璃纤维灯更好。在垫有无菌湿滤纸的培养皿内操作也可减少茎尖变干。解剖针使用前必须蘸75%酒精，并在酒精灯外焰上灼烧，或者直接插入灭菌器内消毒10min，冷却后即可使用。⑤试管苗培养：将接种外植体后的培养瓶置于22~26℃、光照强度2 000~2 500lx，每天光照16h，相对湿度70%的条件下培养。待茎尖长成明显的小茎、叶原基形成明显的小叶片时，转移到MS培养基中培养。大约90d后能长成完整植株。经王宇（2006）试验，不同的品种茎尖生长速度和成苗速度极为不同，在供试的4个品种中，北京553生长最快，形成3mm芽的时间为18d，豫薯7号茎尖生长较慢，形成3mm芽的时间为27d。除了品种差别的因素外，在茎尖培养过程中往往出现茎尖生长缓慢，茎尖黄化、水渍化甚至死亡等现象，其产生原因主要与剥离茎尖的大小，切割位置，接种的角度和培养基中生长调节剂的配比，温度、光照等有关。需要具体摸索以避免死亡。

（3）甘薯组培苗的病毒检测　甘薯组培苗的病毒检测常采用指示植物嫁接、血清学、电镜观察等方法进行。

指示植物嫁接法：将要检测的组培苗茎尖切下3~4节，截成单节段做接穗，去叶削成楔形，另将防虫网室中培育的具有1~2片真叶的巴西牵牛作砧木，把子叶以下的茎（下胚轴）中部切一斜口，把楔形接穗插入，用缚料扎住，置25~30℃防虫网室内遮阴保湿2~3d，嫁接后1周开始持续观察，如果薯苗带有病毒，一般于嫁接10d左右砧木巴西牵牛上的新生叶片上即开始出现系统明脉、脉带和褪绿斑等症状。每样本接种3~5株，如果有1株指示植物叶片上出现病毒症状，就表明该株组培苗带有病毒，应淘汰。如果都不表现病毒症状，应再重复嫁接1次，经两次测定均不发病的可认为该样本为无毒苗。

血清学检测：从样株上取0.1g叶片（约1cm²）于塑料袋中，加入1ml抽提缓冲液

（Tris 缓冲液+0.1mol/L DIECA），轻轻碾压，把碎叶与组织液混匀，在4℃下静置30~40min，取澄清汁液备用。然后将硝酸纤维素膜和滤纸片用缓冲液浸泡5~10min 取出放在抽气点样板上，再覆上纤维素膜（光滑面朝上）抽气，每穴滴样品30ml，每加一个样品换一支移液管滴头，加完样品取下点样膜，经干燥后用封闭缓冲液10~20ml 浸泡点样膜，孵育60min，弃去封闭液，再用10~20ml 抗体缓冲液与适量抗甘薯病毒血清（第一抗体）混匀。将点样膜浸入第一抗体中，加盖孵育过夜；弃去第一抗体，用洗涤缓冲液洗3次，每次用洗涤液20ml，洗涤5min，然后将点样膜转入磷酸酯酶标记的第二抗体稀释液中孵育60min。弃去第二抗体，用洗涤液冲洗3次，每次5min，最后用底物缓冲液洗1次，将冲洗后的点样膜放入现配的显色液中，振荡孵育30~40min，呈兰紫色反应为阳性，无色为阴性，弃去显色液，用蒸馏水冲洗2次中止反应，晾干后可长期保存。

电镜检测：取待测植株1g，加入10ml 0.02mol/L pH 值8.0 磷酸缓冲液（0.01mol/L EDTA 1% 琉基乙醇），于研钵中将组织细胞研碎过滤，静置5~10min 上清液用提取缓冲液稀释20~40倍用作电镜测定样品，然后在蜡板上先滴一滴 SPFMV 抗血清稀释液，将铜网膜面漂浮于抗血清上，室温下30min，取出铜网，用20滴 0.1mol/L 磷酸缓冲液连续滴洗，吸干余液，膜面朝下，将铜网再漂浮在样品悬液上，室温下30min，取出铜网，再以20滴 0.1mol/L 磷酸缓冲液和30滴重蒸水连续冲洗吸干，用6滴 2%PTA（pH 值6.8）滴染，自然干燥，最后镜检，若有病毒颗粒，则为阳性。

（4）优良株系评选　甘薯的芽变率比较高，茎尖分生组织培养再生的茎尖苗株系间在形态和产量方面往往存在较大差异。因此，经病毒检测确认的脱毒苗必须进行优良株系评选，淘汰变异株系，保留优良株系。株系评选的方法是：将脱毒苗株系每系5~10株栽种到防虫网室内，以同品种普通带毒薯为对照，进行形态、长势、产量等多方面的观察评定，选出若干既符合品种特性又高产的最优株系，混合繁殖。

（5）脱毒苗快繁　经检测确认不带病毒的组培苗可取其茎段进行快繁。当无毒组培苗长至3~4片叶时，将苗剪下，插入 MS 无激素培养基中，待苗长至7~8片叶时，剪成单茎节，在 MS 无激素固体或液体培养基上培养。移栽前3~4d 打开瓶盖，在培养室条件下炼苗，随后将苗从试管中取出，用清水洗去培养基后移栽到温室或防虫网室内，用塑料薄膜罩住。温度为25℃左右，光照强度3 000~4 000lx，每天光照12h，一个月后当苗长至30cm 左右时，去掉薄膜继续炼苗10~20d 后便可剪蔓移植于有防虫网的大田进行甘薯原原种生产。

脱毒苗的大规模移栽技术及管理方法：经检测为脱毒的试管苗，繁殖到一定数量后，即可移栽于普通基质中，使其进行完全自养生长。但试管苗是十分细弱和幼嫩的，移至土壤中易枯死，因此，要成功地大量栽培这样的苗子，是一件复杂繁重的任务，稍有疏忽，就会导致很大损失。根据多年的生产实践，要提高无病毒植株移栽成活率，应注意以下几个环节。

培育壮苗：移栽成活率主要和薯苗健壮有关。培育壮苗可以通过降低培养温度、增强光照而达到株高以3~5cm 为宜，若苗过于细长则难以移栽成活。

适当炼苗：移栽苗前，将瓶塞打开置温室和自然光照下锻炼2~3d，使幼苗逐渐适应外界环境条件。

细心移栽：试管苗经在瓶内培养已形成大量根系，且较细长。移栽时倒入一定量的清水，振摇后松动培养基，小心取出幼苗，洗去根部的培养基以防杂菌滋生，再移至灭菌的蛭石或沙性土壤中。脱毒苗应在严格防虫的网室内移栽。待苗生根、长出新叶后再移植于土壤中，有利于苗的快速生长。

控制湿、温、光等条件：基质湿度是根系成活的关键，但不宜过湿，应维持良好的通气条件，促使根的生长。空气也应保持湿润，以免试管苗失水枯死。移栽初期，可用塑料薄膜覆盖。温度以 25~30℃ 为宜，并注意遮阴，避免日晒。

适时定植：蛭石缺乏植物生长必需的营养，故当薯苗成活后，应及时定植于防虫网内已消毒的土壤中促使其生长。为提高网室利用率，定植的薯苗应适当密植。采取剪秧扦插，以苗繁苗的方式，可在短期内得到数量巨大的脱毒苗。在北方，为克服冬、春季温度过低的影响，可建立防虫温室，并辅以取暖升温措施，保证脱毒苗周年进行繁育。依此法繁育的薯苗在防虫网内所结薯块，即为原原种薯。

严防病虫害：脱毒苗繁育虽在防虫网内进行，但有时会因封闭不严或土内自生性出芽，而导致网内有蚜虫等发生，或者出现地下害虫为害。为此，应定期喷洒药物，防治病虫害。

(6) 原原种繁育　用脱毒试管苗在防蚜虫网棚内无病原土壤上生产的种薯即原原种。原原种繁育具备的条件：一是栽种的必须是脱毒试管苗；二是必须在网眼 60 目以上的防虫网棚内生产；三是所用地块必须是无病原土壤，最好选用蛭石等基质进行无土栽培。另外，还要经常喷洒杀虫药剂，防治蚜虫，以免产生病毒再侵染。这 3 个条件是繁殖原原种所必须具备的。原原种繁育注意事项：一是原原种繁殖在防虫网棚内进行，网棚内光照较弱，通风透气性较差，很容易造成旺长。因此，繁殖原原种时，栽插密度不宜太高，一般以每亩 4 000 株为宜。在管理方面应注意少施 N 肥，多施 P、K 肥，注意控温、控水、控湿，既要防止茎叶徒长，又要促进多结薯块。如果脱毒甘薯长势偏旺，可采用提蔓方法或每亩 0.2kg 磷酸二氢钾对水 50kg，叶面喷施 2~3 遍，促使薯块膨大和地上部稳长。如果发生了徒长，秧蔓深达 40cm 以上，则可以使用打群顶或用 75~150g 多效唑对水 40~70kg 叶面喷洒 1~2 次的办法加以控制。二是在繁殖原原种时，要始终贯串防止病毒再侵染的意识。在网棚内要种植一些指示植物，每 1~2 个星期喷洒 1 次防治蚜虫的药剂。防治蚜虫的办法有：1.5%乐果粉剂，按每亩 1.5~2.5kg 用量喷粉；49%乐果乳油 1 000~2 000 倍液，每亩 50kg；50%抗蚜威可湿性粉剂 4 000 倍液，每亩 50kg；20%杀灭菌酯或 2.5%溴氰菌酯 20ml 对水 50kg 喷雾；50%久效磷乳油 2 000~3 000 倍，每亩 50kg。防蚜虫时最好多种药剂轮换使用，以免蚜虫产生抗药性，达不到防治效果。三是原原种收获时要逐株观察是否有病毒症状，一旦发现病株要坚决拔除，以确保原原种质量。如果网棚内所种植的指示植物表现病毒症状，整个棚内所繁殖的种薯应降级使用。

原原种繁育技术：选地、整地。选择地势较高平坦，地力均匀、肥力较好，排灌方便，无病虫害，3 年以上未种过甘薯的轮作地。合理施肥（以清洁腐熟的有机肥和比例协调的 N、P、K 复合肥做基肥），精细整地。

　　隔离。脱毒试管苗应在防虫温室、网室内隔离繁殖。田间操作人员进入防虫温室、网室应更换工作衣和鞋具。

　　栽植。用初始优系脱毒试管苗,在防虫温室、网室内栽植,采用畦栽,畦宽 1.2m,每畦 6 行,株距 15cm,每亩密度 22 200株。并多次剪苗栽植,以扩大繁殖。种薯繁殖在防虫网室内栽植,采用垄栽。陕北夏薯区宜早栽,垄距 60~70cm,垄高 20~25cm,每垄 1 行,株距 28~33cm,每亩密度 3 000~3 500株;多雨及陕南薯区,夏(秋)薯宜早,采用高垄双行栽培,垄距 1.0~1.2m,垄高 30cm 左右,垄面宽 60cm 左右,单垄双行错位栽,垄距 1m,株距 33~38cm,垄距 1.2m,株距 28~31cm,每亩密度 3 500~4 000株。

　　管理、鉴定去杂。各项栽培管理措施合理、及时、精细一致,并定期杀灭蚜虫和粉虱。在防虫网室内生产种薯,因光照强度较弱,肥力较好,茎叶易徒长,注意在封垄前后进行两次化控,后期每亩喷施 0.2%磷酸二氢钾 50~60kg,喷施 1~2 次。按典型性和整齐度进行分株鉴定,发现杂株和非典型株,应连根拔除,妥善处理。

　　检验、收获。在成熟前和收获后,按原原种标准进行田间和室内检验。当地下 10cm 温度稳定在 15℃左右时,适时收获。剔除病、烂和无种用价值的块根。单收单贮,并做到轻挖、轻装、轻运,妥善贮藏。

　　包装、运输。收获的原原种薯装入清洁的周转箱,每个周转箱装入 15~20kg。种薯在运输时严防混杂、机械碰伤,防雨淋,防 10℃以下冷害。

　　贮藏。贮藏前剔除病、烂薯,周转箱堆放高度不超过窖高 2/3。入窖 20d 内通风排湿、降温,温度降至 13~15℃,相对湿度 95%以下。刚入窖时进行高温愈合处理,防止黑斑病和软腐病。入窖 20d 后,保持窖温 12~14℃,相对湿度 85%~90%。可以在薯堆上盖草帘等吸湿物。贮藏期间防止鼠害。

　　原原种田的检测:脱毒原原种的繁殖一般在防虫网室内进行,原原种田病毒的检测方法是首先在原原种田种植若干株巴西牵牛,定期观察巴西牵牛是否显症、以判断是否有蚜虫传毒;对原原种田还要进行定期普查,及时淘汰显症株和变异株;另外对原原种田要定期取样,用血清学方法或嫁接指示植物的方法进行检测,以判断原原种田病毒的感染情况,对于病毒感染率超标的繁种田要降级使用。

　　(7)原种繁育　用原原种苗(即原原种种薯育出的薯苗)在 500m 以上空间隔离条件下生产的薯块为原种。

　　原种繁育具备条件:原种的繁殖必须用薯苗为原原种苗;必须具有 500m 内无普通带毒甘薯种植的空间隔离条件;必须所用田块至少 3 年以上没种过普通带毒甘薯且为无病田。一般来讲,原原种的数量比较少,而且价格比较贵,繁育原种时最好尽早育苗,以苗繁苗,以扩大繁殖面积,降低生产成本。

　　原种繁殖技术:选地、整地。与原原种繁殖相同。

　　隔离。选 500m 内无甘薯种植的空间或有自然屏障的隔离区。灌水渠道不得通过可能带有甘薯病害的田块。

　　栽植。夏(秋)薯适期栽植,北方夏薯区每亩密度 3 500~4 000株,垄距 66~70cm 单行,株距 25~28cm;多雨及南方薯区,夏(秋)采用高垄双行栽培,每亩密度

4 000~4 500株，垄距 1m，株距 30~33cm，垄距 1.2m，株距 25~28cm。

管理、鉴定去杂。管理与原原种繁殖相同。鉴定为目测检查生长过程中地上部特征及收获时的薯块，对感染甘薯瘟病、病毒病、根腐病、线虫病、黑斑病、软腐病和南方蚁象等病虫害的植株全部淘汰。

检验、收获。按原种标准进行检验。当地下 10cm 温度稳定在 15℃左右时，适时收获。剔除病、烂和无种用价值的块根。单收单贮，并做到轻挖、轻装、轻运，妥善贮藏。

包装、运输。用清洁的双层网袋包装，每一网袋装入种薯 20~25kg。收获的原种薯装入清洁的周转箱，每个周转箱装入 15~20kg。种薯在运输时严防混杂、机械碰伤，防雨淋，防 10℃以下冷害。

贮藏。与原原种繁殖相同。

原种田的检测：脱毒原种的繁殖要在有一定隔离区的地方进行，即周围 500m 内不能种植非脱毒薯。原种田的病毒检测以目测法和田间种植巴西牵牛为主，必要时田间取样用血清学方法检测病毒的感染率。

（8）良种繁育　用原种苗（即原种薯块育苗长出的芽苗）在普通大田条件下生产的薯块称为良种，又叫生产种。是直接供给薯农栽种的脱毒薯种。

良种繁殖田的种植、栽培管理同普通甘薯一样，但所用田块应为无病留种田，管理上要防止旺长。如果秋薯栽后 40d、春薯栽后 60d，甘薯茎叶生长过猛，蔓尖上举且过长、色淡，节间和叶柄很长，叶片大而薄，封垄过早，叶面积系数达到 3.5 以上；或到甘薯生长中期叶片大，叶色浓绿，叶柄特别长且超过叶片最大宽度的 2.5 倍，叶层很厚，郁闭不透气，叶面积系数大于 5，则为发生了旺长。具体防范措施有：

打顶：在分枝期、封垄期和茎叶生长盛期各打顶 1 次。

喷多效唑：封垄后每亩喷施多效唑（75g 对水 50kg）1~2 次。

提蔓：发现旺长立即提蔓 1~2 次，每次可以延缓生长 7d 左右。

良种田的检测：良种田的病毒检测以目测法为主，就是要定期对良种田的发病率进行调查，必要时也可抽样用血清学方法检测，当发病率超过一定标准时就不能再作为种薯使用。

（二）甘薯脱毒种薯的更新

郭小丁等（2013）利用 7 个甘薯品种的试管苗比较了不同甘薯品种试管苗株系之间的薯块产量。结果表明，不同株系试管苗薯块产量之间存在一定差异，建议脱毒苗繁种收获时以株系为单位进行个体选择，保留高产株系作种。利用 4 个甘薯品种的脱毒试管苗调查了试管苗移栽当代的薯块产量，以脱毒苗繁种，比较了不同年份世代间留种的产量表现，建议脱毒薯进入大田生产阶段继续留种时，最好使用 3 年后进行更新。

韩瑞华等（2014）试验研究了脱毒甘薯不同世代对产量的影响。通过对脱毒商薯 19 和脱毒北京 553 不同世代苗以及未脱毒薯苗的产量对比试验，结果表明：不同脱毒薯世代苗均较未脱毒甘薯苗有一定的产量挽回损失，世代数越小，挽回损失越高。不同品种间相同世代薯苗挽回损失率表现不同，脱毒商薯 19 在 F_2 代与未脱毒甘薯苗在产量上差异显著，而脱毒北京 553 在 F_2 代与未脱毒甘薯苗在产量上虽有一定的增产，但差异不显著。在生产上推广脱毒种薯苗，宜采用脱毒一、二代种薯苗，特别是脱毒二代，既增产又降低成本，而不宜推广脱毒三代及以后世代的种薯。

梅丽等（2017）为了解甘薯不同品种、不同脱毒世代的生长特性、产量及品质差异，以"遗字138"和"京薯6号"的试管苗、原原种苗、原种苗、非脱毒苗为试验材料，进行病毒检测、增产效果、品质鉴定及成本效益比较分析。结果表明：脱毒后，甘薯病毒发生率降低，世代数越小，病株率越低，病毒种类越少。

（三）脱毒种薯规模化生产

王庆美等（2015）针对中国甘薯传统良种繁育体系功能弱化，品种混杂、老化和退化严重，种薯价格高、质量差，良种推广速度慢等问题，在多年实践与理论研究相结合的基础上，提出了黄淮薯区甘薯种薯规模化生产技术规程，包括引种、薯苗高倍快速繁育、繁种田制种、种薯收获及安全贮存等，可使种薯规模化生产的繁殖系数提高到 1 000 倍以上，有利于保证种薯质量，降低种薯生产成本，延长良种使用年限。赵君华（2015）总结了脱毒甘薯培养与种薯繁育生产程序：选用优良品种；病毒检测；优良株系评选；脱毒试管苗快繁；网室内生产脱毒原原种；隔离区生产脱毒原种；大田生产脱毒良种。

陕西省甘薯产业技术体系、宝鸡市农业科学研究院、杨凌金属种业科技公司和延安市农业科学研究所开展技术协作攻关，研究种薯、种苗高效繁育技术，联合建立种薯、种苗繁育基地，扩大脱毒种苗繁育规模，健全"甘薯主产区农业科研推广单位+农业专业合作社、薯类龙头企业+农民育苗大户"种薯（种苗）三级繁育体系，初步建成了甘薯种薯（种苗）繁育推广体系。利用多种平台开展各地育苗技术骨干培训，提高科技水平，有效抑制了陕西省种薯（种苗）生产无组织、无秩序的混乱局面，从源头上杜绝了小农户的分散生产和经营，使种薯（种苗）繁育生产逐步向规范化、规模化、效益化方向发展。

（四）脱毒甘薯繁育供种程序

良种利用 2 年后增产效果就不再明显；需要每 2 年更换 1 次新脱毒薯种。因此，必须根据当地生产和经济条件，建立起脱毒甘薯繁育与供应体系，以源源不断地为生产提供优良脱毒蔓种，确保脱毒甘薯增产潜力的最大发挥。

脱毒薯繁育供应体系中茎尖培养、病毒检测以及脱毒试管苗切段快繁技术比较复杂，需要有比较完备的组织培养室、病毒检测室，以及从事组织培养、病毒检测的专门技术人员和仪器设备，需要比较大的投资，而且技术含量比较高，不适合在县级以下单位进行，最好依托农业科研单位集中资金和人员建立一个市级脱毒与病毒检测基地。

原原种的繁育需要投资修建加盖 60 目防虫网的温网棚，投资不算太大，可以在条件较好的县级农业园区进行。

原种和良种的繁育需要有 500m 的空间隔离带（即 500m 内无带毒薯种植）和无病田块，投资少、风险小、效益大，适合在乡镇级专业合作社进行。

第二节　甘薯种苗繁育

一、培育种苗

甘薯生产上一般常用无性繁殖方式进行繁育。甘薯种苗繁育包括种苗脱毒、种薯生产、种薯育苗、多级繁苗等步骤，目的是培育健康种苗与种薯。

（一）甘薯种苗培育技术研究与应用

1. 国内其他地区研究情况

甘薯在中国分布很广，全国各地都有种苗繁育成熟的生产经验。也不乏试验研究报道。张雄坚等（2004）在广州和湛江做了甘薯脱毒苗不同繁殖方式生产比较试验。结果表明，甘薯脱毒苗无论是网室隔离繁苗或是大田无隔离繁苗，均比原大田苗（非脱毒苗）增产，其中网室隔离繁殖的脱毒苗增产23.8%，大田无隔离繁殖的脱毒苗增产17.7%，增产达极显著水平。商品薯分析结果表明，脱毒苗增值比增产效果更明显，对有市场开发价值的品种，隔离繁殖种苗更能体现脱毒苗的效益和作用。王世强（2009）具体介绍了吉林省洮南市甘薯育苗技术，可供参考。育苗方式中有参考价值的有冷床覆盖塑料薄膜育苗；酿热物温床覆盖塑料薄膜育苗；采苗圃等。也具体介绍了种薯上床技术和苗床管理措施。郭生国等（2011）在福建省龙岩市所做的甘薯带根顶端优势应用与育苗技术研究中，依据植物顶端优势的原理，通过2年试验，结果表明，甘薯带根顶端苗比传统的倒2~3段早生快长，栽种31d，带根顶端苗比倒2~3段苗主蔓长增加14.8~17.6cm，侧蔓数增加1.4~2.5条，侧蔓长增加1.3~4.6cm，提早结薯且结薯多，薯皮光滑不开裂，增产幅度达24%~30%，经分析差异达显著水平。正交试验的育苗方式、种植密度、施肥量3因素中，育苗方式F值达98.5，接近极显著水平的99，种植密度和施肥量各水平间的差异均不显著。甘薯生产上传统的育苗方法，顶端苗只占1/3左右且不带根，抗旱能力相对较差。而带根顶端苗抗旱能力强，穴内带根顶端苗抗旱能力更强，更适合在干旱地区推广。甘薯带根顶端苗在种植时要种深一些，确保有2~3个结薯节才能发挥增产作用。采用创新的大棚基质快繁育苗方法，仅10d就可获得供大田使用的抗旱能力强的带根顶端苗。该育苗技术繁苗速度快，经80d繁苗系数为191.3，是传统繁苗系数的15.9倍，育苗成本低，适合于工厂化育苗。胡振营（2016）介绍了河南省局部地区甘薯育苗综合技术措施。包括精选和处理好薯种；适时育苗；备好床土；排好薯种；防止烂床等。

2. 陕西省研究情况

付增光等（2004）在西北农林科技大学农学院实验室研究了基本培养基和两种激素单独使用对甘薯脱毒种苗生长的影响。结果表明：MS培养基是甘薯脱毒种苗生长的最佳培养基。激素NAA比6-BA能更有效促进生长，其最佳质量浓度为0.5~1.0mg/L，而6-BA更有利于促进根、芽的快速生长，其最佳质量浓度在1.0mg/L以下，超过2.0mg/L则严重抑制根的分化与生长。

潘晓红等（2009）年介绍了陕西省安康地区甘薯脱毒薯苗生产技术。采用茎尖组织培养，茎尖苗是由甘薯茎尖分生组织培养诱导而成的再生小苗，在无菌条件下切取甘薯茎尖分生组织，在特定的培养基上进行离体培养，就能再生出不带有病毒的茎尖脱毒苗。诱导茎尖苗的方法：选甘薯苗茎顶部 3cm 长的芽段，用 70%酒精、3%漂白粉液分别消毒，在超净工作台内解剖镜下剥离茎尖。将剥离的长 0.2~0.5mm（一般带 1~2 个叶原基）的茎尖接种在附加 1~2mg/L 6-ba 的 MS 培养基上，26~28℃下光照培养，茎尖膨大变绿后转入无激素的 MS 培养基上培养成茎尖试管苗。待苗长至 5~6 片叶时移至营养钵内进行病毒检测。结合病毒检测技术获得脱毒试管苗，再放到温室中种植成原原种，最后由原种繁殖良种苗经剪插到山坡地、旱平地进行生产。

杨凌金薯种业科技有限公司是陕西省甘薯脱毒种薯（苗）繁育的龙头企业。该公司以"秦薯"系列甘薯品种为依托，创建形成了一套以良种脱毒种薯种苗生产为基础、独具特色的金字塔型产业推广新模式，构建起育、繁、推产业体系，解决了农户产前、产中、产后问题，带动了农民增收致富和产业发展。在这一推广模式下，塔顶是金薯公司，为种源供应；中间以专业合作社、专业村、育苗大户为主，为良种繁育二级基地；底部由育苗小户和种植户、小型淀粉、粉条加工户组成，构成了良好的甘薯脱毒种薯（苗）繁育、推广体系。

（二）甘薯四级种薯种苗生产繁育体系

1. 甘薯脱毒种薯生产用种四级程序

陈明灿等（2001）介绍了甘薯脱毒种薯的原原种、原种、良种、大田生产用种的 4 级生产程序。

根据需要选择品种→选取茎尖→茎尖组织培养→茎尖苗病毒检测筛选→脱毒试管苗→组培快繁后移入温室或 40 目网室→原原种→网室内育苗后在空间隔离条件下种植→原种→在空间隔离条件下育苗后在大田种植→良种→供应大田生产用种

该体系从试管苗开始，到生产用脱毒种薯需要 4 年以上的时间，脱毒种薯随代数的增加，病毒的积累逐年增加，从而明显丧失增产效果。目前生产上根据当地条件，提出了 3 级或 2 级生产体系，在生产中直接应用原种等高级别脱毒种薯，使得甘薯产量和质量得到双提高，对于提升陕西省甘薯转型升级意义重大。

2. 脱毒种薯（苗）质量标准

（1）原原种　纯度（符合本品种特征特性）100%；薯块整齐度（100~400g 薯块的比例）90%以上；不完整薯率（机械损伤、虫鼠伤、自然开裂等）1%以下；羽状斑驳病毒、隐潜病毒、根腐病、线虫病、黑斑病和软腐病均为零。

（2）原种　纯度 99%；薯块整齐度 85%以上；不完整薯率 3%以下；羽状斑驳病毒和隐潜病毒允许带毒率 5%~10%，根腐病和线虫病为 0，黑斑病和软腐病率 1%以下。并注意在脱毒苗繁殖种薯时早期淘汰低产株。

（3）生产种　纯度 96%以上；薯块整齐度 80%以上；不完整薯率 6%以下；羽状斑驳病毒和隐潜病毒允许带毒率 15%~20%，根腐病率 1%以下，线虫病为 0，黑斑病和软腐病率 2%以下。

3. 脱毒甘薯种薯分级依据

（1）品种的典型性　用于种薯生产的品种，必须经过可靠的品种鉴定试验，确认具有该品种的典型性状，如薯皮薯肉颜色、薯形及叶色等。

（2）品种纯度　原原种和原种的纯度不低于99%，生产种纯度不低于国家2级种薯标准即96%。

（3）薯块病虫害　薯块病毒病的感染程度是脱毒种薯分级的最主要依据，也包括甘薯黑斑病、根腐病、茎线虫病、根结线虫病等主要病害。对于各种病害，各级种薯都规定有最高的允许发病率和最高的病害指数。如果检验结果超过规定的最高病害指数，种薯应降级或淘汰。

（4）薯块整齐度　脱毒种薯原原种、原种、生产种的整齐度应不低于国家级良种标准即80%，不完整薯率低于6%。

（5）植株生长情况　因缺素症或徒长造成病毒病隐蔽时，如不能进行病毒鉴定，须将种薯降级。

（6）侵染源　如果原原种或原种繁种田邻近地块有病毒侵染源，种薯要降级，有时可视情况只将靠近侵染源的部分种薯降级。

（三）甘薯脱毒种薯（苗）培育技术要点

赵君华（2015）介绍了甘薯各级别脱毒种薯（苗）培育技术规程。

1. 高级脱毒试管苗的培养

利用甘薯茎尖分生组织没有形成维管束，病毒含量低或不含病毒的特点，将需要的甘薯品种，在无菌操作下切取0.2~0.4mm茎尖分生组织，在特定培养基上培育成新的植株体即试管苗，进行病毒检测，经过病毒检测后脱毒母株，在防虫网室内种植，进行农艺性状和生产能力的观察评定，从中选出符合品种特性又高产的最优株系。

2. 高级脱毒试管苗快繁

高级脱毒试管苗外移前5~7d逐渐开瓶，在自然光温条件下进行炼苗，移栽的沙土要求疏松、肥沃、经过消毒，温网室内温度夜间不低于15℃，白天25~28℃，空气相对湿度75%~85%，植株长到有5片展开叶时，放风锻炼，一般7~10d即可栽入露地网室，以苗繁苗，加快生产出高级脱毒苗。脱毒苗所形成的第一代种苗结出的小薯块即核心原原种，育出的苗叫核心原原种苗。要种植指示植物，并定期喷杀蚜虫，在收获时要观察是否有病毒症状，若有带病株，及时拔除，以确保质量。

3. 脱毒原原种培育

利用核心原原种苗在无病温网室内种植出的种薯，即为原原种。繁殖原原种时，要种植指示植物，定期喷杀蚜虫，并且取样用血清学鉴定，若发现病毒应降级使用。

4. 脱毒原种培育

利用脱毒原原种育出的苗，经快繁后栽于夏薯无病留种田内生产出的种薯，即为原种。要求田块四周500m空间内无病毒的普通甘薯种植（或高秆作物隔离），集中繁殖，要种植指示植物，定期喷杀蚜虫，观察是否带有病毒，如有应及时拔除或降级使用；在繁殖时氮、磷、钾配比施肥,收获时不符合质量要求的薯块要淘汰。

5. 脱毒良种生产

用脱毒原种育出的苗,在无隔离的普通田块内种植,收获的夏薯留种,也就是大面积生产用种,叫一级良种。在生产上可连续使用 2 年,第 2 年大田生产的夏薯留种为二级良种,第 3 年为纯商品薯,不能再作种薯,需进行更新。

二、育苗扦插

在甘薯生产中,一般包括用种薯(脱毒种薯)育苗扦插和选取植株地上部分的茎蔓截段扦插。生产上基本用种薯育苗扦插。

(一) 甘薯育苗扦插技术研究与应用

1. 国内其他地区研究情况

吴香芳等(2007)介绍了红薯育苗的几种方法。认为传统的红薯育苗技术是将秋季收获的红薯通过储藏,在春季栽植培育薯藤,再将薯藤剪截成藤段扦插繁育成红薯苗。这种方法费工、费时,耗种薯,冬季的储藏技术不易掌握,影响下年繁殖。通过试验,他们总结出 3 种红薯育苗新方法:薯藤冬眠育苗法、薯根育苗法、薯藤育苗法。张希太(2002)在河北省邯郸市进行了甘薯脱毒初代苗的试管外快繁技术研究,结果表明:扦插于日光温室蛭石基质上的甘薯脱毒初代苗的单茎节段通过适宜的激素处理和营养液浇灌其生长量和繁殖倍数都高于培养室中的试管苗,可不经过驯化直接进行大田移栽繁种,无污染损失,大大降低了甘薯脱毒低代苗的繁殖成本。李淑霞等(2007)通过在宁夏回族自治区银川市做的金叶甘薯扦插繁殖试验中,看到金叶甘薯插穗 8~10cm 长,0.2cm 粗,生根率可达 95% 以上;用 a-萘乙酸 250mg/kg 处理,生根率可达 95%;1/2 蛭石+1/2 珍珠岩基质中生根率可达 100%。

2. 陕西省研究情况

王钊等(2008)介绍,宝鸡市农业科学研究院多年试验研究表明,采用集中电热催芽,催芽期限 10~12d,薯块芽长至 1cm 时分床排薯,棚内床温控制在 30~33℃,不需要草帘覆盖,20d 即可剪苗。樊晓中等(2009)在双膜覆盖冷床育苗的基础上集成出太阳贮温酿热温床双膜覆盖甘薯育苗技术,能达到加快薯苗生长,节约能源材料的目的。该技术比冷床双膜覆盖采苗量增加 300~500 株/m²,出苗提早 10d 以上,而且苗齐苗壮。张治良等(2015)介绍,商洛市农业科学研究所经过多年研究,探索创新出甘薯日光温室集中催芽快速高效育苗技术,通过对种薯进行集中高温催芽、分床排薯,提高了温室土地利用率,节约能源 80% 以上,苗床烂薯率降低到 2% 以下。出苗快,苗齐苗壮,栽植成活率高;出苗时间提前 15~20d,田间栽植成活率达到 98%。以苗繁苗,快速扩繁,繁殖系数提高 5~10 倍。还有降低成本,减少病害传播机会,抗逆性强等优点。李元华等(2016)介绍了商洛市山区甘薯蔓头越冬育苗技术,即霜降前从大田甘薯剪取健壮蔓头,扦插于日光温室苗床上,进行保护过冬,于次年春剪苗栽插进行扩大繁殖后,再次剪苗供大田生产用。此种育苗技术打破了传统的冬存薯块春育苗的老办法,具有节约种薯、提早出苗和防治病害等好处。

（二）甘薯育苗

生产上对甘薯育苗总的要求是：苗早、苗多、苗壮。这是衡量育苗好坏的标志。苗早是达到适期扦插的保证；苗多是达到扩大扦插面积、合理密植的保证，而苗壮则是达到全苗壮株的保证。三者是互相矛盾的统一整体。在一般条件下，所谓"苗早，不是越早越好，而是要与扦插季节、茬口紧密配合，以适期满足高产期扦插需要为目的。

1. 做好育苗前的准备工作

（1）选定专人管理　从育苗开始到结束，必须固定专人负责管理，坚持认真科学地管好苗床，这是育苗成效的关键。

（2）落实育苗计划　为了保证适时早栽，育好、育足薯苗，必须在头一年冬季提前做好各项准备工作。例如制订育苗计划，备足种薯和各种物料，确定床址等。制订育苗计划必须掌握好以下3个原则：①根据种植面积计划留薯的数量；②根据排种的数量计划苗床的面积；③根据苗床的面积备足育苗所需要的物料。根据苗床的大小，在冬前要把育苗所需的物料准备充分，如肥料、塑料膜，保温被、酿热物，燃料、温度计等，也要提前备足备齐，以免临时筹集，延误育苗的时机。

（3）落实好育苗面积　首先要根据实际栽种春、夏薯的面积来确定用种量和苗床的面积。每亩用种量因育苗时间、育苗方法、品种的萌芽性不同而不同，一般春薯每亩用种量60kg左右，夏薯30kg左右。以塑料薄膜覆盖育苗为例，1亩春薯预留苗床地10m^{2}左右，夏薯减半，火炕育苗减半；1亩采苗圃的种苗供10亩夏薯用苗。苗床应选择背风向阳、人畜不易损坏、地势较高、排水较好、用水管理方便的地方。

（4）选好床址　选择背风向阳，地势高燥，排水良好，土质略实，苗床土要求床土肥沃，没有盐碱、2年以上没种过甘薯。因床土的质量影响薯苗的生长，用老土易感染病害。生茬地（尽量不在上年种过甘薯地和老苗床建床），固定苗床应事先更换床土或进行土壤消毒。床址要靠近水源，距交通要道略远的地方，避免灰尘盖苗，方便管理。

2. 甘薯育苗方式

随着科学的发展，育苗技术的提高，育苗物质条件的改善，使甘薯育苗的方式、方法有了显著的改进与发展。甘薯育苗的方式，从热源的角度来看，可以分为人工加热育苗和利用太阳辐射热育苗两种方式。人工加热育苗又可分为火炕育苗、电热育苗、酿热温床育苗、地热管育苗；利用太阳辐射热育苗则有冷床育苗、露地育苗、采苗圃等不同的育苗方式。确定育苗方式，要根据当地的气候条件、耕作制度、育苗的物质条件和技术条件来确定。一般采用人工加热与太阳辐射热育苗结合方式，这样前期育苗时间短，出苗多、出苗快，后期又充分利用温暖的气候条件，降低成本。甘薯育苗方法很多，苗床类型也多种多样，各地在原有传统老式露地育苗的基础上，总结出一系列育苗方式。

（1）露地育苗（冷床育苗）　就是在温暖季节用自然界温度促使种薯发芽长苗的方法。此法虽然育苗管理简单，但用种量较多，占地多，出苗迟，易受气候季节限制，且不能提供春薯用苗，造成延"地等苗"等问题。

（2）冷床薄膜光温育苗　甘薯育苗上除露地育苗外，其他育苗方式为充分利用光能、增加温度，床顶一般都覆盖塑料薄膜。覆盖塑料膜透光、吸热、保温、保湿，有明显提高苗床温度的特点。此法不需人工加温和酿热材料，是一种好的简易育苗方法。

（3）酿热温床育苗　是利用牲口鲜粪、秸秆、树叶等经过发酵，放出热量，促使薯种发芽出苗的一种方法。具有床型构造简单、操作方便等优点，但床温不易控制，往往发生床温不高出苗极慢、或高温烧苗现象。且需较多新鲜粪作酿热物材料，不易获取。

（4）火炕育苗　是以煤或植物秸秆作燃料，增加床温，促种薯发芽的一种方法。陕西地区以前采用较多的是迴龙炕，此种方法的优点是床温平稳好控制，保温好，出苗比较早、比较多，但作床管理费工、费燃料，成本较高、薯苗一般不如露地温床苗健壮。

（5）电热温床育苗　电热温床早在国内外被采用，多用于蔬菜育苗，随着中国农业现代化的发展，甘薯采用电热育苗，可节省人力，便于调控温度，是一种先进的科学育苗法。电热育苗的方法比较简单，具体方法是：选择背风向阳、地势平坦、靠近水源和电源都具备的地方建苗床，一般苗床的长与宽要根据电热线的总长度进行计算而确定。苗床铺填充的物料由床底向床面的顺序是：碎草、马粪、床土、电热线、床土。电热线埋在床土之间，用床土压住。随后浇水，覆盖塑料薄膜和草帘。通电加热达到要求的温度后即可进行排种。布线距离根据需要而定，如果要求升温快，则线距要缩小。反之，线距可放大。使用电热育苗一定要有熟练的电工配合以免发生事故。

（6）地暖育苗　是近期结合火炕育苗和中棚育苗优点发展起来的育苗技术。温控器控制采暖锅炉加热，地暖管循环水加热床土，苗床上面用中棚覆盖保温。此育苗方式可控性强，加热快不烧苗，锅炉出水温度为40℃，有利于高温催芽，前期出苗多，非常适合早熟甘薯的育苗。

（7）温室大棚育苗　利用已建的温室蔬菜塑料大棚或专建的温室大棚进行育苗，一般每个大棚面积为300~400m^2，可育种薯4 000kg左右。这种育苗方法适应春薯区大规模商品苗育苗。

在早春利用温室大棚育苗时，为提高温度，可在棚内苗床上面搭小拱棚，在拱棚内苗床表面上盖一层地膜，也可在种薯下面适当铺放些酿热物，出苗效果也很好。若在棚上加覆尼龙防虫网，可进行脱毒甘薯繁苗、育苗。采用大棚加温或用火炕或温床育苗，应在当地薯栽插适期前30~35d排种；采用大棚加地膜或冷床双膜育苗于栽前40~45d排薯。

3. 种薯选择、处理与排种

（1）精选种薯　选择种薯是培育壮苗，防止病害的主要措施。选好种不仅能保证薯苗的数量和质量，更重要的是能防止品种杂混、退化和病害的蔓延，所以一定要严格把好选种育苗这一关，不能轻视。种薯选择要认真做到三分开（好坏分开，品种分开和大小分开）和三不要（不要冻伤、感病、受机械伤薯块）。选择种薯的标准是：具有原品种的皮色、肉色、形状等形态特征，混杂的品种一律严格剔除。另外，还要挑选薯皮光滑、块大小适中整齐，无病无伤、未受冷害的薯种。

薯块大小形状一般对品种特性没有影响。最小的薯块都可以用来育苗，但薯块越大，育出的薯苗越壮，大田结出的薯块越大，产量越高。一般壮苗与弱苗的产量可相差20%~30%。育苗所用种薯的标准是：具有本品种的皮色、肉色、形状等特征；无病、无伤，没受冷害和湿害。薯块大小均匀，块重150~250g为宜。

（2）温汤浸种 在精选种薯基础上进行严格的种薯消毒，就是对种薯进行消毒处理，防止黑斑病、线虫病的发生。这不仅关系育苗好坏，亦是防治病虫害的重要措施。特别是在黑斑病发病率高的年份，在排薯前应对种薯进行温汤浸种。它除可以有效防止黑斑病以外，还有提早萌芽的作用，具体作法是：先用水将薯块上的泥洗净，用50%的可湿性甲基托布津600倍液浸5min，或用52~54℃温水在恒温下浸薯10min，或用50%的可湿性灭菌灵600倍液浸5min。

有甘薯茎线虫的地方，码好种薯后，每m²用60g呋喃丹与适量细沙混合，均匀地撒在种薯上，效果十分显著。适时排种可以保证多出苗。但排种过早，因天气寒冷，不易保温，会延长育苗时间，浪费人力物力。如又遇上气温低，不能栽插在大田中，在苗床上生长期太长，造成薯苗老化，下茬薯苗太细嫩，严重影响薯苗的质量。若排种过晚，出苗迟，达不到适时早栽，以至影响到最后产量的高低。

（3）适时排种 适时排种是育苗的关键。一般育苗在插栽春薯前45d左右。当床温升至20℃以上时，即可进行。排种原则是"大小分开，头尾相连，上平下不平。"由于薯块萌芽有顶端优势的习性，排种时一定要注意分清薯块的头尾，不能排倒。如果排倒，头部朝下的薯块出苗少，出苗晚，苗不齐。一般薯头部的皮色浅，肉色深，浆汁多，细根少。尾部的皮色较浅，细根多。根据这些特点，可以鉴别薯块的头尾。

由于薯块大小不同，必须大小分开，大薯密排，小薯稀排，并要掌握上齐下不齐的原则，使薯顶端都在同一水平线上。这种排薯方法，出苗均匀，不会过稀或过密，出苗早，出苗齐，便于苗床管理。排种密度不能过稀或过密，从育成壮苗角度着眼，每m²排种量以15~20kg为宜，过稀成本高不经济，过密苗弱不高产。排种时要注意分清头尾，切忌倒排，大小薯分开，平放稀排，种薯上齐下不齐（以利覆土厚薄均匀）。一般种薯间留空隙1~2cm，能使薯苗生长苗壮，要达到适时用一、二茬苗栽完大田，每亩用种量50~75kg。排种密度以15~20kg/m²为好。种薯的大小以150~250g比较合适。

（4）浇水、覆土、盖膜 排种后先盖灌缝土再浇透水，浇水后复细沙土，覆土要薄，厚度以种薯上面床土2~3cm为宜。在苗床上面增覆一层塑料薄膜可提高床温2~3℃，但应注意薄膜要用竹竿弓起来不能贴苗床过于紧密，否则会影响出苗或烂薯。

4. 苗床管理要点

苗床管理技术性较强，各地育苗形式、苗床类型大小相异，但管理的基本原则是相同的。即都要综合运用温、光、水、肥、气等外界条件，使苗床形成一个最适宜薯苗生长的小气候，以达到育成壮苗的目的。不同时期采用不同的措施，但都要遵循先催后炼、催炼结合的原则进行管理。各类苗床有各自的管理特点，但一般共同原则基本一致。苗床管理的核心是人为合理控制甘薯萌芽所需要的综合条件（温度、湿度、光照、通气和施肥等），达到育苗的"早、多、壮"及多次采苗为目的。为此必须提高育苗的高度责任心，固定专人认真负责，坚持科学管理。

（1）温度管理 要做到前期高温催苗，中期平稳长苗，后期低温炼苗。

前期（排薯—齐苗）高温催芽：苗床管理的中心是温度控制，掌握高温催芽，以催为主，提高床温，满足种薯发芽对较高温度、湿度的要求，同时要防止高温烧苗。排薯前预热苗床至30℃，排薯后升温到35~37℃，保持3~4d，然后降到32~33℃。

中期（齐苗后）平温长苗：管理上催炼结合，采取平温长苗，促进苗壮。齐苗后，床温逐渐降至25~28℃，苗间温度最高不超过40℃，揭膜不宜过猛。

后期低温炼苗：苗床薯苗长至20cm高时，此期以炼为主，采苗前5~7d，采取降温蹲苗，保持床温20~25℃，防止徒长，逐渐揭膜炼苗，使床温接近大气环境温度，使苗粗壮，以利栽插成活。炼苗期间若遇大风低温天气，应及时盖膜，以防薯苗受损。经炼苗后即可及时采苗。

（2）水肥管理　排种后一次浇足，水量约为薯重的1.5倍。采一茬苗后立即浇水。掌握高温期水不缺，低温炼苗时水不多，酿热温床浇水要多次少量。施肥要掌握"少吃多餐"，注意轻施、匀施，切勿施肥过量，造成"烧苗"。干施或水施后要及时用清水充分冲洗。每剪1次苗结合浇水追1次肥。叶上没有露水的时候，尿素、磷酸二氢钾混合肥，每10m² 一般追施不超过0.25kg。追肥后立即浇水。

（3）通风透光　光照充足，能使苗床增温快、温度高，可促进发根、萌芽，保证薯苗健壮生长。薯苗的健壮生长和呼吸密切相关。在育苗时，苗床的环境是高温高湿，这时薯块萌芽呼吸加强，幼苗生命活力旺盛，呼吸强度随之急剧上升，应注意适当通风换气。通气好，出苗多、生长壮；氧气不足，容易发生烂芽等。氧气供应充足，才能保证薯苗正常生长，苗多、苗壮。氧气不足种薯腐烂。

（三）甘薯苗扦插

1. 采苗

薯苗长到25cm高度时，要及时采苗，扦插到大田或苗圃。壮苗的标准是：苗龄30~35d，叶片舒展肥厚，大小适中，色泽浓绿，百株苗重750~1000g，苗长20~25cm，茎粗约5mm，苗茎上没有气生根，没有病斑，苗株挺拔结实，乳汁多。

2. 扦插时间

甘薯是喜温作物，当气温降到15℃，就停止生长，低于9℃，薯块将逐渐受冷害而腐烂；在18~32℃范围内，温度越高，红薯生长速度越快。所以，春薯应在终霜后5~10cm地温稳定达到17℃时及时扦插，扦插前用呋喃丹等药剂处理土壤，防止地下害虫为害。

3. 合理密植

脱毒甘薯茎叶生长繁茂，必须根据不同品种和栽培条件确定合理密度。根据肥地宜稀，薄地宜密的原则，在发挥群体增产的基础上，充分发挥单株增产潜力。一般密度为肥力条件较好地块3000~3500株/亩，肥料条件差的地块4000~4500株/亩。

4. 扦插方法

甘薯扦插方法较多，主要有以下5种栽插法：

（1）水平栽插法　苗长20~30cm，栽苗入土各节分布在土面下5cm左右深的浅土层。此法结薯条件基本一致，各节位大多能生根结薯，很少空节，结薯较多且均匀，适合水肥条件较好的地块，各地大面积高产田多采用此法。

但此法抗旱性较差，如遇高温干旱、土壤瘠薄等不良环境条件，则容易出现缺株或弱苗。此外，由于结薯数多，难于保证各个薯块都有充足营养，导致小薯多而影响产量。如是生产食用鲜薯，则小薯多反而好销。

（2）斜插法　适于短苗栽插，苗长 15~20cm，栽苗入土 10cm 左右，地上留苗 5~10cm，薯苗斜度为 45°左右。特点是栽插简单，薯苗入土的上层节位结薯较多且大，下层节位结薯较少且小，结薯大小不太均匀。优点是抗旱性较好，成活率高，单株结薯少而集中，适宜山地和缺水源的旱地。可通过适当密植，加强肥水管理，争取薯大而获得高产。

（3）船底形栽插法　苗的基部在浅土层内的 2~3cm，中部各节略深，在 4~6cm 土层内。适于土质肥沃、土层深厚、水肥条件好的地块。由于入土节位多，具备水平插法和斜插法的优点。缺点是入土较深的节位，如管理不当或土质黏重等原因，易成空节不结薯，所以，注意中部节位不可插得过深，沙地可深些，黏土地应浅些。

（4）直栽法　多用短苗直插土中，入土 2~4 个节位。优点是大薯率高，抗旱，缓苗快，适于山坡地和干旱瘠薄的地块。缺点是结薯数量少，应以密植保证产量。

（5）压藤插法　将去顶的薯苗，全部压在土中，薯叶露出地表，栽好后，用土压实后浇水。

本章参考文献

曹孜义，刘国民 .2003. 实用植物组织培养技术教程［M］.兰州：甘肃科学技术出版社 .

陈慧芳 .2010. 甘薯发芽特点及苗床管理［J］.陕西农业科学（6）：104-106.

陈茂春 .2016. 甘薯膨大期要增施钾肥［J］.农业知识：致富与农资（7）：11.

陈明灿，李友军，孔祥生，等 .2001. 脱毒甘薯种薯（苗）生产及分级标准［J］.种子科技，19（2）：106-107.

陈晓光，丁艳锋，唐忠厚，等 .2015. 氮肥施用量对甘薯产量和品质性状的影响［J］.植物营养与肥料学报，21（4）：979-986.

陈益华，钟志凌，贺正金，等 .2009. 甘薯脱毒苗的快速繁殖与生产技术［J］.长江蔬菜（14）：9-11.

单林娜，葛应兰，李建波，等 .2001. 甘薯病毒病原学研究进展［J］.河南农业大学学报，35（1）：92-96.

丁梅，王同勇，刘刚，等 .2016. 有机肥种类与用量对鲜食甘薯生长发育和产量的影响［J］.农业科技通讯（12）：108-110.

丁永辉，凤舞剑，白耀博 .2015. 不同磷肥用量对甘薯产量及磷肥效率的影响［J］.农业科技通讯（10）：62-65.

杜申焕，米新魁，刘平 .2001. 脱毒甘薯夏季大田繁殖技术［J］.种子科技（4）：

241-242.

段学东.2017. 甘薯增施黄腐酸有机肥高产栽培技术 [J]. 湖南农业 (13)：
54-55.

樊晓中，豆利娟，刘明慧.2009. 太阳贮温酿热温床双膜覆盖甘薯育苗技术 [J].
陕西农业科学，55 (6)：256-257.

付增光，陈越，郭东伟，等.2004. 甘薯脱毒苗的离体快繁研究 [J]. 西北农林科
技大学学报 (自然科学版)，32 (1)：37-39.

郭生国，杨立明，吴文明，等.2011. 甘薯带根顶端优势的应用与育苗技术研究
[J]. 福建农业学报，26 (4)：567-577.

郭小丁，谢一芝，贾赵东，等.2013. 甘薯试管苗及其种薯产量比较试验 [J]. 江
苏农业科学，41 (9)：83-84.

韩瑞华，张自启，刘长营，等.2014. 脱毒甘薯不同世代对产量的影响 [J]. 陕西
农业科学，60 (11)：11-13.

胡振营.2016. 甘薯育苗综合技术措施 [J]. 河南农业 (31)：51.

黄广辉.2015. 甘薯高产栽培技术 [J]. 农民致富之友 (6)：197, 260.

惠宗林.2012. 甘薯不同间作方式经济效益比较 [J]. 安徽农学通报，18 (24)：
59-60.

贾赵东，马佩勇，边小峰，等.2016. 不同施磷水平下甘薯干物质积累及其氮磷钾
养分吸收特性 [J]. 西南农业学报，29 (6)：1 358-1 365.

江列祥.2015. 浅析甘薯优质高产栽培技术 [J]. 南方农业，9 (21)：64, 66.

江苏省农业科学院，山东省农业科学院.1984. 中国甘薯栽培学 [M]. 上海：上海
科学技术出版社.

蒋雄英，周宾，范大泳，等.2017. 桂北地区栽植密度和时间对甘薯桂粉 2 号产量
的影响 [J]. 农业科技通讯 (8)：147-151.

金莉，赵洪阁，谭文新.2009. 脱毒甘薯高产栽培技术探讨 [J]. 杂粮作物，29
(2)：122-123.

康明辉，刘新涛，陈龙华，等.2001. 脱毒甘薯简介 [J]. 河南农业科学 (8)：19.

康明辉，刘德畅，海燕，等.2009. 甘薯脱毒技术的原理及方法 [J]. 种业导刊
(1)：14-15.

兰孟焦，吴问胜，潘浩，等.2015. 不同地膜覆盖对土壤温度和甘薯产量的影响
[J]. 江苏农业科学 (1)：104-105.

李建磊，李自坤，满朝军.2010. 化学调控剂对甘薯植株生长及产量构成的影响
[J]. 农学学报 (10)：52-63.

李明福，李洪民，徐宁生，等.2013. 云南玉溪烤烟套作紫甘薯最佳栽插期试验
[J]. 南方农业学报，44 (9)：1 455-1 458.

李汝刚，蔡少华，等.1990. 中国甘薯病毒的血清学检测 [J]. 植物病理学报，20
(3)：189-194.

李汝刚，蔡少华.1992. 甘薯病毒及类似病毒病害 [J]. 植物保护 (2)：31-32.

李淑霞，余晓艳，秦小宁，等．2007．金叶甘薯扦插繁殖试验 [J]．宁夏农林科技 (5)：37-38.

李元华，陈绪荣，薛全民．2016．商洛山区甘薯蔓头越冬育苗技术 [J]．陕西农业科学，62 (9)：127-128.

连喜军，李洁，王呓，等．2009．不同品种甘薯常温贮藏期间呼吸强度变化规律 [J]．农业工程学报，25 (6)：310-313.

刘庆昌，翟红，王玉萍．2003．甘薯细胞工程和分子育种的研究现状 [J]．作物杂志 (6)：1-3.

刘全虎，李建设，王述娃，等．2002．甘薯脱毒种薯栽培技术 [J]．陕西农业科学 (6)：41-42.

刘玉敬，张秀清，王春英，等．1993．甘薯茎尖离体培养及快繁技术 [J]．山东农业科学 (6)：21-23.

罗永涛，汤焱，敖建军，等．2016．黔东南州烤烟套作红薯最佳扦插期研究 [J]．安徽农业科学，44 (23)：24-26.

马洪波，孙若晨，吴建燕，等．2017．不同类型肥料对甘薯产量和氮利用效率的影响 [J]．中国农学通报 (35)：107-112.

梅丽，李仁崑，王立征，等．2017．脱毒甘薯不同世代的生长特性、产量及品质表现 [J]．中国农学通报，33 (35)：36-45.

梅丽如．2017．汕头市濠江区优质甘薯栽培技术体系探析 [J]．现代农业科技 (21)：67-68.

缪晓玲．2013．叶用甘薯高产高效栽培技术 [J]．山海蔬菜 (5)：46-47.

聂明建．2012．适合旱土间作套种的作物—甘薯 [J]．作物研究，26 (1)：70-73.

潘晓红，侯运和，刘赐鹏，等．2009．甘薯脱毒规范化栽培技术 [J]．现代农业科技 (22)：54.

齐鹤鹏，朱国鹏，汪吉东，等．2015．不同土壤类型条件下施钾对甘薯钾吸收利用规律的影响 [J]．农业与技术，35 (7)：4-7.

屈会娟，沈学善，黄钢，等．2015．套种条件下种植密度对紫色甘薯干物质生产的影响 [J]．中国农业通报，31 (12)：127-132.

任国博，史春余，姚海兰，等．2015．施钾时期对甘薯产量及钾肥利用率的影响 [J]．中国土壤与肥料 (5)：33-36.

尚佑芬，赵玖华，杨崇良，等．1994．茎尖分生组织培养技术的研究 [J]．山东农业科学 (4)：23-24.

宋伯符，王胜武，谢开云，等．1997．我国甘薯脱毒研究的现状及展望 [J]．中国农业科学，30 (6)：43-48.

宋聚红，王海山，刘玉芹．2017．洋葱—甘薯复种连作栽培技术 [J]．蔬菜 (12)：37-39.

孙伟，焦奎．2002．酶联免疫吸附分析法在植物病毒检测中的应用 [J]．化学研究与应用，14 (5)：510-514.

唐静，王非，张晓玲，等．2012．中微量元素肥料对甘薯产量和品质的影响 [J]．西南农业学报，25（3）：962-966．

王冰，胡良龙，胡志超，等．2012．我国甘薯起垄技术及设备探讨 [J]．江苏农业科学，40（3）：353-356．

王家才，杨爱梅．2009．河南省甘薯标准化生产技术 [J]．中国种业（1）：72-73．

王庆美，李爱贤，侯夫云，等．2015．甘薯种薯规模化生产技术规程 [J]．农业科学，5（4）：157-162．

王升吉，尚佑芬，杨崇良，等．2001．甘薯羽状斑驳病毒分子生物学研究概况 [J]．山东农业大学学报（自然科学版），32（4）：539-543．

王世强．2009．甘薯育苗技术 [J]．科学种养（5）：14．

王钊，刘明慧，豆丽娟，等．2008．甘薯高温催芽育苗技术 [J]．北京农业，26（1）：26-27．

吴春红，刘庆，孔凡美，等．2016．氮肥施用量对不同紫甘薯品种产量和氮素效率的影响 [J]．作物学报，42（1）：113-122．

吴明阳，王西瑶，黄雪丽，等．2010．免耕垄作对马铃薯、甘薯产量及经济效益的影响 [J]．江苏农业科学（4）：73-76．

吴香芳，钱香莲，沈其云．2007．红薯育苗的几种新方法 [J]．农村科技（7）：47．

杨崇良，路兴波，王升吉．2001．甘薯羽状斑驳病毒（SPFMV）生物学性状研究 [J]．山东农业科学（1）：26-29．

杨永嘉，邢继英，张朝伦．1991．甘薯病毒病调查研究 [J]．江苏农业科学（4）：38-39．

俞金保．2014．甘薯不同垄作方式对比试验初报 [J]．福建农业科技，45（5）：7-8．

张爱君，李洪民，唐忠厚，等．2011．长期不施磷肥对甘薯产量与品质的影响 [J]．华北农学报，26（b12）：104-108．

张翠英．2007．甘薯的科学贮藏 [J]．蔬菜（2）：32．

张道微，张超凡，黄艳岚，等．2017．甘薯田间肥料效应试验分析初报 [J]．湖南农业科学（11）：21-24．

张杰．2010．陕西关中地区甘薯高产栽培技术 [J]．现代农业科技（15）：109．

张立明，王庆美，何钟佩．2007．脱毒和生长调节剂对甘薯内源激素含量及块根产量的影响 [J]．中国农业科学，40（1）：70-77．

张启堂．2015．中国西部甘薯 [M]．重庆：西南师范大学出版社．

张雄坚，房伯平，陈景益，等．2004．甘薯脱毒苗不同繁殖方式生产比较试验 [J]．广东农业科学（2）：11-13．

张玉清．2016．黔东武陵山区特色红薯高产栽培技术 [J]．农业科技通讯（6）：233-234．

张治良，霍礼欢，李勇刚．2015．甘薯温室催芽高效快繁育苗技术 [J]．西北园艺（1）：24-25．

赵君华 . 2015. 脱毒甘薯培养与种薯繁育生产程序 [J]. 安徽农业科学，43（27）：46-47，50.

周开芳，左明玉，郑明强，等 . 2011. 脱毒甘薯种薯繁育与高产栽培技术 [J]. 农技服务，28（1）：6-7.

Cali B B，Moyer J W. 1979. Differential properties of three sweetpotato virus strains [J]. Phytopathology，69：1 023.

Moyer J W . 1980. Identification of Two Sweet Potato Feathery Mottle Virus Strains in North Carolina [J]. Plant Disease，64（8）：762.

第四章　甘薯栽培

第一节　甘薯常规栽培

一、选地整地和选茬

甘薯是适应能力极强的作物，对土壤的要求不严。但是要获得较高的产量和较好的品质，薯田必须具备耕层深厚、地力肥沃、质地疏松和保墒蓄水良好的沙壤土或壤土，并要求不带病虫害的地块，以无污染的平原高亢地区、浅山丘陵坡地为首选，对不符合条件的要积极创造条件改良土壤，要采取培肥地力、保墒防渍、深耕垄作等措施。

（一）地块选择

1. 耕层深厚

耕层深厚的土壤能贮存和提供更多的水分、空气和养分，有利于甘薯根系伸展。甘薯的根系可下扎 1m 以下，但 80% 的根系分布在 30cm 左右的耕层内。土层 0~15cm 处水分不足，薯块难以生长，25cm 以下通透性差，会影响薯块膨大。实践证明，耕层深度 30cm 左右为最好。超过 30cm 对增产作用不大，如果耕层不足 20cm，应采取起垄、聚土等，以创造条件保证甘薯生长的需要。

2. 通透性好

甘薯根系的生长和块根的形成及膨大，都需要充足的氧气。耕作层疏松，土壤中空隙多有利于通气，利于根系氧气充足，利于养分向块根的转运，是形成植株健壮高产的关键。

3. 肥沃适度

实验证明，甘薯对 K 素需要量较多，对 P 素需要量较少，但都需要满足供应。肥力过低，会出现养分缺乏植株生长不健的现象；肥力过高，特别是 N 肥供给过量，会出现地上部分旺长而地下经济产量过低的现象。据山东省农业科学院试验观察，土壤中水解氮含量超过 70mg/kg，甘薯地上部分容易徒长。

4. pH 值

甘薯对土壤的酸碱度要求为 pH 值 4.5~8 均能生长，pH 值 6.5~7.5 最为适宜，否则有产量降低的趋势。土壤中含盐量如超过 0.2%，便对甘薯生长不利。

5. 保墒性能

甘薯多种于旱地，降水是其生长需水的主要来源。最大限度地积蓄水分、减少消耗、增加土壤蓄水量，合理使用地下水是甘薯增产的重要措施。搞好农田基本建设是土壤保墒蓄水的基础。如陕南浅山丘陵地区，很少有灌溉条件，所需水分以天然降水为主，因此选择地块需土壤要有一定的蓄水保墒能力。陕北、关中平原沙性过强的地块保水保肥能力弱，容易使养分过多流失。深耕高垄，栽种前耕地、耙地、压地，及其生长期间中耕等措施，都能起到良好的保墒作用。

（二）茬口选择

在陕西甘薯主产区，由于土地资源有限，往往在同一地块连续多年种植甘薯，造成土壤中甘薯必需营养元素逐年减少，不利于甘薯块根膨大，严重的造成大面积减产。为了更加有效地防治甘薯病虫害、预防减产，种植中最好采用轮作，而如果采用轮作，则存在茬口的选择。陕北春薯区，甘薯生长期较短，一年一熟，轮作方式单纯，适与玉米、大豆、谷子、高粱等作物轮作。关中和陕南地区，春薯适合与玉米、豆类轮作，夏薯适合与小麦、油菜倒茬。轮作既利于减少病害的发生，也利于减少杂草生长。不宜与胡萝卜、甜菜等块根作物轮种。如因特殊原因，对于重茬地种植甘薯，一般需要注意两个方面：一是施肥上注意增施含多种微量元素的矿物肥，增施 K 肥。二是病害防治方面要选择优良抗病甘薯品种，栽种时用杀菌剂处理土壤。

（三）整地标准

1. 深耕整地方法

甘薯的整个生长期内要求有充足的水、肥、气、热条件，深翻整地，可以增加土壤的团粒结构，提供土壤的空隙度，改善土壤的通气性，增加秋冬雨雪的渗需量，扩大根系的分布范围，增强抗旱能力，消灭害虫及杂草。目前，陕西种植甘薯前深耕整地方法有：人工深翻、人畜结合深翻，机械耕翻。

（1）人工深翻　是一种费时费力费工方法，人工用铁锹深翻。这种方法在陕西南部浅山、丘陵地带，种植面积小，地块分散的地块适用。

（2）人畜结合深翻　适用于劳动力生产成本高，机械化程度低，土层薄、石头多、种植分散的浅山、丘陵和梯田山地，应用人工或简单的铧式犁耕翻。

（3）机械耕翻　甘薯生产过程中，深耕是劳动强度最大、基础性最强的工序，传统生产中，应用人工或简单的铧式犁耕翻，其质量难以达到甘薯良好生长的环境条件。针对平原旱地沙壤土、轻质黏土，实现机械化甘薯栽培模式。

2. 耕翻深度

陕西种植甘薯大田生产耕翻深度一般以 25~30cm 较为适宜。在此范围内，黏壤土，土层深厚，土质肥沃，上下层土壤差异不大，可适当加深；沙质土，上下层土壤差异大宜稍浅。

3. 耕翻时期

陕西省种植甘薯是一年一熟制，在前茬收获后，宜以秋末冬初封冻之前进行整地深耕，这样利于积蓄秋墒，防止春旱，使土壤有较长时间的风化过程。陕南有较少地区在早春化冻之前进行深耕，容易跑墒，不利于秧苗成活。俗语"白露耕地一碗油，秋分耕地半碗油，寒露耕地白打牛"就是这个道理。由于秋耕距离栽种时间尚远，翻出的土有充分的时间熟化，所以，选择秋末冬初封冻之前进行深耕，分层深翻，不乱土层，做到熟土在上，生土在下，深翻结合施有机肥，翻入土层作基肥。

二、起垄

（一）起垄栽培优点

一是甘薯起垄栽培加深了土层，为块根形成和膨大创造一个疏松深厚的土壤条件。二是改善了温、水、光条件，在雨水多的年份能有效地避免平作土温低、湿度大，地上部生长过旺，田间郁蔽等；同时起垄栽培垄面三面受光，昼夜温差大，有利于有机物质的积累和块根的膨大。三是由于起垄后每垄成双行（或单行）都为边行种植，充分利用了光热及地块，清除了平作"边行挤里行，壮苗欺弱苗"的现象，比平栽地面立体表面积可增加 15%~25%，有利于匍匐生长的茎叶通风透光，减少黄叶、落叶率。

（二）垄的方向

山区、丘陵区旱地地块，做垄方向要平行于等高线（垂直于坡向），也即是做成水平垄，以保证天然降水水分不失。较平整土壤肥沃的地块要尽量做成平直大垄，低洼地块要做到便于排涝。

（三）起垄方式

1. 人工起垄

浅山丘陵，地块分散的陕西南部常常采用人工起垄，是一项耗时、耗力、耗工的工序之一，人工起垄费用通常占甘薯用工费的 30% 左右。

2. 机械起垄

使用机械化甘薯起垄，是陕北及关中地区可以选择不同的起垄机械，根据土壤类型、种植习惯、田块条件、动力匹配等选择合理的起垄机械。根据甘薯品种调节起垄高度，一般为 25~35cm。通过松土、垄土、成形和镇压等过程，实现田土在田间小范围转移，使土垄形成预定形状，符合甘薯栽植要求。

（四）起垄形式及规格

1. 大垄栽单行

黏土地及地势低洼易涝、地下水位高和肥力高的春薯地块，可采取高垄大垄。大垄一般垄距 1m 左右，垄高 25~33cm，每垄栽种 1 行。

2. 小垄栽单行

多在地势高、沙质土、土层厚、易干旱、地下水位深、水肥条件较差及生长季节短的地方应用。垄距 66~86cm，垄高 20~26cm，每垄栽种 1 行，垄距相等，是目前常用的栽秧方式。

3. 大垄栽双行（传统模式）

一般垄距 90~100cm，垄高 33~40cm，每垄顶交错栽苗 2 行。适应在水肥条件较好、土质较疏松的平原、低洼及生长中、后期雨水偏多的地方。

4. 大垄双行栽培（新模式）

适应机械栽培发展起来的新方法。大垄双行栽培模式更适合雨水较多地区。大垄双行垄距一般在160cm，其顶部两行间距60cm。垄距和拖拉机轮距相同，在起垄后大型拖拉机仍可进地，可完成机械化栽插、中耕、追肥、除草、切蔓、收获等作业。

（五）起垄注意事项

在起垄时要尽量保持垄距一致，如宽窄不匀会造成邻近的植株间获得的营养不同，造成优势植株过分营养生长，而弱势植株可能得不到充分的阳光及养分，生长不匀影响产量。

（六）效益分析

丁利群（2017）在"甘薯垄栽高产栽培技术研究"中表述，垄栽甘薯的产量在37 500~45 000kg/hm²，可比传统的栽培方式增产150%~200%。同时，采用甘薯垄栽技术，每2行甘薯就有1条沟，便于田间农事操作（如翻藤和病虫防治等）和收获，具有省工的优势。此外，采用甘薯垄栽技术，是用起垄机起垄，成本仅1 200元/hm²，而传统的栽培成本要1 800元/hm²，节省了600元/hm²。吴明阳（2010）在"免耕垄作对马铃薯、甘薯产量及经济效益的影响试验"中得出免耕垄作与常耕相比甘薯所得的经济收入增加38.1%，甘薯免耕垄作栽培产量和大薯块数量都比常耕栽培多，大薯率也显著高于常耕，从商品薯的角度看，免耕垄作栽培甘薯有利于减少小薯块的数量，因而免耕垄作栽培的经济效益比常耕高。另外，免耕垄作栽培减少了耕翻地和除草的人工投入，同时盖土沤死的杂草作为绿肥，肥沃了土壤，从一定程度节约了开支也增加了收益。

三、选用良种

（一）甘薯品种的选择

目前，仅国内保存的甘薯良种就有2 000~3 000个，这些品种具有不同的特性。它们对生产条件的适应和要求是不一样的，同时满足生产者生产目标的要求和方向也不同，如有的品种耐旱，有的耐湿，有的抗病，有的抗逆，有的高产，有的好吃，有的适合加工，有的适合保健等。生产者要根据自己生产的目的在一大批品种群当中选择既适合自己生产目标又适合当地生产环境条件的品种是很重要的。

宝鸡市农业科学研究院、西北农林科技大学等甘薯育种单位以专用甘薯品种为支撑，在广泛引进国内外优质专用甘薯种质资源及鉴定、评价、利用的基础上，利用原生质融合、外源基因导入、重要性状分子标记等生物技术手段，创造出一批优异甘薯种质，采用野生二倍体甘薯重复嫁接蒙导开花技术，建立计算机、田间鉴定、室内分析三结合的亲本评价体系，选育高产、优质、抗病、适应性广、适宜陕西省及同类生态区种植的专用甘薯新品种。如：秦薯1号、2号、3号、4号、5号、6号、7号、8号、9号，秦紫1号、红心431等优良新品种已成为陕西省主栽品种。

(二) 甘薯品种类型

1. 食用型品种

一般是指甘薯薯块蒸熟、煮熟或烤熟后，食用性好的品种。虽然各类品种都可以这样食用，但是作为食用型品种必须有良好的食用品质。薯块外观光滑整齐，美观，食用口感细腻，可溶性糖含量 5% 以上，粗纤维含量少，肉色黄或橘红，维生素 E 含量每百克鲜薯含 10mg 以上。

2. 淀粉加工型品种

加工型品种指用于淀粉加工的品种和食品加工品种。淀粉加工型品种一般达到薯块光滑整齐，薯肉洁白。淀粉含量春薯在 25% 以上，夏薯 20% 以上。其他干扰物质蛋白质、果胶质、水分、多酚类物质等含量低。食品加工型品种指用以加工各种甘薯食品，如薯条、薯片、薯泥等产品的品种，除要求上述食用型的特点外，胡萝卜素含量应达到每百克鲜薯在 5mg 以上，淀粉含量 15%（或干物质率 25%）以上，并有耐加工性。

3. 彩色保健型品种

薯肉黄色、橙色，胡萝卜素含量每百克鲜薯在 10mg 以上，称为营养型品种，薯皮紫红色，薯肉紫色，每百克鲜薯花青素含量 20~30mg 以上，称为保健型品种。

4. 菜用型甘薯

以甘薯茎尖 12cm 内的茎叶作蔬菜为目的的适用品种，要求茎叶维生素及矿物质含量高。叶片叶柄产量高，无苦涩异味，粗纤维少，色泽好，茎尖部分嫩，无绒毛，味道鲜美等。

(三) 主推优良品种

1. 秦薯 1 号

又名西薯209，西北农业大学 1974 年从"西农 50-1X 栗子香"的杂交后代中育成，属食饲兼用型品种。1984 年通过陕西省审定。

中长蔓，成叶绿色、心脏形，顶也绿色，茎粗，分枝较多，薯下膨呈纺锤形，皮色紫红，肉色淡黄，结薯集中，感黑斑病、抗软腐病，耐储藏，萌芽性好，在北方自然开花。春薯烘干率为 30%~32.2%。陕西省农产品质量监督检验站测定，含淀粉（干基）52.65%，可溶性糖 3.62%，蛋白质 2.27%，粗纤维 0.71%。

曾在陕西省渭北旱塬、关中地区推广种植，产鲜薯 26 250~30 000kg/hm²，春夏薯均可种植。春薯密度为 30 000株/hm²，夏薯密度为 52 500~60 000株/hm²。

2. 秦薯 2 号

又名向阳红、88-3，西北农业大学 1964 年从"护国"放任授粉杂交后代选育而成。属食饲兼用品种。1984 年通过陕西省审定。

早期膨大型，短蔓，自然开花，茎蔓全绿色，叶心脏形，叶片小，薯块大呈短纺锤形，薯皮紫红、黄白肉，高产、耐瘠、结薯早、高抗黑斑病、耐贮藏。焙干率为27.4%，薯干淀粉含量为 62.02%，可溶性糖为 10.02%，蛋白质为 4.92%，粗纤维为 3.73%。

在陕西省渭北旱塬、陕南丘陵及相似生态区种植。一般春薯鲜产 30 000~37 500kg/hm²。春、夏薯均可种植，春薯密度为 52 500株/hm²，夏薯为 60 000~75 000株/hm²。

3. 秦薯 3 号

又名 724，陕西省农业科学院 1972 年从"永春五齿×农林 4 号"的杂交后代中育成，属食用品种。1988 年通过陕西省审定。

中蔓，顶叶绿色，成叶绿色，叶形中裂至深裂复缺刻，叶脉、柄基、茎绿色，茎粗中等，分枝 10 个左右。薯块长纺锤形，薯皮红色，薯肉淡黄色，结薯集中。抗黑斑病，耐贮藏。焙干率为 30.5%，薯干淀粉含量为 69.00%，可溶性糖为 9.58%，粗蛋白为 4.47%，粗纤维为 2.86%，肉质细。

在陕西省渭北旱塬、陕南丘陵地区及相似生态区作春、夏薯栽培，鲜产夏薯 22 500~30 000kg/hm²，春薯密度为 30 000~37 500株/hm²，夏薯为 30 000株/hm²。

4. 秦薯 4 号

西北农业大学 1987 年从"661-7"放任授粉杂交后代中选育而成，属兼用品种。1998 年通过陕西省审定。

中早期膨大型，顶叶淡绿色，成叶绿色，茎绿色，叶心脏形，脉基色淡紫，短蔓，基部分枝数 12 条，田间自然开花。结薯集中，单株结薯 6 个，大中薯率为 78%~89%。薯皮紫红色，薯肉淡黄色，薯块长纺锤形，食用品质极佳，干面甜香，商品率高。抗甘薯黑斑病，耐软腐病，贮藏性好。薯块干物率为 32.9%，淀粉为 58.6%（干基），可溶性糖为 3.96%，蛋白质为 2.37%，粗纤维为 0.83%，维生素 C 为 19.68mg/100g 鲜薯。

适宜在陕西关中及同类生态区作春、夏薯种植，陕南及相似生态区作夏薯种植。一般春薯鲜产为 45 000~60 000kg/hm²，夏薯为 22 500kg/hm²左右。

5. 秦薯 5 号

宝鸡市农业科学研究院、西北农林科技大学 2004 年从"秦薯 4 号"放任授粉后代中选育而成。优质鲜食蒸烤、淀粉加工兼用品种。2007 年通过陕西省鉴定登记。

中早期膨大型，顶叶淡绿色，成叶绿色，茎绿色，叶心脏形，脉基色淡紫，短蔓，地上部生长势强，基部分枝数 16.4 条，田间自然开花。结薯集中，单株结薯 6.3 个，大中薯率为 82.1%。薯皮紫红色，薯肉淡黄色，薯块长纺锤形，食用品质极佳，干面甜香，商品率高。高抗甘薯黑斑病，耐软腐病，贮藏性好，薯块萌芽性好。薯块干物率为 33.08%，淀粉为 69.14%（干基），鲜薯含粗蛋白为 1.11%，可溶性糖为 5.03%。

适宜在陕西省关中及同类生态区作春、夏薯种植，陕南及相似生态区作夏薯种植。一般春薯鲜产为 45 000kg/hm²以上，夏薯鲜产为 30 000kg/hm²左右。

6. 秦紫薯 1 号

宝鸡市农业科学研究院于 2004 年由"京薯 6 号"变异单株系统选育而成，属高花青素品种。2007 年通过陕西省鉴定登记。

中晚期膨大型，顶叶绿色、成叶淡绿，叶脉绿色，茎色绿带褐，叶心形带齿，长蔓，最大蔓长 279.2cm，基部分枝数 8.6 条。单株结薯数 3~4 个，大中薯率为 83.9%。

薯皮紫色，薯肉深紫色，薯块长纺锤形，熟食品质极佳，干面香甜，商品率高。中抗黑斑病，中感软腐病，贮藏性中等。干物率为33.42%，淀粉为62.96%（干基），鲜薯含粗蛋白为2.83%，可溶性糖为5.32%。

适宜在陕西省关中及同类生态区作春薯种植，一般春薯鲜产为37 500kg/hm²。

7. 秦薯6号

宝鸡市农业科学研究院2004年从"红心431"集团杂交后代中选育而成，属食用品种。2007年通过陕西省鉴定登记。

中早期膨大型，叶色淡绿，叶脉绿色，茎绿色，叶心形带齿，短蔓，最大蔓长180.5cm，基部分枝数10条。结薯集中，单株结薯5~6个，大中薯率为80.8%。薯皮白黄色，薯肉黄色，薯块长纺锤形，熟食口味极佳，香甜干面，口感细腻。高抗甘薯黑斑病，耐软腐病，贮藏性好。薯块干率为28.96%，含淀粉为52.12%（干基），鲜薯含粗蛋白为2.43%，可溶性糖高达6.53%，类胡萝卜素为0.4mg/100g鲜薯。

适宜在陕西省关中及同类生态区作春、夏薯种植，陕南及相似生态区作夏薯种植。一般春薯鲜产为45 000~60 000kg/hm²，夏薯鲜产为22 500kg/hm²左右。

8. 秦薯7号

宝鸡市农业科学研究院2006年从"秦薯4号×红心431"杂交后代中育成，属食用品种。2010年通过陕西省鉴定登记。

中后期膨大型品种，顶叶淡绿色，成叶绿色，茎绿色，叶心形带齿，叶脉绿色，中长蔓，地上部生长势强，基部分枝数7条。结薯集中，单株结薯7个，大中薯率为93.0%。薯皮黄色，薯肉橘红色，薯块长纺锤形，薯皮光滑，商品率高，食用品质优，富含类胡萝卜素，营养丰富，口味甜香。病害鉴定：中抗甘薯黑斑病，耐软腐病，贮藏性好，薯块萌芽性好。薯块干物率为24%~28%，鲜薯含淀粉为15.0%，粗蛋白为1.64%，可溶性糖为3.72%，类胡萝卜素为12.8mg/100g鲜薯。

适宜在陕西省关中、陕北及同类生态区作春薯种植，陕南及相似生态区作春、夏薯种植。一般春薯鲜产52 500kg/hm²以上，夏薯鲜产在22 500kg/hm²左右。

9. 秦薯8号

杨凌金薯种业科技有限公司2011年从"徐薯18×红心431"杂交后代中育成，属食用品种。

顶叶绿色，成叶浓绿，心脏形，中等大小，叶脉紫红，短蔓，茎绿色，近半直立。薯块长纺锤形，紫红皮，橘红肉，结薯集中。焙干率24.8%，鲜薯淀粉含量为14.3%，粗蛋白为1.61%，可溶性糖为3.79%，粗纤维为0.7%，维生素C为35.54mg/100g鲜薯，抗黑斑病。

适宜在陕西省春、夏薯区及同类生态区种植。一般春薯鲜产为52 500kg/hm²，夏薯鲜产为37 500kg/hm²。春薯密度为45 000株/hm²，夏薯密度为52 500株/hm²。

10. 秦薯9号

宝鸡市农业科学研究院2008年从"西成薯007×冀薯71"杂交后代中育成，属食用品种。

叶心形带齿，顶叶浅绿色，成叶绿色，叶脉绿色，叶柄绿色，茎绿褐色。最大蔓长为244cm，茎粗0.4cm，单株分枝数6~8条。单株结薯5~6个，结薯集中整齐，大中薯率为96%，薯块条形，浅红皮，浅黄肉，熟食味甜，适口性好，耐贮藏。焙干率为32.62%，淀粉含量为64.49%（干基），蛋质含量为6.96%（干基），葡萄糖为3.28%（干基），蔗糖为11.47%（干基）。高抗甘薯蔓割病。

适宜在陕西省及同类生态区作春、夏薯种植。一般春薯鲜产 39 000kg/hm² 以上，夏薯鲜产 30 000kg/hm² 左右。

11. 秦薯 10 号

宝鸡市农业科学研究院 2009 年以"徐薯781"为母本，以徐薯 27 号、商薯 19 号、豫薯 10 号、龙薯 1 号、龙薯 10 号、阜徐薯 6 号多父本混合授粉杂交选育而成，兼用品种。

特短蔓，叶形深缺刻，顶叶浅绿色，成叶绿色，叶脉浅紫色，叶柄绿色，茎绿色。茎粗 5mm，单株分枝数 8~11 个。薯块纺锤形，薯皮红色，薯肉淡黄色。中抗黑斑病。萌芽性好，结薯集中、整齐。焙干率为 29.97%，含淀粉 65.61%（干基），蛋白质为6.25%（干基），葡萄糖为 6.01%（干基），蔗糖为 5.83%（干基）。

适宜在陕西省及相似生态区高水肥地作春、夏薯种植。一般春薯鲜产 42 000kg/hm² 以上，夏薯鲜产在 33 000kg/hm² 左右。春薯密度为 45 000~52 500 株/hm²，夏薯为 60 000 株/hm²。

12. 秦紫薯 2 号

宝鸡市农业科学研究院 2009 年以秦薯 4 号为母本，以秦紫薯 1 号、宁紫薯 1 号、广紫薯 1 号、浙紫薯 1 号多父本混合授粉杂交选育而成。

食用型紫薯品种。叶心形，成叶绿色，顶叶浅缺刻，顶叶淡绿色，叶脉基紫色，柄基紫色，茎绿色。最大蔓长 216cm，茎粗 0.5cm，单株分枝数 10~14 个，单株结薯 6 个左右，薯块条形，薯皮紫红色，薯肉紫色。结薯集中、整齐，大中薯率 96%。薯块适口性好，食味香甜，纤维少。淀粉含量为 68.74%（干基），粗蛋白含量为 6.64%（干基），葡萄糖含量为 1.33%（干基），蔗糖含量为 12.35%（干基），花青素含量为20.46mg/100g 鲜薯。抗甘薯蔓割病，感甘薯黑斑病。

适宜在陕西省关中、陕北及同类生态区作春薯种植，陕南及相似生态区作春、夏薯种植。一般春薯鲜产 37 500kg/hm² 以上，夏薯鲜产 22 500kg/hm² 左右。

13. 红心 431

又名 8243-1，陕西省农业科学院 1982 年育成，属食用品种。

短蔓，叶心脏形，叶色黄绿，分枝数 5~7 条，结薯早而集中，薯肉橘红色，薯皮棕黄，薯干鲜红，单株结薯 2~4 块，薯块纺锤形，表皮光滑。春薯干率 28%，蒸烤食味香甜，适于果脯、薯片加工。

一般鲜产春薯为 45 000~67 500kg/hm²，夏薯为 37 500~52 500kg/hm²，抗黑斑病，种薯萌芽性较差，适于春、夏薯栽培。

14. 高自 1 号

西北农业大学 1969 年从"西农 69-28"自交后代中育成。

顶叶绿色，成叶浓绿色，叶心脏形，叶脉、柄基紫色，茎绿色，中蔓，基部分枝数 7 条。薯块长纺锤形，薯皮红色，薯肉黄色。抗黑斑病，耐贮藏。田间自然开花，花量多，自交结实率高。焙干率为 27.8%，薯干淀粉含量为 66.03%，可溶性糖为 7.49%，蛋白质为 4.88%，粗纤维为 356%。一般鲜产 22 500~30 000kg/hm²。

该品种主要用于杂交亲本和嫁接蒙导，诱导其他品种自然开花，已被多家育种单位引用。春、夏薯均可种植，密度为 45 000~52 500株/hm²。

（四）陕西省主要甘薯种质资源（表 4-1）

表 4-1　陕西省主要甘薯种质资源表（刘明慧，2018）

品种	组合	选育单位	选出时间（年）	审定或鉴定时间（年）	主要特点
秦薯 1 号	西农 50 - 1x 栗子香	西北农业大学	1974	1984	耐旱、干率高、食味好、不抗黑斑病
秦薯 2 号	护国放任授粉	西北农业大学	1964	1984	自然开花、高产、耐瘠、结薯早、高抗黑斑病
秦薯 3 号	永春五齿 x 农林 4 号	陕西省农业科学院	1972	1988	耐旱、食味好
武功红	蓬尾 x 南芋	西北农业大学	1963		耐旱、耐冷、抗黑斑病、高产
陕薯 1 号	禹北白×护国	陕西省农业科学院	1964		耐旱、耐瘠、萌芽性好
陕 66-5-5	禹北白×夹沟大紫	陕西省农业科学院	1963		耐旱、耐瘠、萌芽性好、高抗黑斑病
向阳黄	黎老×护国	西北农业大学	1963		自然开花、萌芽性好、食味好、高淀粉型
里外黄	华北 166×胜利百号	陕西省农业科学院	1958		中产、优质、不抗黑斑病
高自 1 号	西农 69 - 28 自交后代	西北农业大学	1969		自然开花、自交杂交结实率高、中间砧木
武薯 1 号	西农 67-21×农大红	陕西省农林学校	1970		萌芽性好、半直立、喜水肥、结薯早而集中
秦薯 4 号	661-7 放任授粉	西北农业大学	1987	1998	耐肥、耐旱、耐贮藏、味道可口
红心 431		陕西省农业科学院	1982		橘红肉、出苗差、不耐贮藏
秦薯 5 号	秦薯 4 号放任授粉	宝鸡市农业科学院西北农林科技大学	2004	2007	耐贮藏、短蔓、自然开花、食味佳、抗黑斑病

（续表）

品种	组合	选育单位	选出时间（年）	审定或鉴定时间（年）	主要特点
秦薯6号	红心431集团杂交	宝鸡市农业科学研究院	2004	2007	食味优、短蔓、白皮黄肉耐贮藏
秦紫薯1号	京薯6号变异单株	宝鸡市农业科学研究院	2004	2007	长蔓、紫肉、干率高、食味佳、中抗黑斑病、耐贮藏性中等
秦薯7号	秦薯4号×红心431	宝鸡市农业科学研究院	2006	2010	中长蔓、橘红肉、品质好、出苗好
秦薯8号杨	徐薯18×红心431	杨凌金薯种业科技有限公司	2011	2011	红皮红肉
秦紫薯2号	秦薯4号集团杂交	宝鸡市农业科学研究院	2009	2014	紫红皮、紫肉
秦薯9号	西成薯007x翼薯71	宝鸡市农业科学研究院	2008	2014	食味佳
秦薯10号	徐薯781集团杂交	宝鸡市农业科学研究院	2009	2014	特短蔓、红皮、淡黄肉
渭南大红袍	关中农家品种	渭南种植			长蔓、低产、品质好、耐旱、耐瘠、抗病
菊花心	关中农家品种	渭南种植			短蔓、低产、品质好、耐旱
洋苕	陕南农家品种	陕南种植			高产、干率低、不耐贮藏

四、适期栽插

（一）选用脱毒种薯

甘薯脱毒后，不仅脱除了甘薯原来所携带的病毒，同时也脱除了所携带的真菌、细菌、线虫等其他病菌，因此生产上选择脱毒种薯，不仅产量得到提高，品质也得到改善，主要表现在：脱毒种薯萌芽性好，比未脱毒的一般早出苗1~3d，产苗量大幅增加，提高10%以上甚至增加数倍。脱毒苗栽插后缓苗快，地上部长势强，分枝数增多，光合速率提高15%~20%；地下部发根快，结薯早，薯块膨大期延长，结薯集中，薯块产量和商品率明显提高，鲜薯产量一般提高30%左右。薯块外观整齐光滑，颜色鲜艳，无黑色斑块和龟裂，品质好，商品薯率高，薯块煮熟后非常松软。甘薯病毒病发生为害严重，造成种性退化，产量品质下降，而脱毒种薯不携带任何病害，田间发病率明显降低。脱毒种薯的生产过程包括优良品种筛选、茎尖苗培育、病毒检测、优良茎尖苗株系评选、高级脱毒试管苗速繁、原原种、原种和良种种薯及种苗繁殖等环节，每个环节都有严格的要求，保证了各级种薯的质量。脱毒甘薯的薯块靠近根茎的部分都较粗短，薯块尾部的根呈须状没有明显的主根，薯块两端纤维较少，用手掐时都是脆嫩的块根。陕西地区以蒸烤和鲜薯为栽培目的应选择秦薯5号、秦薯4号等优质食用品种；以进入高端消费市场为栽培目的应选择秦紫 1 号、红心 431、秦紫 2 号、秦薯 9 号等特色保健品种；以加工为主的应选择梅营 1 号、徐薯 18 号、秦薯 5 号、秦薯 10 号等高淀粉品种。

（二）育苗

1. 环境条件

（1）温度 16℃薯芽开始萌动，16~35℃范围内随温度增加出芽愈快。温度对萌芽的速度、数量影响很大，所以，甘薯育苗适宜的温度是最重要的条件。

（2）水分 萌芽期苗床的湿度以 80% 左右、薯皮表面保持湿润为宜，过湿使床底缺氧，不但对萌芽不利，还容易造成种薯溃烂。床土过于干燥，也影响萌芽和发根。薯芽萌发开始生长以后随着薯苗体积的增大，叶面蒸腾随之增大，耗水量相应增多，必须给予补充。缺水情况下，发根少，叶片小，会形成小老苗。水分、湿度过大，又会使薯苗徒长、细嫩，栽后不易成活。所以，萌芽期及生长期床土及空间中要保持 70%~80% 的相对湿度，炼苗期掌握床面以上空间 60% 左右的相对湿度，床面见湿见干，才能提高薯苗适应性，生长健壮，栽插后易成活。

（3）空气 薯块发根、萌芽、长苗过程中，通过呼吸作用取得能量。呼吸过程中不能缺少氧气，氧气不足，呼吸受阻，会使种薯发生无氧呼吸产生酒精积累，造成烂薯。因此，在育苗过程中，通过控制浇水，使床面见湿见干和适当放风，保证氧气供应，达到多发苗、育壮苗的目的。

（4）光照 薯块在萌芽阶段，光照对发根、萌芽早期没有直接的影响。但苗前光强通过影响苗床温度，间接促使种薯的发根和萌芽。出苗后，光照不足，叶部的光合作用减弱，造成弱质苗。因此，在育苗过程中要充分利用光照提高床温，促进秧苗的光合作用，培育壮苗。

（5）养分 养分是薯块萌芽发根和生长的物质基础，小苗期所需养分由薯块本身供给，随着幼根的伸展和根系的生成，就能从床土中吸收养分供苗生长。采苗 2~3 次后，薯块养分渐减，根系吸收开始发挥作用，床土营养不足时会形成叶片发黄、根系少的弱苗。因此，床土应施足有机肥，后期追施速效 N 肥，但也要掌握 N 肥不能过剩，以免造成徒长，出现脆、嫩、弱苗。

2. 育苗方式

（1）日光温室冷床育苗 日光温室冷床育苗是将精选消毒的种薯集中堆放，通过集中供给热量，快速催芽，芽长至一定标准后移到温室或大棚内育苗的一种方法。该技术温度、湿度容易掌握，管理方便，出苗快而均匀，兼有火炕育苗多，露地育苗壮的优点，省工省时，还可有效防止甘薯黑斑病的发生。宝鸡市农业科学研究院多年试验研究表明，采用集中电热催芽，催芽期 10~12d，薯块芽长至 1cm 时分床排，棚内床温控制在 30~33℃，不需草帘覆盖，20d 即可剪苗。①精选种薯：种薯选择一般要经过出窖选、消毒选、上床选 3 次。选种应选择具有品种特征的纯种，要求皮色鲜艳光滑，无病无伤，未受冷害、冻害和机械损害，强健的薯块。留种用的种薯应尽可能地选用夏栽薯，薯块大小一般应在 150~200g。②浸种消毒：精选的种薯必须经过浸种消毒后才能集中进行催芽。药剂浸种常用 5% 多菌灵 500~800 倍液浸种 5min 或 50% 代森铵 200~

300倍液浸种10min，可有效防止甘薯黑斑病。③电热高温催芽：集中电热高温催芽，温棚内外均可进行，千瓦电热线铺设面积5m²为宜，电热线用土或柴草均匀覆盖，严禁电热线外露和相互交叉，电热线与电热控温仪相连。种薯堆放高度30~50cm，四周用保温材料覆盖，前3d温度控制在35~37℃；种薯爆花后，用温水淋湿薯层，温度控制在30~33℃，湿度保持在85%；90%种薯芽长1cm时，床温降至20~25℃，炼芽2~3d，分床排薯。④分床排薯：分床排薯时，种薯要平放，阳面朝上，头尾相接，方向一致，上平下不平，长芽排在苗床的两边。一般每平方米排薯量20~30kg，具体排薯量要依选择的品种而定。排好种薯后用水渗透苗床，用营养土覆盖，厚度3~5cm为宜，保持床面湿润。⑤苗床管理：种薯上床后，要正确运用温度、水分、空气、肥料等条件，创造种薯最佳生长环境，缩短育苗进程。苗床管理应掌握以催为主，以控为辅，催控结合，看苗管理的原则。出苗到齐苗阶段，要尽可能提高床温，减少水分蒸发，有条件的可在棚内加一层薄膜。苗高4cm后，通风炼苗，齐苗后浇次透水，并随浇水追肥一次。齐苗期要特别注意棚内温度、湿度的控制，一般要求棚内温度在30~33℃，湿度在80%左右。晴天中午应及时通风降温，防止棚温过高烧苗。追肥以尿素为主，采用直接撒施或对水稀释后浇施的方法。时间应选择叶面上没有露水时进行，以免化肥沾叶烧苗。用量每平方米50g，追肥后立即浇水，以迅速发挥肥效。苗高25cm时，温度降至20℃，炼苗2~3d，即可剪苗。采用高剪苗，剪茬应不低于3cm。成品苗用生根剂、多菌灵、细土拌成泥浆蘸根，蘸根高度5~10cm。二茬及以后各茬秧苗，每次剪苗后追肥浇水，管理同上。⑥壮苗标准：单株苗重6g以上，苗高20~25cm，节间4~6个，茎粗，顶三叶齐平，叶片肥厚，色深，无气生根，无病虫害。

（2）双膜覆盖酿热温床育苗 双膜覆盖酿热温床育苗是在床底铺入作物秸秆、麦草、牛马粪等酿热物，再加盖薄膜产生热量促进薯块发芽的一种育苗方式。它的优点是节省燃料、出苗齐、出苗快、成本低。①苗床地选择：苗床地要选择背风向阳处，床土要用无病、无毒新土。旧苗床地要进行床土消毒，排薯前在床土表层撒适量灭多威，然后与床土混合均匀，可防治土壤中的病虫害。②酿热物的制作：新鲜的牛粪麦草或铡碎的秸秆均可作为酿热物。一份牛粪配一份麦草或秸秆，加水拌匀，使水分含量达持水量的80%，即以手紧握酿热物指缝见水而不滴为宜。③床畦的制作：育苗床以东西走向为好，长7~10m/畦，宽1.3~1.5m/畦，一个拱棚可做两畦。育苗床深50cm左右，床底中央略高，两边稍低，呈龟背形。将酿热物填充于苗床内（踩实）厚度不少于30cm，后加盖塑料膜提温2~3d，取掉薄膜，酿热物上回填10cm厚的过筛粪土，立即搭建拱棚，适时排种。④种薯的选择、浸种消毒：选择具有品种特征的纯种，要求皮色鲜艳光滑，无病无伤，未受冷害、冻害和机械损害，强健的薯块。种薯必须经过浸种消毒后才能集中进行催芽。药剂浸种常用5%多菌灵500~800倍液浸种5min或50%代森铵200~300倍液浸种10min，可有效防止甘薯黑斑病。⑤排种：薯苗栽插前25~30d排种，排种量20~30kg/m²。薯块要大小分级、平放、间距1cm，上平下不平。排种完后，覆土（厚度5cm），土层上覆盖玉米秸秆两层，秸秆上再覆盖一层地膜。出苗后揭去地膜和秸秆。⑥苗床管理：正确运用温度、水分、空气、肥料等条件，创造种薯最佳生长环境。苗高4cm后，通风炼苗，齐苗后浇次透水，并随浇水追肥一次。棚内温度在

30~33℃左右，湿度在80%左右。苗高25cm时，温度降至20℃，炼苗2~3d，即可剪苗。采用高剪苗，剪茬应不低于3cm。成品苗用生根剂、多菌灵、细土拌成泥浆蘸根，蘸根高度5~10cm。二茬及以后各茬秧苗，每次剪苗后追肥浇水。

（3）甘薯脱毒育苗　脱毒甘薯是利用生物技术将甘薯内的病毒排除，培育出健康无病毒的甘薯和秧苗，恢复优良种性，提高产量和品质。

目前陕西省主要采用"组培育苗"的技术，对嫩芽茎尖的生长点剥离后，放入事先消毒并盛有培养基的三角瓶中培养，使其长成完整的植株，也称试管苗。试管苗5~6叶龄后进入快繁。①试管苗快繁：试管苗可在试管培养基中切断繁殖，然后移入温室或网室内栽培于无菌基质上，以苗繁苗，其性能与试管苗无异，以求短期内获得大量脱毒苗。具体方法是把试管内无毒小植株在无菌条件下按节切断，每段一叶，然后插到经消毒的烧瓶内或试管中，放在21~25℃、光照4 000lx的环境中培养，可发育成5~6cm的独立小植株。这样的小植株可再切段繁殖，如此一年四季进行，试管内长成株经过脱毒鉴定，也可转入网室批量扩大繁殖，形成工厂化生产。②嫩尖土壤扦插法：在温室中的植株长出8~9叶时，把茎尖摘去，让每个叶芽长出分支，又可以摘下顶部4~5个嫩尖（长5cm左右），下部保留5~3节，让它们继续形成侧枝，准备摘尖再扦插，以此类推，连续处理。③掰芽育苗法：首先把脱毒种薯放在温室中催芽，出芽后按芽切块，然后将切的芽眼朝上，插到肥沃的土壤中并加强管理。当芽长4~5cm时，将芽掰下栽入温室或大棚中。采用加温育苗，二级圃育苗，双叶节栽植，多级剪苗，多次栽植，蔓尖苗越冬等方法，以提高繁殖倍数，降低成本。温室内繁殖成本较高，主要用于驯化繁殖脱毒试管苗，不能作为繁殖的主要手段。目前已培育出多个甘薯品种脱毒苗，其增产率、出干率、抗病性能都有较大幅度的提高。脱毒甘薯使甘薯栽培技术再次升级，但这项技术的应用不是一家一户能实现的，需要现代化的设施、高技术人才，形成规模化，才能大面积推广。

3. 采苗方法

应用消毒的剪刀，在选准薯苗基部的上方2~2.5cm部位处剪取，称为"高剪苗"。高剪苗法一方面使苗下部留有2个左右的节，使节（叶的着生点）处腋芽萌发，长出新苗，从而增加苗的产量，另一方面保证种薯的健康安全，促使可持续出苗。

4. 采苗标准

在甘薯生产过程中，培育壮苗是获得高产的重要措施，也是甘薯育苗的基本要求。壮苗不仅根原基大而多，容易发根，成活率高，抗逆性强；而且最初生出的幼根粗壮，容易形成块根，产量高。一般壮苗比弱苗可增产20%以上。甘薯壮苗的标准是不同地域、不同品种及其相互作用的结果，对甘薯壮苗判断的数量性状上可能会有差异。生产中一般要求外观上表现叶片肥厚、色深，生长顶端粗大、节间短、茎粗壮、无病症，茎基部发出的根系粗大而白嫩，苗龄30~35d，苗长20~25cm，茎节不少于8节，茎粗约5mm，剪口白浆多而浓，无病虫害。春薯百苗重不少于600g，夏薯应更重些。

5. 剪苗处理

薯苗达到23~25cm时6~7叶，应及时剪苗，采苗不及时会发生薯苗拥挤、隐蔽，既降低了薯苗的质量，也影响小苗的生长。随着剪苗次数的增加，逐渐抬高剪苗位置，是防治各种传染病的有效措施。苗剪下后，分大小株分级存放，可用寄苗催根的药液浸苗杀菌、催根。具体做法是，挖宽 1.3m、深 18cm 的无限长的池子，池底铺 10cm 肥沃的细土，浇水湿润后将剪下的薯苗 3 株为一束，插入细土中，株行距为 5cm。盖单膜拱棚，地温保持 25~32℃为宜，经 7~8d 后，待长出根后再栽，效果较好。杀菌药可采用多菌灵、甲基托布津等，催根可用 ABT 生根粉，根据使用说明配液。

(三) 适时栽插 (扦插)

1. 栽秧适期

适宜的栽秧期应以甘薯发根长苗对温度的要求来确定。甘薯是喜温作物，地温在 10℃时栽苗不发根；15℃的地温需要经过 5d 才能发根，但生长势差；17~18℃的地温发根正常；20℃的地温，3d 便可发根；27~30℃的地温，只需 1d 即可发根。气温与地温的关系，一般是地温比气温平均高 1~2℃，由此可知，气温稳定在 15~16℃，即 10cm 地温稳定在 17~18℃时，开始移栽春薯比较适宜。此外，还应考虑晚霜的影响，能避开晚霜为害进行移栽，就更为稳妥。

春薯开始栽秧的十多天里，因温度尚低且不稳定，早栽与晚栽的产量相差不明显。但再往后延迟栽植，则减产明显，每晚栽 1d，减产 1%左右。因此，春薯栽植应在适期内求早、求快，才能增产。夏、秋薯栽植时气温已高，温度不再是限制条件，应在前茬作物收获后抓紧时间抢栽，或在前茬作物行中套种，以延长生长期，增加产量。

背风向阳的地块升温快，保墒好，可早栽；阴坡风口地升温慢，要适当推迟栽秧。沙性土升温快，可先栽；黏性土升温慢，保温又保墒，有利于早栽。此外，有机肥料施得多的地块宜早栽；结薯晚的品种要比结薯早的先栽；膨大后劲大的品种也适宜早栽。

2. 适时早栽有利于甘薯增产

早栽的目的在于延长甘薯的生长期。中国除南方秋冬薯区适于延长收获外，大部分薯区都因后期低温，茎叶受害影响薯块膨大，因而只能利用早栽的途径延长生长以提高产量。

甘薯的生长期由于前期低温和栽培制度的限制，以致各地区甘薯生长都有一定的时间范围。甘薯是无性繁殖作物，早栽可延长甘薯的生育期，生长时间越长，营养物质积累越多，产量就越高。陕北地区一般在 5 月中、下旬至 6 月上旬栽插为宜、陕南地区一般在 4 月中、下旬至 5 月上旬栽插为宜。可见，通过适时早插充分利用有限的生育时期是甘薯获得高产的关键。

(四) 栽插方法

1. 直插法

一般薯苗仅有 3~4 个节，17~20cm 长，将薯苗 2~3 个节直插入土中，深约 10cm，1~2 个节留在土外。采用直插法时，由于深栽薯苗容易吸取土壤下层水分，在干旱沙土或陕南丘陵坡地，薯苗成活率高，耐旱性强，但由于薯苗入土节数少，有利结薯的部位小，容易导致产。

2. 深斜插法

这种栽法为目前各地大田生产最常用的栽插方法。它的特点是薯苗入土节位的分布介于水平栽插和直插之间，单株结薯个数比水平栽插法少，而比直插法多，上层节位结薯较少，甚至不结薯块。此种方法适于陕北黄土高原干旱的地区，栽插较易，如适当增加单位面积株数，即使单株薯块数不多，但薯块较大，也可使单位面积薯重有所增加，从而获得高产。

3. 水平栽插法

这种栽法的特点是薯苗较长，一般苗长 20~30cm，入土各节平栽在垄面下 10cm 深的浅土层中，结薯条件基本一致，各节大多能生根结薯，很少空页，薯数较多而均匀，配合较好的水肥条件，能发挥其结薯多而均匀的优点，可获高产。目前各地大面积高产栽培多采用这种栽法。但其抗旱性较差，如遇高温、干旱、土壤瘠薄等不良环境条件，则保苗比较困难，容易出现缺苗或小株，并因结薯多而营养不足，导致小薯率增多，进而影响产量。

4. 船底形栽插

把薯苗中部向下弯曲压入土中，苗尖和各节叶子外露，入土部分呈船形。在土质肥沃、无干旱威胁的条件下采用这种栽插法，由于入土节数较多，多数节位接近土表，有利于结薯。但也有缺点，即薯苗中部入土深的部位往往结薯少而小。

（五）合理密植

合理密植能充分利用地力，靠一定密度最大限度地利用现有土壤的养分和水分，从而提高单位面积产量。

1. 栽植密度

确定合理的密度，应考虑到品种、土壤肥力、生长期、气候等因素。土壤肥力高，水分充足，或生长期长的春薯，有利于个体发展，密度宜小些；相反，土壤肥力差，容易干旱或生育期短的夏薯，不利于个体的发展，就要采取较大的密度，加大群体，争取较高的产量。综合各地密植试验和生产实践的成功经验，一般陕北、关中春、夏薯每亩 3 000~5 000 株，陕南及相似生态区夏薯每亩 3 500~4 000 株，在这个前提下，与地力（土壤肥力）、品种、栽秧季节与栽秧的方法等都有密切的关系，特别是要参考品种的栽培特点，因地制宜，根据具体条件，确定合理的密度，才能争取甘薯高产稳产。

（1）密度与土壤肥力的关系　一般表现为肥地甘薯的茎叶群体自动调节能力较强，单株分枝较多，从而达到适宜的叶面积系数。密度过大，叶面积系数过高，通风透光不良，因此，栽秧密度宜稀，每亩 3 000~4 000 株。瘦地甘薯的茎叶自动调节能力差，只有靠适当的增加密度，才能保证合适的叶面积系数。因此，栽秧密度宜密，每亩 4 000~5 000 株。

（2）密度与品种的关系　一般规律是短蔓、茎叶少、生长期短的甘薯宜密，长蔓、茎叶肥大、生长期长的甘薯宜稀。

（3）密度与栽插时期的关系　同一品种，相同的收获期，早栽甘薯的茎叶封垄早，茎叶生长比晚栽的繁茂，蔓较长，薯块大，栽秧的密度宜稀。相反晚栽的则宜密。这样群体结构才能合理，产量高。当 10cm 以上地温稳定在 12℃左右时为适宜栽插期，陕北地区一般在 5 月中、下旬至 6 月上旬栽插为宜。陕南地区在 4 月中旬至 5 月上旬。

（4）合理的密植 甘薯密度过大，可能鲜薯略有增长，但薯块变小，晒干率较低，高肥力地块甚至减产。反之，密度过小，单株结薯数和单薯重虽较大，但封垄时间晚，对光能和土地利用率低，群体得不到适当的发展，单位面积上的总薯数减少，产量低。

甘薯要获得丰产，应根据土壤肥力、品种、栽插时间及栽插方法来确定甘薯栽培密度，必须保证单位面积有足够的株数才能合理地利用光能和地力，促使单株结薯多、块大，调整好群体与个体的关系，协调好地上部与地下部生长的矛盾，才是获得甘薯高产的重要原因。

五、种植方式

（一）单作

在沙土薄地栽植春薯或夏薯时，一般起单垄（栽单行）或宽垄（栽双行）栽培，单作甘薯单垄单行种植，垄距 1m，株距 19cm，密度为 3 500 株/亩。垄的宽窄高低需视气候、地势、土壤及栽培密度而定，地势低洼或多雨地区，栽植较密宜做高垄宽畦，垄宽 100~120cm，垄高 25~30cm，每垄栽双行；旱地栽植较稀宜作小垄，一般垄宽 60~80cm，垄高 25cm，每垄栽 1 行。

山区丘陵薄地，耕翻深度对甘薯产量有明显影响，耕深在 25cm 左右时，有利于甘薯生长，增产效果明显。耕作层过浅或过深均不利于甘薯的生长发育，过浅则不能充分发挥蓄水保墒和保肥能力；过深不但会使生土上翻过多，降低土壤肥力，而且会使土壤渗漏严重，水肥流失过多，因此增产效果不显著。

甘薯起垄栽培，不但加厚和疏松耕层土壤，而且有利于排水，吸热散热快，昼夜温差大，有利于块根的形成和膨大。尤其是地肥雨多或涝洼地的夏播甘薯，起垄栽培的增产效果更加显著。科学合理地进行排水能够促进甘薯的良好生长。首先在确定种植甘薯后应选择沙性土壤，沙性土壤一般会比黏性土壤产出更多高质量的甘薯，同时沙性土壤生产出来的甘薯表面会比较光滑并且食用品质比较优良。一般来说，甘薯应种植在平原地区，在平原地区种植时，种植甘薯的垄可以适当放宽一些，如果是在土地较贫瘠或土壤质量很低的山区，应科学合理地将种植甘薯的垄变窄一些。

（二）间套作

甘薯根系发达，茎蔓匍匐生长，有着地生根习性，吸水吸肥力强，对土壤和日照长度要求不甚严格，且耐瘠耐旱，对环境的适应性广，抗逆性强，适合与其他旱地作物间、套、轮作，因此常被用作新垦地先锋作物和坡地覆盖作物。甘薯间作套种主要有以下几种模式。

1. 甘薯与小麦、玉米套种

全年的作物种植模式为：小麦/玉米/甘薯。这是甘薯套种最经典，最为普遍的一种模式，无论南北，都有这种间套种形式。3—4 月小麦正值抽穗扬花时，在预留行中套种玉米,一般播 4 垄小麦预留 30~50cm 空行。5—6 月小麦收获后及时整地、起垄,一般垄距 70~80cm、垄高 40~50cm,单垄单行。沙土地也可采用宽垄双行栽培,垄宽 100cm 左右。此时玉米地下根系已长好,正值地上部分旺长期在小麦行处栽植甘薯,一般中蔓品种栽插密度为每亩 3 500 株,短蔓品种为 4 000~5 000 株。10—11 月,收获甘薯后种小麦,在小麦行中留出种玉米的预留行。3 种作物首尾相接,每时期都以一种作物为主,都有栽培重点,温光资源及地力得到了充分的利用。

种植方式可以按规格作畦,一边种小麦,另一边套种玉米,小麦收获后套种甘薯,作畦规格、品种搭配、种植密度均可根据各地习惯、土壤肥力状态、品种特性、施肥水平等因素来综合调整。

2. 甘薯与幼龄果树间作

是指幼龄果园或高枝换优果园在封行之前,利用行间空闲土地和光热资源等适于间作套种的客观条件栽种甘薯。通过间作方式可使同等条件下水肥、光热资源协调利用以及病虫杂草防治得到互补优化。陕西渭北塬区土层深厚,雨量适中,光照充足,海拔高,温差大,果业生产条件得天独厚,是苹果最佳优生区,所产苹果个大、色艳、质脆、味美,被农业部列为黄土高原区苹果生产优势产业带。果业生产经过多年来的产业结构调整、区域布局优化、果树品种改良、生产技术创新,已经步入健康、稳定、持续、高效的发展之路,种植面积逐年增加。新植幼龄果树栽植密度小,行间距大,空闲土地多,利于间作。实行果薯间作,可使同等条件下的水、肥、光、热资源充分得到利用,病虫杂草防治得到互补优化。地膜覆盖甘薯栽培,抑制了果树地内杂草的生长,利于果树地保水保肥。目前甘薯与幼龄果树的间作已在苹果园、梨树园、葡萄园等新植果园作为一种新栽培方式示范推广,间作面积逐年扩大。

新植果园 1~3 年果树行(4m×3m 规格),按 80~90cm 起垄,随树冠发育逐年缩小甘薯用地。地膜覆盖栽培,栽插时期要尽可能提早。成年果树进行高枝换优后,适套期 3 年。甘薯垄高 20~25cm,垄顶可以适当加宽。在果树根系区域外,增施 50~75kg 专用复合钾肥。选用短蔓、早期膨大类型的秦薯 4 号、秦薯 5 号为主栽品种,可适时早收,减少对果树枝条、叶片、根系的损伤。

六、地膜覆盖

(一) 地膜覆盖的方法

针对陕西春甘薯主栽区陕北黄土高原全年无霜期 150~190d、有效积温不足、土壤瘠薄、干旱少雨,关中盆地全年无霜期 190~220d、年降水量 550~750mm、降水季节分布不均、早春干旱等问题,采用地膜覆盖能延长甘薯生长时间,是甘薯增产的有效措施。

覆膜方法:一种是先覆膜后栽插,可以早提地温,发根快;另一种是先栽插后覆膜,这样易保证栽插质量,但不及时破膜露苗,易灼伤薯苗。甘薯不耐低温,薯苗在 16℃以上发根,18~20℃为发根适宜温度;植株叶在 16℃萌发,26~30℃茎叶生长旺盛;18℃以上利于块根的形成,22~24℃为块根膨大的最适温度,高于 30℃不利于块根膨大。因此，需要根据环境温度、地表温度等各方面因素综合考虑选择合理的覆膜方式。

（二）地膜覆盖栽培的作用

1. 改善田间小气候和甘薯生长发育条件

覆膜与不覆膜以及覆黑膜与透明膜间均存在明显差异。透明膜地温平均比黑膜高3.8℃，6—7月透明膜的地温基本上都在30℃以上，不利于块根前期膨大，而黑膜可以将地温控制在28℃左右，有利于茎叶生长，同时更有利于形成促进块根膨大的温度。不覆膜的由于土壤孔隙度低、土壤含水量低等原因，虽然地温较低但其他条件不利于块根膨大以及茎叶生长，这也说明土壤疏松通气性好对甘薯块根膨大的影响比地温更大，所以在甘薯栽培上应尽量营造一个疏松透气的土壤环境。在昼夜温差方面，黑膜与透明膜之间存在很大的差异：夜间黑膜、透明膜及不覆膜3种不同栽培方式的地温基本一致，而中午透明膜地温比不覆膜平均高5.4℃，黑膜比不覆膜平均高1.6℃，也就是说覆膜在甘薯生长前期，可以增加昼夜温差，尤其是覆透明膜的昼夜温差比不覆膜的可以提高5.4℃。

2. 利于甘薯生长发育

覆膜栽培旱涝时均有利于甘薯稳健生长，还可以阻隔薯蔓节间不定根下扎，减少养分消耗。

覆膜后微生物生存环境优越，活动旺盛，能促进有机质和潜在腐殖质的分解，加速营养物质的积累和转化，改善土壤的理化性状，使土壤处于疏松状态，有利于植株健壮生长和薯块形成、膨大。覆膜可明显促进甘薯前期生长发育，早缓苗3d，分枝提前2~3d，封垄提前3~4d，相当于延长了甘薯生育期，为甘薯的膨大奠定基础；地膜覆盖小区叶面积系数高于露地，尤其黑色膜覆盖地块，上部生长进展相对合理，叶面积系数适宜，既不过分徒长，也不早衰，有利于光合产物积累；地膜覆盖甘薯光合物质积累和转移量相对较高，光合物质可较快分配到地下部，因此获得较高的经济产量。但注意在雨季来临前的干旱期，土壤因快速蒸散而失水，供水土层深达100cm，水分胁迫下覆膜产生奢侈耗水现象。进入雨季后，覆膜不利降水蒸发，同时会降低土壤气体交换，使春甘薯产量降低，所以在汛期覆膜不利于春甘薯生长发育，会造成减产。

3. 利于块根分化生长，提高产量

覆膜栽培甘薯利于块根提早分化形成；促进块根膨大和初期次生形成层的活动和薄壁细胞中淀粉的积累，利于块根迅速膨大；显著提高封垄期前后单株有效薯块数和单株鲜薯重，利于协调甘薯生长中后期茎叶生长与块根膨大的关系，显著提高块根产量。地膜覆盖有利于提高大中薯率，且黑膜覆盖处理的大中薯率最高，白膜覆盖处理次之；白膜、黑膜处理可显著提高鲜薯产量。

七、田间管理

（一）中耕

中耕时间多在缓苗后至封垄前进行，隔10~15d 1次，一般进行2~3次。中耕深度

由深到浅，株旁宜浅，垄脚深锄。中耕后经雨水冲刷会使垄土下塌，需重新壅土培垄，培土要注意垄面少培土，以不露薯块及根系为宜。如遇干旱，应及时灌水抗旱。中耕培土不仅可除草，防止露根、露薯，又可防治病虫鼠害，还可预防渍涝害。

（二）施肥

从全生育期来看，甘薯对 K 肥需求最多，N 肥次之，P 肥最少。从各生育期来看，甘薯对肥料的需求因生育期不同而异。甘薯苗期吸收养分少，从分枝结薯期到茎叶旺盛期吸收养分速度加快，且数量增加，要重施基肥，早施追肥，一般鲜薯产量 45t/hm^2，要求施用有机肥 60t/hm^2 左右。而后生长减慢，至薯块迅速膨大期，N、P 吸收量下降，而 K 肥吸收量仍保持在较高水平。N 肥以茎叶生长期吸收较多，块根膨大期吸收较少；P 肥在茎叶生长中期吸收较少，而在块根膨大时期吸收较多，施 P 肥能明显促进根系生长；K 肥在茎叶生长中期吸收较少，而在块根膨大期吸收较多。茎蔓直立型品种比较耐肥，可适当增施 N 肥；匍匐性强的品种若施 N 肥过多，易发生徒长造成减产。

陕西省土壤肥力质量较差，肥力以 3~6 级为主，北部土壤质量很差，肥力大都在 4 级以下；关中地区以 3~5 级居多；南部山区土壤肥力质量稍高，以 2~4 级为主。施肥原则要掌握以农家肥为主、化肥为辅，基肥为主、追肥为辅，并且遵循控 N、稳 P、增 K 的原则。

1. 施足基肥

足够的基肥能够保证甘薯整个生长期的需求，还可防止后期出现脱肥早衰现象。甘薯根系深、吸肥力强，因此施足基肥是提高甘薯产量的重要保障。基肥的用量一般占总施肥量的 60%~80%。深翻整地时将基肥的 1/2 以上施入底层，其余基肥可以在起垄时施入垄底。根据陕西省薯区生长前、后两期低温干旱，中期高温多雨的气候特点，掌握基施和追施相结合的原则，一般基肥占用量 70%，其余的于薯苗移栽后 60d 左右追入。追肥穴施要盖严，以防其挥发损失，降低肥效。

有机肥含有大量的有机质。有机质不仅能够改善土壤的物理性状，而且使土壤变得疏松、肥沃，还能增加土壤中微生物的含量和活力，减轻土壤污染，降低土壤传播疾病发生，提高化肥的使用效率，减少化肥用量，从而起到促进农作物健康生长的作用。一般每亩红薯需施腐熟农家肥 2 000~4 000kg。如农家肥不足的，可选用符合国家标准的生物有机复合肥代替农家肥，如氨基酸腐殖酸类肥料、微生物肥料、有机生物肥料等。

冬春整地时，根据土壤肥力水平、计划产量，配合施用一定的复合肥，可有效提高甘薯产量。

（1）低肥力地块施肥　冬季犁地时每亩耕地施入腐熟农家肥 2 000~4 000kg，春季结合起垄开沟每亩施入硫酸钾型复合肥（15-15-15 或 18-12-15）25~30kg。低产田一般存在 N、P 低下的问题，每亩可再增加 10kg 尿素，以免甘薯生长后期缺 N，造成茎叶生长不足，影响光合作用与同化物的积累而造成减产。

（2）中肥力地块施肥　冬季犁地时每亩耕地施入腐熟农家肥 2 000~4 000kg，春季结合起垄开沟每亩再施入硫酸钾型复合肥（15-15-15 或 18-12-15）30~35kg，每亩可再适当增加 5kg 尿素，确保甘薯中后期健康生长。

（3）高肥力地块施肥 冬季犁地时每亩耕地施入腐熟农家肥 2 000~4 000kg，春季结合起垄开沟每亩再施入硫酸钾型复合肥（15-15-15 或 18-12-15）35~40kg。高肥力地块由于土地肥沃，要减少 N 肥施用量，防止后期薯蔓徒长造成减产。

2. 按需追肥

根据不同生长时期的长势和需要，确定追肥时期、种类、数量和方法，做到合理追肥。提苗肥能弥补基肥不足和基肥肥效缓慢的缺点，一般追施速效肥。在栽秧后 3~5d 结合查苗、补苗进行追肥，在苗侧下方 7~10cm 处开小穴，施入一小撮化肥，施后随即浇水盖土，也可用 1% 尿素水灌根；在栽秧后半个月内团棵期前后追施提苗肥，每亩轻施氮素化肥 1.5~5kg，注意小株多施，大株少施，干旱条件下不要追肥。结薯期地下根网形成，薯块开始膨大，吸肥力强，为加大叶面积，提高光合生产效率，需要及早追肥，以达到壮株催薯、快长稳长的目的。

追肥时间在栽秧后 30~40d。施肥量因薯地、苗势而异，长势差的多施，每亩追硫酸铵 7.5~10kg 或尿素 3.5~4.5kg 或硝酸铵 4.5~6kg，硫酸钾 10kg 或草木灰 100kg；长势较好的，用量可减少一半。如上次提苗或团棵肥施 N 肥量较大，壮株催薯肥就应以 P、K 为主，N 肥为辅，或以 N、K 并重，分别供壮秧和催薯。基肥用量多的高产田可以不追肥，或单追 K 肥。

结薯开始是调解肥、水、气 3 个环境因素最合适的时机，施肥同时结合灌水，施后及时中耕。催薯肥以 K 肥为主，施肥期一般掌握在栽秧后 90~100d。追施 K 肥一是叶片中增加含 K 量，能延长叶龄，加粗茎和叶柄，使之保持幼嫩状态；二是提高光合效率，促进光合产物的运转；三是茎叶和薯块中的 K、N 比值高，能促进薯块膨大。催薯肥如用硫酸钾，每亩施 10kg，如用草木灰亩施 100~150kg。草木灰不能和 N、P 肥料混施，应分别施用。施肥时加水，可尽快发挥其肥效。容易发生早衰的地块，在茎叶盛长期长势差的地块和前几次追肥不足的地块，在薯蔸土壤裂开缝时，追施少量速效 N 肥，有一定的增产效果。一般每亩追硫酸铵 4~5kg，对水 500kg；或用人粪尿 200~250kg，对水 600~750kg，顺裂缝灌施。薯块膨大阶段，在栽秧后 90~140d，此时为甘薯生长的后期，喷施 P、K 肥，不但能增产，还能改进薯块质量。用 2%~5% 的过磷酸钙浸出液或 1% 的磷酸钾溶液或 0.3% 的磷酸二氢钾溶液或 5%~10% 的过滤草木灰浸泡液，在下午 3 时以后喷施，每亩喷施 75~100kg 肥液。每隔 15d 喷 1 次，共喷 2 次。

（1）施氮 适宜的 N 肥施用既能促进甘薯地上部分生长，提高叶片叶绿素含量，有利于光合作用，同时也还能促进碳水化合物由叶片向块根的运输，提高块根干重与单株干重的比率，促进块根迅速膨大，增加块根产量。而 N 肥比例过高往往导致地上部茎叶徒长，降低块根淀粉积累速率，显著降低单薯质量、淀粉产量和鲜薯产量。N 肥浅施有利于前期早发棵，深施可以防止早衰。

陕南山区的土壤 N 元素含量较高而 P 元素含量较低，施肥应注意降低 N 素比例。

（2）施磷 P 作为植物生长发育必需的大量营养元素之一，缺 P 会导致气孔导度降低，光合速率下降，碳氮代谢失常，糖类积累量以及蛋白质合成受抑，从而可见 P 对作物的生长发育和品质性状都有重要作用。P 是植物体内许多重要有机化合物的组分，同时又以多种方式参与植物体内各种代谢过程，作为一种结构和调控元素在植物的生长发育过程中具有至关重要的作用。因 P 肥在土壤中移动性较小，一般做底肥和有机肥一块施入，但需均匀地施在红薯根系附近。以满足不同生长阶段的吸收利用。

陕南秦巴山区和关中平原，主要土类有黄棕壤、棕壤、褐土和沙壤土，这两级土壤养分含量高，土壤肥沃，生产潜力大。但土壤中全磷和速效磷含量偏低（<10mg/kg），因此在生产实际中应注意 P 元素的补充。

（3）施钾 K 水平提高可促进同化物向甘薯块茎运输，而限制向枝叶的运输。K 的作用首先在于维持膜势差，这可能对于薄壁细胞间同化物横向运输特别重要。随着施 K 量的增加，甘薯胡萝卜素含量以及花青素含量均增加，而蛋白质含量则随着施 K 量的增加而降低，且各种基因型之间的变化程度不同。因为 K 是个多功能元素，施用 K 肥有利于改善薯块品质。K 素在植株或土壤中呈游离态，其移动性很大，必须对 K 肥进行科学合理的施用，以充分发挥其生产效力。做基肥或追肥施用，应施在根系能直接吸收的地方。但禁止大量集中施在根系上，做叶面喷洒，一般在生长的中后期施用；可选用磷酸二氢钾，亩用 0.2~0.5kg，以 200~400 倍水溶液喷洒。

（4）微量元素肥料的施用 微量元素肥料，通常简称微肥。甘薯对微量元素的需要量虽然很少，但是它们同常量元素一样，对作物是同等重要的，不可互相代替。微肥往往要在 N、P、K 肥的基础上才能发挥其肥效。而高效新型肥料能够针对作物生长的环境条件和作物的生理特征，目的在于协调养分释放和作物吸收之间的关系，提高土壤肥力、作物产量和肥料利用效率，降低养分损失。

例如适宜的施 B 能够促进光合产物向块根转运，提高甘薯品种的薯块产量和薯块中的可溶性蛋白质含量；施 Mg 能提高甘薯维生素 C 含量和可溶性糖的含量；施 Mn 能使甘薯藤 N 含量提高；保水缓释肥料对甘薯有显著的增产效果，并能提高甘薯品质，不仅甘薯表面光滑明亮、颜色一致，而且粗淀粉、可溶性总糖、还原性维生素 C、粗纤维含量以及含水量都会有所提高。

（5）化学调控 植物物质、能量和信息的变化均受到植物内源激素的调控。植物激素参与了根内所有功能和过程的调节。甘薯的源库器官的形成和发育以及产量调控与其内源激素含量密切相关。内源激素作为一种信息物质使地上部和地下部有机结合成一个整体，不同时期对不同器官实施化学控制，都将对地上、地下器官产生影响，并最终影响作物产量。外源化学调控可通过改变甘薯内源激素系统的平衡来达到调控产量的目的，在大田生产中，化学调控是协调库源关系、提高产量的有效措施。

ABT 生根粉 5 号和绿色植物生长调节剂（GGR 系列）均能通过强化、调控植物内源激素的含量和重要酶的活性，诱导植物不定根或不定芽的形成；叶面喷施 JA 能诱导根的轻微加粗生长；多效唑（Paclobutrazol，PP333）可抑制 GAs 的生物合成，具有延缓植物生长、促进分蘖、增强抗性等作用。薯苗栽插 48d 后喷施 200mg/L 的 PP333 可控制茎叶过旺，有利于增产；缩节胺能抑制茎叶疯长、控制侧枝、塑造理想株型，提高根系数量和活力。在甘薯封垄期叶片喷施 $75g/hm^2$ 的缩节胺（Mepiquatchloride）可以抑制甘薯茎蔓的徒长，提高叶片叶绿素日增加量，增加单株结薯数，提高烘干率；甘薯膨大初期叶面喷施 3.0mmol/L 的水杨酸（Salicylicacid，SA），可提高叶片叶绿素含量，降低叶片中过氧化物酶和脯氨酸含量，显著提高块根产量达 13.1%。施用 $160g/hm^2$ 膨大素处理显著促进了紫甘薯花青素的积累。

（三）灌溉

甘薯要实现高产优质的目标，除做好品种选择、病虫害防治外，做好肥水管理至关重要，而保障甘薯正常生长所需水分管理也是重中之重。甘薯是耐旱、怕涝、而又需水较多的作物，水分过多过少都会影响甘薯的正常生长，因此要因地制宜地做好甘薯地的水分管理。有灌溉条件的地块，在干旱情况下根据甘薯需肥规律要进行及时灌水。主要包括栽秧水、扎根水、发棵水、促蔓水、膨大水等。一般在栽植完成后，天气一直干旱土壤相对持水量低于50%时，前期会造成秧蔓生长缓慢、落叶、死蔓，重则引起死秧，因此可适时灌水。对于无灌溉条件的地块，在特别干旱情况下可用水罐车运水浇棵进行缓解旱情，但注意不要在太阳正强、气温正高时进行，要在早晚进行。结薯阶段是影响薯块大小形成产量的关键时期，需要灌膨薯水（缝水），有时要结合施用硫酸钾5kg加水500kg或磷酸二氢钾肥水进行施用，可有效地防止甘薯早衰。做好低洼地块雨季排涝工作。甘薯也是怕涝作物，当土壤相对水分含量高于80%时易引起茎叶徒长，水分高于90%时土壤透气性变差，影响正常生长。如甘薯地被水淹超过1d时则需要做好排涝工作，将积水及时排除。之后要进行中耕散墒，改善甘薯生长垅条件。栽前做好整地起垄。起垄方向要垂直坡向，沿水平方向打垄，使每垄成为一个水平沟，以拦截有效降水，也可避免出现人为涝洼地。

（四）秧蔓整理

1. 提蔓

当薯蔓茎叶快速生长封垄后，一般要全田牵提茎蔓1~2次，目的是防止着生无效薯，分散植株养分。操作上，提蔓不翻蔓，提蔓断根，轻放回原位，不可翻乱茎叶原有正常分布。甘薯生长后期不可提蔓，否则会严重影响光合作用和产量。

2. 摘心

摘心管理能控制主要茎蔓生长，促进分枝，使株形分散，改善群体受光条件，增加光合效能。操作上，主藤长到1m长时打顶摘去主心，防止薯藤徒长消耗养分，发现薯秧长势过旺时，一次或几次摘心，控制薯秧徒长。但要注意摘心后应配合浇水施肥，起到促控结合的目的。摘心也应根据苗情，因苗、因地制宜，控制好一定的次数和程度。

（五）防病、治虫、除草

甘薯生长过程中重点防治小象鼻虫、天蛾、斜纹夜蛾、蝼蛄、金龟子、地老虎、红蜘蛛、粉虱、蚜虫、蛴螬等害虫；控制疮痂病、蔓割病、甘薯瘟、病毒病、叶斑病、黑斑病、茎线虫病、根腐病、花叶病等病害的发展，必要时进行药剂防治；还要及时清除碎米莎草、稗草、辣蓼、狗牙根等杂草。

八、收获和贮藏

（一）适时收获

当甘薯茎叶开始停长，叶色由浓转淡，下部叶片枯黄脱落时开始收获。具体根据当地的自然条件决定，当平均气温降到 15℃ 时及时收获，最迟于降霜前结束，防止甘薯过晚收获而受冷。根据用途不同，先收留种田。

甘薯收获方法有两种：一是人工收获，二是机械收获。人工收获费时、费工、费力、破碎多、漏薯多；如果机械收获，薯块损伤率可降至 3%，能克服人工收获的多种缺点。目前在陕西省关中各地已经开始使用甘薯收获机械，以减轻劳动强度，提高工作效率。

无论是人工采收还是机械采收，收获时应做到轻刨、轻装、轻运、轻放、保留薯蒂，目的是尽可能减少伤口，减少贮藏病害的侵染概率。另外，要注意天气变化，要注意防冻、防雨、边收边贮，不在地里过夜。因为鲜薯在 7℃ 就会受轻微冷害，而且不易察觉，贮存 1 个月后溃烂才表现出来，造成人为的损失。不损伤薯蒂，在贮存中可以减少烂薯，做种薯用，薯蒂上的潜伏芽能增加产苗数。收获后，薯块要选择分类，做好装、运、贮各道工序，即对断伤、带病、虫蛀、冻伤、水浸、雨淋、碰伤、露头青、开裂带黏泥土的薯块剔除，以减少薯窖中的病害发生。同时还要注意春、夏薯分开，不同品种分开，大小块分开，种薯单存。为保证来年种薯的质量，种薯应挑选 150~250g 的薯块为宜。

（二）贮藏

陕北、关中地区冬季气候寒冷、持续时间长，而鲜薯要在春节前上市销售或种薯早春育苗，薯农一般利用本区地下水位低、土层深厚、土质坚实的特点，因地制宜，在屋前屋后打成井窖，贮藏甘薯。井窖是陕北、关中地区薯农贮藏甘薯的主要形式。近几年来，随着薯农栽植规模的扩大，经济条件的好转，部分农户对原有井窖进行了改建，井壁、洞壁用砖加固，增大贮藏能力，极少数薯农建有砖混贮藏窖。

1. 贮藏类型

（1）井窖贮藏　井窖贮藏甘薯保温保湿性好，建窖简便，节省资金。缺点是甘薯的进、出窖及管理不方便，贮存量小。一般井筒直径 0.8~0.9m，井口高出地面 0.3m，井口至井底深度 5.5~6.5m，在井底一侧或两侧挖贮藏洞 1 个或 2 个，贮藏洞进出口高 1.2m，宽 1m，长 0.8~1.0m，贮藏洞高 1.7~1.8m，长 3.0~4.0m，宽 2.0m，上顶呈半圆形，一般两个洞可贮藏甘薯 4 000~5 000kg。贮藏洞终端打有通气孔，直径 0.15m，孔口高出地 1m，改建后的井窖增加了通气孔和半自动升降设施，井筒和贮藏洞用砖砌成，坚固耐用，利用年限长，保温性能好，贮存空间大，安全性能好。

（2）浅屋型地窖贮藏　地窖在房屋地下 2m 处，地窖进出口在房屋内，地上房屋用于居住或作它用。浅屋型地窖一般贮藏量大，薯块存取较井窖方便，坚固安全性能好，缺点是由于地窖深度不够，窖温偏低．一般要求薯块的存放量要达到窖内体积的 2/3。

2. 贮藏前准备

为保证甘薯及时入窖，应在收获前半个月建好薯窖，若用旧窖，需用药物消毒处理。

（1）旧窖消毒　对土窖可采用刮土消毒法，即对墙壁刮 3cm 厚、对地刮 6cm 厚，然后撒生石灰消毒。也可采用硫黄熏窖，按 1m³ 空间用硫黄 50g 封闭情况下熏蒸 2~3d

后通风换气。也可用 2% 福尔马林消毒，喷洒后密闭窖门。防止人畜中毒。

（2）种薯杀菌消毒 为防止黑斑病，种薯入窖可用 5% 代森铵 200~300 倍液或多菌灵 500~800 倍液浸种 10min，然后晾干入窖，能有效地防治黑斑病。

3. 贮藏期的管理

（1）前期管理 入窖后 20~30d，因入窖时外界气温较高，且刚收获的薯块呼吸作用强，能释放出大量的热、水汽和 CO_2 窖内形成高温、高湿的环境。如通风条件差，薯皮表面凝集一层水，俗称"出汗"。这种情况温度可达 20℃ 以上，易使薯块发芽，加快淀粉向糖分转化等消耗养分，并能导致病害蔓延。因此，前期的管理应以通风、散湿、降温为主，使窖温不超过 15℃，相对湿度保持在 90% 以下。

（2）中期管理（前期过后—立春） 此期时间最长，处于严冬季节，同时薯块呼吸作用减弱，是易受冻害的时期，所以此时期应以防寒为中心，力求窖温不低于 10℃，保持 12~14℃ 为宜。这段时间要注意天气预报和天气变化，并随时检查窖内温度，做好防寒保温工作。

（3）后期管理（立春—出窖） 立春过后，气温回升，但早春天气多变，有时出现倒春寒，而经过长期贮存的甘薯，呼吸强度下降，对外界条件抵御能力差，极易发生软腐病。已受冷害的薯块，多在此时开始腐烂。此期的管理应以稳定窖温、适当通风换气为主，根据天气的变化，既要注意通气散热，又要注意保温防寒，使窖温持续保持 11~13℃ 为宜。

九、甘薯栽培的机械化发展

（一）陕西甘薯机械化发展现状

随着劳动力成本的不断提高，甘薯生产机械化的呼声愈来愈高，加之陕西省地形南北狭长，地貌复杂，气候生态条件差异大，按照甘薯产业的发展，传统上将甘薯主产区划分为陕北春薯区、关中春夏薯区和陕南夏薯区域。按照地形地貌分：陕南秦巴浅山丘陵区、关中渭北旱塬区和陕北黄土高原区。按照土壤土质分：陕南黄泥土，陕北黑垆土、黄绵土及关中沙土、沙壤土。机械化分布：起垄、覆膜、收获、切蔓机械在关中地区应用，陕南和陕北受地形、生产规模等因素限制，机械化普及率低。

（二）陕西机械化主要类型

1. 机械化起垄覆膜

在关中生产上被逐步应用外，育苗、移栽、割蔓、挖掘收获等环节也逐步走向成熟。在翻耕、整地、起垄环节，关中地区采用机械作业已超过 80%，收获是甘薯生产中用工量和劳动强度最大的环节，主要过程包括割蔓、挖掘、捡拾、清选、收集等环节，其用工量占生产全过程的 42% 左右，目前，陕西甘薯生产机械化应用发展迅速，引进了皮带传动、变速箱转换两种甘薯切蔓机，引进开发了环刀式甘薯收获机，在关中大面积生产田应用示范推广。降低了生产成本，提高了劳动生产效率，促进了甘薯集约化、规模化发展。据初步测算，采用机械作业技术，起垄、切蔓每亩节约成本 50%，劳动效率提高 16~20 倍；节约成本 62.5%，同时劳动效率提高 5 倍。

2. 丘陵山区机械化类型

甘薯种植制度复杂，种植区域广、生长跨度大、分布地形复杂、种植土壤多样，从而形成了甘薯品种、栽培制度、消费形式的多样性和复杂性。加之栽培模式繁多，分别与烟叶、玉米、芝麻等作物间作，与麦类、马铃薯、花生、西瓜、经济林等开展套种。纯作（净作）、套种、间作长期存在。且各种植区的垄形、垄距差距较大，道路崎岖，田块细碎，种植环境相当复杂，机具难以适应多种环境作业，也造成了机具规格繁，型号多，批量小，成本高的不利因素，致使作业机具难以匹配，机械化使用率低。

3. 机械化生产技术规程

（1）丘陵地区机械化技术规程　①选择适宜地块：选择有一定的作业面积和回机区，土壤疏松、沙性大的丘陵、山地和梯田。②机械选择：由于丘陵山地土层薄、小石块多，种植分散，在生产上宜推广轻便，动力易配套，操作简便、价格低廉的小型起垄、收获机械，且要充分考虑机具的牢固性和耐用性，以防碎石断犁。经过多年的试验，筛选到一些适宜丘陵薄地作业的起垄打蔓和收获机具。主要的牵引动力为：18 马力左右的手扶拖拉机，轮距 680~1 000mm，轮宽 165mm，最小离地高度 250mm。以手扶拖拉机为基本牵引动力，附带起垄、打蔓和收获机具，形成了丘陵薄地甘薯机械化作业的模式。③作业：春季土壤解冻后，用手扶机带旋耕机疏松表层土壤，清除田间杂草、秸秆或根茬、待气温升高、春季降雨补墒后再开始起垄。起垄时，每公顷施用 45~60t 粉碎的土杂肥，田间撒施均匀后，采用手扶拖拉机自带收获犁实行起垄施肥一体化作业，使用手扶拖拉机来回两次起一垄，先起 1/4 垄，内垄外侧随即施肥，再起 2/4 垄、随即施肥；内垄两边分别包土成垄，垄面荡平压紧。垄底宽 60~65cm，垄高 20~25cm，垄距 75~80cm，侧边施肥，苗期不烧根。化肥每公顷施用 112.5kg 纯氮、75kg P_2O_5、180kg K_2O，全部做侧边肥随起垄施入土壤。

（2）平原旱地机械技术规程　①选择适宜地块：作业地块的土壤应为沙壤土、轻质黏士，土壤适宜的绝对含水率为 15%~25%。作业地块内应无影响作业的石块、秸秆等杂物。②机械选择：针对平原旱地甘薯种植大户、家庭农场和专业合作社较多的特点，对牵引动力和作业机具的要求强度大、通用性等。经过多年的试验探索，可选用 35 马力及以上窄轮拖拉机作为动力。近年来，随着甘薯生产中机械的普及度越来越高，对一体化作业机械的呼声也越来越高。尤其是新型经营主体从事甘薯生产的过程中，已逐渐由过去的分段机械化向联合作业机械化的方向发展。国家甘薯产业技术体系筛选和研发了一系列的大型、联合作业机具，有效地支撑了甘薯产业的需要。如 1GQL-1 型甘薯旋耕起垄机、1WGOL 广-100 微型旋耕起垄机、4QL 广-1 型甘薯起垄收获多功能机、4JGs-800 型甘薯切蔓机、4GS-1500 型甘薯两行收获机等机械，取得较好的试验效果，现正在加快技术熟化的进程。③平原旱地全程机械化：采用起垄覆膜机、注水移栽机、切蔓机、收获机等机械，实现了甘薯种栽收全程机械一体化作业，形成了"四机一体"的机械化甘薯栽培模式。

4. 建立了信息化交流平台

以陕西省宝鸡市农业科学研究院、西北农林科技大学、杨凌金薯种业公司为依托，为政府管理部门、科研人员、种植户提供甘薯机械化设备及生产厂家信息，了解甘薯机械化科研动态、行业概况、规范标准、技术交流、设备信息等内容，为甘薯机械的选型、使用、推广等提供技术信息交流平台，推进甘薯机械化行业发展。

5. 甘薯生产机械化技术发展趋势

中国甘薯生产机械化整体水平依然不高，陕西省处在起步阶段。但目前已处于良性发展期，技术路线研究、机具研发、农机农艺融合、企业参与度等取得了较快发展。

陕西甘薯生产机械化需求迫切，但基础薄弱，供需矛盾突出，故应集中有限力量，先易后难、先大户后散户、积极分步推进土地流转进程，鼓励适度规模经营，先解决地势平坦、土壤条件较好的平原地区生产需要，逐步解决地形复杂、土壤黏重的丘陵地区；不同地域条件采用不同的作业模式，先满足规模化种植经营、经济基础较好的种植大户需求，逐步满足种植散户的需求，最终实现共同发展。

第二节　甘薯特色栽培

一、地膜覆盖栽培

（一）地膜覆盖的作用

地膜覆盖具有增温、蓄水、保墒的作用，同时能改善土壤理化性状，促进生长发育，是甘薯增产的有效措施，各地均有成功经验。

马志民等（2012）通过比较3种不同覆膜方式即黑膜、透明膜及不覆膜对甘薯生长发育过程中土壤温湿度、孔隙度、甘薯地上部及地下部生长发育动态的影响，确定最佳的覆膜方式。结果表明，土壤孔隙度在覆膜与不覆膜之间存在明显差异，覆膜可以使土壤保持疏松透气，同时还可以起到增温保墒的作用，为甘薯膨大提供一个好的环境；相对于透明膜而言，覆黑膜可以将地温控制在更能适宜甘薯膨大的范围之内，抑制膜下的杂草生长。不同栽培方式对甘薯产量的影响依次为黑膜>透明膜>无膜。可见，在甘薯生长发育过程中，覆膜可以提高产量，并且覆黑膜比覆透明膜的效果更好，应当在甘薯栽培中推广黑膜覆盖技术。兰孟焦等（2015）研究了白膜、黑膜覆盖对垄内不同土层温度、甘薯产量的影响。结果表明，白膜、黑膜覆盖处理下，垄内5个不同层次地温均比不覆膜处理高；距离垄面越近的土层，覆膜后温度增加得越多，随着土层加深，地膜覆盖增温效应减弱；甘薯生长前期白膜、黑膜覆盖 T/R 值（是反映甘薯生长期间源库关系是否协调的重要指标）明显高于对照，甘薯生长中前期，白膜、黑膜处理 T/R 值快速下降；地膜覆盖有利于提高大中薯率，且黑膜覆盖处理的大中薯率最高，白膜覆盖处理次之；白膜、黑膜处理可显著提高鲜薯产量。刘胜尧、张立峰等（2015）介绍，以华北地区春甘薯为供试作物进行大田试验，研究地膜覆盖对其土壤水分、温度的影响。结果表明：与裸地相比，覆膜处理0~25cm土层平均增温1.64~3.33℃，地积温增加194.8℃，生育期延长8.2d。覆膜处理自栽秧到栽后35d的保水与增温效应促进了春甘薯生长，其水分利用率（WUE）较裸地提高104.3%。但在雨季来临前的干旱期，土壤因快速蒸散而失水，供水土层深达 100cm，水分胁迫下覆膜和裸地处理 WUE 较前期分别降低 63% 和 27%，产生奢侈耗水现象。进入雨季后，各处理土体先后复水，并产生过饱渗漏；覆膜不利降水蒸发，同时会降低土壤气体交换，使春甘薯 WUE、产量分别降低 3.8%、1.78%，所以在汛期覆膜不利于春甘薯生长发育，会造成减产。

1. 提高土温

地膜覆盖在冬春季节有提高地温和保墒的作用。地膜覆盖的土壤耕作层的温度，一般比露地提高土温 2~3℃，可促进甘薯早缓苗、早发育。通过田间试验甘薯不耐低温，6℃ 以下会冻死，在 15℃ 时停止生长，当温度在 16℃ 以上发根，18℃ 以上利于块根的形成，18~20℃ 为发根适宜温度；22~24℃ 为块根膨大最适温度，26~30℃ 为茎叶生长旺盛的适宜温度；高于 30℃ 不利于块根膨大。地膜覆盖，地面受热增温快，散热慢，有利于地面保温，同时地膜覆盖栽培能改善整个田间土壤小气候和甘薯生长发育的环境。有研究，覆膜与不覆膜以及覆黑膜与透明膜间均存在明显差异，透明膜地温平均比黑膜高 3.8℃，比无膜高 1.6℃，而在 6—7 月，透明膜的地温基本上都在 30℃ 以上，不利于甘薯块根前期膨大，而黑膜可以将地温控制在 28℃ 左右，有利于茎叶生长，同时也更有利于形成促进块根膨大的温度。不覆膜的由于土壤孔隙度低、土壤含水量低等原因，虽然地温较低但其他条件不利于块根膨大以及茎叶生长，在甘薯栽培上应尽量营造一个疏松透气的土壤环境。

2. 减少水分蒸发，有明显保水作用

地膜覆盖可以提高耕层土壤含水量，为栽插创造了较好的墒情。覆膜后地膜与地表之间形成了 2~5mm 厚的狭小空间，切断了土壤水分与近地层空气中水分的交换通道，从土壤表面蒸发出的水汽被封闭在有限的小空间中，增加了膜下相对湿度，从而构成了从膜下到地表之间的水分内循环，改变了无地膜覆盖时土壤水分开放式的运动方式，有效地抑制了水分蒸发损失，保证耕层土壤有较高的含水量。江燕等（2014）研究地膜覆盖对耕层土壤温度、水分和甘薯产量的影响发现，地膜覆盖可以提高甘薯块根分化建成期（栽植后 20d）0~20cm 土层的土壤温度 1.0~6.5℃，特别是在栽植后 10d 覆盖透明地膜比覆盖黑色地膜高 0.6~3.5℃；提高 0~20cm 土层的土壤相对含水量 9.97%~18.1%，且覆盖黑色地膜比覆盖透明地膜高 1.2%~5.1%。

3. 改善土壤环境

可改善土壤的物理性状，防止土壤盐渍化，抑制杂草生长，减轻病虫为害。地膜覆盖的土壤容重比不覆盖的小，降水使土壤中氧含量比露地的高，从而有利于甘薯根系的生长。同时由于水土流失少，可防止土壤板结，改善土壤理化性状。地膜覆盖后，由于土壤水分的运动是由下往上移动，表土的水分含水量高，相对降低了土壤盐分含量，从而起到了抑盐的作用。由于地膜有反光的特性，也具有了驱避蚜虫和减轻病毒病的作用。甘薯栽植后 40d 为其地下块根的膨大期，此时测定 0~5.2cm、5.2~10.4cm、10.4~15.6cm、15.6~20.8cm 土层的土壤体积质量和总孔隙度，结果发现总孔隙度在透明膜与黑膜间无明显差异，而在覆膜与无膜之间各土层均存在明显差异。说明覆膜可以保持土壤疏松的状态，使土壤保持一定的总孔隙度，而甘薯块根膨大需要较为疏松的土壤环

境。因此，通过覆膜可以促进甘薯块根膨大，提高产量。

4. 促进甘薯的生长发育

（1）对地上部营养生长的影响　地膜覆盖由于能增温保墒，在促进甘薯地上部营养生长方面主要表现在栽插早，缓苗早，分枝结薯早，封垄早。甘薯地膜覆盖栽培可促进早期生长发育，使缓苗期提前 3d，分枝提前 2~3d，封垄提前 3~4d。地膜覆盖小区甘薯茎蔓节间不定根比露地显著减少。同时，地膜覆盖对叶面积系数也有影响，露地、覆透明膜、覆黑膜 3 个处理叶面积系数前期均呈现上升趋势，90d 达到高峰，以后缓慢下降；覆膜小区叶面积系数上升速度快，下降速度缓慢平稳，叶面积系数始终高于露地小区；黑色膜栽插后 50d 为 0.87，比透明膜高 16%、比露地高 74%；70d 以后透明膜叶面积系数一直保持领先，黑色膜位居第 2；90d 透明膜的叶面积系数为 5.30，黑色膜为 4.86，露地为 3.69，黑色膜叶面积系数相对适宜，透明膜稍显旺长，露地不足。有试验发现，覆膜甘薯地上部鲜质量为透明膜> 黑色膜 >露地。前期（栽插后 30~90d），覆膜甘薯地上部植株质量大于露地甘薯，透明膜大于黑膜，地上部单株的日增长量，黑色膜 16.2g，透明膜 19.9g，露地 8.9g；栽插后 90d，黑色膜、透明膜、露地地上部生长量均达到最高值，随后逐渐下降，黑色膜下降速度最慢，栽后 90~150d，黑色膜单株日下降量为 8.1g，透明膜为 11.3g，露地为 5.8g；90d 以前透明膜由于增温快，地上部生长旺盛，达到高峰后又衰退快，而黑色膜比较平稳。很多实验都证实了覆盖地膜甘薯叶片、叶柄、茎蔓的鲜重均比不覆膜的明显增加，且覆盖黑膜的增幅更大；覆盖黑膜、白膜的甘薯地上部分别比无膜处理的增产 202.0% 和 185%；但是覆盖地膜的茎蔓、叶片、叶柄的干率与不覆盖的无明显差异。并不是所有的覆盖都能促进地上部茎叶生长，也有相反的结论。在浙江地区，覆膜抑制了地上部茎叶的生长。山东的烟薯 24 地膜覆盖的增产效应也发现，黑膜处理的前期地上部生长强于无膜处理，但是弱于透明膜处理，栽后 104d，各处理地上部生长均达最大值，随后逐渐下降，但黑膜处理的下降速度最慢，黑膜处理既不过分徒长也不早衰，有利于光合产物累积。四川等地的研究发现，覆膜对甘薯生长中期的分枝数和地上部干物质积累有所增加。

（2）对地下部根系生长的影响　地膜覆盖由于改善了根部土壤小环境，对于甘薯根系发育有很大的促进作用，能促进根系快速、尽早发育，优化苗期根系结构，为产量形成奠定良好基础。王翠娟等（2014）研究发现，覆黑色膜和覆透明膜处理与对照相比，均显著（$P<0.05$）增加甘薯秧苗栽植后 10d 和 20d 的幼根数量、总长度、鲜重、表面积、体积和幼根根系的吸收面积、活跃吸收面积，其中的幼根数量、鲜重、体积、幼根根系的吸收面积、活跃吸收面积在 2 种覆膜处理间差异显著（$P<0.05$），覆黑色膜优于覆透明膜；2 种覆膜处理显著（$P<0.05$）提高秧苗栽植后 10d 的根系活力，且覆黑色膜优于覆透明膜。同时，在块根分化期（秧苗栽植后 20d 和 30d）2 种覆膜处理显著（$P<0.05$）提高了分化根的 ZR 含量，促进初生形成层的活动和块根形成；在块根膨大初期（秧苗栽植后 40d）2 种覆膜处理显著（$P<0.05$）提高分化根的 ABA 含量和显著（$P<0.05$）降低分化根的 GA 含量，促进次生形成层的活动、淀粉积累和块根膨大，其中，块根膨大初期 2 种覆膜处理 ABA 和 GA 含量差异显著（$P<0.05$），均以覆黑色膜处理效果最好。在 2 年的大田试验中，2 种覆膜处理与对照相比，均显著提高了甘

薯封垄期的单株有效薯块数和单薯鲜重，覆黑色膜的单株有效薯块数高于覆透明膜，而覆透明膜的单薯鲜重显著（$P<0.05$）大于覆黑色膜处理。覆黑色膜和覆透明膜处理2011年分别增产10.71%和5.76%，2012年分别增产12.99%和7.45%。也有研究发现，移栽后12d，覆膜甘薯须根长度增加55%，根系生物量增加64%，地上部生物量增加0.9倍。进一步研究发现，覆膜处理下的甘薯苗期根系平均直径在0.45mm以上的根系长度、根系表面积和根系体积分别占到47.7%、78.7%和96.2%，而无膜处理的甘薯苗期根系平均直径在0.45mm以上的根系长度、根系表面积和根系体积分别占到了35.9%、67.9%和92.5%。

（3）对T/R值的影响　甘薯形成适宜的T/R（T表示甘薯茎叶质量；R表示块根质量）值，防止茎叶徒长，经济系数较高。在甘薯生长的前中期覆膜处理的T/R值显著降低，利于块根的形成和膨大，甘薯覆膜栽培经济系数0.53左右，比露地栽插的0.44增加0.09。研究发现，移栽后40d，白膜、黑膜处理T/R值高于对照，表明在甘薯生长前期地膜覆盖有利于茎叶充分生长。移栽后40~65d，白膜、黑膜处理T/R值下降速率高于对照，表明覆膜处理加快了地上部向地下部输送光合产物的速率，有利于植株早结薯。甘薯生长后期，白膜、黑膜、对照处理T/R值差异不大。同时，覆盖黑膜的甘薯T/R平衡点较早，透明膜的次之，无膜最晚。不同的膜在不同生育时期的影响也有差异，甘薯生长前期白膜、黑膜处理T/R值快速下降。研究发现，栽后90d茎叶达到最高值，到栽后110d，T/R值接近1，后期以块根生长为主。事实上，如果前期地膜覆盖导致茎叶生长不足，收获时间的T/R偏小，表现出早衰现象。

5. 改善甘薯产品品质

地膜覆盖通过提高甘薯块根膨大期干物质初始积累量和积累速率，增加单株结薯数和单薯重，从而提高甘薯薯块的商品性。同时一些研究表明覆膜的甘薯大中薯率比露地栽培提高了6%~11%。覆膜对甘薯块根品质的影响因品种而异。有研究，覆膜处理中济薯18块根的干物质含量、总淀粉含量、直链淀粉含量、可溶性糖含量、花青素含量显著增加，可溶性蛋白质含量降低，淀粉支/直比下降，RVA各项指标显著低于无膜对照；覆膜处理中甘薯品种块根的干物质含量、花青素含量、可溶性蛋白质含量显著高于无膜对照，但总淀粉含量略低于对照，支链淀粉含量上升，直链淀粉含量下降，支链淀粉/直链淀粉比显著高于无膜对照，可溶性糖含量显著下降，全粉的高峰黏度、低谷黏度和衰减值显著高于无膜对照。苏文瑾等（2013）研究考察不同地膜覆盖对淀粉型和紫色甘薯生长发育的影响，发现2个品种甘薯覆盖黑色地膜处理下的可溶性蛋白质含量高于覆盖白色地膜处理和对照；MDA含量紫色薯低于淀粉型甘薯；POD活性紫色薯高于淀粉型甘薯。目前，关于地膜覆盖对甘薯品质尤其是地膜覆盖对鲜食型甘薯品质的影响研究仍然很少。

6. 降低病虫草害，提高甘薯耐盐性

地膜覆盖对甘薯病虫害的影响主要表现在对甘薯茎线虫病的影响方面。甘薯茎线虫病是甘薯生产上的一种毁灭性病害，目前甘薯品种对线虫的抗病性均不太理想，地膜覆盖可有效利用太阳辐射能，提高土壤温度，杀死线虫。膜下高温可烫死杂草，减少除草用工，尤其使用黑色地膜覆盖，抑制杂草的生长，不用喷洒除草剂省工省劲，有效减少杂草，避免杂草与甘薯争夺肥水和空间。地膜覆盖对甘薯其他病虫害的研究尚未见报道。中国有大面积的盐碱滩涂地块，甘薯的耐盐碱能力较差，但是利用地膜覆盖可提高甘薯的耐盐碱能力，与耐盐碱品种相配套，地膜覆盖能解决在 0.3%~0.6% 盐碱胁迫下保苗难、生长发育迟缓的问题，为盐碱地甘薯生产提高了新的途径。

（二）地膜类型

自 20 世纪 70 年代开始引进地膜覆盖栽培技术后，由于其显著的增产作用在不同的作物上得到了大面积的推广，尤其在早春低温、有效积温少或高寒的干旱半干旱地区，地膜覆盖栽培技术已经成为增加产量和经济效益的最主要措施，受到了大力的支持和推广应用，发挥出了显著的社会效益、经济效益和生态效益。由于地膜覆盖具有增温保墒、抗旱保苗、改善土壤生态环境、活化土壤养分、提高养分有效性和利用效率等显著特点，有利于甘薯的生长发育，可增产提质，促进早熟，因此在甘薯种植技术中引入合理的地膜栽培方式是非常有必要的。陕西甘薯栽培方式多样，根据陕西当地气候条件采用地膜覆盖栽培，可促进萌发、加快根系和薯块生长发育，达到增加产量改善品质的目的。

随着塑料工业科技发展，地膜种类很多，应用于农业生产的地膜种类也在不断更新和扩大。根据塑料薄膜的制造方法不同，分为压延薄膜、吹塑薄膜；根据塑料薄膜所具有的某些特殊性能，有育秧薄膜、无滴薄膜、有色薄膜、超薄覆盖薄膜、宽幅薄膜等。根据塑料薄膜的不同厚度和宽度，又有各种不同规格。目前生产中常用的塑料地膜主要是无色透明地膜、有色地膜和特种地膜 3 种。

甘薯生产中经常使用的黑色膜是在聚乙烯树脂中加入 2%~3% 的碳黑，经挤出吹塑加工而成，地膜厚度 0.01~0.03mm。黑膜透光率只有 1%~3%，热辐射为 30%~40%。因其几乎不透光，阳光大部分被膜吸收，膜下杂草不能发芽和进行光合作用、最终缺光黄化而死，覆盖后灭草率达 100%，除草、保湿、护根效果稳定可靠。黑膜在阳光照射下，本身增温快、湿度高，但传给土壤的热量较少，一般使土温升高 1~3℃，故增温作用不如透明膜，但防止土壤水分蒸发的性能比无色透明膜强。

（三）地膜覆盖栽培技术要点

1. 选择地块

选择土层深厚、地力肥沃、质地疏松、保墒蓄水、有机质含量较高的地块，土层薄、土壤贫瘠、墒情差的地块不适宜覆盖栽培。

2. 足墒起垄、施足底肥

起垄可采用人工起垄或者机械起垄，各地根据当地种植制确定垄距。起垄前土壤相对含水量不低于 60%，以 80% 为最适宜。墒情不足时，要人工造墒起垄。作垄前一次施足底肥，一般每公顷施用优质土杂肥 45 000~60 000kg，纯 N 225kg，P_2O_5 112.5kg，K_2O 375kg，其中 60%~70% 的有机肥结合深翻施入土壤，剩下的有机肥与化肥一起在起垄时集中施入垄内。甘薯施肥应以基肥为主，追肥为辅，化肥施用应少施 N 肥、增施 P、K 肥。

3. 剪苗与覆膜栽插

（1）剪苗标准　选择叶色正常浓绿，叶片肥厚，大小适中且茎粗壮，无病斑，茎中浆汁浓，节间长短适度，节粗壮，突起明显，苗株结实挺拔，有韧性，既不脆嫩也不老化不易折断的苗。

（2）高剪苗　当甘薯苗长到 20~25cm 时采取高剪苗的方式（即沿甘薯苗基部距离苗床 5cm 处）进行剪苗，剪好的苗将其整理成捆后用加有生根粉和杀菌剂的泥浆浸蘸茎基部，放置阴凉处，盖上遮阳网。

（3）栽插时间　根据当地适宜时间进行栽插，陕北地区一般是在 5 月上中旬。

（4）栽插方式　一般采用斜插方式，且遵循"一插二躺三抬头，湿土埋干土覆"栽培原则，即先将甘薯苗第一节栽插到提前开好的沟（窝）内，将第 2~3 节平躺至沟（窝）内，再将茎尖两叶一心扶直露出地面，然后用湿土埋好覆上干土压实。

（5）地膜覆盖　人工起垄或机械起垄后，可在栽插薯苗前或者栽插后覆盖地膜，覆膜要求地膜紧贴表土无空隙，且用土将其压实，若薯苗栽插后覆盖地膜的要及时放苗，注意不要压断薯苗，按照薯苗栽植株距小心放苗，放苗后用湿土封口，避免高温和除草剂熏蒸。

4. 田间管理

（1）生长前期　甘薯栽插 4~5d 后进行查苗补苗，以保全苗；薯苗成活后及时中耕除草，追施提苗肥，促进茎叶生长，提早结薯；有灌溉条件的，适时小水渗灌，浇水不过垄顶，以利于薯块形成。

（2）生长中期　土壤干旱时，有条件时要及时浇水；遇雨积水，要及时排水防涝。控制茎叶平稳生长，促使块根膨大。茎叶生长过旺者，可适当提蔓，禁止翻蔓，可用多效挫 50~100g/亩对水 3~50kg 喷雾 2~3 次，控制旺长。

（3）生长后期　保持适当的绿叶面积，延长叶片寿命，进行根外追肥，防止茎叶早衰。对长势正常地块，喷 10%~20% 草木灰过滤液 60~70kg/亩或磷酸二氢钾 60~70kg/亩，间隔 6~7d，连喷 2~3 次；对出现脱肥现象的地块，喷 1%~2% 尿素溶液 60kg/亩左右，连喷 3 次，间隔 6~7d。

（4）适时收获　甘薯块根是无性营养体，无明显的成熟期，采收是根据当地的自然条件和栽培目的而定，先收种薯和用于淀粉加工的甘薯，后收贮藏食用薯。也可以根据市场行情，随时收挖销售。先割去茎蔓，选择晴天收获，注意做到轻刨、轻装、轻运。经晾晒使伤口愈合，分级，剔除病虫破损薯块，即可入窖。

（四）地膜覆盖产量效益

地膜覆盖具有增温、蓄水、保墒的作用，同时能改善土壤理化性状，促进生长发育，从而提高作物产量。在河北省甘薯主产区开展甘肃覆膜栽培试验，发现覆黑膜和覆透明膜处理的甘薯产量比露地栽培的甘薯产量分别高 25.0% 和 15.0% 以上。在山东省泰安地区，覆膜栽培对甘薯幼根生长发育、块根形成及产量的影响发现，覆黑膜与覆透明膜栽培均显著提高了秧苗栽植后 50d 的单株块根鲜重，覆透明膜和覆黑色膜处理的增幅与对照相比，2011 年分别为 174.28%，182.96%；2012 年分别为 147.69% 和

141.23%。2 种覆膜处理提高单株块根鲜重的主要原因是增加了单株有效薯块数和平均单薯鲜重。其中，覆透明膜和覆黑色膜处理相较于对照，2011 年单株有效薯块数的增幅分别为 12.92% 和 33.23%，平均单薯鲜重的增幅分别为 142.84% 和 112.31%；2012 年则分别为 31.07% 和 42.86%，及 88.91% 和 68.82%。覆膜栽培对收获期块根产量的影响，2011 年覆透明膜和覆黑色膜处理的增幅分别为 5.76% 和 10.71%，后者增产显著；2012 年分别为 7.45% 和 12.99%，两处理均增产显著，且覆黑色膜的块根产量显著高于覆透明膜处理。江燕等（2014）对地膜覆盖对耕层土壤温度水分和甘薯产量的影响研究发现，覆盖地膜可以显著提高收获期甘薯的整株干重 9.5%~20.7%，块根干重 11.5%~23.8%，块根烘干率 1.07%~2.01%，提高产量 0.4%~15.91%，增加单株结薯数 4.0%~6.0% 和单薯重 5.9%~9.9%，而地上部干重和收获指数没有显著增加。就两种地膜来看，覆盖黑色地膜比覆盖透明地膜在整株干重、块根干重和块根产量上增幅明显，相对分别增加 10.3%、11.0% 和 5.0%，烘干率增加 0.94%。说明地膜覆盖在提高甘薯干物质生产能力的同时，也促进了光合产物向块根运输，最终提高块根产量，且以覆盖黑色地膜增产效果明显。在安徽省阜阳地区，采用栽后覆黑膜的方式，增产可达 29.5%，覆膜后每公顷可增收 6 880 元以上；在陕北春薯区，延安市农业科学研究所薯类产业创新团队 2016 年、2017 年针对主栽品种秦薯 5 号开展了黑色地膜、透明膜和露地（对照）覆膜栽培试验发现，覆黑色膜、透明膜处理甘薯平均亩产量较露地 2016 年分别增产 26.89%、18.64%，2017 年分别增产 25.72%、7.80%；商品薯率 2016 年分别增加 52.14%、13.26%，2017 年分别增加 74.89%、28.47%；说明覆膜栽培既增加了甘薯产量，又提升了商品薯率，改善了品质。在鲁南丘陵地区甘薯地膜覆盖增产效果发现，覆盖黑膜效果最佳，鲜薯、薯干分别比露地栽培增加 20.0% 和 15.5%，每公顷纯收入增加 5 520.0 元；在河南省商丘栽后覆盖透明膜鲜薯增产最高可达 23.9%，焙干率最高也达 30.1%，栽前覆黑膜的增产效果次之，鲜薯增产 19.4%，甘薯增产 15.7%。江西省南昌县八一乡试验地就不同地膜覆盖对土壤温度和甘薯产量的影响发现，地膜覆盖有利于提高大中薯率，且黑膜覆盖处理的大中薯率最高，白膜覆盖处理次之。白膜、黑膜处理可明显提高鲜薯产量，黑膜覆盖处理下，鲜薯产量为 36 178.08kg/hm^2，白膜处理下鲜薯产量为 34 263.79kg/hm^2。李云等（2012）发现，覆盖黑膜处理甘薯地上部和地下部比对照分别增产 202% 和 79%，覆盖白膜处理甘薯地上部和地下部分别比对照增产 185% 和 50%，黑膜比白膜处理甘薯地上部和地下部分别增产 6% 和 19.6%。李雪英等（2012）研究发现，覆黑膜时甘薯鲜薯产量 44 453.1 kg/hm^2，比不覆膜增产 10 729.2 kg/hm^2，增产率 31.8%，达到极显著水平；覆白膜甘薯产量为 41 250.0kg/hm^2，增产 7 526.1kg/hm^2，增产率 22.3%，达到极显著水平；黑膜与白膜之间产量差异不显著。

二、拱棚双膜覆盖栽培

在生产上，为提前上市可采用双膜覆盖高效栽培技术。拱棚双膜覆盖甘薯栽培是近年在北方新发展的甘薯栽培方式。与露地直播单层膜覆盖相比，具有收获早、效益高的特点。

（一）选择优良品种

双膜覆盖栽培甘薯目的是提早上市，获取更高经济收入，因此在品种选择上要选择抗逆性、抗病性、耐寒性强，食味好、品质优良、商品性好的品种。如秦薯5号、秦薯4号、秦薯8号等。

（二）施足底肥

双膜覆盖是一种快速早熟栽培法，生育期较常规栽培更短，外界环境条件，尤其是土壤养分的供应对甘薯生长发育影响很大。在栽插期，结合整地一次施足底肥。每公顷施充分腐熟优质有机肥67.5t，尿素300kg，过磷酸钙750kg，硫酸钾375kg。

（三）适期早栽

当气温上升至13~14℃时即可栽插，当日栽插当日盖好棚膜，防止夜间降温造成冷害。每亩定植3 500株以上。

（四）覆膜建棚

覆盖甘薯拱棚的跨度是根据甘薯起垄数和塑料薄膜等材料情况确定的。拱棚的跨度有2.6~3.0m和5.0~5.5m两种。跨度2.6~3.0m的棚覆盖3~4垄甘薯，用4m宽的膜；跨度5.0~5.5m的棚覆盖6~7垄，用7m的膜，棚膜的厚度为0.08~0.1mm，棚的高度以能进入其中进行农事活动为限，一般棚高0.9~1.5m。支棚材料为木杆、竹竿或竹板等作龙骨，间距1.0~1.2m，7m膜的棚下设木桩支撑龙骨。膜上骨间用铁丝等物绷紧勒实防止风掀。棚的长度根据地块规格确定，相邻棚间距0.8~1.0m。地膜覆盖有两种方式：一种是先覆盖后栽插，为了确保栽后快速缓苗扎根，可以提前2~3d起垄覆膜，提高地温。另一种是先栽插后覆膜，然后适时打孔放苗。前一种方法操作复杂，但成活率高。后一种方法操作简便，但易烧苗。地膜宽度以垄的大小而定，垄作方式可采用小垄单行或大垄双行栽插。

（五）调节棚内温度

当棚内气温达到30℃以上时开始放风，风口位置不断交错改变，大小随天气和棚内温度灵活掌握，当温度回落到30℃时及时关闭风口。以内外空气交换后棚内温度达到30~35℃相对平稳为好。若遇突然降温，不但要紧闭风口，而且棚膜底角要加挡风草帘。当外界气温稳定升高后，撤掉棚膜。

（六）加强病虫防治

拱棚地膜为双层覆盖，棚内气温、地温较露地都高，这种条件下不仅促进了甘薯的生长，同时也使地下病虫的为害提前发生。以地下虫害影响较大，尤其是金龟子成虫提前出土咬食甘薯幼嫩茎叶，其幼虫蛴螬在地下咬食根系，在破坏根系的吸收作用的同时也对块根的形成造成影响，同时还会引起其他病害。对病虫害的防治应引起重视，具体防治办法见本书有关章节。

（七）适时收获

可根据市场信息，抓紧收获和包装，抢先上市。

三、间作套种栽培

甘薯适应性广，抗逆性强，根系发达，茎蔓匍匐生长，有着地生根习性，吸水吸肥力强，收获对象是块根，对土壤和日照长度要求不甚严格，且耐瘠耐旱。甘薯为无性繁殖作物，块根和茎叶均可作为繁殖器官，而块根又无明显的成熟期，只要条件适宜就可持续生长。由于栽种期和收获期不像其他作物那样严格，生育期弹性较大，只要温度允许就能够生长，因此，甘薯适宜与多种作物间套作或填闲种植，既能增加复种指数，充分利用生长季节和土地资源，又能提高种植效益。

(一) 甘薯间作套种原则

甘薯与其他作物间作套种，根据其对肥水需求规律及特点，要遵循以下几条原则：

甘薯与小麦、玉米、幼龄果树等中、高秆作物搭配间作套种，要合理安排共生期，与幼龄果树间作时，应当适时早收，以减少对果树枝条、叶片、根系的损伤，对果树起到养护作用。

甘薯与烟草、棉花等空间生长势强的作物搭配间作套种，要合理安排占地比例及防治共生病虫。

甘薯与西瓜、蔬菜等蔓生的收获地上果实或者其他收获地上部分非蔓生作物搭配间作套种，要合理安排相互位置关系、共生期及共生病虫害防治。

甘薯与芝麻等对水分比较敏感的作物搭配间作套种，要注意协调供水。

甘薯与玉米等对 N 素及 K 素需求量大的作物搭配间作套种，要注意玉米的密度及肥料的合理搭配。

(二) 甘薯主要间作套种栽培模式

1. 果薯间作

果薯间作适用新植未结果或结果初期的 1~3 年幼龄果园。幼树正处于定干培养期和修剪定型期，因果树种植密度小，行间大，空闲土地多，利于间作套种实行果薯间作，可使同等条件下的水、肥、光、热资源利用充分，病虫杂草防治得到互补优化。果薯间作可以充分利用原有的林地土地和退耕还林土地，提高了土地使用率和土地生产效应。同时，对果树的水肥高投入，也提高了甘薯的产量和品质。甘薯的栽培特别是覆膜的甘薯栽培，抑制了果树地内杂草的生长，利于果树地保水保肥。果薯间作主要栽培技术如下。

（1）果薯占地的合理分配　根据果树树龄和生长势，合理安排果薯用地比例。新植果园 1~3 年果树行除去水渠及人行道以外，还有 4m 行间，可按 80~100cm 起垄，种 4~5 垄甘薯，随树冠发育逐年缩小甘薯用地，当果树到了结果初期，为了便于管理果树，甘薯只种 2~3 垄，速生果树品种如桃、杏、李等株行距小，封行早，应减少甘薯行数。成年果树进行高枝换头时，因种植规格不同，适当将甘薯行距减少到 70cm，适期 3~5 年。

（2）深耕地、浅作沟、多施肥　在果树根系区域外，适当增加耕地深度到 0.3m，并增加基肥用量，甘薯垄高 20~25cm，垄顶可以适当加宽利于根系生长。

（3）适当提高密度　通过稳定行距，缩小株距（20～23cm），增加甘薯栽插密度8%～10%，发挥匍匐生长与直立生长的相互协调关系，协调两者地上与地下高度不同的空间关系和生长高峰不同的时间关系，实现双高产。

（4）地膜覆盖技术　覆盖有单层覆盖和双层覆盖两种，双层覆盖是在单层覆盖基础上，附加支架拱棚。地膜覆盖不但利于保墒缓解地下水源紧张的矛盾，而且利于对病虫杂草的综合防治，是果薯间作套种的重要技术环节。

（5）病虫害防治　应根据不同时期，不同病虫害采取不同的防治措施。

（6）适时收获　甘薯作为商品生产，除根据市场信息及时收获外，还要注意适时早收。收获时注意轻挖、轻装、轻放，避免损伤薯块，不利贮藏。

2. 地膜西瓜甘薯套种

采用甘薯与地膜西瓜接茬套种的种植方式，不但可以在地上、地下获得双高产，而且能实现一膜双用，降低成本，减少白色污染；可充分利用西瓜肥水投入大，剩余肥力充足的优势，使甘薯创造高产、高效益。地膜西瓜甘薯套种栽培技术如下：

（1）甘薯品种选择　为了充分发挥瓜田水肥充足的优势，搭配的甘薯选用生长势好、产量潜力大、商品性好的品种，如秦薯4号、秦薯5号、秦薯8号等。西瓜应选早中熟、抗病、抗逆性强的品种。

（2）种植规格与密度　西瓜密度为9 000～12 000株/hm²，株距60～80cm；甘薯密度36 000株/hm²，株距20cm。西瓜苗秧定植在垄面膜内侧10cm外，甘薯苗秧定植在垄面膜内另一侧20cm处，西瓜与甘薯秧苗间距30cm。

（3）薯苗的扦插　甘薯秧扦插在西瓜床顶端薄膜覆盖的范围内，距西瓜苗30～35cm，西瓜旺盛生长期正是甘薯的缓苗期，适当地遮阴，有利于甘薯缓苗。

（4）田间管理　甘薯田间管理重点是中耕除草和团棵期追肥。栽后10d要进行查苗补苗。从插秧到封垄前要锄二遍地。甘薯封垄后，禁止翻蔓，秧苗生长过旺和有泥土淤积时，可进行提蔓，田间有杂草时，进行拔除。甘薯生长到团棵期，如有缺肥现象，可亩追碳铵20～25kg，在两棵秧苗之间挖窝埋施并封严。西瓜收获后立即铲除瓜秧、保护薯苗，同时中耕锄草松土，注意保护地膜完好。因甘薯耐旱不耐涝，随着雨季的到来，注意排水防涝。甘薯封垄后15d左右，提秧1～2次，防止节间发生不定根争夺营养，同时注意蝗虫、菜青虫等夏秋季害虫的为害，适时用杀虫剂防治。

（5）适时收获　甘薯可依据市场行情随时抢先收获上市。但由于瓜田套种甘薯后期生长环境好，薯块膨大的快，后期增重比例较大，为了争取优质高产，应在地表5～10cm的地温降到15～16℃，或初霜期之前收获为好，收获时要适当深刨，防止机械损伤。

3. 甘薯向日葵套种

在甘薯产区采用甘薯与向日葵套种栽培模式可充分利用作物生长空间和生长周期的互补性，提高土地、肥力的利用率，增加复种指数，提高单产效益，推动当地农业生产发展，增加农民收入。栽培技术如下：

（1）栽植日期　根据当地气候条件，当气温稳定在15℃时，即可栽插甘薯，向日葵在甘薯栽插成活后即可进行直播。

（2）品种选择　向日葵选用矮秆、早熟、丰产、抗病抗逆能力强，且适应当地环境条件栽培的优良品种。甘薯选用优质高产、适应性强、商品率高的品种。如：陕北地区选择秦薯5号、秦紫2号等品种。

（3）整地施肥　向日葵和甘薯都是需肥较多的作物且中后期生长旺盛，田间操作不方便，应施足基肥，一般每公顷施农家肥67.5t、复合肥450kg、K肥375kg。将农家肥和复合肥在整地前铺撒于地面，然后深翻入土，使土肥充分混合。深耕整地后起垄，一般南北起垄，单行栽培的垄距80cm，垄高25cm。

（4）种苗栽插　甘薯栽插选用苗高25cm以上，节间5~7个，叶色深绿，大而肥厚，无病虫害的脱毒壮苗。向日葵以点播为宜，隔2垄种1行，穴距1.0m，每穴播3粒种子，穴深2~3cm。先浇水，后播种，再覆土2~3cm。

（5）田间管理　甘薯要及早查苗补苗，消灭小苗缺株。向日葵幼苗长至5~6cm时，在植株周围除草松土、间苗；开花结果后，要及时培土，防止暴风雨后倒伏；开花结果期，防止土壤干旱，及时摘除下部老叶，一般底果下留3~4片叶为宜，以利通风透光。

（6）病虫害防治　应根据不同时期，不同病虫害采取不同的防治措施。向日葵发生病虫害较少，苗期注意防治立枯病，可在播种前用50%多菌灵500倍液行土壤消毒。成株期主要是病毒病，由蚜虫传播，应及时防治蚜虫。发病初期可用病毒必克可湿性粉剂500~700倍液进行叶面喷雾防治，蚜虫可用10%蚜虱净1 500~2 000倍液或5%抗蚜威可湿性粉剂1 000~2 000倍液、或用10%吡虫灵可湿性粉剂1 000倍液进行交替喷施防治。

（7）适时收获　向日葵收获过早会影响饱满度，过晚收获会发生落粒，向日葵会遭受鸟害、鼠害。从植株的外部形态来看，葵盘背面和茎秆变黄，籽粒变硬，大部分叶片枯黄脱落，托叶变成褐色，舌状花已脱落，是收获的适宜时期。葵盘收回后可用脱粒机脱粒，或人工用木棍击打脱粒，脱粒后必须及时晾晒，防止堆积发热变质。田间及时清理向日葵茎秆，为甘薯膨大提供充足的光能。甘薯在当地气温下降至15℃时，应及时收获，收获后薯块应充分晾晒，剔除病烂薯，入窖贮藏。安全贮藏温度10~15℃，最适温度12~13℃，湿度85%~90%。

4. 甘薯玉米套种

李映强等（1995）发现玉米与甘薯套作的产量要高于单作玉米产量，说明玉米套作甘薯可充分利用玉米土地有效空间、有效增加玉米产量，提高经济效益。玉米套作甘薯可充分利用光能，并降低土壤容重、增加孔隙度以及提高土壤热容量、导热率和热扩散率降低，增加昼夜温差，提高甘薯的产量与品质。栽培技术如下：

（1）品种选择　根据当地气候特点，选择适合当地种植品种。

（2）移栽前整地、施肥和起垄　甘薯起垄种植可加厚松土层，增加阳光照射的面积，有利于排水，土壤通气性好。

（3）种植规格　甘薯每垄种植1行，垄宽60cm，根据不同的种植模式在甘薯垄种植玉米，株距 30cm，行距 60cm。

（4）田间管理　与常规田间管理一致，值得注意的是根据高产管理措施要进行除草、治虫、灌溉和排水等田间管理措施并进行适时收获。

5. 甘薯芝麻套种

宫栋材（2017）对芝麻与甘薯套种模式及增产效益研究，发现甘薯与芝麻合理套种可提高单产、增加收入，提高作物商品性。套种的芝麻表现株高降低，茎秆粗壮，蒴数增多，千粒重增加，抗病性增强；套种的甘薯地上部分生长旺盛，地下部分大薯块率提高，小薯块率降低，提高了甘薯商品性。栽培技术如下：

（1）品种选择　甘薯芝麻套种，宜选择高产、抗病、商品性好的甘薯品种和单秆型芝麻品种。套种时应根据不同的品种特性确定相应的播种时间。

（2）种植规格　采取 2 行甘薯种 1 行芝麻，芝麻留苗约 3 万株/hm²；或 1 行甘薯种 1 行芝麻留苗约 4.5 万株/hm² 套种模式。

（3）田间管理　应及时间苗和定苗，当芝麻幼苗长出第 1 对真叶时应进行第一次间苗，在第 2、第 3 三对真叶时进行第二次间苗，出现第 4 对真叶时定苗。同时，芝麻应适当时打顶以减少由于养分消耗导致的无效蒴果。夏播芝麻一般在初花 15~20d 晴天掐除植株顶端 1cm，以提高籽粒饱满度。

（4）病虫防治　芝麻的主要病虫害包括茎点枯病、青枯病、蚜虫、小地老虎和盲椿象等。甘薯的主要病虫害包括黑斑病、根腐病、茎线虫病等。

（5）适时收获　芝麻采收过早种子不成熟，采收过晚种子易脱落；在生产中一般以芝麻植株下部一二节处蒴果裂蒴，即可采收。甘薯根据市场需求开始收获，霜降之前采收。

6. 甘薯花生间作

甘薯和花生是山丘薄地和平原沙地的主要作物。为了解决粮油作物争地和轮作安排上的矛盾，进行合理间作，可取得粮、油作物双丰收。增产增收的效果显著。栽培技术如下。

（1）品种选择　花生应选择优质高产的品种。甘薯应选择高产、抗病、商品性好的品种。

（2）种植规格　花生播种 5 行（行距 33cm）为一幅，幅宽约 165cm，每幅花生间留 70cm 起垄，垄中间种甘薯 1 行。花生行距 33cm，穴距 18cm。密度每亩 9 000~10 000 穴。甘薯株距 25cm 左右，每穴 1 苗，每垄定植 1 行，亩保苗 1 200 株。

（3）田间管理　中耕培土，甘薯在花生现蕾前及时中耕除草，培土 2 次，并适当加高加宽垄面。在花生的第一批花盛开期、结荚期至成熟期进行根外追肥，防止花生早衰。

（4）病虫防治　主要防治花生叶斑病和蛴螬。在始花后 15~20d，根据叶斑病病情，每隔 10~15d 叶面喷施 25% 的多菌灵 500 倍液或 70% 甲基托布津 1 000~1 500 倍液，连喷 2~3 次。

（5）适时收获　花生植株上部有几片绿叶，中部叶片变黄，下部叶片脱落，荚果网纹清晰、种皮呈现粉红色时及时收获。甘薯根据市场需求开始收获，霜降之前采收。

此外，甘薯的间作套种模式还有：棉花甘薯套种模式；小麦、烟、薯间套模式；小麦、玉米、甘薯间作模式；小麦、油菜、玉米、甘薯间套模式；小麦、花生、甘薯间套模式；小麦、大蒜、棉花、甘薯间套模式；烟草、甘薯套种模式；小麦、蔬菜、西瓜、甘薯、玉米间套模式；小麦、甘薯、绿豆、菠菜间套等不同种植模式。全国各地甘薯可与多种作物如粮食作物、经济作物、蔬菜等进行间套作，且有成功经验。

四、机械化栽培

（一）应用现状

与其他作物相比、甘薯生产环节多，包括繁育种苗、剪苗、耕地、起垄、移栽、田间管理（灌溉、植保等）、收获（割蔓、挖掘、拾捡、分级等）作业环节，其中耕整、田间管理等机具为通用型农业机械，而其他环节则需针对甘薯特点采用改进机型或专用机型。其中，移栽、收获是最重要的生产环节，其用工量占生产全过程65%左右，而收获又是重中之重，其用工量占生产全过程42%左右。

中国虽是甘薯生产大国，但其机械化作业程度却不高，其耕种收综合机械化指数约26%。按行业调研的数据估算，耕作环节约为55%，收获环节约为15%。远低于2011年全国54.5%的平均水平，并且区域发展不平衡。国内平原（沙壤土）地区明显高于丘陵山区。目前，除耕整、灌溉、植保等机具为通用机型，较成熟外，起垄机具作业质量仍需提升。收获环节多以中小型的挖掘犁、收获机等分段作业机具为主，仍缺少成熟、适用机具，高性能机械化联合收获装备几乎空白，而移栽机具的研究刚刚起步。在现实需求拉动和国家相关惠农政策推动下，特别是在国家甘薯产业技术体系的努力下，中国甘薯生产机械化呈现较好的发展态势，甘薯体系积极开展了种植农艺、作业模式、机械起垄、机械移栽、机械切蔓、机械收获等技术及装备研发与试验示范工作，并已取得阶段性成果。

陕西甘薯生产机械化程度比较低，除起垄收获、切蔓机械在关中地区和陕北宝塔、延长等甘薯主产区有部分应用外，覆膜、中耕除草一般均为人工劳动。特别是陕南山区和陕北丘陵沟壑区受地形、生产规模等因素限制，机械化普及率更低。近年来，在各级部门的重视及甘薯生产企业、经营大户、专业合作社的积极推动下，加强了甘薯起垄机的研制，引进了皮带传动、变速箱转换两种甘薯切蔓机，引进开发了环刀式甘薯收获机，在关中生产田大面积应用示范推广。科研人员在关中地区开展了机械作业技术研究。发现单垄单行栽插方式，垄距为0.80～0.95m。在采用拖拉机动力大于50马力（1马力=735W）的旋耕起垄为一体机，能够做到冬季深翻、春季栽插前旋地、起垄一次完成，一次2垄或多垄。收获时，先用切蔓机将茎蔓田间粉碎还田，将田间地膜捡拾干净，晾晒2d后，再采用环刀式收获机（动力为20～35马力拖拉机）将甘薯收挖至地面，人工分检装运。甘薯生产机械的应用，降低了生产成本，提高了劳动生产效率，促进了甘薯集约化规模化发展。据初步测算，采用机械作业技术，起垄、切蔓每亩节约成本50%，劳动效率提高1 620倍；亩节约成本62.5%，同时劳动效率提高5倍。

（二）存在问题

1. 机具生产供给能力不足

甘薯生产机械研发水平低，生产批量小，机械系列化程度低，配套性差，低端产品多，高新技术产品少。

2. 农民购买能力低

产区多为边远贫穷地区，农民收入水平低，购买能力弱。尽管政府部门将购机补贴比例提高至50%，对农民仍然是杯水车薪。部分地区甘薯生产机械未能列入政府规划，投入不足。

3. 甘薯生机具利用率低

农机化作业服务市场还处在初级阶段，甘薯种植户以自己作业为主，没有形成较强的农机社会化服务市场。

4. 甘薯种植标准化程度低

不同地区甘薯生产条件、种植方式不同，甘薯规模种植、规范化生产水平较低，农机与农艺配套难，机具作业难度大。

（三）发展前景

农机与农艺的结合是发展现代甘薯产业的必然要求，甘薯"艺机一体化"将在更高的技术层次和更宽的生产领域发挥其独特的作用。未来的甘薯产业集约化水平将更加突出，现代农业机械装备必将推动农艺技术的不断创新和进步。从发展趋势看，甘薯分段机械作业在一定时期内仍然是主要收获方式，甘薯联合收获技术及配套机具的推广应用是甘薯生产实现机械化、规模化、降低损耗和提高效益的必然要求。在生产模式上向联合作业方向发展，实现多功能作业，以降低作业成本和设备投入费用，增加甘薯的生产效益。

今后，随着劳动力成本的逐年上升，适应丘陵山区的中小型机械机具将会逐步增加，应用面积进一步扩大。从发展趋势上看，甘薯主产区采用机电、液压、气动等一体化技术以及大型、智能化、高速化机械的使用量将会逐年上升，作业的自动化程度和生产率将进一步提高，而传统的纯机械结构的播种、收获机械在中小规模种植户当中仍将有相当大的市场。

未来，甘薯机械化生产将向智能化和精准化方向发展。自动控制技术、智能农业技术及物联网技术在农业机械上的应用将成为现实，即生产过程在信息化技术、3S等遥感技术及系统的支持下，按照智能化处方图确定的方案，按单元小区差异性，利用微机完成相关的监控、控制和调度等操作，实施精细投入和管理（包括无人驾驶耕整地、起垄、栽插、小型飞机喷药以及变量施肥、灌溉等作业），从而获得最佳的农产品产量和品质。本地区的甘薯产业也将因此受益，实现新的发展。

第三节　甘薯贮藏

一、甘薯收获

甘薯收获过早，缩短生育期会降低产量，同时因早收早贮藏，在较高温度下，薯块易发生黑斑病和出现薯块发芽，不利贮藏。收获过迟，淀粉糖化，会降低块根出干率和出粉率，甚至遭受冷害降低耐贮性。确定甘薯收获适期，一是根据耕作制度，收获期安排在后茬作物播种适期之前。二是根据气温及霜期，当气温降至15℃时，薯块基本上已停止膨大，即可开始收获，至12℃时收获结束。大多在10月上旬至11月上旬。甘薯收获应选择晴天进行，从收获至入窖，做到轻刨、轻装、轻运、轻放，尽量减少薯块破伤，以避免传染病害。

二、甘薯贮藏

（一）贮藏特性

甘薯块根皮薄、肉嫩、水分含量高，易受病害，怕冷怕热、怕干怕湿、怕闷。如果管理不好，容易发生腐烂变质。在采收、运输和贮藏过程中容易造成机械损伤，增加病菌侵染机会，降低块根的耐贮性。已收获的甘薯，仍在继续生命活动，特别是刚收获的薯块，呼吸强度较强，生理变化还在不断进行，贮藏时需及时排除呼吸产生的 CO_2。薯块为维持生活力，需进行生理活动，导致营养物质不断转化消耗，即使贮藏条件再完善，薯块的质量仍会不断减轻。因此，甘薯贮藏必须创造和调节适宜的环境条件，控制适宜的温度、湿度、气体等外部条件，防止病害的发生，达到安全贮藏的目的。

1. 贮藏期间薯块的生理生化变化

（1）呼吸作用的特点　贮藏期间因氧气多少，薯块出现有氧呼吸和无氧呼吸。正常的有氧呼吸，消耗糖分、释放 CO_2、水和热量，呼吸热便是窖温的主要来源。但呼吸强度过大，消耗养分过多，对保鲜不利，且会引起病害发生与蔓延。缺氧呼吸消耗同样的养分，但产生的酒精在薯块中积累，会引起自身中毒而烂薯。为此，贮藏窖内应特别注意通气，不宜贮薯过满和过早封窖，防止呼吸强度过大和发生缺氧呼吸。

甘薯贮藏过程中的呼吸代谢大多数品种属于呼吸跃变型，其呼吸强度与甘薯中物质转化、品质、生理病害密切相关。甘薯在贮藏过程中发生腐烂的重要原因是呼吸作用消耗了环境中的大量 O_2，产生 CO_2，而窖内 CO_2 浓度过高、O_2 不足，会使甘薯呼吸作用异常，引起内部发酵，使薯块的生理机能衰弱，进而导致生理病害，发生腐烂。

呼吸强度是研究农产品收获后生理变化和贮运保鲜的重要指标。甘薯贮藏初期呼吸强度相对较高，随着贮藏期的延长呼吸强度逐渐下降，贮藏约1个月后呼吸强度逐渐减弱到最低，并保持一段时间到外界温度回升时，薯块的呼吸强度也开始逐渐加强。不同甘薯品种的呼吸强度变化差异很大，有些品种干率最高，呼吸强度变化大，而一些品种干率低，其呼吸强度低、变化也相对比较平稳。甘薯在贮藏过程中需要通过呼吸作用分解部分淀粉来提供能量。整个贮藏期甘薯淀粉含量呈现缓慢下降的趋势。淀粉转化为糖的速度与贮藏期间温度以及自身酶的活性有关。大量的淀粉不断转化为糖分，其中一部分为呼吸作用而消耗，另一部分积存在薯块中。贮藏45d左右可溶性糖含量达到最大值，也使薯块食味比初入窖时变甜、变好，随着时间的延长可溶性糖又经历下降后缓慢上升的过程，其变化趋势与呼吸强度基本相一致。

（2）愈伤组织的形成　刚入窖的薯块，周皮常有不同程度损伤，在适宜环境条件下，损伤处能自然形成愈伤木栓组织，以增强薯块的耐贮性、抗病性和减少干物质的消耗。愈伤组织形成与环境因子有密切关系，高温高湿（温度32℃，相对湿度90%）最适于愈伤组织的形成。

（3）薯块内含物成分的变化　薯块含水量较多，一般为65%~75%，高的达80%以上。贮藏过程中，薯块水分含量逐渐减少。贮藏5个月后，薯块含水量损失5%~8%。一般在贮藏初期失水较多，以后逐渐减少。失水的多少与环境条件有关。窖温愈高，水分损失愈多，湿度愈大则损失愈小。薯块含水量高者变化较大，干物质含量高者变化较小。为了保持薯块的鲜度，降低水分变化幅度，适当提高贮藏室中的湿度，有明显的作用。

薯块中除水分外，以淀粉含量最多，其次为糖分，在贮藏过程中，常有一部分淀粉转化成糖和糊精，其中一部分糖被呼吸作用消耗而损失，另一部分糖分积存在薯块中。因此，贮藏期中薯块淀粉含量逐渐减少，淀粉粒体积会变小，糖分含量有所提高。甘薯在贮藏4~5个月后，淀粉含量减少5%~6%，糖分含量增加3%，糊精约增加0.2%。淀粉分解和糖分积累的速度与温度和酶的活性有关。在15℃以上较高温度，糖化酶活性强，有利于淀粉分解成糖，温度较低，淀粉转化成糖较慢，但薯块受冷害后却加快，可溶性糖分增加较多，以增强抗低温冷害的能力。

甘薯薯块外部含有原果胶质，能巩固细胞壁，使组织坚实，增强抗病力。贮藏期中，一部分原果胶质变为水溶性果胶质，使组织变得松软，抗病力减弱。受冷害或涝渍的薯块，因薯块内部水溶性果胶质转化为原果胶质，导致蒸煮"硬心"现象，使食用品质降低。

维生素C含量，以收获时含量高，贮藏过程明显减少，贮藏30d损失近10%，到60d只相当于刚收获时的70%左右，贮藏时间愈长，损失愈多。

2. 影响甘薯安全贮藏的因素

（1）温度　刚入窖的薯块，高温高湿（温度32℃，相对湿度90%）有利于愈伤组织的形成。低于9℃就会受冷害，其生理代谢受损害，抗性降低，软腐等腐生病菌易侵入引起烂薯。温度低于-1.5℃时，薯块内细胞间隙结冰，组织受破坏，因冻害而腐烂。温度超过15℃，薯块发芽消耗养分增多而降低品质。因此，甘薯贮藏期的适宜温度范围为10~15℃，尤以10~14℃最佳。

（2）湿度　贮藏期要求一定的湿度，以保持薯块的鲜度。相对湿度控制在80%~90%，当窖内湿度低于80%时，薯块内的水分便向外蒸发，致使薯块脱水、萎蔫、皱缩、糠心，食用品质下降。相对湿度超过95%时，则薯块退色褐变，病原菌繁殖，腐烂率上升。

（3）空气　在正常贮藏条件下，薯块进行有氧呼吸，使窖内 O_2 减少，CO_2 浓度升高，当 CO_2 浓度过高时，则不利于薯块伤口愈合，如果通气不良，还会导致无氧呼吸，产生酒精使薯块自身中毒腐烂。因此，薯窖内的含氧量不得低于 5%，否则易导致薯块缺氧呼吸，轻则丧失发芽力，重则缺氧"闷窖"，造成窒息性全窖腐烂。

（4）薯块质量　薯块质量的好坏与安全贮藏有密切关系。完好的健薯，生活力强，耐贮性好。凡是受伤、带病、水渍或受冷害的薯块都应在入窖前剔除。品种耐贮性差别也影响贮藏效果。秋薯比夏薯耐贮藏。

（5）采收后病害　①甘薯生理病害：主要有冷害、干湿害、缺氧伤害等。冷害：甘薯采收后适宜的贮藏温度为 10~15℃，当温度长期低于 10℃时易发生冷害。冷害后，甘薯块根的新陈代谢会受到破坏，耐贮性和抗病力下降。薯块受冷后，一般要经过一段时间才发生腐烂，受冷温度越低、持续时间越长，腐烂越严重。甘薯发生冷害后，表皮出现凹陷斑块，将薯块切开切面乳汁少。冷害轻的甘薯会在薯块中心形成硬块，煮不烂、薯肉发甜，冷害严重的甘薯薯肉发苦，切开后，维管束附近变为红褐色，进而变成棕褐色，薯块会水烂发软，用手挤压后有褐色液体流出，薯块腐烂。干湿害：甘薯采收后最适的贮藏湿度为 85%~90%。贮藏湿度过低，甘薯失水严重，导致重量减轻，薯皮颜色发暗，表皮皱缩，出现干缩糠心，造成干害。贮藏湿度过高，接近饱和时，易在屋顶、墙壁和甘薯块根上凝结水珠，浸湿表层的薯块，利于病菌的繁殖和侵染，发生湿害。缺氧：大多数甘薯品种属于呼吸跃变型，其采后贮藏需要适宜的气体环境，空气中的含氧量不低于 5%。在入窖初期和贮藏期间，若长时间通风不好，甘薯的呼吸作用消耗了环境中大量的 O_2，使窖内 O_2 浓度过高，呼吸发生异常，引起内部发酵，使薯块的生理机能减弱而导致生理病害，发生腐烂。因此甘薯在贮藏过程中要注意通风，防止因窖内 CO_2 浓度过高而烂窖。②微生物病害：主要是甘薯软腐病、黑斑病、灰霉病、干腐病等。甘薯采收后腐烂的主要原因是薯块本身带病以及采后病菌由伤口侵入，当窖内的温湿度适于病菌生长时，易引发甘薯腐烂。软腐病是甘薯贮藏期的主要病害之一。引起甘薯软腐病的病原菌为匍枝根霉。病原菌开始侵染健康薯块时，病菌产生的果胶酶、淀粉酶、纤维素分解酶，会分解寄主细胞中的胶层及其他成分，使细胞离析，进而引起薯块薄壁组织软烂、水烂，但是周皮和木栓组织大部分保持完好。外部症状不明显，随后，棉毛状的菌丝体穿过皮孔或周皮伤口，产生黑色孢子囊。甘薯破皮后流出的黄色汁液带有酒香味，如果被后入的病菌侵入，则变成霉酸味和臭味，之后干缩成硬块。当贮藏湿度高于 90%，温度在 15~23℃时，有利于甘薯软腐病的发生，当温度低于 9℃或者高于 35℃时一般不会发病。入窖和开春后薯块的碰伤、受涝、受冻是发病的主要原因。黑斑病病菌侵染后，薯块上出现膏药状青黑色陷斑，并深入薯肉，味苦。潮湿时斑面初现灰色霉层，后现黑色刺状物，病薯不堪食用。发病原因是薯块和旧窖中残留物均可带菌，病原菌通过伤口侵入薯块。最适发病温度为 23~27℃，高温高湿特别是薯块上有水滴时利于黑斑病的发生蔓延。甘薯灰霉病是由灰葡萄孢菌引起的，主要发生在甘薯贮藏期。发病初期，症状与软腐病相似，表面长出灰霉，但不如软腐病腐烂严重，纵切病薯可见许多暗褐色或黑色线条。发病后期，病薯失水干缩成硬块，甘薯在窖内受冻后此病容易发生，发病适温 7.5~13.9℃，20℃以上发病缓慢。干腐病是甘薯贮藏期的主要病害之一，是由甘薯尖镰孢菌引起的病害，共有两种病害症状。一种在薯块上出现数个圆形或不规则形的凹陷病斑，组织呈褐色海绵状；另一种病菌多从薯块的顶端侵入发病，薯肉呈褐色海绵状。病症后期，薯皮表面产生圆形黑褐色凹陷病斑，轮廓有数层且边缘清晰，病斑组织上层为褐色，下层为淡褐色糠腐，且病组织干缩变硬，在发病处常产生白色或粉红色霉层。甘薯收获时过冷、过湿、过干均有利于干腐病的发生。③甘薯愈伤组织的形成与贮藏的关系：甘薯皮由木栓细胞组成。木栓细胞能抑制病菌侵入，并能减少水分散失。甘薯在收获和运输过程中容易造成薯皮损伤，使抗性大大降低。甘薯愈伤组织的形成，是薯块生理机能对外界环境条件的一种反应。薯块受伤后，呼吸强度会明显提高，这种因受到伤害而增强的呼吸作用叫作伤呼吸，或称诱导呼吸。受到机械损伤的薯块，临近伤口表面的细胞呼吸强度在 20 小时内约增加一倍，而后持续一个较长的时期，直到愈伤形成。愈伤组织形成过程中，会发生一系列复杂的生理生化变化，这是甘薯进化过程中对自然选择的结果。董顺旭等（2013）研究发现，当温度 35℃ 以下，相对湿度在 90% 以下时，温湿度越高愈合所需的天数越少。形成愈伤组织有利于增强薯块自身抵抗力，贮藏中应尽量减少甘薯愈伤组织形成的时间。甘薯入窖后，通过加温措施使薯块尽快升到 35℃ 左右，薯堆温度在 34~37℃ 范围维持 4 昼夜，然后快速通风降温降湿，使窖温尽快下降到 15℃ 左右，能使薯块快速形成愈伤组织，同时也能杀灭黑斑病、软腐病等多种病菌，利于甘薯安全贮藏。

（二）贮藏窖的类型

甘薯贮藏窖类型很多，归纳起来有井窖、窑窖、屋窖、棚窖、拱形大窖和机械冷藏库 6 种基本类型。

1. 井窖

井窖一般在地势高，气候干燥，排水良好，管理方便的地方挖窖。其深度为 2.5~3.5m，每窖容量 2 000~5 000kg。其形式有：一井两室、一井多室、双筒井窖及改良井窖等。井窖适宜地下水位低的地区，其优点为保温性能好，贮后薯块新鲜；缺点是散热慢，因不能高温处理，容易发生病害，需采取一系列防病措施，控制适宜温度，才能达到安全贮藏的目的。

（1）普通井窖 井筒深 3~4m，井窖深度超过 4m，保温虽好，但散热慢，容易发生高温。2m 深的井窖易受地面低温的影响，不易保温，常遭冻害。井筒上口直径约 0.8m，下口直径约 1m，有利保温。窖内挖 2 个洞，洞宽 1.7m，高 1.7~1.9m，长 2.6~3m，洞顶半月形，洞门宽约 0.8m，高约 2m，两个洞可贮藏薯种 3 000kg 左右。为了便于通气，在井窖两边各设通气洞 1 个，通气洞沿井筒壁垂直开沟挖成，然后用瓦和泥涂严井筒壁。通气洞上口 15~20cm 见方，下口 23~27cm 见方，出地面 30~60cm，如温度下降即可堵死。

（2）改良井窖 先挖成与普通井窖规格一样的井筒，由筒底向一个方向打 0.83m 宽的走道，在走道的另一侧每隔 1.3~2.7m 挖 1 个贮藏洞，在走道和贮藏洞的上方均可挖气眼，以利通风换气。

井窖贮藏是广大农村普遍推行的一种方法，它具有造价低，用料少，冬暖夏凉的特点。

2. 窑窖

窑窖是山区贮藏甘薯普遍采用的形式。它是以深厚的黄土层挖掘成的贮藏场所，利用土层中稳定温度和外界自然冷源的相互作用降低窑内的温度，创造适宜的贮藏条件。其深度为 6.0~8.0m，宽 3.0~4.0m，每窖容量 2 000~5 000kg。在黄土高原一些地区采用的山体甘薯贮藏窑就是一种窑窖贮藏方法。山体甘薯贮藏窑要建造在地势高，土质（黏性土壤）较好的地方。窑窖经常打成母子窑。母子窑是在母窑侧向部位掏挖多个间距相等的平行子窑。母子窑有梳子形和"非"字形两种结构。

贮藏窑的特点是周围有深厚的土层包被，形成与外界环境隔离的隔热层，温度基本恒定。

3. 屋窖

（1）普通屋窖　利用旧屋角改建或新建，一般长 2.0~3.0m、宽 2~2.3m。如修建半地下室可向下挖 0.7~1.0m。也可垒成双层墙，中间填土或填碎草。墙高 2m，南边或东边留门。屋顶起脊，顶后 0.5~1.0m，四周包严。前后墙留对口窗。室内建回笼火道，室外在进火口处修建煤火灶。

（2）浅屋型地窖　地窖在房屋底下 2m 处，地窖进出口在房屋内，地上房屋用于居住或作他用。浅屋型地窖一般贮藏量大，薯块存取较井窖方便，坚固安全性好，缺点是由于地窖深度不够，窖温偏低，一般要求薯块的存放量要达到窖内体积的 60%。

4. 棚窖

棚窖一般贮量为 1 500~2 500kg，也有高达 5 000kg 以上的。因构造不同可分为"十"字形、"非"字形等，深度 1.7~2.3m。棚窖的优点是适宜在地下水位较高的地区，散热容易，出入方便；缺点是保温性能差，易遭受冷害。

棚窖应选择避风向阳、地势较高的地方建造。挖深 2m、宽 1.7~2m、长 4~5m、四角为弧的方坑。坑上用木料架起，用农作物（高粱）秸秆搭棚盖好。窖初期为了散热，窖顶可覆盖一层薄土，立冬后气温下降覆土层加厚，到冬至前后，覆土厚可达到 1m 左右。在窖的一头留一个人能上下的窖口，另一头可设一个高出地面的气孔（可测窖温）。窖的四周可挖排水沟，防止雨水流入窖内。为了防止冷空气进入窖内，可在窖的一头离窖 0.7~1m 远的地方挖一直径 0.7m 与窖一样深的窖筒，筒底下向窖内建一个人可以弯腰出入的窖门，检查薯块时可以由此洞出入。棚下留的窖口要封严。棚窖前期不易出现高温，但薯堆不易过大，为了使薯堆中温度易于消散，可在薯堆中每隔 0.7~1m 放 1 个农作物秸秆把。入窖 1 个月内，因薯块呼吸旺盛，窖温较高，窖顶常有水珠下滴，堆顶常因湿度过大而发生软腐病。为了降低薯堆上层湿度，可在薯堆上盖干草，隔几天将湿草换掉拿出晾干。入冬以后往往会出现低温，应注意封严窖门并加厚窖顶，使温度始终保持在 11~13℃。

5. 发券大窖（拱形大窖）

发券大窖的优点是坚固耐用，贮藏量大，前期有利于降温散湿，后期有利于保温防冻，只要贮藏量适当，不需人工加温即可保证安全贮藏。砖券大窖的形式很多，这种窖的特点是四周墙和顶部加土厚，各洞都有气眼，通风保温好，管理方便。根据贮藏洞排列方式分为"非"字形和半"非"字形2种。

（1）半"非"字形发券大窖　由贮藏洞、走廊、门窗、气眼、窖顶、管理室等部分组成。整个大窖最好采用半地下式，由地面向下挖1m深处建窖，这样便于保温。如果建在地面上，整个大窖东西侧墙要加厚并砌成梯形墙。贮藏洞南北向，东西排列　洞的大小和多少可以根据贮藏量决定，一般洞宽2.5~3m，高2.5~2.9m，长8~10m。每洞可贮藏25 000kg左右。四周砌石墙，厚度除南墙0.8m外，其余的均为0.5m。洞顶用砖发券，走廊设在南边，距南墙1.5m，高为2.5~2.9m。门窗在走道的东端留一门，与管理室相通作为内门，在每个贮藏洞距南墙1.5m处设一个宽2m、高1.5m洞门。每个贮藏洞的南墙上各留一宽60~80cm、高40~80cm的双层玻璃窗，以利透光和保温。气眼在每个贮藏洞的券顶留1~2个气眼，高出地面50cm，直径为25~30cm。窖顶用砖或石头发券，并在窖顶及四周覆土1.5m左右，以利保温。在窖的一端盖一小房作管理室，大门设在南面，内门与贮藏洞相通。

（2）"非"字形发券大窖　由贮藏洞、夹墙、走廊、气眼、窖顶、管理室等部分组成。

贮藏洞东西向，南北排列，分两排位于走廊的两侧，洞口相对，洞多少可根据贮藏量多少而定。一般洞宽2~2.5m，高2.5~3m，长5m，每洞可贮藏薯种7 500kg左右。夹墙在窖南面距贮藏洞1m处另砌一外墙，两墙之间用土填实，以利保温。外墙高出窖顶2m，以挡窖顶覆土。走廊位于中央，南北向，宽2m，高3.5~4m，南端在墙外处留门与管理室相通作为内门，在内门上方装一宽1.7m、高1.2m玻璃，以利透光。窖顶用砖或石头发券，窖顶及四周均覆土1.0m，以利保温。管理室在窖的南端接夹墙盖小房作为管理室。整个大屋窖最好采用半地下式，即从地面向下挖1m深建窖，如建在地面上，四周墙应加厚。

6. 机械冷藏库

机械冷藏是指将经过挑选的甘薯装箱（箱两边各开2个孔）或装框，然后放在有良好隔热性能的库房中码垛或上架摆放，借助机械冷凝系统的作用，调节库内的温、湿度，使库内的温、湿度保持在有利于甘薯长期贮藏范围内的一种贮藏方式。

机械冷藏的优点是不受外界环境条件的影响，可以迅速而均匀地降低库温，库内的温度、湿度和通风都可以根据贮藏对象的要求而调节控制。但是冷库是一种永久性的建筑，贮藏库和制冷机械设备需要较多的资金投入，运行成本较高，且贮藏库房运行要求有良好的管理技术。在某些情况下，需要长期储存，对质量有特殊要求和经济价值较高的情况下可以用制冷来贮藏甘薯。

制冷系统是机械冷库的核心，是指由制冷剂和制冷机械组成的一个密闭循环制冷系统。制冷剂是在制冷系统中不断循环并通过其本身的状态变化以实现制冷的工作物质。

（三）甘薯入窖前的准备

1. 薯块的处理

（1）薯块选择　预备贮藏保鲜的甘薯，入贮前必须严格挑选，认真剔除病薯、烂薯、虫伤薯、受冻薯、破薯。要选择薯皮光滑、完整的甘薯，这是防止贮藏期种薯腐烂的基础。采收后的甘薯应立即进行伤口愈合处理，即在气温 30~35℃、相对湿度 90%~95% 的条件下放置 4~6d，并要保持足够的通风。此项工作最好在甘薯贮藏地进行，以防第二次搬动，再造创伤。甘薯入窖时含水量若超过 70%，应通风，排湿降温。甘薯块在田间受水渍 3d 以上的，不宜窖贮。

（2）薯块处理　薯块最好"上带蒂子，下带尾巴"，种薯用 50% 甲基托布津可湿性粉剂 200 倍液浸种 10min 或者 50% 多菌灵可湿性粉剂 500~800 倍液浸种 2~5min，晾干后入窖可有效预防黑斑病和软腐病；或者用 50% 代森铵 200~300 倍液，浸薯块 5min 后控水晾干后入窖，贮藏效果好。

2. 薯窖的处理

为保证甘薯及时入窖，应在收获前半个月建好薯窖，旧窖需用药物消毒处理。

（1）旧窖消毒　对土窖可采用刮土消毒法，即甘薯入窖前，将窖壁及窖底刮去 4~5cm，然后撒 1 层生石灰消毒。也可采用 50g/m³ 硫黄封闭熏窖，在窖内点燃硫黄，封闭 2~3d 后放出烟气。或者用 2% 福尔马林喷洒窖内地面和墙壁，喷洒后密闭窖门，防治人畜中毒。

（2）种薯消毒杀菌　为防治黑斑病，种薯入窖前可用 5% 代森铵 200~300 倍液或多菌灵 500~800 倍液浸种 10min，然后晾干入窖，能有效地防治黑斑病。

（3）高温愈合处理　高温愈合处理是采用 30℃ 以上高温处理 5~8d，使伤口愈合，杀灭病菌，对消除病害有明显的效果，对种薯还有催芽作用。具体步骤分升温、保温、降温 3 个阶段。准备工作就绪后，开始烧火升温，甘薯堆平均温度达 35℃ 为止，需 1~2d。此期间注意升温要快，在 20~30℃ 时持续时间不能太长，否则有利病菌繁殖，也不能造成堆间温差过大，否则灭菌不彻底。温度最高不超过 40℃，待温度达到 34~37℃ 时，保温 4 昼夜，这段时间在保温的情况下要注意缺氧时通风，以免缺氧或发芽。保温结束后，需要立即降温，需 1~2d 逐步降到 15℃ 以下，这段时间通风时注意防寒，窖内温度不能低于 9℃，否则薯块易受冷害。

消毒灭菌后，在底部铺 10cm 左右的干净细沙，上面再放上 5cm 厚的秸秆和柴草，窖壁再竖放 6cm 左右厚的秸秆，防湿保温。入窖薯堆中每隔 1.5cm 竖立 1 个直径 10cm 左右的秸秆把，以利于通风、散湿、散热，贮藏量占薯窖空间的 2/3 为宜。

（四）贮藏期间管理

甘薯在贮藏期间应根据甘薯的生理活动特点及外界的变化规律，采取相应的措施，以调节温度、湿度为主，给甘薯创造适宜的小气候，其管理工作可分 3 个时期。

1. 前期通风降温排湿

入窖后 20~30d 内，即冬前期（立冬—大雪），在不进行高温处理的薯窖中，因入窖时外界气温高，且刚收获的薯块呼吸作用强，能释放出大量的热、水汽和 CO_2，窖内易形成高温、高湿的环境。如通风条件差，薯皮表面凝集一层水，俗称"出汗"。这种情况温度可能达到 20℃ 以上，易使薯块发芽，加快淀粉向糖分转化等消耗养分，并能导致病害蔓延。因此，前期的管理应以通风、散湿、降温为主，使窖温不超过 15℃，相对湿度保持在 90%以下。

具体做法是：打开门窗及通气孔进行通风降温，如果外界气温恒高时，可以采取门窗日遮夜开，以排热降温。随着气温的下降，门窗可日开夜闭，待温度保持在 14~15℃时，可以封窖并做好越冬的防寒准备工作。

2. 中期保温防寒

中期（前期过后至立春）。此期时间最长，处于严冬季节，同时薯块呼吸作用减弱，是易受冻害的时期，所以此时期应以防寒为中心，力求窖温不低于 10℃，保持12~14℃为宜。这段时间要注意天气预报和天气变化，并随时检查窖内温度，做好防寒保温工作。

具体做法是：窖温稳定在 14℃时封闭窖门、窗、气孔，并根据外界气温的变化，在窖外分期盖草盖土，加大薯窖的保温性能。当窖温仍保持不住，已下降到 13℃时，可在薯堆间盖草保温，如草被阴湿应晒干后再用。如薯窖四周地势空旷，可在东、北、西三方架设风障，以防寒流袭击影响窖温。这段时间的管理要采取主动，一切措施宜在当地气候显著下降之前完成。

3. 后期稳定窖温及时通风换气

后期管理是立春—出窖期间的管理。立春过后，气温回升，但早春天气多变，有时出现倒春寒，而经过长期贮存的甘薯，呼吸强度下降，对外界条件抵御能力差，极易发生软腐病。已受冷害的薯块，多在此时开始腐烂。此期的管理应以稳定窖温、适当通风换气为主，根据天气的变化，既要注意通气散热，又要注意保温防寒，使窖温持续保持11~13℃为宜。如果窖温偏高，湿度过大，可逐渐除去薯堆上的盖草。晴天中午打开门窗、通气孔，进行通风、换气、排湿，并同时排出窖内的 CO_2，下午关闭门窗，如遇寒流，注意保温。

薯窖管理的中心是保持适宜的温度，要不断测温，不断观察，不能使薯堆间温差过大。测温点代表性要强，温度表要准，特别对门、窗、通气孔等低温点，要勤加观测。

对于贮藏期间发生的意外事故，要及时处理。如果窖内进水，应在 24h 内排出积水，不能上下翻动薯块，否则因小失大，烂薯更多，也容易发生缺氧造成的闷窖。所以要适当地通气，并用点灯测试的方法测查窖内 CO_2 的多少（窖内点燃油灯或蜡烛，如果不能燃烧，即表明缺氧），还要在加温愈合处理过程中注意防火。如果在贮藏期间发生个别薯块坏掉，而没有大范围扩散，就不要翻堆倒垛，防止造成破损和病菌扩散。

（五）甘薯蒸气高温灭菌和液体控温贮藏新技术简介

1. 甘薯蒸气高温灭菌和液体控温的原理

利用水蒸气能携带热量的原理及水蒸气可在管道向任何方向输送，以及比火道散热多且含水分的特点，完成甘薯窖内高温灭菌，提高窖内湿度的程度。

为解决薯窖上下层、薯堆间在加热和散热的过程中速度缓慢，造成薯堆上下温差大，引起发芽、烂薯的问题，利用水具有吸热和散热及流动的特点，在窖内增设水池或水袋，在向窖内送水蒸气升温的同时，使池水或袋水加温，加快了窖内的升温速度，解决了高温愈合和高温灭菌的工作。总之，用水蒸气调节窖温，使窖内的温、湿度保持了相对的稳定。

2. 采用蒸气高温灭菌和液体控温贮藏窖建设要点

这项技术是在甘薯贮藏技术基础上研究出的新技术，但采用这项技术的薯窖，在结构上必须坚固，要充分利用当地的有利条件，不管选用哪种形式，都应备足砖、灰、门窗等用料。具体原则是：

（1）要有良好的通气设备 甘薯贮藏窖能及时排出高温、高湿，保持窖内有充足的氧气。

（2）保温性能好 减低了薯窖受外界条件的影响程度。

（3）坚固耐用 薯窖应是建筑性的，连续使用要经得起自然灾害的侵袭，不至于发生漏水和坍塌。

（4）管理方面 出入方便，即省工又省力。

蒸气保温，用水控温，是优于传统火炕加温的新技术，在不断提高甘薯价值的情况下，将会被更多的薯区应用，使甘薯生产及贮藏技术上一个新台阶。

本章参考文献

常凌云 . 2017. 春花生—红薯间作套种技术 [J]. 现代农村科技 （8）：15.

陈慧芳 . 2010. 甘薯发芽特点及苗床管理 [J]. 陕西农业科学 （6）：104-106.

陈茂春 . 2016. 甘薯膨大期要增施钾肥 [J]. 农业知识：致富与农资 （7）：11.

陈明灿，李友军，孔祥生，等 . 2001. 脱毒甘薯种薯（苗）生产及分级标准 [J]. 种子科技，19 （2）：106-107.

陈晓光，丁艳锋，唐忠厚，等 . 2015. 氮肥施用量对甘薯产量和品质性状的影响 [J]. 植物营养与肥料学报，21 （4）：979-986.

陈益华，钟志凌，贺正金，等 . 2009. 甘薯脱毒苗的快速繁殖与生产技术 [J]. 长江蔬菜 （14）：9-11.

程志强 . 2016. 开封地区西瓜—花生—甘薯一年三熟栽培技术 [J]. 中国瓜菜，29 （10）：54-55.

戴树荣 . 2003. 花生—甘薯轮作制平衡施肥模式的研究 [J]. 植物营养与肥料学报，9 （1）：123-125.

丁利群，2017. 甘薯垄栽高产栽培技术 [J]. 上海农业科技 （2）：72-99.

丁梅，王同勇，刘刚，等 . 2016. 有机肥种类与用量对鲜食甘薯生长发育和产量的影响 [J]. 农业科技通讯 （12）：108-110.

丁永辉，凤舞剑，白耀博 . 2015. 不同磷肥用量对甘薯产量及磷肥效率的影响 [J]. 农业科技通讯 （10）：62-65.

董顺旭，李爱贤，侯夫云，等 . 2013. 北方甘薯安全贮藏影响因素研究进展 [J]. 山东农业科学，45 （12）：123-125，130.

董云艳，杜晶，裴军 . 2010. 马铃薯甘薯轮作一年二熟栽培技术 [J]. 农业科技通

讯 (4)：132.

杜申焕，米新魁，刘平．2001. 脱毒甘薯夏季大田繁殖技术 [J]. 种子科技 (4)：241-242.

段学东．2017. 甘薯增施黄腐酸有机肥高产栽培技术 [J]. 湖南农业 (13)：54-55.

付文娥，刘明慧，王钊，等．2013. 覆膜栽培对甘薯生长动态及产量的影响 [J]. 西北农业学报，22 (7)：107-113.

高东，周红培．2009. 大棚瓜薯间作甘薯种植密度的探讨 [J]. 中国农业科技导报，11 (S2)：63-65.

高文川，刘明慧，王钊，等．2012. 关中地区甘薯套种向日葵高产栽培技术 [J]. 宁夏农林科技，53 (9)：15，36.

宫栋材．2017. 芝麻与甘薯套种模式及增产效益研究 [J]. 现代农业科技 (5)：1，3.

郭生国，杨立明，吴文明，等．2011. 甘薯带根顶端优势的应用与育苗技术研究 [J]. 福建农业学报，26 (4)：567-577.

郭小丁，谢一芝，贾赵东，等．2013. 甘薯试管苗及其种薯产量比较试验 [J]. 江苏农业科学，41 (9)：83-84.

韩瑞华，张自启，刘长营，等．2014. 脱毒甘薯不同世代对产量的影响 [J]. 陕西农业科学，60 (11)：11-13.

胡良龙，胡志超，谢一芝，等．2011. 我国甘薯生产机械化技术路线研究 [J]. 中国农机化学报 (6)：20-25.

胡良龙，田立佳，计福来，等．2011. 国内甘薯生产收获机械化制因思索与探讨 [J]. 中国农机化学报 (3)：16-18.

胡良龙，胡志超，胡继红，等．2012. 我国丘陵薄地甘薯生产机械化发展探讨 [J]. 中国农机化学报 (5)：6-8，44.

胡良龙，胡志超，王冰，等．2012. 国内甘薯生产机械化研究进展与趋势 [J]. 中国农机化学报 (2)：14-16.

胡良龙，田立佳，计福来，等．2014. 甘薯生产机械化作业模式研究 [J]. 中国农机化学报，35 (5)：165-168.

胡振营．2016. 甘薯育苗综合技术措施 [J]. 河南农业 (31)：51.

黄广辉．2015. 甘薯高产栽培技术 [J]. 农民致富之友 (6)：197，260.

惠宗林．2012. 甘薯不同间作方式经济效益比较 [J]. 安徽农学通报，18 (24)：59-60.

贾赵东，马佩勇，边小峰，等．2016. 不同施磷水平下甘薯干物质积累及其氮磷钾养分吸收特性 [J]. 西南农业学报，29 (6)：1 358-1 365.

江列祥．2015. 浅析甘薯优质高产栽培技术 [J]. 南方农业，9 (21)：64，66.

江苏省农业科学院，山东省农业科学院．1984. 中国甘薯栽培学 [M]. 上海：上海科学技术出版社．

江燕，史春余，王振振，等．2014．地膜覆盖对耕层土壤温度水分和甘薯产量的影响 [J]．中国生态农业学报，22（6）：627-634．

解备涛，张海燕，汪宝卿，等．2017．甘薯芝麻间作模式效益分析 [J]．江苏师范大学学报（自然科学版），35（3）：44-48．

康明辉，刘德畅，海燕，等．2009．甘薯脱毒技术的原理及方法 [J]．种业导刊（1）：14-15．

兰孟焦，吴问胜，潘浩，等．2015．不同地膜覆盖对土壤温度和甘薯产量的影响 [J]．江苏农业科学（1）：104-105．

李建磊，李自坤，满朝军．2010．化学调控剂对甘薯植株生长及产量构成的影响 [J]．农学学报（10）：52-63．

李淑霞，余晓艳，秦小宁，等．2007．金叶甘薯扦插繁殖试验 [J]．宁夏农林科技（5）：37-38．

李先干，张安辉．1990．甘薯西瓜间作的配套技术 [J]．耕作与栽培（6）：3-4．

李雪英，朱海波，刘刚，等．2012．地膜覆盖对甘薯垄内温度和产量的影响 [J]．作物杂志（1）：121-123．

李映强．1995．玉米套种堆作甘薯增产机理的研究 [J]．热带亚热带土壤科学（4）：207-210．

李云，宋吉轩，石乔龙．2012．覆膜对甘薯生长发育和产量的影响 [J]．南方农业学报，43（8）：1 124-1 128．

连喜军，李洁，王呟，等．2009．不同品种甘薯常温贮藏期间呼吸强度变化规律 [J]．农业工程学报，25（6）：310-313．

刘全虎，李建设，王述娃，等．2002．甘薯脱毒种薯栽培技术 [J]．陕西农业科学（6）：41-42．

刘胜尧，张立峰，贾建明，等．2015．华北旱地覆膜对春甘薯田土壤温度和水分的效应 [J]．江苏农业科学，43（3）：287-292．

刘玉芹，魏凤彦．2000．甘薯双膜覆盖春秋连作间作花生栽培模式 [J]．河北农业（2）：15-16．

卢广远，杨爱梅．2012．甘薯/鲜食玉米套作模式下产量与效益的分析 [J]．中国农学通报，28（21）：135-139．

罗永涛，汤焱，敖建军，等．2016．黔东南州烤烟套作红薯最佳扦插期研究 [J]．安徽农业科学，44（23）：24-26．

马标，胡良龙，许良元，等．2013．国内甘薯种植及其生产机械 [J]．中国农机化学报，34（1）：42-46．

马洪波，孙若晨，吴建燕，等．2017．不同类型肥料对甘薯产量和氮利用效率的影响 [J]．中国农学通报（35）：107-112．

马剑凤，程金花，汪洁，等．2012．国内外甘薯产业发展概况 [J]．江苏农业科学，40（12）：1-5．

马志民，刘兰服，姚海兰，等．2012．不同覆膜方式对甘薯生长发育的影响 [J]．

西北农业学报，21（6）：103-107.

毛志善，高东，张竞文，等.2005.甘薯高产栽培与加工［M］.北京：中国农业出版社.

毛志善.高东.张竞文.2013.甘薯优质高产栽培与加工［M］2版.北京：中国农业出版社.

梅丽，李仁崑，王立征，等.2017.脱毒甘薯不同世代的生长特性、产量及品质表现［J］.中国农学通报，33（35）：36-45.

梅丽如.2017.汕头市濠江区优质甘薯栽培技术体系探析［J］.现代农业科技（21）：67-68.

缪晓玲.2013.叶用甘薯高产高效栽培技术［J］.山海蔬菜（5）：46-47.

聂明建.2012.适合旱土间作套种的作物——甘薯［J］.作物研究，26（1）：70-73.

齐鹤鹏，朱国鹏，汪吉东，等.2015.不同土壤类型条件下施钾对甘薯钾吸收利用规律的影响［J］.农业与技术，35（7）：4-7.

秦素研，王俊岭，刘志坚，等.2015.甘薯机械化收获品种筛选及其特性研究［J］.宁夏农林科技，56（4）：6-7.

屈会娟，沈学善，黄钢，等.2015.套种条件下种植密度对紫色甘薯干物质生产的影响［J］.中国农业通报，31（12）：127-132.

任国博，史春余，姚海兰，等.2015.施钾时期对甘薯产量及钾肥利用率的影响［J］.中国土壤与肥料（5）：33-36.

施智浩，胡良龙，吴努，等.2015.马铃薯和甘薯种植及其收获机械［J］.农机化研究，37（4）：265-268.

宋聚红，王海山，刘玉芹.2017.洋葱—甘薯复种连作栽培技术［J］.蔬菜（12）：37-39.

苏文瑾，雷剑，王连军，等.2013.不同地膜覆盖对淀粉型和紫色甘薯生长发育的影响［J］.湖北农业科学，52（22）：5 417-5 420.

孙晓辉.2002.作物栽培学（各论）［M］.成都：四川科学技术出版社.

唐静，王非，张晓玲，等.2012.中微量元素肥料对甘薯产量和品质的影响［J］.西南农业学报，25（3）：962-966.

童一宁，徐锦大，姚爱萍，等.2017.丘陵山区甘薯起垄施肥机和收获机设计［J］.农业工程，7（1）：81-83.

王冰，胡良龙，胡志超，等.2012.我国甘薯起垄技术及设备探讨［J］.江苏农业科学，40（3）：353-356.

王翠娟，史春余，王振振，等.2014.覆膜栽培对甘薯幼根生长发育、块根形成及产量的影响［J］.作物学报，40（9）：1 677-1 685.

王家才，杨爱梅.2009.河南省甘薯标准化生产技术［J］.中国种业（1）：72-73.

王连锁.2008.盐碱地甘薯地膜覆盖栽培技术［J］.河北农业科技（20）：11.

王庆美，李爱贤，侯夫云，等.2015.甘薯种薯规模化生产技术规程［J］.农业科学, 5 (4): 157-162.

王世强 . 2009. 甘薯育苗技术 [J]. 科学种养 (5): 14.

王钊, 王西红, 赵华, 等 . 2006 地膜西瓜、甘薯套种高产高效栽培技术 [J]. 陕西农业科学 (5): 179-180.

王自力, 杨爱梅, 秦家范, 等 . 2009. 果园套种甘薯效益及栽培技术 [J]. 陕西农业科学, 55 (5): 214-216.

吴春红, 刘庆, 孔凡美, 等 . 2016. 氮肥施用量对不同紫甘薯品种产量和氮素效率的影响 [J]. 作物学报, 42 (1): 113-122.

吴明阳, 王西瑶, 黄雪丽, 等 . 2010. 免耕垄作对马铃薯、甘薯产量及经济效益的影响 [J]. 江苏农业科学 (4): 73-76.

吴香芳, 钱香莲, 沈其云 . 2007. 红薯育苗的几种新方法 [J]. 农村科技 (7): 47.

邢凤武 . 2014. 甘薯与芝麻套种产量之间的相互影响研究 [J]. 现代农业科技 (8): 31, 33.

徐文艺, 张华, 马继春, 等 . 2015. 山东省甘薯生产机械现状及发展建议 [J]. 农业装备与车辆工程, 53 (1): 10-13.

徐西强 . 2010. 甘薯间作西瓜立体种植技术 [J]. 吉林农业 (8): 132.

薛宪, 王季春, 吕长文, 等 . 2014. 不同甘薯品种套作玉米下的群体产量及效益分析 [J]. 江西农业学报 (10): 20-23.

严伟, 张文毅, 胡敏娟, 等 . 2018. 国内外甘薯种植机械化研究现状及展望 [J]. 中国农机化学报, 39 (2): 12-16.

杨红杏, 林常青 . 2014. 棉花和红薯间作套种高产高效栽培管理技术 [J]. 农民科技培训 (4): 45-46.

杨巧玲, 高惠贤 . 2012. 春播地膜花生与红薯间作套种模式 [J]. 河南农业 (17): 38-39.

雍太文, 杨文钰, 向达兵, 等 . 2012. 小麦/玉米/大豆和小麦/玉米/甘薯套作对根际土壤细菌群落多样性及植株氮素吸收的影响 [J]. 作物学报, 38 (2): 333-343.

俞金保 . 2014. 甘薯不同垄作方式对比试验初报 [J]. 福建农业科技, 45 (5): 7-8.

张爱君, 李洪民, 唐忠厚, 等 . 2011. 长期不施磷肥对甘薯产量与品质的影响 [J]. 华北农学报, 26 (b12): 104-108.

张安辉, 李先干 . 1991. 甘薯西瓜间作效益高 [J]. 农业科技通讯 (4): 10.

张翠英 . 2007. 甘薯的科学贮藏 [J]. 蔬菜 (2): 32.

张道微, 张超凡, 黄艳岚, 等 . 2017. 甘薯田间肥料效应试验分析初报 [J]. 湖南农业科学 (11): 21-24.

张杰 . 2010. 陕西关中地区甘薯高产栽培技术 [J]. 现代农业科技 (15): 109.

张磊, 林祖军, 刘维正, 等 . 2015. 黑色地膜对甘薯光合作用及叶绿素荧光特性的影响 [J]. 中国农学通报, 31 (18): 80-86.

张立明，王庆美，何钟佩．2007．脱毒和生长调节剂对甘薯内源激素含量及块根产量的影响［J］．中国农业科学，40（1）：70-77.

张琳．2016．马铃薯—玉米—红薯三熟套种间作技术［J］．湖南农业（12）：9.

张明生，戚金亮，杜建厂，等．2006．甘薯质膜相对透性和水分状况与品种抗旱性的关系［J］．华南农业大学学报（1）：69-71，75.

张启堂．2015．中国西部甘薯［M］．重庆：西南师范大学出版社．

张涛．2017．夏播甘薯芝麻套种比较试验［J］．农业科技与信息（17）：69-70.

张雄坚，房伯平，陈景益，等．2004．甘薯脱毒苗不同繁殖方式生产比较试验［J］．广东农业科学（2）：11-13.

张玉，吴翠荣，陈天渊，等．2014．甜糯玉米与甘薯套作模式研究［J］．湖南农业科学（17）：18-19.

张玉清．2016．黔东武陵山区特色红薯高产栽培技术［J］．农业科技通讯（6）：233-234.

赵大伟，徐宁生，杨华才，等．2018．甘薯间作糯玉米的高产高效模式分析［J］．热带农业科学，38（2）：29-35.

赵君华．2015．脱毒甘薯培养与种薯繁育生产程序［J］．安徽农业科学，43（27）：46-47，50.

周开芳，左明玉，郑明强，等．2011．脱毒甘薯种薯繁育与高产栽培技术［J］．农技服务，28（1）：6-7.

朱红．李洪民等．2009．贮藏温度对甘薯呼吸强度的影响［J］．江苏农业科学（4）：299-300.

第五章　甘薯种植中环境胁迫及应对

第一节　生物胁迫及应对

生物胁迫是指对植物生存与发育不利的各种生物因素的总称。通常是由于感染和竞争所引起的，如病害、虫害、杂草为害等。中国甘薯病害有 30 余种，为害严重的有甘薯黑斑病、甘薯根腐病、SPVD 病毒病、甘薯根结线虫病、甘薯茎线虫病等。为害严重的害虫有甘薯蚁象、蛴螬、蝼蛄、地老虎、甘薯天蛾、斜纹夜蛾等。甘薯病、虫、草害的胁迫应对，应立足于"公共植保、绿色植保"的防治理念，转变 5 个防治思路，即从"预防为主、综合防治"转向"有害生物持续治理"；从"作物系统"转向"农田系统"；从"单一病虫"转向"生物群落"；从"单一措施"转向"综合调控"；从"应急处置"转向"持续治理"。树立"作物健康栽培"理念，以农药减量化和作物健康为导向的"全程免疫"调控为特点的生态农药创新与绿色植保技术应用，以作物健康，区域治理为调控策略。核心任务是通过栖境管理和生态工程将病、虫、草种群压在低密度平衡态，从而使自然控害力量能持续发挥作用。

一、病害及其防治

（一）真菌性病害

1. 甘薯黑斑病

（1）为害症状　甘薯黑斑病是甘薯的一种检疫性病害，又称黑疤病，俗名黑疔、黑膏药、黑疮等，在全世界各甘薯产区均有发生。甘薯黑斑病于 1890 年首先发现于美国，1919 年传入日本，1937 年由日本鹿儿岛传入中国辽宁省盖县。随后，该病逐渐由北向南蔓延为害，目前已成为中国甘薯产区为害普遍而严重的病害之一。据统计，中国每年由该病造成的产量损失为 5%~10%，为害严重时造成的损失为 20%~50%，甚至更高。此外，病薯内可产生有毒物质主要有甘薯黑疱霉酮（ipomeamarone）、甘薯酮醇（ipomeamaronol）、甘薯瘿（ipomeanine）、4-甘薯醇（4-ipomeanol）等呋喃萜类有毒物质，人和家畜食用后，会引起中毒，严重者死亡。用病薯作发酵原料时，能毒害酵母菌和糖化酶菌，延缓发酵过程，降低酒精产量和质量。

甘薯黑斑病主要为害薯苗和薯块。甘薯黑斑病病菌以子囊孢子、厚垣孢子和菌丝体在薯块或土壤中病残体上越冬，之后在幼苗期、生长期和收获贮藏期都能发生，引起烂床、死苗、烂窖。

幼苗期：病苗生长不旺，叶色发黄，近地面茎部白嫩部位多出现黑褐色近圆形或菱形凹陷病斑，以后逐渐纵向扩大，初期上有灰色霉层（病菌无性态分生孢子及厚垣孢子），后逐步出现黑色刺毛状物（子囊壳）和黑色粉状物，直至茎基部变黑，形成黑根死苗。严重时，幼苗未出土即烂于土中，种薯和幼苗均变黑腐烂，造成烂床、死苗。

生长期：基部叶片变黄脱落，生长缓慢，地下部变黑腐烂，甚至造成死苗，病重者不能扎根而枯死，病轻者在接近地面处长出少数侧根，但生长衰弱，叶色淡，遇干旱易枯死，而且薯蔓上的病菌可蔓延到新结薯块上，多在伤口处产生黑色病斑，斑块为圆形或不规则形，中央稍凹陷，生有黑色刺毛状物及粉状物，病斑下层组织黑绿色，病薯味苦，不能食用。

贮藏期：薯块病斑多发生在伤口和根眼上，初呈黑色小圆斑，以后病斑扩展，数个结合成不规则的大病斑，轮廓清晰，分界明显，病斑中央凹陷，温湿度适宜时可产生灰色霉状物或散生黑色刺状物，病菌便会迅速繁殖。致病菌侵染甘薯后，病菌通过其分泌的纤维状物质与可识别的寄主细胞壁紧紧固定，才使侵入栓得以穿透植物细胞壁成功侵入寄主细胞，完成寄主识别后，病菌开始萌发产生芽管，迅速生长，扩大侵染。目前认为真菌是靠毒素来完成对寄主组织的破坏作用，甘薯黑斑病菌侵染寄主时分泌毒素，杀死寄主的组织然后再从其中汲取养分，从而破坏寄主的组织结构和生理生化过程，引起寄主快速萎蔫和细胞组织广泛变为暗黑色，再到深褐色或黑色，最后坏死腐烂。

（2）病原及传播途径　甘薯黑斑病的病原真菌为子囊菌亚门长喙壳菌属（*Ceratocystis fimbriata* Ells. & Halsted）。菌丝体寄生于寄主细胞间或偶有分枝伸入细胞内。有性阶段子囊壳呈长颈烧瓶状，具长喙，子囊为梨形或卵圆形，内含子囊孢子，子囊孢子为"钢盔"状，单胞，无色，成熟后成团聚集于喙端。无性阶段产生内生分生孢子和内生厚垣孢子，其中分生孢子"杆状"至"哑铃"状，单胞，无色；厚垣孢子近球形，单胞，厚壁，暗褐色。分生孢子寿命较短，厚垣孢子和子囊孢子寿命较长。病菌适宜的生长温度为 9~36℃，最适温度 23~29℃，菌丝及孢子的致死温度平均为 51~53℃（10min）。病菌在 pH 值 3.7~9.2 都可生长，最适 pH 值 6.6。病菌有生理分化现象，在致病力上可分强致病力株系和弱致病力株系，病菌还可侵染牵牛花、月光花等多种旋花科植物。该病传播来源较多，侵染阶段较长，在甘薯生产的各个阶段都会造成新的侵染，增加病害的为害程度。病菌主要以菌丝体、子囊孢子和厚垣孢子等在贮藏病薯或大田及苗床土壤、粪肥中越冬，成为翌年发病的主要侵染源。该病菌寄生性不强，主要从伤口侵入，也可从薯块上芽眼、皮孔、根眼侵入，形成发病中心。温度在 10℃ 以上就能发病，25~28℃ 最适宜发病，10℃ 以下和 35℃ 以上一般不发病。

甘薯黑斑病是一种真菌病害，鼠害、地下害虫、收获和运输过程中人的操作、农机具、种薯接触有利于病菌的传播和侵染。该病菌寄生性不强，主要由伤口侵染。甘薯收刨、装卸、运输、挤压及昆虫为害造成的伤口是病菌侵染的重要途径，也可从根眼、皮孔等自然孔口及其他自然裂口侵入。分生孢子和子囊孢子在田间主要靠种薯、种苗、土壤、肥料和人畜携带传播；收获、贮藏期，病菌可借人、畜、昆虫、田鼠和农具等媒介传播。甘薯黑斑病的发病适温为 25~27℃，病斑在 23~27℃ 条件下扩展最快，低于 8℃ 或高于 35℃，则病害发生缓慢。土壤湿度为 14%~60% 时，发病率随湿度增加而加重；

土壤湿度超过60%，又随湿度的增加而递减。故在温度适宜、高湿多雨条件下发病严重。贮藏期间，15℃以上利于发病，最适发病温度为23～27℃；10～14℃发病较轻；35℃抑制发病。种薯入窖前期，薯块呼吸旺盛，散发水分多，若窖温为23～27℃，病害极易发生蔓延，引起烂窖。黏土地较沙土地发病重。品种之间抗病性有差异。甘薯受害后，产生甘薯酮，可杀死病菌，抗病品种甘薯酮含量比感病品种多。此外，植株不同部位感病性不同，薯蔓白色部分较绿色部分易感病。

（3）防治措施 坚持综合防治原则和措施。甘薯黑斑病是一种传播途径广的顽固性病害，不易根治，同时病菌的繁殖能力强，为害严重。因此，对于甘薯黑斑病的防治，必须杜绝各个传病环节，进行综合防治才能奏效。在防治工作中应采用以繁殖无病种薯为基础，培育无病壮苗为中心，安全贮藏为保证的防治策略，实行以农业防治为主、药剂防治为辅的综合防治措施。

选用抗病品种：在甘薯黑斑病的防治方法中，选育抗病品种是最为经济有效的防治手段。甘薯品种间抗黑斑病差异很大，要因地制宜地引进与推广适合当地情况的抗病品种。近年来全国各地育成的抗病品种有：苏薯9号、徐薯23、渝苏303、苏渝76、苏渝153、鄂薯2号、冀薯99、烟薯18、烟紫薯1号、鲁薯7号等。

严格检疫：引进甘薯新品种时，严禁从病区调运种薯、种苗。

建立无病留种田：甘薯留种田要选择3年未种过甘薯的旱地或水稻田，施用肥料以及灌溉用水要确保洁净、不含病菌，确保留种地土壤不带病。

培育无病薯苗：苗床要用净土、净肥、净水，种薯上床前要施足底肥，浇足水。精选无病块根做种薯，并严格挑选，剔除病、虫、伤、冻薯块，然后进行消毒处理。消毒方法：①温水浸种：用50～54℃温水浸种10min，取出后立即上床育苗。②药剂浸种：用50%多菌灵可湿性粉剂600～800倍液浸种5min，或用70%甲基硫菌灵800倍液浸种10min，然后上床育苗。育苗初期，控制温度在30～35℃，相对湿度90%～95%，以促进伤口的愈合，减少病菌侵入。

栽插无病薯苗：采用种薯育苗的，当苗长到27cm左右时，在离地面7cm处剪苗，插于无病土中，待苗长到30cm以上时，再从离地面10～17cm处剪苗（高剪苗）插于大田。若受条件限制，不能采用上述方法的，则可在离地面13～17cm处剪苗直接插于大田。剪苗后结合药剂处理，效果更好。可用50%多菌灵可湿性粉剂1 000倍液浸薯苗基部（6cm左右）2～3min，或用50%甲基硫菌灵700倍液浸薯苗基部10min左右。

加强田间管理：坚持与水稻、玉米、小麦、豆类等作物轮作，避免连作，或与番茄、辣椒、马铃薯等作物连作。增施有机肥料与K肥，适时灌溉，促进植株健壮生长，提高植株自身的抗病能力。

化学药剂防治：育苗前，用50%代森铵水剂200～300倍液或50%甲基硫菌灵可湿性粉剂800倍液或10%多菌灵可湿粉剂300～500倍液浸种10min；药剂浸苗：移栽前，薯苗剪后用50%甲基硫菌灵可湿性粉剂1 500倍液浸苗10min或用50%多菌灵可湿性粉剂800～1 000倍液浸蘸苗基部10min。

适时收获：留种薯要在霜前择晴天收获，避免薯块遭受低温冻害，引起对黑斑病抵抗力下降。在收获运输操作时，要减少伤口。

安全贮藏：贮藏前，对旧薯窖要用 1% 福尔马林，或用 1∶30 的石灰水涂刷消毒。入窖前，严格剔除病薯，并用 50% 多菌灵可湿性粉剂 500 倍液或 70% 甲基托布津可湿性粉剂 800 倍液浸薯块 3~5min，晾干后入窖。

2. 甘薯根腐病

甘薯根腐病又称烂根病、开花烂根病，俗称鸡爪根、姜枝病。以往主要发生在长江流域及以北地区，近年来，该病害蔓延快速，逐步打破了该病在长江流域以北发生的界线。甘薯根腐病的发生和流行与品种、茬口、土质、气象密切相关；高温干旱条件下发病重；夏甘薯发病重于春甘薯；连作地发病重于轮作地；晚栽发病重于早栽地块；沙壤瘦地发病重于土壤肥沃地。发病温度范围 21~31℃，最适温度为 27℃ 左右。土壤含水量 10% 以下，有利于病害的发展。品种间耐病程度有明显差异。甘薯根腐病在育苗期和大田生长期均可发病。发病轻的植株多不能形成薯块或薯块小而少，发病重的植株全根腐烂，整株枯萎，最后全株死亡。田间病害轻者减产 10%~20%，重者减产 40%~50%，甚至成片死亡造成绝产。

（1）为害症状　甘薯根腐病在苗床及大田均可发生。苗床发病症状一般较轻。苗床期的病薯较健薯出苗晚，出苗率低。幼苗发病叶色较淡生长缓慢，在吸收根的尖端或中部现黑褐色病斑，严重的不断腐烂，致地上部植株矮小，生长缓慢，叶色逐渐变黄，拔秧时易自病部折断。大田生长期根系是病菌侵染的主要部位，从根尖端或中部局部变黑坏死，逐渐发展到整根变黑腐烂。重病株根系全部腐烂；轻病株近土表处仍可生长少量新根，部分形成柴根但不结薯；有结薯的，薯块小而少，且多为葫芦状等畸形薯。病薯块轻者表面形成大小不一的纺锤形或椭圆形黑色病斑，稍有凹陷；重者表皮破裂，皮下组织发黑疏松。病株生长缓慢，分枝多，遇强光多晒呈萎蔫状，天气稍变凉后，茎蔓仍可生长，从叶腋处抽出花枝，并现蕾开花。发病较重植株，叶柄短细，从近地面处的基部叶向上，叶片逐渐变黄发红，叶尖偏褐，叶片反卷，最后整个叶缘变黑干枯、脱落，终致整株死亡，田间发病严重时会形成大片死苗。薯块感病后变畸形，初期表皮不破裂，多畸形，生长至中后期时，薯皮龟裂，容易脱落，皮下组织变黑疏松，患病部位与健康部位交接处形成 1 层新皮。储藏期间病斑不扩大，病薯不硬心，熟食没有异味。

（2）病原及传播途径　甘薯根腐病属于真菌性病害。病原真菌为甘薯根腐病病原菌 *Fusariµm solani* f. sp. *batatas*，简称 FSB。其无性阶段为镰刀菌属，有性阶段为丛赤壳属。其大型分生孢子纺锤形，厚垣孢子近球形，淡黄至棕黄色，表面光滑或有瘤状突起。菌核扁球形，灰褐色至灰紫色。在田间自然状态下还未发现 FSB 的有性世代。FSB 除了从伤口和虫孔处侵入甘薯植株，还能够从幼嫩的根尖处侵入。FSB 侵入后能够产生茄病镰刀菌烯醇、T2、二醋酸藨草镰刀菌烯醇、H-T2 等毒素。病原菌侵入产生的粗毒素作为逆境因子通过植物位于细胞质的甲羟戊酸途径（mevalonic acid pathway，MVA pathway）和位于质体的脱氧木酮糖-5-磷酸途径（1-deoxy-D-xylulose-5-phosphate pathway，DXP）或甲基赤藓醇 4-磷酸（methylerythritol4-phosphate pathway，MEP）途径诱导合成脱落酸（ABA）等多种萜类化合物，这些相关酶基因部分已被克隆。抗感甘薯品种感染 FSB 后，其内源 ABA 均有明显增加。FSBV100-93-06 菌株能够产生

ABA，诱导甘薯植株的叶片、茎尖和根部组织内源 ABA 含量显著升高，GA_3 含量显著下降。研究已证明 ABA 可以通过促进淀粉的合成而表现促花效应。GA_3 可以诱导 α-淀粉酶的活性，使淀粉水解，抑制花芽分化，低含量 ABA 和高含量 GA_3 促进腋芽的萌发，因而使病株产生现蕾开花、藤蔓生长缓慢、植株矮小直立、黄叶增多等症状。

甘薯根腐病是典型土传病害，病残体、土壤和带菌有机肥也是重要初侵染源，流水携菌是近距离传播的主要途径，带菌种苗是远距离传播的重要途径，灌溉、中耕等田间管理措施也有利于病害传播到健壮植株上。甘薯根腐病病菌借助土壤传播，病菌分布以耕作层密度最高，发病也重；田间病害扩展主要依靠灌溉、中耕等农事活动的传播。遗留在田间的病残株是重要的初次侵染来源；同时用病株喂猪，其粪便仍能致病；带病种薯也能传病。该病发生和流行与品种、茬口、土质、气候密切相关，发病温度范围 21~29℃，最适温度 27℃ 左右，土壤含水量在 10% 以下时易诱发此病，连作地、沙土地发病重。

（3）防治措施　①选用抗病品种：精选无病块根作为种薯。高产抗病品种主要有商薯 19、徐薯 18、豫薯 13、皖薯 3 号、鲁薯 3 号、鲁薯 4 号、鲁薯 7 号、短蔓红心王甘薯、皖 84-559 等。品种的抗病性往往随着种植年限的延长会有所减弱，因此应注意坚持年年提纯复壮，选择使用年限较短的种属种苗。②增施有机肥料与钾肥：适时早栽，栽种无病壮苗，深翻改土，增施有机肥料与 K 肥，适时浇水。同时加强田间管理，提高植株自身的抗病性。深翻耕作层，增施不带菌的有机肥和 P 肥，收获时病残体集中烧毁、深埋。③轮作换茬：实行轮作倒茬，水旱轮作，轮作年限要以发病程度而定。避免连作或与番茄、辣椒、马铃薯等作物连作。连作年限越长，土壤带菌量越多，病害越重。实行甘薯、花生、棉花、芝麻、玉米、高粱等轮作，有较好的防病保产作用。春薯适当提前栽种，天气干旱时，春薯、夏薯栽种后适期浇水。④清洁田园：杜绝粪类传病平时将田间病株就地收集并深埋或烧毁。收获时，对病薯及病地的秧蔓，进行妥善处理。严禁将病薯随地乱丢或沤肥。⑤建立三无留种地：杜绝种苗传病建立无病苗床（用无病土，施无菌肥，选用无病、无伤、无冻的种薯），并结合防治甘薯黑斑病，进行浸种和浸苗；选择无病地块建立无病采苗圃和无病留种地（选无病地、栽无病壮苗），培育无病种薯。⑥药剂防治：一是种薯消毒。用 50% 多菌灵可湿性粉剂 500 倍液或 70% 甲基托布津 600 倍药液浸种薯 3~5min，1kg 药液浸种薯 10 t，晾干后入窖。二是药剂浸苗消毒。用 70% 甲基托布津 600 倍液或 50% 多菌灵 250~300 倍药液，浸蘸薯苗基部深 6~10cm，时间为 2~3min。三是灌根处理。用 96% 恶霉灵 3 000 倍药液灌根、处理土壤，同时也对甘薯黑斑病防治效果较好。

3. 甘薯疮痂病

甘薯疮痂病俗称甘薯缩芽病、甘薯麻风病、甘薯硬杆病等。中国于 1933 年首先在台湾省发现。该病是南方薯区的三大病害之一。目前在广东、广西、福建和浙江等省区相继发生。该病的为害程度因发病期迟早而定，一般发病越早，为害程度越重，损失越大。苗期发病时生长迟缓，苗小而劣，不能及时采苗贻误农时。植株生长前期发病，通常产量损失 30%~40%，严重的可达 60%~70%；中期发病，产量损失 20%~30%；后期发病，产量损失 10% 左右。发病植株除造成产量损失外，病薯中的淀粉含量减少，品质降低。

（1）为害症状　甘薯疮痂病主要为害甘薯嫩梢、叶柄、幼叶和茎蔓，尤以嫩叶的反面叶脉最易感染，同时也可为害薯块。为害叶片病斑多见于叶背叶脉上，呈木栓化疣斑，病斑表面粗糙，病叶卷缩畸形。叶柄上呈现"牛痘"状圆形或椭圆形疮痂斑，其表面也粗糙，导致叶柄弯曲。嫩梢受到为害，其形状呈畸形，发育受阻，新梢和幼叶难以长大。发病严重时植株结薯少而块茎小，淀粉含量也减少，品质降低。潮湿时患部表面呈现灰白色薄霉层，为病菌分孢盘上产生的分生孢子。嫩叶发病的症状多是叶背粗，细叶脉初时出现棕红色稍透明的小斑点，后病斑逐渐扩大，病斑表面组织木栓化，粗糙，突起，易开裂，状如疮痂，呈灰白色至黄白色。叶片发病后常向内卷曲，严重时皱缩变小，不能伸展，呈扭曲畸形。茎蔓和叶柄发病，形成圆形或长圆形疮痂状病斑，后期凹陷，严重时疮痂相连成片，生长停滞。病茎蔓皮层粗糙，木栓化，失去柔性，以致薯蔓顶端硬化僵直，不再伏地蜿蜒。嫩梢发病，产生密集淡紫色病斑，嫩梢皱缩不能生长，称之缩芽。薯块染病，表面产生暗褐色至灰褐色斑点，干燥时疮痂易脱落，残留症状斑或疤痕。病薯薯块小而多呈不规则形。

（2）病原及传播途径　甘薯疮痂病是一种真菌性病害，其病菌无性态为半知菌亚门腔菌纲黑盘孢目黑盘孢科甘薯痂圆孢菌（*Sphaceloma batatas* Sawada）；有性态为子囊菌亚门腔菌纲多腔菌目多腔菌科甘薯痂囊腔菌［*Elsinoe batatas*（Sawada）Jenk. et Vieg.］。致病菌田间常见的是其无性世代，为甘薯痂圆孢菌。病菌分生孢子盘浅盘状，先埋生后突破表皮外露。盘上分生孢子梗短小，单胞，无色，圆柱形，不分枝，顶端稍尖细，其上着生分生孢子。分生孢子单胞，近球形至长卵圆形，无色，两端各含1个油球。在罕有的情况下，菌丝能在干枯的病残体上形成子座，其上着生单排、球形的子囊，内生4~6个透明、有隔、弯曲的子囊孢子。

病菌主要以菌丝体潜伏在病组织中越冬，以带菌的种苗或带病的薯蔓为田间病害的主要初侵染源。甘薯育苗床用病蔓做酿热物，是疮痂病的发生传播主要路径之一。育苗床用病蔓做酿热物，可以使芽苗感染发病，发病率达到90%以上。病菌分生孢子是初侵染和再侵染的接种体，借气流和雨水传播，从寄主伤口或表皮侵入致病。病菌远距离传播依靠薯苗的调运，而种薯和土壤不会造成病害的传播。湿度是病菌孢子萌发和侵入的重要条件，雨露，特别是连续降水和台风暴雨有利发病。雨天翻蔓会使病害扩展蔓延更快。田间病害发生需要气温在20℃以上，最适温度为25~28℃。当温湿度满足时，病害蔓延速度很快，为害病株率会成倍增长。

（3）防治措施　①坚持植物检疫：先划分无病区与保护区，禁止从疫区调运种苗至保护区。②选用抗病品种：是防治甘薯疮痂病发生为害的有效途径，也是综合防治的关键措施。在无病区选用抗病品种，建立无病种薯育苗基地，培育无病健苗。③轮作：坚持与非寄主轮作，尤以水旱轮作为宜。收获后彻底清除田间病残体，并深翻土壤。重病田与粮食作物进行4~6年轮作。④施肥：施足腐熟粪肥，防止偏施N肥，增施P、K肥。⑤合理灌水：雨后排水，降低田间湿度，抑制病害蔓延；早期发现病株，及时拔除。⑥药剂防治：在春秋甘薯育苗和大田扦插时，可用70%甲基托布津700倍液，或用50%多菌灵500倍液，浸薯苗10min，沥干后扦插，其效果较为理想。发病初期，可选用70%甲基托布津可湿性粉剂1 000倍液，或用50%多菌灵可湿性粉剂500倍液，或用80%代森锌可湿性粉剂600倍液，或用80%新万生可湿性粉剂600倍液喷施防治，7d后再喷1次，效果更好。提倡施用酵素菌沤制的堆肥，多施绿肥等有机肥料或施入土壤添加剂SH有抑制发病的作用。

4. 甘薯蔓割病

甘薯蔓割病又称蔓枯病、萎蔫病、枯萎病，是中国南方甘薯种植区的主要病害之一。近年来甘薯蔓割病在中国的发生面积有进一步蔓延趋势。20世纪50年代和70年代，甘薯蔓割病先后在美国和日本带来过严重的甘薯产量损失问题。20世纪90年代，该病曾在福建沙壤土薯区流行为害，病害在田间随机分布，一般减产10%~20%，重者达50%以上。

（1）为害特征　甘薯蔓割病是一维管束病害，病菌在对植物的侵染过程中，首先由土壤通过秧苗基部或根部的伤口，或由带菌种薯通过导管侵入秧苗，在导管组织内繁殖，维管束会变成褐色，致使患病植株发生全株性枯萎和死亡，田间表现为地上部分叶片自下而上变黄脱落。最后茎部开裂，整株死亡。当旬温高于20℃时开始发病，气温升高时蔓割病发病加重，旬温高于27℃时病情迅速上升。夏秋季大雨后病害剧增。植株受侵染后，根、茎蔓等不同部位均可见纵裂症状，且多发生在靠近土壤的茎部。沙壤土或土质疏松的地块发病重，土质黏重或含水量高的田块发病轻。

（2）病原及传播途径　甘薯蔓割病也称镰刀菌枯萎病，是一种真菌性病害。病原菌为 *Fusarium oxysporum f. sp. batatas*。甘薯蔓割病病原菌是一种弱寄生性土壤习居菌，厚垣孢子可以在土壤中长期存活。土壤带菌及带病种薯、种苗是引起苗田和大田发病的侵染源。病菌主要是通过苗茎的受伤部位侵入植物。

（3）防治措施　严格控制带病种薯及种苗的远距离运输。选用抗病良种和药剂浸苗处理。甘薯扦插之前，可选择使用50%多菌灵浸苗处理，也可选用80%超微多菌灵可湿性粉剂0.8g/L或50%多菌灵可湿性粉剂1.0g/L浸苗，晾干后扦插。此外，对于甘薯蔓割病的生物防治工作已有研究表明，由于甲壳胺、芽孢杆菌对感蔓割病甘薯的叶片组织浸取液中的甘薯凝集素等具有较明显的抑制蔓割菌丝萌发和凝集活性的作用，必须确保薯苗健康无病。采取各种有效措施培育无病壮苗才是大田药剂浸苗处理获得良好防效的前提与基础。发现疫情就要立即清除焚烧病苗，对发病区域土壤进行熏蒸处理。

（二）病毒性病害

1. 甘薯病毒复合体（SPVD）

甘薯病毒复合体指甘薯羽状斑驳病毒（Sweet potato feathery mottle virus，SPVD）和甘薯褪绿矮化病毒（Sweet potato chlorotic stunt virus，SPCSV）能够双重感染、协同互作从而引起的一种甘薯病毒病害。SPVD在世界范围内广泛分布，特别是在非洲发生普遍，是世界范围内最重要的和最具毁灭性的甘薯病毒病害之一，其对甘薯产量所造成的损失可达90%。在中国多个地区也都有发现。SPVD的染病症状主要包括叶片褪绿、叶片扭曲、植株矮化等。近年来有研究发现，当甘薯羽状斑驳病毒和甘薯褪绿矮化病毒分别单一侵害甘薯时，对甘薯症状影响不大，而当两种病毒同时侵入时，甘薯SPVD病症就会变得十分明显。

SPVD 目前难以预防，加之对农业生产造成的严重损失，SPVD 已经成为甘薯生产过程中一大顽疾。甘薯的繁殖方式是无性繁殖，这种繁殖方式会造成 SPVD 病毒永久存在并逐代积累，最终造成甘薯品质降低和产量下降。由于甘薯的这种特性，SPVD 的防治就比较困难。中国主要采用了甘薯脱毒的方式减少 SPVD 的感染，并取得了一定的进展。国内外科学家通过各种途径选育了一些可控制 SPVD 的甘薯品种，经过改良减少了对甘薯的病毒伤害。由于 SPVD 病毒在发病机制方面的研究还不是很多，而且在品种抗性方面的技术也不是很成熟，所以在具体的生产实践中还没有十分有效的防控措施。

2. 甘薯羽状斑驳病毒（SPFMV）

甘薯羽状斑驳病毒，英文名 Sweet potato feathery mottle virus（SPFMV），是甘薯上为害最重的病毒病害之一。甘薯羽状斑驳病毒分布最广，全世界甘薯产区普遍发生，几乎在所有种植的甘薯品种上均可发现。SPFMV 粒体为长丝状，不同株系的长度有差别，大多为 810~815nm 或 850~900nm，属于马铃薯 Y 病毒组中病毒粒体及 RNA 最长的成员，在寄主内可诱导出胞质风轮状内含体。SPFV 的传播方式主要包括介体传播、嫁接传播和机械摩擦传播。传播介体有桃蚜（*Myzus persicae*）、蚕豆蚜（*Aphid craccivora*）、棉蚜（*Aphis gossypii*）和萝卜蚜（*Lipaphis erysimi*）等。

该病毒引起的症状常依寄主、病毒株系及环境而改变，在叶片上表现为褪色斑，老叶上沿中脉发生不规则羽状黄化斑点，有时还会在斑点外缘产生紫色素而形成沿叶脉分布的紫色羽状斑纹，具有明显的或不明显的紫环斑，有时也有隐症侵染现象。有的株系会造成某些甘薯品种块根外部坏死（锈裂）或内部坏死（木栓）。

防控甘薯病毒病的主要措施是以种苗为中心的病毒综合防治技术体系：一是加强检疫。杜绝毒源，以控制病害的蔓延和发展。二是采用组织培养进行茎尖脱毒或种薯热处理脱毒，培育无毒种薯种苗，并要求种苗田与大田作适当隔离。三是选用优良的抗病品种。四是定期调查虫情，及时防治粉虱、蚜虫等传媒介体昆虫，并及时进行药剂防治，以减少田间虫量，杜绝部分传染源。五是及早剔除病苗病株，清洁田园，以切断传染源。对病苗病株要集中烧毁，不得随意丢弃。六是加强田间管理，增施有机肥，促进甘薯植株健壮生长，增强其抗病能力。七是适当调整甘薯的扦插期，避开该病害的发病高峰期。八是加强土壤的改良措施。九是积极采用甘薯轮作的耕作制度。清除携带病毒的植株残体、杀灭病毒传播的生物介质、脱毒处理。

3. 甘薯褪绿矮化病毒（SPCSV）

甘薯褪绿矮化病毒（SPCSV）属于长线形病毒科（*Closteroviridae*）毛形病毒属（*Crinivirus*）成员。SPCSV 最早报道于 20 世纪 70 年代，目前主要分布在非洲和南美洲。2010 年以来 SPCSV 先后在广东、江苏、四川、安徽等主要甘薯产区有所报道。SPCSV 单独侵染甘薯和巴西牵牛时产生的症状比较轻微，表现为叶片褪绿和植株矮化，中下部叶片变紫色或黄化，通常能使甘薯薯块减产 50% 左右。SPCSV 的寄主范围较窄，主要为旋花科植物。SPCSV 除了能与 SPFMV 协生共侵染甘薯引起 SPVD 外，还可与甘薯轻斑驳病毒（Sweet potato mild mottle virus，SPMMV）、甘薯病毒 G（Sweet potato virus G，

SPVG)、甘薯脉花叶病毒（Sweet potato vein mosaic virus，SPVMV)、甘薯潜隐病毒（Sweet potato latent virus，SPLV)、甘褪绿斑病毒（Sweet potato chlorotic fleck virus，SPCFV)、甘薯 C-6 病毒（Sweet potato C-6 virus，C-6）和黄瓜花叶病毒（Cucumber mosaic virus，CMV）等共侵染甘薯形成协同病害。

（三）细菌性病害

1. 甘薯瘟病

甘薯瘟病（Sweet potato bacterial wilt)，又名甘薯细菌性枯萎病、甘薯青枯病、甘薯细菌性萎蔫病，是甘薯上的一种细菌性疫病。甘薯瘟病在华南、中南、华东的甘薯种植区均有发生。一般病田损失 20%～30%，重者可达 60%～70%，甚至全田毁灭，对甘薯生产为害极大。

（1）为害症状　甘薯瘟病主要为害叶片、茎蔓和薯块等，因甘薯生育期和感染时期不同，在苗期、成株期与薯块上的症状表现也不完全相同。当苗高 15cm 左右时，1～3 片叶开始凋萎，苗基部呈水渍状，以后逐渐变成黄褐色乃至黑褐色，严重的青枯死亡；病苗维管束变黄，后变褐色，同时地下细根变黑，脱皮而腐烂，继续蔓延发展到茎基部皮层和髓部，变黑腐烂脱皮，只残留丝状维管束组织，茎变中空。在成株期蔓长 30cm 左右时，病菌从伤口侵入，叶片暗淡无光，中午萎蔫，茎基和入土部分，特别在有伤口的地方，呈黄褐色或黑褐色水渍状，最后全部腐烂，有臭味，茎内有时有乳白色的浆液。生长后期，茎蔓各节已长出不定根，叶片不萎蔫，提起蔓扯断不定根后，植株很快青枯死亡。多数须根出现水渍状，用手拉易掉皮，仅留下线状纤维。在侵染薯块后，初期不表现症状，外表不易识别是否发病。如剖视薯块纵切面，可看到维管束变淡黄色或褐色到黑色，并呈条纹状，横切面可见维管束组织成淡黄色或褐色的小斑点，发出刺鼻臭辣味。后期整个薯块软腐，或一端腐烂，有脓液状白色或淡黄色菌液，带有刺鼻臭味。

（2）病原及传播途径　甘薯瘟病的病原细菌为一种青枯假单胞杆菌甘薯致病型 [*Pseudomonas solanacearum* pv. *batatae*（Smith）Smith]。该病菌以菌丝和厚垣孢子在病薯内或附着在土中病残体上越冬，成为翌年初次侵染源。病薯和病苗是主要初次侵染源，带菌土壤和患病的其他寄主植物也是重要侵染源。病菌田间近距离传播主要靠灌溉水，其次为带病薯种、病苗、带菌肥料、中耕等农事活动；远距离传播则借种薯、种苗的调运。此外，甘薯小象甲也可携带病菌传播。病菌在土中可存活 3 年，经由伤口和侧根侵入，进入维管束组织繁殖，沿维管束组织向上扩展。从发病的地下茎部蔓延到藤头而侵入薯块，引起薯块发病。

（3）防治措施　加强检疫。①严格控制病区种苗、种薯外调。因地制宜选用当地适宜的抗病品种。②严禁从病区调运种子、种苗，建立无病留种田，繁育无病种苗。③重病区或田块与水稻、大豆、玉米等实行 3 年以上轮作，避免与马铃薯、番茄、辣椒和茄子等茄科作物轮作。④配方施肥，增施 P、K 肥。不用病藤、病薯作牲畜饲料或堆沤土杂肥。⑤及时拔除初发中心病株，带出田外烧毁，病穴撒施石灰；发病重时，开隔离沟封锁病中心。⑥合理灌溉，切勿浸灌和串灌，以防止水流传病。⑦注意防除甘薯小象甲等害虫，减少虫媒传病。⑧收获后彻底收集病残体，集中烧毁，并及时翻耕晒土。⑨ 必要时喷洒或淋施高锰酸钾 600 倍液，或用 20%喹菌酮 1 000 倍液，或用 30%氧氯化铜 600~800 倍液，或用 77%氢氧化铜可湿性粉剂 600~800 倍液。

2. 甘薯茎腐病

甘薯茎腐病，又称细菌性茎根腐烂病，是甘薯上的一种毁灭性细菌病害。该病害于 1974 年在美国首次发现，长期以来一直是中国的进境检疫性有害生物。但近年来，该病已经先后在福建、江苏、广东、广西、江西、广西、重庆、河北、河南等地造成为害，并逐步发展成为中国南方甘薯主产区发病面积最大、为害最重的病害之一。一般发病受害损失 30%~40%，重者达 80%以上，甚至绝收。

（1）为害特征　甘薯茎腐病发病初期，病株生长较为缓慢，在与土壤接触的茎基部先出现水渍状的灰褐色斑点，后逐渐向上延伸，病斑变成深褐至黑色，病部无菌脓，挖开土壤可看见地下部分的茎开始腐烂，最后软化导致枝条末端部分枯死。该病害最显著的特征是在甘薯的茎及叶柄上会产生褐至黑色、水浸状的病斑，最后软化解离，导致枝条末端的部分萎凋。此外，根茎维管束组织有明显的黑色条纹、髓部消失成空腔，并有恶臭。发病后多数整株枯死，部分只是 1~2 个枝条解离，但是收获时病株及一些地上部无症状的植株，拐头腐烂呈纤维状、薯块变黑软腐。薯块在田间受到感染时，病薯表面有黑色的棕色凹陷病斑，或外部无症状，内部腐烂，受侵染组织呈水浸状。

（2）病原及传播途径　甘薯茎腐病病原菌为菊欧文氏菌 *Erwinia chrysanthemi*，寄主范围广泛，包括甘薯、马铃薯、水稻、玉米、菠萝、非洲紫罗兰、香蕉、菊花、兰花、胡萝卜和番茄等 50 余种植物，被列入中华人民共和国进境植物检疫性有害生物名录（2007 年），被认为是分子植物病理学中十大植物致病细菌之一。

病原菌无法在土壤中长期存活，但可在植物残体、杂草或其他植物的根圈存活，因此田间病害初侵染源主要为病薯、病蔓、田间灌溉水及受污染的器材。此外，一些症状不明显的薯块、茎端都可成为初侵染源，并通过甘薯块根和种苗进行远距离传播。病菌可以从薯块上的伤口侵入，温暖潮湿的气候有利于发病。有研究表明，土壤过湿和高温多雨气候是病害流行的条件，温度低于 27℃时为潜伏感染，30℃ 以上时发病速度加快。

（3）防治措施　①严格检疫：监管无病区用无病薯留种育苗，严控病薯病苗调入；有病区加强种薯、薯苗的产地检疫，严格按照《甘薯种苗产地检疫规程》要求，严禁病田种薯留作种用。加强调运检疫，防止通过带菌种薯、薯苗进行传播扩散。对于新发生的零星病区，必须挖除病株然后将所挖的病株深埋或就地烧毁，并对发病点周围土壤用生石灰进行消毒处理。②选择合适田块与轮作：在选择种植田块时，应选地势较高、地下水位低、便于排灌、土壤通透性好的田块种植。根据病原菌不能长期在土壤中单独存活的特点，实行轮作是目前预防甘薯茎腐病最有效的措施之一。通过改变耕作方式，与甘薯茎腐病非寄主作物进行轮作，减少病源；水旱轮作，同样可以减少病源的发生。③培育壮苗与选育抗病品种：在病害发生区须选择无病的地块作为育苗床，育苗材料须选择无病健康的种薯，这样从源头上减少病害发生的风险。在目前栽培的甘薯品种中还没有发现完全免疫的品种，但是品种间抗耐病性有差异。因此，今后防治甘薯茎腐病的研究方向，应该是要在筛选抗病基因上有所突破，培育抗耐病的甘薯品种，这也许是从根本上防治该病的终极目标。④科学的田间管理：在施肥种类上，少施 N 肥，适当增施 P、K 肥，补施微量元素，有利于提高植株的抗病能力；同时为预防田间积水，采取高畦筑垄的栽培方式，避免抗旱时漫灌导致交叉感染；农事操作时尽量减少伤口。⑤药剂浸种：根据当地农民的经验适当延迟扦插，并对要播种的薯块和扦插用的藤苗，用噻菌铜或农用链霉素浸泡种薯块和藤苗杀菌，可减轻病害发生。

农药预防在薯苗扦插成活的发病初期，用噻菌铜或农用链霉素等农药淋根、泼浇或喷雾；如发病较重时，要每隔 7d 用药 1 次，需连续喷药 2~3 次；台风暴雨后应及时补治，且要对病株周围的甘薯地喷药 1~2 次，严防病情扩散。防治措施主要为加强检疫，严格管理种薯和薯苗调运，确保无甘薯茎腐病病苗被调运。生产中可对发病较重田块进行非寄主作物轮作，选用无病地做繁苗地，用健康、无病种薯进行排种育苗，如遇到发病，应及时铲除病薯和病土。在耕作过程中，覆盖育苗需要经常通风，并注意高剪苗种植和减少伤口，防止田间积水，采取高畦栽培方式，搬运块根时各类器材应避免浸水。此外，充分利用抗病品种及在播种和扦插前用农药硫酸链霉素浸泡种薯和薯苗或在发病初期用农用硫酸链霉素和噻菌铜淋根、泼浇或者喷雾，具有较好的田间防治效果。

（四）生理性病害（缺素症、药害、肥害）

1. 甘薯缺素症状及应对

（1）缺氮 植株矮小，茎细长，分枝少，生长直立；叶面积小，叶色淡绿至黄绿，叶片向上卷曲，提早脱落。在苗期、现蕾期，亩用尿素 7~8kg 对水浇施，或用 1%~2% 的尿素液叶面喷施，亩喷量 50kg。

（2）缺磷 植株瘦小，严重者顶端生长停止；叶片、叶柄及小叶边缘皱缩，下部叶片向上卷曲，叶缘枯焦，老叶提前脱落；块茎产生锈棕色斑点。每亩追施过磷酸钙 15~20kg，或用 0.2%~0.4% 的磷酸二氢钾溶液叶面喷施 2~3 次。

（3）缺钾 植株生长缓慢，节间短；叶片小，排列紧密，与叶柄形成较小的尖角，叶面粗糙皱缩向下卷曲。叶色由暗绿变黄成棕色，叶色变化由叶尖、叶片边缘逐渐扩展到整个叶片。下部老叶干枯脱落；块茎内部带蓝色。在现蕾期，每亩用硫酸钾 10~15kg 对水浇施，施后培土；或用 0.3% 的磷酸二氢钾溶液叶面喷施 2~3 次。

（4）缺钙 幼叶边缘出现淡绿色条纹，叶片皱缩；严重缺钙时，植株顶芽死亡，侧芽向外生长，呈簇生状。每亩用 1% 的氯化钙溶液 50~75kg 叶面喷施。

（5）缺镁 老叶叶尖及边缘失绿，沿叶脉间向中心扩展，下部叶片发脆；严重者，植株矮小，根茎生长受抑，下部叶片向叶面卷曲，叶片增厚，变成棕色死亡而脱落。每亩用 0.2%~0.5% 的硫酸镁溶液 50kg 叶面喷施 1~2 次。

（6）缺铁 幼叶轻微失绿，有规则地扩展到整株叶片。失绿部分变成黄灰色、严重时变成白色，叶片向上卷曲，下部老叶保持绿色。叶面喷施 0.1%~0.2% 的硫酸亚铁溶液 2~3 次，每亩每次喷液 75kg。

（7）缺锰 叶片脉间失绿，品种不同脉呈现淡绿色、黄色和红色，严重时脉间变为白色。症状先从新生的小叶开始，以后沿叶脉出现许多棕色小斑点，小斑点枯死脱落，致使叶面残破不全。每亩追施硫酸锰 1~2kg，或在花期亩用 0.05%~0.1% 的硫酸锰溶液 50~75kg 叶面喷施 1~2 次。

（8）缺硫　植株生长缓慢，叶片黄化与缺氮症状相似，但不提前干枯脱落，严重时叶片上出现褐色斑点。每亩用 500 倍硫酸铜溶液 50~75kg 叶面喷施 1~2 次。

（9）缺硼　植株生长点及侧枝尖端死亡，节间短，呈"丛生状"；叶片粗糙变厚，叶缘向上卷曲，叶柄提前脱落；块茎小，表皮溃烂。在蕾期和初花期，用 0.1%~0.2% 的硼沙液各喷施 1 次，每次每亩 50~75kg。

（10）缺锌　植株生长受抑，节间短，顶端叶片直立生长，叶小，叶面上生有灰色至古铜色的不规则斑点，叶缘向上卷曲，严重时叶柄及茎上出现褐色斑点。每亩追施硫酸锌 1~2.5kg，或用 0.2%~0.5% 的硫酸锌溶液根外追肥，每亩喷锌液 50~75kg。

2. 甘薯田间除草剂药害

杂草为害一直是影响甘薯优质高效生产的一个重要因素。生产中杂草不仅通过与甘薯竞争光、水、肥而抑制作物生长，而且为病害蔓延提供了适宜的环境，影响甘薯采收。在甘薯生产中，每年因杂草引起减产 5%~15%，严重的地块，减产 50% 以上，给甘薯生产带来极大损失。甘薯田杂草竞争性为害更多集中在甘薯栽插初期，能安全、高效地防除甘薯田阔叶杂草的化学除草剂品种还很缺乏，因此目前甘薯生产中的杂草控制主要依靠耕作措施和部分防除禾本科杂草的化学除草剂。

由于化学除草剂在甘薯上的应用起步较晚，应用面积远不及水稻、小麦、棉花、玉米等作物。目前北美甘薯田杂草主要化学防除技术有：①甘薯苗床。苗前可通过敌草胺（napropamide）来控制一年生禾本科杂草和马齿苋等小粒种阔叶杂草的萌发，但对藜等阔叶杂草控制效果不理想。烯草酮、吡氟禾草灵和烯草啶等苗后茎叶处理剂能很好控制一年生和多年生禾本科杂草，但不能控制阔叶杂草和莎草。②甘薯移栽田。杂草通常在整地后至移栽前大量发生，所以移栽前进行杂草控制非常重要。目前草甘膦可作为甘薯田栽前控制已萌发杂草的手段。另外，移栽前也可通过异草松（Clomazone）土壤处理控制一年生禾本科杂草和苘麻、豚草、藜、刺黄花稔等小粒种阔叶杂草。通过噻吩草胺（Dimethenamid）土壤处理控制一年生禾本科杂草和部分小粒种阔叶杂草，它不仅对藜等阔叶杂草有很好的控制潜力，而且适合和其他除草剂复配使用。丙草丹（EPTC）土壤处理虽然控制铁荸荠和香附子等莎草科杂草的效果超过 85%，广泛用于莎草科杂草为害严重的田块，但其必须混土使用，而且对行间杂草的控制效果不理想。敌草胺也可用于甘薯移栽田土壤处理，若与异恶草松混用，可提高对藜的控制效果。与甘薯苗床苗后除草剂品种相类似，甘薯移栽田用于茎叶处理的除草剂品种也主要是烯草酮、吡氟禾草灵和烯草啶等，不仅不能有效控制阔叶杂草和莎草，而且环境因素也明显影响其药效的发挥。可见，一年生禾本科杂草很容易通过化学除草剂加以控制，但阔叶杂草很难控制。

不同甘薯品种对除草剂的耐药性存在较大差别，而且耐药性大小是可以遗传的。随着对甘薯生产重视程度的提高，针对甘薯田杂草治理，国内外目前主要措施包括作物覆盖、甘薯品种选择以及抗/耐除草剂的种质资源利用等。种植前茬作物或者利用豆科、禾本科绿肥作物的残茬覆盖土壤表面，不仅可以抑制杂草，而且可以增加土壤肥力。畦沟内间作覆盖作物，也具有抑制杂草的效果。另外，覆盖作物还因生物量的积累或化感物质的产生抑制杂草萌发。合理选用种植具有抑制杂草生长能力的甘薯品种。开发利用抗/耐除草剂的甘薯种质资源进行育种，结合抗除草剂基因的挖掘，选育抗除草剂转基因甘薯品种。

二、虫害及其防治

（一）地下害虫

地下害虫是甘薯生产中普遍发生的害虫，主要种类有地老虎类、蛴螬类、金针虫类、蝼蛄等。全国各地甘薯产区均有分布及为害，不同地下害虫为害特点不同。

1. 地老虎类

（1）发生种类　地老虎，属鳞翅目 Lepidoptera 夜蛾科 Noctuidae，又名切根虫、夜盗虫，黑虫、土蚕、截虫、地蚕等，在中国有 5 种地老虎，即小地老虎 *Agrotis ypsilom* Rottemberg、黄地老虎 *A. segetμm*（Denis et Schiffermüller）、白边地老虎 *Euxoa oberthuri* Leech、警纹地老虎 *A. exclamationis*（Linnaeu3）和大地老虎 *A. tokionis* Butler。在甘薯栽培中发生的优势种为小地老虎。

（2）形态特征　成虫体长 16~23mm，翅展 42~54mm；前翅黑褐色，有肾状纹、环状纹和棒状纹各 1 个，肾状纹外有尖端向外的黑色楔状纹与亚缘线内侧 2 个尖端向内的黑色楔状纹相对。卵半球形，直径 0.6mm，初产时乳白色，孵化前呈棕褐色。老熟幼虫体长 37~50mm，黄褐至黑褐色；体表密布黑色颗粒状小突起，背面有淡色纵带，腹部末节背板上有 2 条深褐色纵带。蛹体长 18~24mm，红褐至黑褐色；腹末端具 1 对臀棘。

（3）生活史　小地老虎在中国各地每年发生世代数由南向北、由低海拔向高海拔递减，如广西等岭南地区每年发生 6~7 代，长江以南、南岭以北地区每年发生 4~5 代，江淮、黄淮地区每年发生 4 代，黄河、海河地区每年发生 3~4 代，东北中北部、内蒙古北部、甘肃西部每年发生 1~2 代。小地老虎在 1 月 0℃等温线（北纬 33°附近）以北地区不能越冬；在 1 月 10℃等温线以南是国内主要虫源基地，在四川则成虫、幼虫和蛹都可越冬。江淮蛰伏区也有部分虫源，成虫从虫源地区交错向北迁飞为害。除南岭以南地区有冬、春 2 代为害外，其他地区都以第 1 代幼虫为害最重。在陕西每年 4 月初可见到成虫。

（4）为害特征　小地老虎主要以幼虫在甘薯苗期为害，幼虫夜间外出取食，3 龄前幼虫常栖息于土表，咬食甘薯幼苗及嫩茎，多咬成整齐的伤口，使茎折断，造成缺苗断垄。为害薯块后造成块根顶部凹凸不平的虫伤疤痕，同时疤痕伤口易引起真菌类、线虫等的侵入，多种病虫共同为害导致甘薯商品性下降。老龄幼虫则分散为害，昼伏夜出，咬断甘薯根茎，以第一代幼虫为害最重。

2. 蛴螬类

（1）发生种类　蛴螬俗称壮地虫、白土蚕、地漏子等，是鞘翅目 Coleoptera 金龟总科幼虫的总称。分布区域广，种类多，食性杂。为害甘薯的种类主要是大黑鳃金龟子 *Holotrichia diomphalia* Bates、暗黑鳃金龟子 *Holotrichia parallela* Motschulsky 和铜绿金龟子

Anomala corpulenta Motschulsky，同一地区同一地块常几种蛴螬混合发生，世代重叠，除为害甘薯外，还为害双子叶和单子叶粮食作物、多种瓜类和蔬菜、油料、马铃薯、棉、牧草以及花卉和果树。

（2）形态特征　①大黑鳃金龟卵：长椭圆形，长约2.5mm，宽约1.5mm，白色，稍带黄绿色光泽；孵化前近圆球形，洁白而有光泽。3龄幼虫体长35~45mm，头宽4.9~5.3mm。头部黄褐色，胴部乳白色。头部前顶刚毛每侧3根，其中冠缝每侧2根，额缝上方近中部各1根。肛腹板后部覆毛区散生钩状刚毛，70~80根；无刺毛列，肛门孔3裂。蛹体长21~23mm，宽11~12mm，初期白色，随着发育逐渐变为红褐色。成虫体长16~21mm，宽8~11mm，黑色或黑褐色，具光泽。鞘翅每侧具4条明显的纵肋，前足胫节外齿3个，内方有距1根；中、后足胫节末端具端距2根。臀节外露，背板向腹部下方包卷。前臀节腹板中间，雄性为一明显的三角形凹坑，雌性为枣红色菱形隆起骨片。②暗黑鲤金龟：卵长椭圆形，长约2.5mm，宽约1.5mm，发育后期近圆球形。3龄幼虫体长35~45mm，头宽5.6~6.1mm，头部前顶刚毛每侧1根，位于冠缝侧，肛腹板后部覆毛区散生钩状刚毛，70~80根；无刺毛列。钩毛区前缘近中央部分钩状刚毛缺少，故前缘常略呈双峰状，肛门孔3裂。蛹体长20~25mm，宽10~12mm，尾节三角形，2尾角呈钝角岔开。成虫体长17~22mm，体宽9~11.5mm，长卵形，暗黑色或红褐色，无光泽。前胸背板前缘有成列的褐色长毛，鞘翅两侧几乎平行，每侧具4条不明显的纵肋，臀节背板不向腹部下方包卷，与腹板相会于腹末。③铜绿丽金龟卵椭圆形，长约1.8mm，宽约1.4mm，卵壳光滑，乳白色。孵化前近圆形。3龄幼虫体长30~33mm，头宽4.9~5.3mm，头部黄褐色，前顶刚毛每侧6~8根，排一纵列。覆毛区正中有2列黄褐色的长刺毛，每列15~18根，2列刺毛尖端大部分相遇或交叉，在刺毛列外边有深黄色钩状刚毛，肛门孔横裂。蛹体长18~22mm，宽9.6~10.3mm，长椭圆形，土黄色。体稍弯曲雄蛹臀节腹面有4列疣状突起。成虫体长19~21mm，宽10~11.3mm。触角黄褐色，体被铜绿色，具金属光泽，但前胸背板颜色稍深，呈红铜绿色，胸部和腹部的腹面为褐色或黄褐色。鞘翅每侧具4条不明显纵肋，前足胫节具2外齿，前、中足大爪分叉。雄虫臀板基部中间有1个三角形黑斑。

（3）生活史　①大黑鳃金龟子：中国华南地区1年发生1代。以成虫在土壤中越冬。其他地区一般2年完成1代，局部存在世代重叠现象，即部分个体1年可完成1代。在2年1代区，越冬成虫在春季10cm土壤达到14℃时开始出土活动，5月中旬为成虫盛发期，6月上旬至7月上旬是产卵盛期，卵期10~15d。6月下旬进入化蛹盛期，蛹期约20d，7月下旬至8月中旬为成虫羽化盛期，羽化的成虫不出土，即在土中越冬。幼虫除极少数一部分当年化蛹、羽化外，大部分在秋季土温低于10℃时潜入55~150cm深土中越冬。由于大黑鳃金龟以成虫和幼虫交替越冬，因此出现隔年严重为害的现象，也称为"大小年"。②暗黑鳃金龟子：在陕西、河北、河南、山东等地1年发生1代。多数以3龄老熟幼虫在15~40cm处筑土室越冬。在陕西第二年4月下旬至5月初越冬幼虫开始化蛹，5月中、下旬为化蛹盛期，蛹期15~20d。6月上旬开始羽化，盛期在6月中旬，7月中旬至8月中旬为成虫交配产卵盛期，7月初田间始见卵，7月中旬为卵盛期，卵期8~10d。初孵幼虫即可为害，8月中、下旬是幼虫为害盛期，9月末幼虫陆续下潜进入越冬状态。③铜绿金龟子：在陕西、河北、山东、北京、江苏等地，1年发生1代。大多数以3龄幼虫在土壤中越冬，少数以2龄幼虫越冬。越冬幼虫第二年春季10cm土温高于6℃时开始活动，4月中、下旬越冬幼虫出土为害，5月上旬进入预蛹期，化蛹盛期在6月上、中旬，6月为下旬成虫羽化和产卵盛期，8—9月是幼虫为害盛期10月中、下旬潜入土中越冬，因此，一年有春、秋两个为害时期。

（4）为害特征　金龟子幼虫和成虫均可为害甘薯，以幼虫为害时间最长。成虫为害甘薯的地上部幼嫩茎叶，幼虫为害地下部的块根和纤维根。为害幼苗根茎部时，造成缺垄断苗，为害块根时，造成大而浅的孔洞，薯块形成伤口，病原菌借伤口侵入，加重田间和储藏期腐烂。蛴螬大面积发生时，不但对产量造成严重损失，对外观品质影响较大，尤其是鲜食型甘薯，商品率一般下降20%~50%。

3. 金针虫

金针虫是鞘翅目叩甲科Elateridae幼虫的统称，金针虫又名铁丝虫、姜虫、金齿虫等，其食性复杂、除为害甘薯外，且能够为害多种作物。

（1）发生种类　陕西为害甘薯的金针虫主要有沟金针虫 *Pleonomus canaliculatus* 和细胸金针虫 *Agriotes fuscicolllis* Miwa。

（2）形态特征　①沟金针虫：成虫细长，筒形略扁，体壁坚硬而光滑，黄色，具细毛，前头和口器暗褐色，头扁平，上唇呈三叉状突起，自胸背至第10腹节，各叉内侧各有1个小齿。

老熟幼虫体长20~30mm，最宽处约4mm，体节大于宽，从头至第9节渐宽。②细胸金针虫：成虫细长，圆筒形，金黄色，光亮。头部扁平，口器深褐色，第1胸节较第2、第3节稍短。1~8节略等长，尾节圆锥形，近基部两侧各有1个褐色圆斑和4条褐色纵纹，顶端具1个圆形突起。幼虫淡黄色，光亮。老熟幼虫体长约32mm，宽约1.5mm。头扁平，口器深褐色。第1胸节较第2、第3节稍短。1~8腹节略等长，尾K圆锥形，近基部两侧各有1个褐色圆斑和4条褐色纵纹，顶端具1个圆形突起。蛹体长8~9mm，浅黄色。

（3）生活史　金针虫约需3年完成1代，以幼虫或成虫在地下20~85cm土壤中越冬，幼虫期1~3年。在陕西关中地区，3下旬至6月上旬产卵，卵期平均约42d，5月上中旬为卵孵化盛期。孵化幼虫为害至6月底下潜越夏，待9月中下旬又上升到表土层活动，为害至11月上中旬，开始在土壤深层越冬。第2年3月初，越冬幼虫开始活动，3月下旬至5月上旬为害最重。

（4）为害特征　金针虫在地下土壤中主要为害新播种的种子，使其不能发芽，对插秧的甘薯为害须根、主根以及茎的地下部分，造成秧苗死亡。受害秧苗、根形成不整齐的伤口，有时候金针虫还能够蛀入块根或根茎部分，伤口还能够促进其他病原菌侵染，加剧为害损失。金针虫成虫在地上活动时间不长，能够为害甘薯鲜嫩茎叶，但成虫的为害普遍较轻。

4. 甘薯蚁象

甘薯蚁象 *Cylas formicarium*（Fabricius），属鞘翅目，锥象科Brenthidae。又称甘薯

小象、甘薯小象甲、象鼻虫等，是国内外的检疫对象。分布在中国东南和西南甘薯种植区，主要发生地有江苏、浙江、江西、福建、台湾、湖南等地。

（1）形态特征　成虫体长5~7.9mm，狭长似蚂蚁，触角末节、前胸、足为红褐色至橘红色，其余蓝黑色，具金属光泽，头前伸似象的鼻子，复眼半球形略突，黑色；触角末节长大，雌虫长卵形，长较其余9节之和略短，雄虫末节为棒形，长于其余9节之和，前胸狭长，前胸后端1/3处缩入中胸似颈。鞘翅重合呈长卵形，宽于前胸，表面有不大明显的22条纵向刻点，后翅宽且薄。足细长，腿节近棒状。卵：乳白色至黄白色，椭圆形，壳薄，表面具小凹点。末龄幼虫体长5~8.5mm，头部浅褐色，近长筒状，两端略小，略弯向腹侧，胸部、腹部乳白色有稀疏白细毛，胸足退化，幼虫共5龄；蛹长4.7~5.8mm，长卵形至近长卵形，乳白色，复眼红色。

（2）生活史　甘薯蚁象在中国南方每年发生世代因地区而异，浙江每年发生3~5代，广西、福建4~6代，广东南部、台湾6~8代，广州和广西南宁无越冬现象。世代重叠。多以成、幼虫、蛹越冬，成虫多在薯块、薯梗、枯叶、杂草、土缝、瓦砾下越冬，幼虫、蛹则在薯块、藤蔓中越冬，初孵幼虫蛀食薯块或藤头，有时一个薯块内幼虫多达数十只，少的几只，通常每条薯道仅居幼虫1只；浙江7—9月，广州7—10月，福建晋江、同安一带4—6月及7月下旬至9月受害重；广西柳州1、2代主要为害薯苗，3代为害早薯，4、5代为害晚薯。气候干燥炎热、土壤龟裂、薯块裸露对成虫取食、产卵有利，易酿成猖獗为害。

（3）为害特征　成虫、幼虫均可为害，成虫蛀食甘薯块根、嫩芽和嫩茎；幼虫在薯块及较粗的茎蔓中蛀食并排出粪便，被害的甘薯发臭发苦，不能食用，还会诱发黑斑病、软腐病等造成更大的损失。成虫昼夜均可活动或取食，白天喜藏在叶背面为害叶脉、叶梗、茎蔓，也有的藏在地裂缝处为害薯梗，晚上在地面上爬行。卵喜产在露出土面的薯块上，先把薯块咬一小孔，把卵产在孔中，1孔1粒，每雌产卵80~250粒。

（4）防治措施　严格执行检疫制度，杜绝疫区调种；收获后烧掉残株或深埋，或收获后10d内把甘薯切成小片浸入50%乐果12~14h后捞出晾干，每亩做50~60穴放入小薯片，消灭越冬虫源；甘薯栽插前用40%乐果乳油或50%杀螟松乳油浸泡秧苗1min，阴干后栽插；在害虫发生期，用40%乐果乳油2 000倍液浸鲜薯叶，诱杀甘薯小象甲成虫；也可用40%乐果乳油800~1 000倍液喷雾防治。

5. 蝼蛄

蝼蛄又称"土狗子""地狗子""拉拉蛄""水狗"等。为害甘薯和其他农作物的蝼蛄基本相同，属直翅目蟋蟀总科蝼蛄科。

（1）发生种类　中国主要有华北蝼蛄 *Gryllotalpa unispina* Saussure，东方蝼蛄 *G. orientalis* Burmeister，台湾蝼蛄 *G. formosana* Shiraki，金秀蝼蛄 *G . jinxiuensis* You et Lin，及河南蝼蛄 *G . henana*Cai et Niu。

（2）形态特征　成虫体狭长，头小圆锥形，前胸背板椭圆形，背面隆起如盾、较硬，前足呈扁平状、上有齿。有4翅，前翅短，后翅长，腹部柔软圆筒形，着生2根长尾须，若（幼）虫的外形与成虫基本相似。①华北蝼蛄：成虫体黄褐，近圆筒形。雌成虫体长45~66mm，雄成虫体长39~45mm。头暗褐色，卵形。前胸背板遁形，中央有

1心脏形暗红色斑点。前翅短小，前足腿节下缘呈 S 形弯曲，后足胫节背侧内缘有棘 1~2 个或消失。腹部近圆筒形，背面黑褐色，腹面黄褐色，尾须长约等于体长。卵椭圆形。初产时长 1.6~1.8mm，宽 1.1~1.4mm，乳白色，有光泽，后变黄褐色。孵化前呈深灰色。长 2.4~3mm，宽 1.5~1.7mm。若虫形似成虫，体较小，初孵时体乳白色，体长 2.6~4mm，腹部大，2 龄以后变为黄褐色，5~6 龄后基本与成虫同色。末龄若虫体长 36~40mm。②东方蝼蛄：成虫浅茶褐色，近纺锤形，全身密布细毛。雌成虫体长 31~35mm，雄成虫体长 30~32mm。前胸背板卵圆形，中央心脏形斑小且凹陷明显。前翅超过腹部末端。腹末具 1 对尾须。前足为开掘足，前腿节下缘平直，后足胫节背面内侧有 3~4 个距。卵椭圆形。初产长约 2.8mm，宽约 1.5mm，灰白色，有光泽，后逐渐变成黄褐色，孵化之前为暗紫色或暗褐色，长约 4mm，宽约 2.3mm。若虫 8~9 个龄期。初孵若虫乳白色，体长约 4mm，腹部大。2、3 龄以上若虫体色接近成虫，末龄若虫体长约 25mm。

（3）生活史　在长江流域及其以南各省每年发生 1 代，华北、东北、西北 2 年左右完成 1 代。在陕西南部约 1 年 1 代，陕北和关中 1~2 年 1 代。在黄淮地区，越冬成虫 5 月开始产卵，盛期为 6~7 月，卵经 15~28d 孵化，当年孵化的若虫发育至 4~7 龄后，在 40~60cm 深土中越冬。第 2 年春季恢复活动，为害至 8 月开始羽化为成虫。若虫期长达 400 余天。当年羽化的成虫少数可产卵，大部分越冬后，至第 3 年才产卵。

（4）为害症状　蝼蛄成虫和幼虫均可在土壤中咬食甘薯幼芽，幼苗根茎大多被咬断，或者根茎部被咬成乱麻状，导致幼苗倒伏枯死。蝼蛄除咬食作物外，还在土壤表层穿行，形成纵横隧道，使幼苗根系悬空，不能吸收水分和养分最终枯死。蝼蛄发生区地表均能发现较明显的隧道。因此流传广泛的谚语说，"不怕蝼蛄咬，就怕蝼蛄跑"，说明蝼蛄在地表造成的纵横隧道对作物的为害性比直接为害性大。

6. 地下害虫特殊生活习性

（1）趋光性　地下害虫成虫除了金针虫外，地老虎、金龟子、蝼蛄及其他地下害虫对黑光灯有较强的趋性。

（2）趋化性　蝼蛄对香味、甜味、酒糟和马粪等有强烈的趋性，嗜食煮至半熟的谷子、棉籽、炒香的豆饼、麦麸等。小地老虎对糖酒醋液和和萎蔫的杨树枝把趋性很强；金龟子对糖醋液和酸菜汤具有较强的趋性。蛴螬成虫具有假死性。金针虫对新鲜而略萎蔫的杂草及作物枯枝落叶等腐烂发酵气味有极强的趋性，常群集于草堆下。

（3）活动习性　蝼蛄喜欢在潮湿的菜园为害，干燥田为害较轻。昼伏夜出，以21—23 时活动最盛，特别是在气温高、湿度较大、闷热无风的夜晚，大量出土活动。除丽金龟、花金龟少数种类夜伏昼出外，大多金龟子昼伏夜出，白天潜伏在土中或作物根际，杂草丛中，黄昏活动，20—23 时最盛。金针虫白天躲在作物或周边杂草中和土块下，夜晚出来活动。小地老虎成虫和幼虫白天蛰伏，晚上出来活动，喜食花蜜和蚜露。

（4）其他习性　蛴螬成虫、金针虫具有假死习性。小地老虎成虫具有远距离迁飞习性，幼虫具有自残现象；金针虫雄虫飞翔较强，但雌性成虫不能飞翔。

7. 地下害虫防治措施

蛴螬有虫量为 3 头/m³时应进行防治；蝼蛄有虫量 0.3~0.5 头/m³时应进行防治；金针虫有虫量 4.5 头/m³时应进行防治；地老虎，有虫量 0.5 头/m³时应进行防治。

（1）利用趋性诱杀　利用黑光灯在金龟子大发生前诱杀或春季傍晚利用灯光、堆火诱杀蝼蛄、地老虎；也可制作糖醋液诱杀地老虎、蝼蛄，或在田间地头堆放牛粪等腐臭物诱杀金针虫；也可每亩放泡桐叶 70~90 片，每日清晨翻叶人工捕捉地老虎幼虫。

（2）农艺措施　一是平整土地，深耕改土，消灭地下害虫的滋生地。二是合理轮作倒茬，前茬种植大豆、花生、甘薯的农田蛴螬发生相对较重，应避免或处理土壤后再栽插甘薯。三是施用充分腐熟的有机肥，避免金针虫、金龟子产卵。在地下害虫发生较重的田块，适时灌水迫使上升的害虫下潜或者死亡，减轻为害。

（3）化学防治　在害虫发生期，选用 3%辛硫磷颗粒剂混细土撒施，用量为 60~120kg/hm²，每个季节使用 1 次；或选用 90%晶体敌百虫、40%甲基异柳磷等制作毒饵诱杀，用药量为饵料重量的 1%；或选用 50%辛硫磷乳油 750ml/hm²、5%溴氰菊酯乳油、40%氯氰菊酯乳油 300~450ml、90%晶体敌百虫 750g，对水 750L 喷雾，喷药适期应在有虫 3 龄盛发前。

（二）地上害虫

1. 烟粉虱

烟粉虱 *Bemisia tabaci* 属半翅目 Hemiptera，粉虱科 Aleyrodidae。最早 1889 年发现于希腊烟草植株上，被命名为 *Aleyrodes tabaci*（gennadius，1889），之后，在 1894 年发现于美国佛罗里达州的甘薯上，被命名为甘薯粉虱（*Bamisia inconspicua*）。由于烟粉虱寄主范围非常广泛，能够取食 500 种以上的植物，其繁殖速度非常快，每次产卵 66~300 粒，是昆虫唯一冠以"超级害虫"称号的昆虫。烟粉虱除以刺吸式口器取食直接为害外，还可传播 70 多种病毒病，其中甘薯病毒复合体（SPVD）是近年来由烟粉虱传播的、为害最严重的病毒病。

（1）形态特征　烟粉虱的生活周期有卵、4 个若虫期和成虫期，通常将第 4 龄若虫称为伪蛹。成虫体长 0.8~1.4mm，淡黄白色至白色，雌雄均有翅，雄虫体长 0.85mm、雌虫 0.91mm 左右，翅面覆有白色蜡粉，停息时双翅在体上合成屋脊状，翅端半圆状遮住整个腹部，沿翅外缘有 1 排小颗粒。与温室白粉虱主要区别是，烟粉虱个体较小，停息时双翅呈屋脊状，前翅翅脉分叉；温室白粉虱个体较大，停息时双翅较平展，前翅翅脉不分叉。卵长椭圆形，有光泽，长径 0.2~0.25mm，侧面观长椭圆形，基部有卵柄，与叶面垂直，从叶背的气孔插入植物组织中，卵柄除了有附着作用外，在授精时，卵柄充满原生质，有导入精子的作用。受精后，原生质萎缩，卵柄为一空管。卵柄周围有一些胶体物质，水分通过胶体物质进入卵中；卵产于叶背面，初产时为淡绿色，覆有蜡粉，而后渐变褐色，孵化前呈黑色。烟粉虱与白粉虱卵的主要区别是卵的排列方式和颜色，烟粉虱卵多散产，常见排列成弧形或半圆形散产，初产时淡黄色，孵化前变为黑褐色；温室白粉虱卵散产，罕见排列成弧形或半圆形颜色，初产时淡黄色，孵化前变为黑褐色在孵化前呈琥珀色，不变黑。若虫共 4 龄。1 龄若虫体长约 0.29mm，长椭圆形；2

龄约 0.37mm；3 龄约 0.51mm，淡绿色或黄绿色，足和触角退化，紧贴在叶片上营固着生活；1~3 龄若虫均有 3 对发达的足，足分为 4 节，各有 1 对分为 3 节的触角，体腹部平、背部微隆起，淡绿色至黄色，腹部透过表皮可见 2 个黄点。粉虱的变态与其他半翅目昆虫有一定区别，类似全变态，因此 4 龄若虫又称伪蛹，体长 0.7~0.8mm，椭圆形，4 龄期若虫存在 3 个形态上不同的亚龄期，前期扁平、半透明，可取食；中期虫体变厚，逐渐变成奶白色，不透明，体背和四周长出蜡质刺状突起，后期形成成虫的雏形，双眼红色，体黄色，完成表皮与真皮的解离，成虫表皮形成，详细的组织学观察表明，在最后的若虫期与成虫期之间并未有一个明显的虫态。烟粉虱与白粉虱若虫的主要区别是体色，烟粉虱为淡绿色或黄色，温室白粉虱为白色至淡绿色。

烟粉虱种下包含了多个形态相似但生殖上隔离或部分隔离以及同工酶谱、基因序列及寄主范围、生活史、传播病毒能力等生物学特性上均有明显差异的生物型，其中的 B 型和 Q 型烟粉虱是两种入侵性最强、为害最大的生物型，且 Q 型烟粉虱为害性显著大于 B 型烟粉虱，烟粉虱变异快，不断有新的生物型出现，给防治带来很大困难。

（2）生活史　烟粉虱在北方地区 1 年发生 8~12 代，在长江以北地区自然条件下不能越冬，多以伪蛹在温室大棚作物上越冬，在温室栽培的蔬菜和花卉等作物上度过越冬阶段的烟粉虱是翌年春季的主要虫源。以烟粉虱平均密度作为种群数量动态的测定指标，以聚块性指数和丛生指标作为种群空间动态的 2 个测定指标，将温室大棚烟粉虱种群划分为 3 个阶段，即建立期、发展期和暴发期。3 月随着棚室内温度的升高，烟粉虱数量逐渐增加，4 月下旬以后数量剧增，到 5 月下旬数量达到最高峰。进入 6 月，棚室内温度升高，寄主植物组织老化，不适宜烟粉虱的栖息及取食，成虫开始向棚室外逐渐迁移，6—9 月在露地作物上造成严重为害。10 月以后，随着气温的下降及露地作物组织老化，不适宜其发生，成虫死亡率增加，部分成虫转入温室大棚，露地虫口数量急剧减少，从而完成全年的发生循环。温室内烟粉虱 11 月发生数量较大，是温室内发生第一个小高峰，随后，随着温度降低，数量减少，12 月中旬以后棚室内数量很少，大多以伪蛹在棚室内越冬，个别温度较高的棚室偶尔见到烟粉虱成虫，但数量较少。烟粉虱在棚室作物上，其主要为害时期为晚春初夏和晚秋初冬 2 个季节。烟粉虱成虫个体间相互吸引，分布的基本成分是个体群，成虫在一切密度下均是聚集的，聚集强度与密度有关。成虫在空间上始终都是处于聚集—扩散—再聚集—再扩散的动态过程中。

（3）为害特征　烟粉虱对甘薯的为害表现在 2 个方面，一是直接为害，以若虫和成虫刺吸幼嫩叶片，使叶片出现黄白色斑点；二是间接为害，烟粉虱的若虫和成虫取食叶片的同时分泌大量蜜露，诱发煤污病，严重时叶片布满黑色煤污层，叶片光合作用受到严重影响，导致甘薯生长不良；三是传播病毒病，烟粉虱能够传播 70 多种病毒，造成植株矮化、黄化、褪绿、卷叶。甘薯羽状斑驳病毒、甘薯褪绿矮化病毒均是由烟粉虱传播。

（4）防治措施　设施栽培甘薯条件下，在通风口、出入口安装 50~60 目防虫网，棚内悬挂黄色粘虫板，烟粉虱发生量大时，于傍晚每亩使用 36% 异丙威烟剂 400~500g 闭棚熏蒸，每隔 3 天熏 1 次，或选用 25% 阿克泰 3 000 倍液、25% 噻虫嗪水分散粒剂 3 000 倍液、25% 噻嗪酮可湿性粉剂 1 000 倍液喷雾。大田栽培甘薯，在整地时候使用微生物制剂与化学制剂吡虫啉混合进行基施，能够有效预防烟粉虱；在粉虱零星发生时开始喷洒 20%扑虱灵可湿性粉剂 1 500 倍液或 25%灭螨猛乳油 1 000 倍液、2.5%天王星乳油 3 000~4 000 倍液、2.5%功夫菊酯乳油 2 000~3 000 倍液、20%灭扫利乳油 2 000 倍液、10%吡虫啉可湿性粉剂 1 500 倍液，隔 10d 左右 1 次，连续防治 2~3 次。

2. 蚜虫

蚜虫属半翅目 Hemiptera，蚜科 Aphididae，又称腻虫、蜜虫、油汉、菜蚜，是地球上最具破坏性的害虫之一，主要分布在温带地区。目前已经发现的蚜虫总共有 10 科约 4 400 种。为害甘薯的蚜虫主要是棉蚜 Aphis gossypii（Glover）和桃蚜 Myzus persicae（Sulzer）。

（1）形态特征　成虫无翅胎生雌蚜体长不到 2mm，体色黄、青、深绿、暗绿等。触角长度约为身体的一半。复眼暗红色。腹管黑青色，较短。尾片青色。有翅胎生蚜虫体长不到 2mm，体色黄、浅绿或深绿。触角比身体短，翅透明，中脉三岔。卵初产时橙黄色，6d 后变为漆黑色，有光泽。卵产在越冬寄主的叶芽附近。若蚜无翅若蚜与无翅胎生雌蚜相似，但体形较小，腹部较瘦。有翅若蚜形状同无翅若蚜，2 龄出现翅芽，向两侧后方伸展，端半部灰黄色。

（2）生活史　在陕西自然条件下 10 月底至 11 月中下旬有翅雄蚜与无翅有性蚜在花椒等越冬寄主上交配、产卵后越冬。在北方日光温室内及长江以南地区没有明显越冬现象。3 月中下旬越冬卵在越冬寄主上孵化为干母，干母在越冬寄主上胎生无翅蚜 2~3 代，5 月上中旬无翅胎生雌蚜、有翅胎生雌蚜迁飞至甘薯上为害，直至 10 月中旬至 11 月上旬一部分有翅蚜迁飞到越冬寄主上胎生无翅有性雌蚜和有翅雄蚜。一部分迁移到温室作物上继续为害。

（3）为害特征　蚜虫主要以成虫及若虫群集在甘薯叶背和嫩茎吸食叶片汁液。秧苗嫩叶或生长点受害后，叶片卷缩，秧苗萎蔫，甚至枯死。老叶受害，提前枯落，有效生长期缩短，造成减产。蚜虫除了直接为害甘薯外，还造成间接为害，主要表现在两个方面，首先蚜虫分泌蜜露，污染叶片，影响光合作用。其次，蚜虫传播病毒病，致使甘薯严重减产，甚至绝收。在生产中，蚜虫的间接为害往往大于直接为害造成的损失。

（4）防治措施　设施栽培甘薯条件下，在通风口、出入口安装 50~60 目防虫网，棚内悬挂黄色粘虫板，蚜虫发生量大时，选用 25%噻虫嗪水分散粒剂 37.5~46.88g/hm^2 叶面喷施，或 10%异丙威烟剂 450~600g/hm^2 闭棚熏蒸。

大田栽培条件下，每亩均匀插挂黄板 20 张，棋盘式分布，高出甘薯 20~30cm。或在大田挂银灰色塑料条或铺银灰色地膜趋避蚜虫；或者采用蚜虫信息素诱杀。蚜虫发生量大且为害严重时，采用化学防治措施，可选用 10%的吡虫啉可湿性粉剂 2 000 倍液喷雾防治，或用 1.8%阿维菌素 3 000 倍液喷雾防治，或用 10%烟碱乳油 500~1 000 倍液喷雾防治，或用 50%抗蚜威可湿性粉剂 2 500 倍液喷雾防治。注意多种药剂轮换交替使用。

3. 叶螨

叶螨是蛛形纲 Arachnida 真螨目 Acariformes 叶螨科 Tetranychidae 害虫的统称，为害

甘薯的种类主要有朱沙叶螨 *Tetranychus cinnabarinus*、截形叶螨 *Tetranychus truncates*、二斑叶螨 *Tetranychus urticae*。

（1）形态特征　雌成螨：体长 0.42~0.52mm，体色变化大，一般为红色，有的紫红色甚至为黑色，梨形，在身体两侧各具一倒"山"字形黑斑，体末端圆，呈卵圆形。雄成螨体色常为深红色，体两侧有黑斑，椭圆形，较雌螨略小，体后部尖削。卵圆球形，初产乳白色，后期呈乳黄色，越冬卵红色，产于丝网上。幼螨近圆形，有足 3 对。越冬代幼螨红色，非越冬代幼螨黄色。若螨有足 4 对，体侧有明显的块状色素。越冬代若螨红色，非越冬代若螨黄色，体两侧有黑斑。

（2）生活史　朱沙叶螨一年可发生 20 代左右，截形叶螨一年发生 10~20 代，二斑叶螨一年发生 12~15 代。叶螨通常以授精的雌成虫在土块下、杂草根际、落叶中越冬，3 月中旬成虫出蛰。3 月下旬至 6 月上旬是叶螨的发生高峰期。9 月初以后，由于湿度增加，种群数量迅速下降。每个雌虫在它一生中，2~3 周平均可以孵化 60 个卵。孵卵的数量根据食物的多少、温度条件是否适宜而改变。卵孵化至亮黄色，然后形成白色的幼虫，这些过程中叶螨都是吃叶片细胞的叶肉层，从而导致叶片内形成弯弯曲曲的孔洞。成螨产卵前期 1 天，产卵量 50~110 粒，所产卵分受精、未受精两种，授精卵发育为雌虫，未授精卵发育为雄虫。

（3）为害特征　以成螨和若螨吸食甘薯的嫩梢、嫩叶和花器的汁液，被害部位出现许多细小的灰白色小点，被害部位布满丝网，粘有尘土，被害嫩叶、嫩梢变硬缩小，严重时叶片变锈褐色，影响光合作用，植株生长缓慢。叶螨从孵化到形成成虫的过程中均在叶片细胞的叶肉层取食为害，从而导致叶片内形成弯弯曲曲的孔洞。

（4）防治措施　避免 N 肥使用过量，N 肥过量植株更易受到叶螨为害；收获后及时清洁田间枯枝杂草并集中处理，减少越冬虫口；也可应用捕食螨进行生物防治。大田平均每叶有螨 3~4 头时可用化学药剂防治，选用 240g/L 虫螨腈悬浮剂 72~108g/hm² 叶面喷施，或者用 5%噻螨酮乳油，或用 15%、20%、40%哒螨灵可湿性粉剂，或用 6%、10%、15%哒螨灵乳油等杀螨剂。化学防治每个生长季节最多使用 2 次，注意药剂轮换使用。

4. 甘薯天蛾

甘薯天蛾 *Agrius convolvuli*，属鳞翅目 Lepidoptera，天蛾科 Sphingidae，虾壳天鹅属，又称旋花天蛾、白薯天蛾、甘薯叶天蛾。除为害甘薯外，还能够为害扁豆、赤豆等作物。

（1）形态特征　成虫体长 30~50mm，翅展 90~120mm；翅形细长，体翅暗灰色；肩板有黑色纵线；最大特征是腹部两侧具橙红与黑色相间斑纹，类似虾子的腹部，腹部背面灰色，肩板组成脸谱形斑纹，腹部第 1 节中间有灰白毛，两侧有肾形红斑．前翅内中外横带各为两条深棕尖锯齿线，M3 及 Cu1 脉色较深，顶角有深黑斜纹．后翅有 4 条暗褐横带，缘毛白色及暗褐色相杂，腹部背面棕色，有断续的黑色细背线，各体节两侧有白黑红三色间列的横纹。卵球形，直径 2mm，淡黄绿色。幼虫老熟幼虫体长 50~70mm，体色有两种，一种体背土黄色，侧面黄绿色，杂有粗大黑斑，体侧有灰白色斜纹，气孔红色，外有黑轮。另一种体色为淡绿色，头部淡黄色，体侧斜纹为白色，尾部杏黄色。蛹长 56mm，朱红色至暗红色，口器吻状，延伸卷曲呈长椭圆形，与腹部相接，翅达第 4 腹节末。

（2）生活史 在华北一年发生 2 代，随着纬度向南发生代数增加，福建一带每年可发生 4 代。在陕西一年发生 1 或 2 代，以老熟幼虫在土中 5~10cm 深处作室化蛹越冬。成虫于 5 月或 10 月上旬出现，有趋光性，卵散产于叶背。在华南于 5 月底见幼虫为害，以 9—10 月发生数量较多。在华南的发育，卵期 5~6d，幼虫期 7~11d，蛹期 14d。

（3）为害特征 甘薯天蛾主要以幼虫为害甘薯、牵牛花、月光花等旋花科植物的叶片和嫩茎，一般从叶边缘开始取食，将叶片咬成缺刻，严重时很快将甘薯叶片吃光，幼虫多栖息在叶背或叶柄上，夜间活动取食，食量随龄期而增加，5 龄后食量剧增。一头幼虫一生可吃掉叶片 35~42 片，对产量影响较大。被为害的甘薯因虫害发生的早晚不同，减产一般在 30%~70%。甘薯天蛾在陕西属偶发性害虫，成虫具有较强的趋光性，飞翔能力强，干旱时，成虫向低洼潮湿地带或降雨地带迁飞。

（4）防治措施 结合秋耕耙地把越冬蛹上翻至地表或浅土层，人工拣出或鸟食减少越冬基数。害虫发生期，田间调查虫量达到 2 头/m² 时立即施药防治，可用 2.5% 敌百虫粉剂 25~30kg/hm²，或者用 90% 敌百虫晶体或 50% 杀螟松 1 000 倍液进行防治。也可用生物制剂杀螟杆菌 0.4~0.5 亿/ml 活孢子，于 16—17 时进行叶面防治。

5. 甘薯卷叶蛾

甘薯卷叶蛾 *Brachmia macroscopa* Meyrick，属鳞翅目麦蛾科，别名甘薯麦蛾，主要为害甘薯、蕹菜、牵牛花等旋花科植物。

（1）形态特征 成虫体长 4~8mm，黑褐色；前翅狭长，黑褐色，中央有 2 个褐色环纹，翅外缘有 1 列小黑点。后翅宽，淡灰色，缘毛很长。卵椭圆形，乳白色至淡黄褐色。幼虫老熟幼虫细长纺锤形，长约 15mm，头稍扁，黑褐色；前胸背板褐色，两侧黑褐色呈倒八字形纹；中胸到第二腹节背面黑色，第三腹节以后各节底色为乳白色，亚背线黑色。蛹纺锤形，黄褐色。

（2）生活史 甘薯卷叶蛾每年发生的世代数因地区而异，陕西关中地区每年发生 2~3 代，河南每年发生 3~4 代，南方地区每年发生 4~5 代。幼虫共有 4 个龄期，幼虫期一般 10~17d，2~3 龄幼虫是为害的主要龄期。幼虫老熟后，在卷叶或土缝中化蛹，以蛹在寄主的残株落叶中越冬，成虫具有趋光性，昼伏夜出。

（3）为害特征 甘薯卷叶蛾主要以幼虫为害甘薯叶片，幼虫在叶片一侧吐丝，然后将叶片卷成囊状，栖息在内啃食叶肉，使叶片只留下一层透明的下表皮和排泄物，时间长后叶片干枯，吃光一片叶子后即可转移到其他叶片继续取食。6—9 月是甘薯卷叶蛾的发生高峰期，为害严重时，甘薯叶片大量卷曲，呈现"火烧现象"，严重影响甘薯的产量。

（4）防治措施 及时清理田间残株落叶，清除田间及地边杂草，消灭越冬虫源；初见幼虫卷叶为害时，及时捏杀新卷中的幼虫或摘除新卷叶带出田外集中处理；化学防治时掌握在甘薯卷叶蛾幼虫发生初期施药，药剂可选用 48% 乐斯本乳油 1 500 倍液或 20% 丁硫克百威乳油 1 000 倍液喷雾防治，或用 80%、90% 敌百虫可湿性粉剂，喷药时间以 16—17 时进行为宜。

6. 斜纹夜蛾

斜纹夜蛾 *Prodenia litura*（Fabricius）属于鳞翅目夜蛾科。又名莲纹夜蛾，俗称夜盗虫、乌头虫、行军虫、五彩虫、乌蚕等，是一种间隙性发生的暴食性、杂食性世界性害虫。在国内各地都有发生，寄主相当广泛，除为害甘薯外，还为害多种作物，寄主多达100 科、300 多种。

（1）形态特征　成虫体长 14~20mm，翅展 35~46mm，头、胸部黄褐色，体暗褐色，胸部背面有白色丛毛，前翅灰褐色，花纹多，内横线和外横线白色、呈波浪状、中间有明显的白色斜阔带纹，所以称斜纹夜蛾。卵半球形，直径约 0.5mm；初产时黄白色，后变为暗灰色，孵化前呈紫黑色，表面有纵横脊纹，数十至上百粒集成卵块，外覆黄白色鳞毛。幼虫体长 33~50mm，头部黑褐色，体色则多变，一般为暗褐色，也有呈土黄、褐绿至黑褐色的，从土黄色到黑绿色都有，头部和臀板黑褐色，体表散生小白点，背线呈橙黄色，在亚背线内侧各节有近似三角形的半月黑斑一对。蛹长 18~20mm，长卵形，红褐至黑褐色。腹末具发达的臀棘一对。

（2）生活史　中国从北至南一年发生 4~9 代。以蛹在土中做蛹室越冬，少数以老熟幼虫在土缝、枯叶、杂草中越冬。南方冬季无越冬现象。发育最适温度为 28~30℃，不耐低温，长江以北地区自然条件下大都不能越冬。每只雌蛾能产卵 3~5 块，每块约有卵粒 100~200 个，经 5~6d 孵出幼虫，气温 25℃ 条件下幼虫期 14~20d。土壤含水量在 20% 左右是其适宜的化蛹条件，蛹期为 11~18d。成虫昼伏夜出，飞翔力较强，具趋光性和趋化性，对糖、醋、酒等发酵物尤为敏感。卵多产于叶背的叶脉分叉处，以茂密、浓绿的作物产卵较多，堆产，卵块常覆有鳞毛而易被发现。

（3）为害特征　成虫白天隐藏在寄主植物茎叶茂密的地方，夜间出来活动，幼虫孵化后群集在卵块附近，咬食叶片的下表皮和叶肉，受惊后吐丝下垂，随风飘移，2 龄后开始分散，随着龄期的增加食量快速增大，为害严重时仅剩叶脉和叶柄。虫口密度大时，不但叶片被食光，还可继续为害幼茎。3 龄后幼虫有假死性和迁移性，6 龄老熟幼虫化蛹。

（4）防治措施　利用成虫趋光性，持续使用黑光灯对成虫进行诱杀；或制作糖醋液诱杀；或在甘薯田设置斜纹夜蛾性诱剂，平均 45~75 个/hm²。化学防治应选择在低龄幼虫期防治，可用药剂有 50% 氰戊菊酯乳油 4 000~6 000 倍液，或用 20% 氰马或菊马乳油 2 000~3 000 倍液，或用 2.5% 功夫、2.5% 天王星乳油 4 000~5 000 倍液，或用20% 灭扫利乳油 3 000 倍液。也可选用灭幼脲 1 号或灭幼脲 3 号 20% 胶悬剂防治，或使用斜纹夜蛾核型多角体病毒 200 亿 PIB/克水分散粒剂 12 000~15 000 倍液喷施。

7. 甘薯叶甲

甘薯叶甲 *Colasposoma dauriqum*（auripenne）Mannerheim 属鞘翅目肖叶甲科，又称甘薯金花虫、蓝黑叶甲、甘薯猿叶虫、老母虫、牛屎虫等，为害甘薯、蕹菜、小麦等作物，在全国各地均有发生。

（1）形态特征　体长 5~7mm，体色变化大，有青铜色、紫铜色、蓝紫色、蓝黑色、蓝色和绿色等，多为蓝黑色，有金属光泽。触角 11 节，端部 5 节略扁平。头、胸部背面密布刻点，前胸背板呈横长方形，小盾片近方形。鞘翅布满刻点，肩胛隆起，刻点粗而明显。丽鞘亚种在肩胛后方有一闪蓝光的三角斑，而指名亚种则无此斑。前者鞘翅肩胛后方皱褶较粗，范围超过翅之半，后者皱褶微，范围小。卵圆形至椭圆形，浅黄至黄绿色。幼虫体长 9~10mm，浅黄色。头部淡褐色，除第一体节外，各节均有横皱纹，并披有疏的黄色细毛，体略弯曲。蛹裸蛹，长 5~7mm，初蛹为乳白色，短椭圆形，复眼始终为乳白色，蛹后期渐变为暗黄色、灰色至黑色。后足腿节末端有黄褐色刺一个，腹末有刺 6 个。

（2）生活史　1 年发生 1 代，多以老熟幼虫在土下 15~25cm 处作土室越冬；有少数在甘薯内越冬；也有以成虫在岩缝、石隙及枯枝落叶中越冬。越冬幼虫于 5—6 月化蛹，6 月中旬出现幼虫。成虫羽化后要在化蛹的土室内生活数天才出土。成虫耐饥力强，飞翔力差，有假死性。清晨露水未干时多在根际附近土隙中；露水干后至 10 时和 16—18 时活动最活跃。中午阳光强时则隐藏在根际土缝或枝叶下。成虫羽化后很快交尾产卵，产卵为堆产，可产于麦茎、高粱、玉米留在田间的残物中，禾本科杂草的枯茎中、甘薯藤、豆类根茎中，孔口有黑色胶质物封涂。当土温下降到 20℃ 以下，大多数幼虫进入越冬。

（3）为害特征　成虫为害薯苗，喜食薯苗顶端嫩叶、嫩茎、腋芽和嫩蔓表皮，被害茎上有条状伤痕，被害幼苗停止生长，甚至整株枯死，造成缺苗断垄。幼虫在土壤中啃食薯根或薯块，卵孵化后，幼虫潜入土壤中啃食薯根或薯块，薯块表层形成弯曲的隧道，或蛀入薯块内部形成隧道，影响薯块的膨大。

（4）防治措施　根据当地种植习惯合理轮作，可有效地控制虫源。秋季翻耕，消灭越冬幼虫。利用该虫假死性，于早、晚在叶上栖息不大活动时，震落塑料袋内，集中消灭。在成虫羽化盛期遇到大雨时，往往田间虫口突增，是喷药灭虫的最好时机。喷洒下列药剂：50% 辛硫磷乳油 1 500 倍液；90% 晶体敌百虫 1 000 倍液；40% 氧乐果乳油 2 000 倍液；30% 氧乐·氰戊菊酯乳油 3 000 倍液；5% 氯氰菊酯乳油 2 000 倍液；0.6% 苦参烟碱 1 000 倍液，采收前 5 天停止用药。

8. 甘薯潜叶蛾

甘薯潜叶蛾 *Bedellia somnulentella* 属鳞翅目潜蛾科，俗名飞丝虫，为害甘薯、蕹菜、牵牛花、月光花等。普遍分布在我国南方薯区。

（1）形态特征　成虫体长 3.5~4.4mm，翅展 6.7~7.6mm，雄虫略小。触角丝状，基部有 1 撮毛，复眼黑褐色。前翅细长，披针状，灰黄色，并杂生褐色小鳞片；后翅比前翅更细长，黄白色。前、后翅缘毛均密而长。腹部淡黄色。卵椭圆形，略扁，长约 0.33mm，黄白色，半透明。卵壳表面有网状纹。幼虫体细长，低龄幼虫体黄白色或黄绿色，随虫体增长，体上出现黄白色或紫酱色斑块。幼虫老熟时体长达 5~6mm。中、后胸和腹部各节有深浅不同的酱紫色斑块。腹部第 1 节两侧各有 1 个圆色白斑；第 4~5 节两侧各有 2 个白斑，背线紫红色。第 1 对腹足退化，行走时拱起。蛹体长 4~4.6mm，纺锤形，淡绿色，近羽化时体变黄褐色。

（2）生活史　在浙江 1 年发生 4~5 代；福建 8 代，以成虫在冬薯田或田间枯叶、杂草上越冬，少数以老幼虫和蛹在被害叶内或丝网里越冬。各代幼虫性发生期如下：6月下旬至 8 月上旬；7 月下旬至 8 月下旬；8 月中旬至 9 月中旬；8 月下旬至 9 月下旬；9 月中旬至 10 月下旬；10 月上旬至 11 月中旬；10 月下旬至 11 月下旬；11 月中、下旬。因发生代数多，世代重叠。成虫白天隐蔽在甘薯叶丛中，傍晚出来活动，有趋光性。羽化当天或次日开始交配，交配后 1~3d 产卵，多产卵于嫩叶背面近叶脉处，一般散产，偶见 3~5 粒在一起。每头雌虫平均产卵 40 余粒。多的可近百粒。

（3）为害特征　幼虫孵化后先爬行，后吐丝结一薄层丝垫粘在叶片表面，然后潜入叶肉内取食，将叶片吃成不规则的虫道，并由蛀孔排出黑色的粒状粪便，2 龄后白天钻出隧道，下午日落后又重新蛀进叶内。隧道外观灰白色，有时杂有红褐色斑纹，受害严重的叶片焦枯发红。幼虫转移性较差，潜入叶片后一般不再转移，其他幼虫也不重复潜入。幼虫老熟时从叶中爬出，在叶面上吐丝结网，将身体悬于网中化蛹。

（4）防治措施　保持田园清洁，及时清除田间枯枝落叶及杂草，可减少一部分虫量；在初孵幼虫盛期，可选用 90% 晶体敌百虫 1 000~1 200 倍液，或用 50% 乐果乳油 1 500~2 000 倍液，或用 25% 除虫脲可湿性粉剂 2 000~3 000 倍液，或用 2.5% 溴甲烷氰菊酯乳油 3 000 倍液喷雾。

9. 甜菜夜蛾

甜菜夜蛾 *Spodoptera exigua* Hiibner，属鳞翅目、夜蛾科，俗称白菜褐夜蛾，从北纬 57°至南纬 40°都有分布，是一种世界性分布、间歇性大发生的杂食性害虫，不同年份发生量差异很大。

（1）形态特征　成虫体长 8~10mm，翅展 19~25mm。灰褐色，头、胸有黑点。前翅灰褐色，基线仅前段可见双黑纹；内横线双线黑色，波浪形外斜；剑纹为一黑条；环纹粉黄色，黑边；肾纹粉黄色，中央褐色，黑边；中横线黑色，波浪形；外横线双线黑色，锯齿形，前、后端的线间白色；亚缘线白色，锯齿形，两侧有黑点，外侧在 M1 处有一个较大的黑点；缘线为一列黑点，各点内侧均衬白色。后翅白色，翅脉及缘线黑褐色。多在 20—23 时取食、交尾和产卵，活动最为猖獗。卵圆球状，白色，成块产于叶面或叶背，初产的卵为浅绿色接近孵化时为浅灰色，卵粒呈圆馒头型，卵块平铺一层或多层重叠，上面覆盖有灰白色绒毛。每雌蛾一般产卵 100~600 粒，排为 1~3 层，外面覆有雌蛾脱落的白色绒毛，因此不能直接看到卵粒。幼虫老熟幼虫体长约 22mm。体色变化很大，由绿色、暗绿色、黄褐色、褐色至黑褐色，背线有或无，颜色亦各异。较明显的特征为：腹部气门下线有明显的黄白色纵带，有时带粉红色，此带的末端直达腹部末端，不弯到臀足上去（甘蓝夜蛾老熟幼虫此纵带通到臀足上）。各节气门后上方具一明显的白点。在田间常易与菜青虫、甘蓝夜蛾幼虫混淆。蛹体长约 10mm，黄褐色。中胸气门显著外突。臀棘上有刚毛 2 根，其腹面基部亦有 2 根极短的刚毛。

与棉铃虫、菜青虫的区别。甜菜夜蛾与同期发生的棉铃虫的典型区别是：该幼虫腹部气门下线为明显的"黄白色纵带"（有时带粉红色），每节气门上方各有一个明显的"白点"，且虫体表面光滑锃亮、蜡质层较厚，对一般常用农药的抗药性极强。

（2）生活史　陕西关中地区每年发生 4~5 代，山东 5 代，湖北 5~6 代，江西 6~7 代，世代重叠现象严重。江苏、河南、山东、陕西等地以蛹在疏松的 0.5~5mm 土层内筑土室化蛹，土层坚硬时也可在土表植物落叶下化蛹越冬，在江西、湖南以蛹在土中、少数未老熟幼虫在杂草上及土缝中越冬，冬暖时仍见少量取食。在亚热带和热带地区以及北方日光温室内可周年发生，无越冬休眠现象。成虫产卵期3~5d，卵期2~6d，温度低时约在7d左右孵化成幼虫，每雌蛾一般产卵100~600粒；最适宜的温度20~23℃、相对湿度50~75%。幼虫发育历期11~39d；蛹发育历期7~11d，越冬蛹发育起点温度为10℃，≥10℃积温为220℃。该虫属间歇性猖獗为害的害虫，不同年份发生情况差异较大，为害呈上升的趋势。秋季是甜菜夜蛾发生盛期，需加强防治，降低越冬虫口基数，以减少其为害。

（3）为害特征　该虫发生为害面积广，受害作物种类多，虫口密度高，世代重叠严重。初孵幼虫群集叶背，吐丝结网，取食叶肉，留下表皮，呈透明小孔，3龄前，食量较小。3龄后分散为害，食量大增，吃光叶肉，仅留叶脉和叶柄，若是西、甜瓜苗期，导致西、甜瓜瓜苗死亡，造成缺苗断垄，甚至毁种。若是成株期，取食造成空洞和缺刻，影响光合作用。

（4）防治措施　利用成虫趋光性，持续使用黑光灯对成虫进行诱杀；或制作糖醋液诱杀；或在设置甜菜夜蛾诱捕器，放置性诱剂，监测时15~45个/hm²，防治时45~75个/hm²。甜菜夜蛾体壁厚，排泄快，抗药性强，化学防治要及早进行，在幼虫初孵期就应进行防治。化学防治可选药剂有10%醚菊酯悬浮剂80~100ml对水喷雾，或用5%抑太保乳油4 000倍液，5%卡死克乳油4 000倍液，20%灭幼脲1号悬浮剂500~1 000倍液，25%灭幼脲3号悬浮剂500~1 000倍液，40%菊杀乳油2 000~3 000倍液，40%菊马乳油2 000~3 000倍液，或用20%氰戊菊酯2 000~4 000倍液。对3龄以上的幼虫，选用50%高效氯氰菊酯乳油1 000倍液加50%辛硫磷乳油1 000倍液，或加80%敌敌畏乳油1 000倍液喷雾，每隔7~10d喷1次。

（三）线虫

线虫是一类两侧对称的原体腔无脊椎动物，通常为丝状或线状，隶属于线虫动物门。据估计，地球上的线虫约有50万种，已经被描述的线虫约有1.5万种，是多样性仅次于昆虫的第二大类动物。目前植物寄生线虫已经超过细菌和病毒，成为仅次于真菌的植物第二大重要病原物。能够侵染甘薯的线虫主要有马铃薯腐烂茎线虫、根结线虫。

1. 马铃薯腐烂茎线虫

（1）分类地位　马铃薯腐烂茎线虫 *Ditylenchus destructor* Thorne 属于线虫门（Nematoda）侧尾腺纲（Secernentea）垫刃目（Tylenehida）粒线虫科（Anguinidae）茎线虫属（*Ditylenchus* Filipjev），又叫甘薯茎线虫、腐烂茎线虫、马铃薯茎线虫等，在国外被称为"Potato rot nematode, Potato tuber nematode, Tuber rot nematode, Potato tuber eelworm, Rris nematode"等。马铃薯腐烂茎线虫是一种国际检疫性寄生线虫，是中国重要的植物检疫性有害生物（中华人民共和国进境植物检疫性有害生物名录，2007）。其寄主十分广泛，包括100多种农作物及杂草植物，且能通过取食真菌完成生活史。马铃薯腐烂茎线虫也是对甘薯产量和品质影响最大、最具经济重要性的植物寄生线虫，也是甘薯生产中最具毁灭性的生物灾害。

（2）形态特征　成熟的雌虫和雄虫都是细长蠕虫形，雌虫较雄虫大。虫体前端的唇区较平，无溢缩，尾部长圆锥形，末端钝尖。虫体表面的角质膜上具细环纹，角质膜上具侧带，侧带上明显呈现六条纵行的侧线。雌虫的阴门大约位于虫体后部的3/4处，雄虫的孢片不包住整个尾部。食道属垫刃型，口针细小，长13~14μm，有基部球。中食道球卵圆形，具瓣。食道腺明显，近乎前窄后宽的圆锥形，它的后部常延伸一叶覆盖在肠的前端，但有时覆盖不明显。神经环位于食道狭部的偏后位置。雌虫单卵巢，前伸，无曲折。卵巢的起点常接近于肠的前端。发育中的卵圆形，细胞大多排成双行。卵大小62.4μm×31.96μm，雌虫体宽46.4μm。卵长约大于体宽，卵宽约为卵长的一半。后阴子宫囊明显，它的伸展长度一般约为阴门到肛门距离的2/3。雄虫具一睾丸，它的前端起始位置与卵巢相似。雄虫有一对交合刺，略弯曲，后部较宽，末端尖，在每个交合刺的宽大处有两个指状突起，与为害甘薯、马铃薯和薄荷的茎线虫形状和构造相同。

（3）为害特征　马铃薯腐烂茎线虫主要为害薯块，其次是薯苗、薯蔓基部及粗根，不为害叶片和细根，也可造成储藏期烂窖。甘薯受害后症状有3种类型：第一种是糠皮型，受害薯块表皮龟裂，薯皮皮层呈青色至暗紫色，病部稍凹陷或龟裂，薯块表皮龟裂、失水呈糠皮状。这种类型是由土壤中线虫直接刺吸薯块造成的。第二种是糠心型，发病的薯块从大小、颜色等方面与正常薯块无明显区别，表皮完好，但薯块内部由于受线虫刺激后，薄壁细胞失水、干缩呈白色海绵状或粉末状，有大量空隙。糠心型一般是甘薯在苗期被茎线虫侵入为害，受害后，颈部变色，不表现明显的病斑，组织内部呈褐色或白色和褐色相间的糠心。第三种是混合型，表现为内部糠心、外部糠皮，这种类型在重病地生长后期发生多，从外表不易与糠心型区别，但手掂比较轻，敲击发出空梆响声，甘薯生长后期茎线虫为害严重时，糠皮和糠心两种症状同时发生。

（4）生活史及生物学特性　马铃薯茎线虫以卵、幼虫和成虫在薯块中越冬，也可以幼虫和成虫在土壤和粪肥中越冬。每个雌虫每次产卵1~3粒，一生可产卵100~200粒；每完成一代约需25d；全年可繁殖10代以上。田间存活5~7年，在-15℃下停止活动但不死亡，在-25℃下7min死亡，不耐高温，秧苗或薯块表层的线虫在48~49℃温水中10min，则有98%的死亡。在田间缺少高等植物寄主时，很易在土壤中的杂草和真菌寄主上存活。腐烂茎线虫发育和繁殖温度为5~34℃，2℃左右开始活动，在温度下降至-25℃的土壤中不会死。最适温度为20~27℃，在27~28℃、20~24℃、6~10℃下，完成一个世代分别需18d、20~26d、68d。35℃活动受抑制；48~49℃的温水中10min死亡率为98%；当土壤温度在15~20℃，相对湿度为80%~100%时，腐烂茎线虫对甘薯的为害最严重。腐烂茎线虫不形成"虫绒"，不耐干燥，在相对湿度低于40%的情况下，该线虫难以生存。发病最适温度25~30℃，最高35℃。湿润、疏松的沙质土利于线虫活动为害，极端潮湿、干燥的土壤不宜其活动。

线虫能从薯苗末端侵入或从新结薯块表皮直接侵入。被侵染的根茎、块茎、土壤是其重要的传播媒介，也可随收获的病薯在窖内越冬；病薯、病苗是进行近远距离传播的主要途径；雨水、流水、农机具也可传播。

（5）马铃薯腐烂茎线虫在陕西的适生性分析　MaxEnt模型是一种基于机器学习和数学统计的最大熵模型，它包含影响物种分布的多个环境变量图层，不需要大量的物种生态生理资料，具有更大的灵活性，最可能接近物种分布的真实状态。

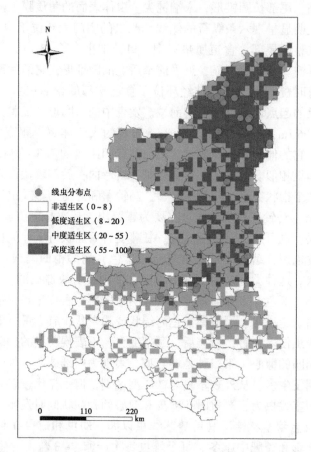

图 5-1 基于 MaxEnt 模型的马铃薯茎线虫陕西省适生性分布图（李英梅，2018）

经 MaxEnt 模型预测，按照适生性指数的不同级别将陕西地区划分为 4 个适生区。榆林和延安小部分地区为高度适生区（适生性指数为 55~100），延安大部分地区和关中中部地区为中度适生区（适生性指数为 20~55），关中西部、东部和商洛地区为低度适生区（适生性指数为 8~20），陕南的汉中和安康大部分地区为非适生区（适生性指数<8）。

2. 根结线虫

甘薯根结线虫侵害甘薯后发病，俗称"地瘟病"，中国山东、辽宁、浙江和福建沿海地区均有发生。为害甘薯的根结线虫有 4 种，即南方根结线虫 *Meloidoyne incognita*、北方根结线虫 *M. hapla*，爪哇根结线虫 *M. javanica*、花生根结线虫 *M. arenaria*。其中，南方根结线虫的发生最为普遍，分布地区最广。爪哇根结线虫仅存在于热带和亚热带地区，北方根结线虫大多分布在较冷的温带地区（图 5-1）。

（1）形态特征　根结线虫有 3 种可作形态鉴定的虫态，即雌虫、雄虫和二龄幼虫。雌虫会阴花纹的形态，食道球形态，雄虫和二龄幼虫的头部结构、尾部形态及二龄幼虫透明尾端的长度，各虫态虫体口针长度，形态，背食道腺开口到口针基部球距离（DGO），雄虫交合刺，体宽等都可以作为形态鉴定的依据。近年来，随着扫描电镜技术的发展，应用雄虫头部结构、雌虫和雄虫口针的特点也作为形态鉴定的依据。其中会阴花纹形态特征是形态鉴定最常用和最主要的依据。

南方根结线虫雌虫的主要形态特征（n = 30）L = 600（493~731）μm，W = 410（350~560）μm，ST = 14.8（14.3~15.9）μm，DGO = 3.2（2.6~3.8）μm，排泄孔位于口针基球对应处，口针针锥向背面弯曲，基部球圆到横向伸长，同基杆有明显界线，前端有缺刻。会阴花纹背弓高，近方形，有时呈梯形，顶部平，略成波浪状，无明显侧线，或由于线纹断裂并且分叉形成刻痕；雄虫唇盘高出中唇，平到凹陷；口针锥体部剑状，顶端钝；2龄幼虫唇区前端平、宽；口针基部球绕缩，圆，向后倾斜。

爪哇根结线虫的主要形态特征（n = 30）L = 649（613~891）μm，W = 384（293~513）μm，ST = 16.5（15.6~18.9）μm，DGO = 3.7（3.1~4.9）μm。口针基部球横向宽，前缘凹陷，与基杆分界明显。雌虫会阴花纹近圆形，背弓中等高，线纹平滑至略有波纹，较密。有明显的两条侧线，从尾区向外延伸，尾部有一涡状纹。

北方根结线虫的主要形态特征：北方根结线虫雌虫（n = 30）L = 649（456~802）μm，W = 431（250~540）μm，ST = 13.5（12.5~14.2）μm，DGO = 4.5（4.0~5.0）μm。口针锥体部细弱，顶端尖；口针基部球绕缩，小、圆，与基杆的界限明显。会阴花纹为圆形的六边形至稍扁平的卵圆形，背弓较低，线纹平滑至波浪形，背线和腹线相连处不规则，通常出现侧线，有时出现明显的侧沟，侧区往往形成翼，有刻点，局限在尾端或扩展到会阴花纹的其他部位。

花生根结线虫雌虫（n = 30）L = 753（690~1020）μm，W = 550（450~660）μm，ST = 16（14.5~17.6）μm，DGO = 5（4.5~6.1）μm。口针基部球前缘向后倾斜，与基杆融为一体，分界不明显。花纹背弓扁平至圆形、平滑至波浪状，典型的是背线与腹线相交成角度，形成叉状纹，或间有断裂，常常在两侧形成肩状突起，有些群体的会阴花纹背弓变高，线纹呈波浪状，类似南方根结线虫的会阴花纹。

（2）生活史　根结线虫的整个生活史分为3个阶段，即卵、幼虫和成虫。二龄幼虫为有效侵染虫态。在甘薯一个生产周期内通常能完成4~5代，雌虫产卵形成卵块或卵囊，一个卵囊中一般包括几百甚至上千粒卵。卵发育从单个卵细胞分裂开始，一分为二，二分为四，直到形成一个具有明显口针卷曲在卵壳中的幼虫，即一龄幼虫，蜕皮后变为二龄幼虫并破壳而出。卵后发育从二龄幼虫开始，二龄幼虫具有侵染性，二龄幼虫受到根的分泌物质的诱导而找到寄主，通常从根尖侵入根内，一旦找到合适的寄主后就不再移动，永久定居在根内并长大，二龄幼虫再蜕两次皮后变成四龄幼虫。四龄幼虫在第四次蜕皮之后，雄虫变成细长型，进入土壤中活动；雌虫变成梨形，它具有完整的消化系统，继续留在根内寄生生活并产卵，完成其生活周期。在适宜温湿度条件下，南方根结线虫完成一个生活周期为3~4周时间。

（3）为害症状　甘薯受害，地上部、地下部均可表现症状。受害病株薯块小而少，且扭曲畸形，表面产生不规则的褐色纵裂口或者疤痕，严重者不结薯，只生棒状、线状根，且根毛丛生。细根侧边长米粒大小的根结瘤突，轻者单个着生，重者互相连接成串,内有一个或数个粒状的小白点,即根结线虫的梨形雌成虫或不规则形卵囊。由于根部受害,茎叶症状不明显,有时会慢性发黄,生长停滞,节间短缩,蔓直立。严重时全株矮黄,甚至枯死。到雨季地上部又开始生长,但被害根系遇雨易烂,秋季叶片再次由下而上变黄脱落,严重时薯蔓局部坏死,甚至全部枯萎,受害轻时,症状不明显。

(4)生物学特性 以卵或2龄幼虫随病残体在土壤中度过寄主中断期,一般在无寄主条件下可存活1~3年。在土壤中主要分布在5~30cm土层内,以5~10cm土层内分布数量最多,适宜土壤pH值4~8。南方根结线虫生存最适温度25~30℃,高于40℃,低于5℃都很少活动,55℃经10min致死,45℃时8h致死。-1℃30h致死。田间土壤湿度是影响孵化和繁殖的重要条件。从根结线虫繁殖生物特性看,可行两性生殖、孤雌生殖,繁殖力强,一头雌虫可产卵几百至上千粒。从对生态适应性看,南方根结线虫对温度适应性范围较宽,在5~40℃均可存活。对温度等环境条件变化适应较快,南方根结线虫2000年左右传入陕西时,在关中地区自然条件下0~30cm土壤中不能正常越冬,经过10年的适应,到2010年左右,在关中地区0~30cm土壤中可以正常越冬,露地栽培条件下能形成有效种群,成为多种农作物上的严重威胁。

3. 线虫防治措施

严格检疫,在种薯、种苗调运季节,仔细检查薯块和薯苗,严禁带线虫种薯和种苗运至无线虫发生区域。

(1)建立无病留种田 建立甘薯无病良种繁育基地,提倡种苗自繁自育,繁育良种确保做到防病与建立无病留种相结合。在栽插夏薯前,需选择7年以上没有茎线虫病发生的地块作为留种地,施用的粪肥确保不带茎线虫。

(2)品种与种苗选择 在线虫为害严重地区推广应用抗病品种是目前控制茎线虫和根结线虫最经济有效的措施,国内目前已经选育出了一批高产高抗茎线虫的新品种,如苏薯4号、烟薯6号、烟薯13号、鲁薯3号、济薯10号等。抗根结线虫品种有鲁薯6号、鲁薯8号、青农12号、青农1号、青农2号等。其次在采集甘薯秧苗时应采用高剪苗栽插,即在苗床上距离坑面3~5cm以上剪秧,避开秧苗茎基部线虫易感部位。对4~5茬以后的秧苗下半段浸入46~48℃热水中10min,杀死秧苗表层的线虫。

(3)轮作 发病严重地块与玉米、高粱、谷子、豆类等进行轮作,有水源的可与水稻实行3~4年轮作。严禁与葫芦科蔬菜、茄科蔬菜轮作,避免与马铃薯、豆类、荞麦、蓖麻等轮作,同时清除小旋花、马齿苋、黄蒿等杂草寄主。

(4)窖藏期管理 入窖时间适当推迟,使薯块的田间热及呼吸热释放于窖外,避免入窖后温度升高,致使线虫活动及繁殖过盛,给窖藏期造成严重损失。窖藏期合理控制通风口,保持窖内温度变幅在0.5~4℃的范围内,在冬季白天如此反复放风7d左右即可控制此茎线虫的为害。

(5)土壤药剂处理 药剂防治是线虫防治的重要措施,而且可以直接杀死土壤、粪肥、种薯、种苗中的茎线虫。药剂防治主要包括浸种、浸苗、泼浇苗床、土壤处理、大田穴施等。可选药剂有10%噻唑膦和98%棉隆。

三、杂草防除

（一）中国杂草概述

杂草种类繁多，与农作物争夺营养、水分、光照和生存空间，同时又是农作物多种病虫害的中间寄主。杂草具有结实力高的特性，绝大部分杂草结实力高于一般农作物的几十倍甚至更多，千粒重小于作物种子，十分有利于传播，如一株苋菜可结 50 万粒种子。中国地处欧亚大陆的东部，南北纬度跨越 50°，距离 5 500km，东西跨越的经度超过 60°，距离 5 200km，地域广阔、气候类型复杂多样，地势自西向东呈现下降趋势，决定着长江、黄河等水系的流向，也间接影响着植物的分布，形成了丰富多彩的植被类型。根据李汉杨《中国杂草志》记载，中国种子植物杂草有 90 科 571 属 1 412 种，其中裸子植物 1 种，被子植物 1411 种。中国种子植物杂草的科、属、种分别占中国种子植物的 37.00%、20.79% 和 5.93%。

中国种子植物杂草 90 科属于 6 个类型 4 个变型，中国种子植物杂草植物区系具有较强的热带性质，温带成分占有一定的比例，表现出从热带亚热带向温度过渡的性质。中国种子植物杂草世界分布的科占绝对优势，占比 48.89%，分别为禾本科、菊科、莎草科、豆科、蓼科、玄参科、唇形科和十字花科。

（二）陕西省甘薯田主要杂草简介

按照杂草的为害程度分类，杂草有恶性杂草、主要杂草、一般杂草和偶见杂草。陕西甘薯田杂草有 35 科 72 属 88 种，其中单子叶植物杂草有 5 科 15 属 16 种，双子叶植物杂草 29 科 56 属 70 种。为害严重的恶性杂草有马唐、刺儿菜、藜、狗尾草，为害值均在 30% 以上。常见杂草有画眉、苋菜、莎草、马齿苋，牛筋草，苘麻、苍耳、茅草、刺儿菜、香附子、酸模、鬼针草、打碗花、牵牛花、红蓼、播娘蒿和看麦娘等。

1. 禾本科 Gramineae

（1）马唐　学名 *Digitaria sanguinalis*（L.）Scop. 马唐属 *Digitaria*，一年生草本植物。成株秆丛生，基部展开或倾斜，着土后节易生根或具分枝，光滑无毛。叶鞘短于节间，松弛包茎，散生疣基柔毛；叶舌膜质、黄棕色、先端钝圆，长 1~3mm；叶片线状披针形，长 5~15cm，宽 4~12cm，基部圆形，边缘较厚，微粗糙，具柔毛或无毛。总状花序 3~10 个，上部者互生或呈指状排列，下部近轮生；穗轴中肋白色，小穗披针形，通常孪生，一具长柄、另一具极短的柄或无柄，第一颖微小，钝三角形，第二颖狭窄，具不明显的三脉，边缘具纤毛，第一小花具明显的 5~7 脉，中部脉更明显，脉间距较宽无毛，边缘具纤毛，第二小花淡绿色。颖果椭圆形，长约 3mm，淡黄色或灰白色，脐明显，圆形，胚卵形，长约颖果的 1/3。一年生草本，种子繁殖。生于农田，路边，荒地，草丛等，为秋季旱地农作物恶性杂草，在秦淮一线以北地区发生面积最大，分布于全国各地。

（2）狗尾草　学名 *Setaria viridis*（L.）Beauv.，狗尾草属 *Setaria*，又名狗尾巴草，谷莠子。幼苗胚芽鞘阔披针形，呈紫红色，除叶鞘边缘具有长柔毛外其余均无毛，第一真叶倒披针状椭圆形，第二叶较第一叶长，倒披针状，先端尖，叶鞘疏松裹茎，边缘具长柔毛。成株秆高 30~100cm，叶舌毛状，长 1~2mm，叶片条状披针形，长 5~30cm，宽 2~20mm，叶舌膜质，具毛环。圆锥花序紧密，呈柱状。小穗椭圆形，3 至数枚成簇生于缩短的分枝上，基部有刚毛状小枝 1~6 条，成熟后小穗脱落，刚毛宿存；第一颖长为小穗的 1/3，具 1~3 脉，第二颖与小穗等长或稍短，具 5~6 脉；第一外稃和小穗等长，具 5~7 脉，内稃狭窄。颖果长圆形，顶端钝，具细点状皱纹，成熟时稍有肿胀。种子繁殖，春、夏出苗，花果期 6—9 月。生于农田，路边，荒地，分布于全国各省区，陕西甘薯田内一般性杂草。

（3）看麦娘 学名 *Alopecurus aequalis* Sobol. 看麦娘属，又名山高粱、道旁谷、棒槌草。幼苗第一叶条形，先端钝，无毛，第 2~3 叶条形，先端锐尖，叶鞘膜质。秆少数丛生，细瘦，光滑，节处常膝曲，高 15~40cm。叶鞘光滑，短于节间；叶舌膜质，长 2~5mm；叶片扁平，长 3~10cm，宽 2~6mm。圆锥花序圆柱状，灰绿色，长 2~7cm，宽 3~6mm；小穗椭圆形或卵状长圆形，长 2~3mm；颖膜质，基部互相连合，具 3 脉，脊上有细纤毛，侧脉下部有短毛；外稃膜质，先端钝，等大或稍长于颖，下部边缘互相连合，芒长 1.5~3.5mm，约于稃体下部 1/4 处伸出，隐藏或稍外露；花药橙黄色，长 0.5~0.8mm。颖果长约 1mm。花果期 4—8 月。一年生或越年生草本，种子繁殖，秋季出苗，花果期 4—6 月。多见于农田、路边、河滩、湿地。在我国大部分省区均有分布，在长江中下游地区为一般性杂草，在陕西旱地作物为一般性杂草，局部地区重度为害。看麦娘对 ACCase 抑制剂类除草剂抗性强，防除难度大。

（4）稗草 学名 *Echinochloa crus-galli* (L.) Beauv.，稗属 *Echinochloa* Beauv.，又名稗子、稗草。幼苗第一真叶条形，先端急尖，有 3 条直出平行脉，叶舌裂齿状，无叶耳，叶片与叶鞘均光滑无毛。成株秆光滑无毛，高 40~120cm，叶条形，宽 5~14mm，无叶舌。圆锥花序尖塔形，长 6~20cm；主轴具棱，粗糙或具疣基长刺毛；分枝斜上举或贴向主轴，有时再分小枝；穗轴粗糙或生疣基长刺毛；小穗卵形，长 3~4mm，脉上密被疣基刺毛，具短柄或近无柄，密集在穗轴的一侧；第一颖三角形，长为小穗的 1/3~1/2，具 3~5 脉，脉上具疣基毛，基部包卷小穗，先端尖；第二颖与小穗等长，先端渐尖或具小尖头，具 5 脉，脉上具疣基毛；第一小花通常中性，其外稃草质，上部具 7 脉，脉上具疣基刺毛，顶端延伸成一粗壮的芒，芒长 0.5~3cm，内稃薄膜质，狭窄，具 2 脊；第二外稃椭圆形，平滑，光亮，成熟后变硬，顶端具小尖头，尖头上有一圈细毛，边缘内卷，包着同质的内稃，但内稃顶端露出。颖果椭圆形、凸面有纵脊，黄褐色。

2. 十字花科 Brassicaceae Burnett

（1）播娘蒿 学名 *Descurainia sophia* (L.) Webb. ex Prantl，播娘蒿属 Descurainia 植物，又名麦蒿、米蒿。幼苗子叶椭圆形，长 3~5mm，全缘，先端钝，基部渐狭，具长柄。下胚轴较发达，上胚轴不发育，初生叶 1 片，3~5 裂，顶裂片大，两侧裂片小，基部楔形，具长柄，后生叶与初生叶相似，渐成羽状深裂，裂片更多。全株均被星状毛或叉状毛，灰绿色。成株株高 10~80cm，茎直立多分枝，有棱，被单毛和星状毛，下部常呈淡紫色，叶轮廓为矩圆形或矩圆状披针形，长 3~5cm，宽 2~2.5cm，二至三回羽状全裂或深裂，末回裂片条形或条状矩圆形，长 2~5mm，宽 1~1.5mm，茎下部叶有柄，向上叶柄逐渐缩短或近于无柄。总状花序伞房状顶生，花多数、具花梗；萼片4，条形直立，边缘膜质，早落，背面有叉状毛；花瓣4，淡黄色，长匙形，长2～2.5mm，或稍短于萼片，具爪；雄蕊6枚，比花瓣长1/3。长角果圆筒状，长2.5～3cm，宽约1mm，无毛，稍内曲，与果梗不成1条直线，果瓣中脉明显；果梗长1～2cm。种子每室1行，种子形小，多数，长圆形，长约1mm，宽约0.5mm。稍扁，淡红褐色，表面有细网纹。花期4—5月。一年生或越年生草本，种子繁殖，秋季或春季出苗，花果期4—6月。适生于湿润的农田环境，麦田，荒地、路边等。分布于华北、东北、西北等省区，为暖温带冬麦区优势杂草，播娘蒿对ALS抑制类除草剂产生抗性，防治难度较大。

（2）荠菜 学名 *Capsella bursa-pastoris* Medic.，荠属 *Capsella* Medic，又名护生草，地菜，地米菜等，是一种有较高的营养价值的野菜。

幼苗子叶椭圆形，先端圆，长约3mm，基部渐窄至柄，全缘，无毛。上下胚轴均不发达。初生叶2片，对生，单叶，阔卵形，先端钝圆，全缘，叶基楔形，叶片与叶柄均被贴生的星状毛或与单毛混生；后生叶互生，叶形变化很大，第一后生叶叶缘开始出现尖齿，之后长出的后生叶叶缘变化更大。成株株高10～50cm，茎直立，有分枝，被单毛、分支毛或星状毛。基生叶丛生，莲座状，叶羽状分裂，偶有全缘，长10～12cm，宽约2.5cm；顶生叶片较大，叶片有毛，侧生叶裂片较小。茎生叶狭披针形或披针形，顶部几成线形，基部成耳状抱茎，边缘有缺刻或锯齿，花多数，顶生或腋生成总状花序，开花时茎高20～50cm，总状花序顶生或腋生。花小，白色，两性。萼4片，绿色，开展，卵形，基部平截，具白色边缘，十字花冠。短角果扁平。花瓣倒卵形，有爪，4片，白色，十字形开放，径约2.5mm；雄蕊6，4强，基部有绿色腺体；雌蕊1，子房三角状卵形，花柱极短。短角果呈倒三角形，无毛，扁平，先端微凹，长6～8mm，宽5～6mm，具残存的花柱。种子20～25粒，成2行排列，细小，倒卵形，长约0.8mm。花期3—5月。一年生或越年生草本，种子繁殖，秋季或春季出苗，花果期3—8月。适生于湿润肥沃的农田，路边、荒地、山坡也有生长。全国各地均有分布，在春麦区、冬麦区均为优势杂草，荠菜对ALS抑制类除草剂产生抗性，防治难度较大。

3. 藜科 Chenopodiaceae

以灰绿藜为例。学名 *Chenopodium glaucum* L.，别名白灰条、碱灰菜，一年生或二年生草本。幼苗上胚轴及下胚轴均较发达，下胚轴呈紫红色。子叶2，紫红色，长约0.6cm，狭披针形，先端钝。基部略宽，肉质，具短柄。后生叶椭圆形或卵形，叶缘有疏钝齿。成株植株高10～45cm，茎平卧或斜生，茎自基部分枝，具绿色或紫红色条纹，叶互生有短柄。叶片厚，带肉质，椭圆状卵形至卵状披针形，长2～4cm，宽5～20mm，顶端急尖或钝，边缘有波状齿，基部渐狭，表面绿色，背面灰白色、密被粉粒，中脉明显；叶柄短。团伞花序排列成穗状或圆锥状花序；花两性或兼有雌性，花被裂片3～4，浅绿色、肥厚，基部合生。胞果伸出花被片，果皮薄，黄白色；种子横生、斜生及直立，扁圆形，暗褐色，直径0.5～0.7mm，有光泽。春季出苗，花果期6—10月，生于轻盐碱地；农田、菜园、荒地、路边轻度盐碱地常见，我国除台湾、福建、江西、广东、广西、贵州、云南外，其余各地均有分布。主要为害生长在轻盐碱地的甘薯、马铃薯、小麦、棉花、蔬菜等旱地作物，为北部春麦区杂草，发生量大，为害重。

4. 苋科 Amaranthaceae

以苋为例。苋的学名 *Amaranthus tricolor* L. , 苋属 *Amaranthus*, 又名雁来红、老少年、三色苋等。成株株高 80～150cm；茎粗壮, 直立, 绿色或红色, 常分枝, 叶片卵形、菱状卵形或披针形, 长 4～10cm, 宽 2～7cm, 绿色或常成红色, 紫色或黄色, 顶端圆钝或尖凹, 具凸尖, 基部楔形, 全缘或波状缘, 无毛；叶柄长 2～6cm, 绿色或红色。花簇腋生, 直到下部叶, 或同时具顶生花簇, 成下垂的穗状花序；花簇球形, 直径 5～15mm, 雄花和雌花混生；苞片及小苞片卵状披针形, 长 2.5～3mm, 透明, 顶端有 1 长芒尖, 背面具 1 绿色或红色隆起中脉；花被片矩圆形, 长 3～4mm, 绿色或黄绿色, 顶端有 1 长芒尖, 背面具 1 绿色或紫色隆起中脉；雄蕊比花被片长或短。胞果卵状矩圆形, 长 2～2.5mm, 环状横裂, 包裹在宿存花被片内。种子近圆形或倒卵形, 直径约 1mm, 黑色或黑棕色, 边缘钝。花期 5—8 月, 果期 7～9 月。苋菜喜温暖气候, 耐热力强, 不耐寒冷。生长适温为 23～27℃, 20℃以下植株生长缓慢, 10℃以下种子发芽困难。苋菜是一种高温短日照作物, 在高温短日照条件下, 极易开花结籽。苋菜对土壤要求不严格, 但以偏碱性土壤生长良好；全国大部分地区均有分布。

5. 马齿苋科 Portulacaceae

以马齿苋为例。马齿苋学名 *Portulaca oleracea* L. , 马齿苋属 *Portulaca* L. , 又名马苋、五行草、长命菜、瓜子菜、麻绳菜。成株株高 10～50cm, 全株无毛。茎平卧或斜倚, 伏地铺散, 多分枝, 圆柱形, 长 10～15cm 淡绿色或带暗红色。茎紫红色, 叶互生, 有时近对生, 叶片扁平, 肥厚, 倒卵形, 似马齿状, 长 1～3cm, 宽 0.6～1.5cm, 顶端圆钝或平截, 有时微凹, 基部楔形, 全缘, 上面暗绿色, 下面淡绿色或带暗红色, 中脉微隆起；叶柄粗短。花无梗, 直径 4～5mm, 常 3～5 朵簇生枝端, 午时盛开；苞片 2～6, 叶状, 膜质, 近轮生；萼片 2, 对生, 绿色, 盔形, 左右压扁, 长约 4mm, 顶端急尖, 背部具龙骨状凸起, 基部合生；花瓣 5, 稀 4, 黄色, 倒卵形, 长 3～5mm, 顶端微凹, 基部合生；雄蕊通常 8, 或更多, 长约 12mm, 花药黄色；子房无毛, 花柱比雄蕊稍长, 柱头 4～6 裂, 线形。蒴果卵球形, 长约 5mm, 盖裂；种子细小, 多数偏斜球形, 黑褐色, 有光泽, 直径不及 1mm, 具小疣状凸起。花期 5—8 月, 果期 6～9 月。

一年生草本, 喜高湿, 耐旱、耐涝, 具向阳性, 适宜在各种田地和坡地栽培, 以中性和弱酸性土壤较好。其发芽温度为 18℃, 适宜生长温度为 20～30℃。全国各地均有分布, 陕西甘薯田为一般性杂草。

6. 茄科 Solanaceae

以龙葵为例。学名 *Solanum nigrum* L. , 茄属 *Solanum* L. , 又名苦菜、苦葵、灯笼草、山辣椒。幼苗子叶阔卵圆形, 先端钝尖, 叶基圆形, 边缘生混杂毛, 具长柄。初生叶 1, 阔卵形, 密生短柔毛, 羽状网脉, 后生叶与初生叶相似。成株株高 0.25～100cm, 直立, 茎无棱或棱不明显, 绿色或紫色, 近无毛或被微柔毛。叶卵形, 长 2.5～10cm, 宽 1.5～5.5cm, 先端短尖, 基部楔形至阔楔形而下延至叶柄, 全缘或每边具不规则的波状粗齿, 光滑或两面均被稀疏短柔毛, 叶脉每边 5～6 条, 叶柄长 1～2cm。蝎尾状花序腋外生, 3～10 朵花, 总花梗长 1～2.5cm, 花梗长约 5mm, 近无毛或具短柔毛；萼小，浅杯状，直径1.5~2mm，齿卵圆形，先端圆，基部两齿间连接处成角度；花冠白色，筒部隐于萼内，长不及1mm，冠檐长约2.5mm，5深裂，裂片卵圆形，长约2mm；花丝短，花药黄色，长约1.2mm，约为花丝长度的4倍，顶孔向内；子房卵形，直径约0.5mm，花柱长约1.5mm，中部以下被白色绒毛，柱头小，头状。浆果球形，直径约8mm，熟时黑色。种子多数，近卵形，直径1.5~2mm，两侧压扁。一年生草本、种子繁殖。生长适宜温度为22~30℃，开花结实期适温为15~20℃，此温度下结实率高。对土壤要求不严，在有机质丰富，保水保肥力强的壤土上生长良好，缺乏有机质，通气不良的黏质土上，根系发育不良，植株长势弱。全国各地均有分布，在陕西甘薯田为一般性杂草。

7. 菊科 Compositae

（1）刺儿菜　学名 *Cirsium setosum*（Willd.）MB，菊科蓟属 *Cirsium* Mill. emend. Scop.），别名小蓟、刺狗牙、蓟蓟草。多年生草本植物，也是一种优质野菜。子叶椭圆形，长6.5mm，宽5mm，先端钝圆，基部楔形具短柄。下胚轴非常发达，上胚轴不发育。初生叶1，长椭圆形，先端急尖，叶缘有齿，齿尖带刺状毛。中脉明显，无毛。后生叶形态与初生叶相似。株高20~50cm，根状茎长，上部分支。茎直立，无毛或被蛛丝状毛。叶互生，无柄，椭圆形或长椭圆形状披针形，全缘有齿裂，有刺，两面被蛛丝状毛，基生叶花期枯萎，上部叶渐小，无柄。头状花序单生茎端，雌雄异株，小花紫红色或白色，雌花花冠长2.4mm，檐部长6mm，细管部细丝状，长18mm，两性花花冠长1.8mm，檐部长6mm，细管部细丝状，长1.2mm。瘦果淡黄色，椭圆形或偏斜椭圆形，压扁，长3mm，宽1.5mm，顶端斜截形。冠毛污白色，多层，整体脱落；冠毛刚毛长羽毛状，长3.5cm，顶端渐细。花果期5—9月。多年生，种子及根状茎繁殖，春季出苗，花果期5—9月。多生于荒地，路旁，山坡，果园，农田等，在全国各地均有分布，为害大多数旱地农作物。

（2）泥胡菜　学名 *Hemistepta lyrata*（Bunge）Bunge，泥胡菜属 Hemistepta，又名猪兜菜、艾草、石灰菜、剪刀草、绒球。幼苗子叶2，卵圆形，先端圆，基部宽楔形，初生叶1片，椭圆形，先端急尖，基部宽楔形，边缘具疏齿，羽状脉明显，叶片下面及柄均被白色蛛丝状毛。成株株高30~80cm，茎直立，具纵棱。基生叶莲座状，有柄，提琴状羽裂，先端裂片三角形，有时3裂，侧裂片7~8对，长椭圆形倒披针形，下面被白色蛛丝状毛，中部叶椭圆形，羽状分裂，无柄。头状花序在茎枝顶端排成疏松伞房花序，总苞球形，总苞片5~8层，外层短，卵形，内层条状披针形，背面顶端下具1紫红色鸡冠状附片，花冠管状，紫红色。瘦果圆柱形，具15条纵棱，冠毛白色，2层，羽状。种子繁殖，通常秋季出苗，花果期翌年5—8月。生于路边、荒地、山坡、农田等。喜欢潮湿土壤，微耐盐碱。除新疆维吾尔自治区、西藏自治区外，全国其余地方均有分布。

8. 旋花科 Convolvulaceae Juss

以打碗花为例。学名 *Calystegia hederacea* Wall，打碗花属 *Calystegia*，又名小旋花、喇叭花、面根藤、狗儿蔓。多年生草本植物。幼苗光滑无毛，子叶近方形，先端微凹，基部截形，长约 1.1cm，有柄，初生叶 1 片，阔卵形，先端圆，基部耳垂状，全缘，叶柄与叶片几乎等长，下胚轴较发达。成株全体不被毛，茎蔓生，植株通常矮小，缠绕或匍匐，常自基部分枝，具细长白色的根。茎细，平卧，有细棱。基部叶片长圆形，长 1.5~4.5cm，宽 1~2.5cm，，顶端圆，基部戟形，上部叶片 3 裂，中裂片长圆形或长圆状披针形，侧裂片近三角形，全缘或 2~3 裂，叶片基部心形或戟形；叶柄长 1~5cm。花腋生，1 朵，花梗长于叶柄，有细棱，长 2.5~5.5cm；苞片宽卵形，2 片，长 0.8~1.6cm，包围花萼；萼片长圆形，5 片，矩圆形，稍短于苞片；花冠淡紫色或淡红色，漏斗状，长 2~4cm，；雄蕊 5，花丝基部扩大，贴生花冠管基部，被小鳞毛；子房无毛，柱头 2 裂。蒴果卵球形，长约 1cm，宿存萼片与之近等长或稍短。种子黑褐色，长 4~5cm，表面有小疣。地下茎或种子繁殖，无性繁殖为主，地下茎质脆易断，每个带节的断体都能长出新的植株。由于地下茎蔓延迅速，常成单优势群落，对农田为害较严重，在有些地区成为恶性杂草。北方地区春麦区春季出苗，花果期 4—9 月。生于荒地、路边、农田、果园等。适应性非常广，全国均有分布。

（三）防除措施

针对陕西甘薯杂草发生种类、发生特点，结合耕作制度、栽培方式、环境条件和除草措施的差异，统筹考虑运用物理措施、化学措施、生物措施、生态措施等有机集成、协调应用，将甘薯田杂草为害控制在生态经济阈值水平之下，为农药减量使用发挥重要作用。

1. 严格检疫

种子和繁殖器官是杂草传播、蔓延的主要原因，外来草种进入中国频率提高，中国和国外都有因检疫不严格使恶性杂草传入为害的教训。因此，必须严格杂草检疫制度，加强种子管理，防止外国、外地的检疫性及为害严重的恶性杂草因人为因素传入本地。同时应灭除当地的检疫性杂草，杜绝外传。

2. 农艺防治

（1）轮作倒茬　同一作物连续种植多年，往往导致该作物的伴生杂草迅速增加，因此因地制宜实行多种形式的轮作倒茬是防治杂草的有效措施之一。

（2）深翻耕作　通过深耕改变杂草的生存环境，土壤表层的杂草种子埋入深层土壤，降低出苗率，可消灭大部分的杂草。同时，深翻可将以块根繁殖的杂草上翻至表层土壤，使其由于干旱缺水不能继续繁殖。

（3）中耕除草　在甘薯的生长过程中，根据杂草发生情况和作物长势，可进行多次中耕除草，除草原则是除早、除小、除彻底，在机械化程度比较高的种植区，播种时即可留下机械行走的位置，便于机械除草。

（4）高温堆肥　有机肥中往往含有大量杂草种子，也是杂草传播蔓延的根源，夏季是高温堆肥的好时期，一般堆肥 1~2 个月，就可以杀死各种杂草种子以及病原菌和害虫卵。冬季一般堆肥 2~3 个月，在堆肥时还可加入能够促进温度升高的菌剂。

（5）合理密植　利用农艺措施、科学水肥管理，提高甘薯个体和群体的竞争能力，使其充分利用光、热、水、气和土壤空间，尽快封垄，减少或削弱杂草对生存空间的竞争。即"以苗欺草,以高控草,以密灭草"的除草策略。

(6)迟播诱发 利用作物的生物学特性和杂草的生长特点,适当推迟作物播种,使杂草提前出土,采用机械翻耕除草后再进行播种。利用这种措施可直观的防除针对性杂草,具有良好的除草效果。

(7)地膜覆盖 地膜覆盖具有保墒、保温效果,对控制杂草也是一项较好的措施,地膜全垄覆盖对阔叶杂草控制效果可达90%以上。

2. 化学防治

化学除草以速度快,效率高,除草效果好,目前应用非常广泛。甘薯田杂草一般在薯秧较小未完全覆盖地面时为害,后期薯秧封垄,杂草一般不萌发出土,为害较小。从使用方法上,除草剂可分为土壤处理和茎叶处理,土壤处理是在甘薯栽插前施药,茎叶处理是在甘薯出苗后施药。土壤处理适合通过杂草幼根和幼芽吸收的药剂,如乙草胺、扑草净等。也适合于兼有土壤处理和茎叶处理活性的部分药剂,如苯磺隆、噻吩磺隆等。

(1)土壤处理 常用除草剂品种有氟乐灵、异丙甲草胺、乙草胺、敌草胺和禾草丹等。①氟乐灵:主要用于防除稗、马唐、牛筋草、狗尾草等一年生禾本科杂草和小粒种子的阔叶杂草,对苍耳、鸭跖草防效较差。春薯区可用高剂量,夏薯区用低剂量。氟乐灵在土壤中残效期长,因此下茬不宜种高粱、谷子。②异丙甲草胺:主要用于防治牛筋草、马唐、狗尾草、稗等一年生杂草,对苋菜、马齿苋、碎米莎草也有一定防效。土壤墒情好时防效好,反之则差,在干旱条件下施药后可浅混土能提高防效。③乙草胺:能够防除狗尾草、马唐、牛筋草、画眉、野燕麦、藜、马齿苋、等禾本科杂草,对阔叶杂草也有较好的防效,在整地后栽插前或栽插后均可喷施在土壤表层。④灭草松:能够防除双子叶杂草和莎草科杂草为主的多种杂草。⑤禾草丹:能够防除一年生禾本科杂草及部分阔叶杂草,用药时要进行人工降雨或浇水提高防效。

(2)茎叶处理 在甘薯插秧后,杂草幼苗3~5叶期进行,常用的除草剂有20%烯禾啶乳油,用量为$1.2 \sim 1.8L/hm^2$,15%精吡氟禾草灵乳油、12.5%氟吡甲禾灵乳油或5%精喹禾灵乳油$0.75 \sim 0.9L/hm^2$,加水$450 \sim 750L/hm^2$配成药液喷施在杂草茎叶上,用于防除一年生禾本科杂草,茎叶处理剂的内吸和渗透性较好,施药后2h降雨基本不影响药效,对薯秧安全。

(3)化学防除杂草注意事项 化学除草首先应准确选择品种,严格掌握用量,选择最佳的施药时间。在施药时注意温度和土壤湿度,在土壤湿度大的情况下,杂草生长旺盛,有利于除草剂的吸收和运转,除草效果高。在使用除草剂时,避免用药方法错误、用量不准确或者盲目混用引起药害或者农药残留超标。

第二节 非生物胁迫及应对

一、水分胁迫

(一)发生时期

陕西省地处中国西北部,位于东经125°29′~110°15′,北纬31°42′~39°35′。东隔黄河与山西相望，西与甘肃为邻，南与河南、湖北、四川接壤，北与内蒙古、宁夏毗邻。具有东西狭，南北长的地形特征。陕西省南北从大巴山至长城沿线，跨越了8个纬度，因此就出现了北亚热带、暖温带、中温带的气候类型，各气候带又具有湿润、半湿润、半干旱甚至干旱的多种气候类型，除水平气候多样外，陕西域内的巴山、秦岭山系又形成了垂直气候的差异性及山系南北麓气候的多重差异。

陕西省的地理位置决定了省内气候明显的大陆性气候特点。大陆性气候的特点之一就是干旱少雨。陕西省的年降水量从南到北逐渐减少，干燥度逐渐增大。陕南年降水量在700mm左右，干燥度小于1.0，关中年降水量在600mm左右，干燥度在1.5以下，陕北南部年降水量在500~600mm，干燥度在1.5以下，陕北北部年降水量在400mm左右，干燥度1.5以上，最北端的长城沿线以北干燥度大于2.0（干燥度为年蒸腾量与年降水量的比值）。

陕西省的年降水主要分布在夏秋季，多数年份7—9月的降水量占全年的50%左右，但陕南和关中在7月中下旬至8月上旬期间，经常受到热带副高压的影响，在此期间，持续性的气温高，光照强、降雨少，极易形成"伏旱"不利于作物生长，造成水分胁迫。"十年九旱"是陕西主要省情，干旱的发生除前述的伏旱外，春旱也经常发生，个别年份还出现春旱伏旱连续出现的情况。陕北旱灾多以春旱为主或春夏连旱；关中旱灾常出现春旱、夏伏旱，间有秋冬旱发生；陕南干旱以春夏旱为主。结合全省的气候变化规律来看，甘薯生产中发生水分胁迫的主要时间段为每年的7月中下旬至8月上旬，春旱对甘薯生产影响相对较小。水分不足固然对甘薯生长不利，但水分过多对甘薯生长及产量的形成也有害。陕西省秋季雨量相对比较丰富，较易形成农田渍害，因此，就甘薯的全生育过程来看，甘薯生产面临伏旱和秋淋两个水分胁迫期。两个胁迫期分别为7月中下旬和8月上旬的伏旱和9—10月的秋淋。

（二）水分胁迫对甘薯生理活动的影响

甘薯是公认的耐旱作物之一，但持续的水分胁迫会引起系列的生理生化指标变化，甚至造成不可逆的损伤，影响品质和产量。干旱对甘薯生产中的影响主要表现在以下几个方面。

1. 影响甘薯整体生长

在水分不足时，甘薯生长整体受到抑制。各部位间水分重新分配，不同器官或不同组织间的水分依水势大小而重新分配，水势高的部分的水分向水势低的部分移动。例如，老叶中的水分向幼叶移动，以保证植株存活，而老叶则加速死亡脱落。这一反应将影响整体的生物产量进而影响经济产量，而使产量效益受到不利影响。张明生等（2006）研究了水分胁迫下甘薯植株质膜相对透性（RPP）和水分状况与品种抗旱性的关系。结果表明，水分胁迫下不同甘薯品种叶片的RPP和水分饱和亏（WSD）均明显增大，叶片相对含水量（wRW）、自由水与束缚水含量比值（wf/wb）及藤叶与块根含水量比对照均不同程度下降。wRW与品种抗旱性呈极显著正相关（$r=0.9080$，$P<0.01$），RPP、WSD、wf/wb及块根含水量的相对值与品种抗旱性均呈极显著负相关（$r=-0.6797\sim-0.8937$，$P<0.01$），藤叶含水量的相对值与品种抗旱性间的相关性不显

著（$r = -0.3675$，$P = 0.1778$）。因此，除藤叶含水量外，其余指标均可用于甘薯品种抗旱性的评定。

2. 影响甘薯生长的各项生理指标和生理进程

研究表明当水分不足时，气孔关闭，蒸腾减弱，促使水解酶的活性增强，活动加剧，合成酶活性降低或完全停止，甚至含量下降。

李文卿等（2000）采用盆栽水分胁迫，研究了耐旱特性不同的两个甘薯品种"潮薯1号"（耐旱）和"胜利百号"（不耐旱）的活性氧代谢变化。结果表明，水分胁迫条件下，甘薯叶片过氧化氢（H_2O_2）、超氧阴离子自由基（O^{-2}）等活性氧积累和脂氧合酶（LOX）活性增加；清除活性氧的酶系统，包括超氧化物歧化酶（SOD）、过氧化氢酶（CAT）和抗坏血酸过氧化物酶（APX）活性有不同程度的下降；保护性物质还原性抗坏血酸（ASA）含量上升，还原性谷胱甘肽（GSH）含量先下降后上升；叶片膜脂过氧化水平加剧，丙二醛（MDA）含量增加，质膜透性增大；品种间变化趋势相同，但变化幅度表现出品种间差异。两品种间过氧化物酶（POD）活性没有共同的变化趋势。周忠等（2008）以3个甘薯品种"遗306""豫薯8号"和"Ayamurasaki"为材料，研究了干旱胁迫对甘薯幼苗叶片的净光合速率（Pn）、胞间 CO_2 浓度（Ci）、气孔导度（Cond）和蒸腾速率（Tr）等光合特性的影响。结果表明，干旱胁迫下，3种甘薯幼苗叶片的 Pn、Cond 和 Tr 均降低，而 Ci 则呈先降后升的趋势。在整个胁迫过程中，"遗306"与"豫薯8号"的 Pn、Cond 和 Tr 降幅均远远大于 Ayamurasaki。Ayamurasaki 的耐旱性强于"遗306"和"豫薯8号"。李长志等（2016）试验比较了不同生长时期干旱胁迫下甘薯根系生长及荧光生理特性。旨在为研究甘薯的抗旱生理机制，明确甘薯水分临界期，减轻干旱影响和优化甘薯生产管理提供科学依据。利用人工旱棚，设置甘薯正常供水与前期、中期和后期（即定栽后 15d、55d、95d）干旱胁迫4个处理（田间持水量的 8%~10%，每次胁迫持续15d）。用 Epsonv700 扫描仪调查了不同处理3个不同时期根系发育，用 M-PEA（Hansatech，英国）测定了叶片荧光生理参数。结果是前期和中期干旱均显著降低了甘薯地上部和地下部生物量（$P < 0.05$），而后期干旱影响较小，其规律表现为前期>中期>后期。其中，前期干旱甘薯总生物量减少约50%；中期干旱造成地上部和地下部分别减少 38.4% 和 31.1%；后期干旱地上部和地下部减少均约10%。各个时期干旱胁迫均显著影响甘薯根系发育（$P < 0.05$）。与正常供水相比，前期干旱胁迫总根长、总表面积和总体积分别减少 49.5%、55.7% 和 43.2%，中期干旱胁迫分别减少 27.5%、27.0% 和 28.9%，后期干旱胁迫影响较小。不同时期干旱胁迫对叶绿素荧光参数的影响不同，前期和中期胁迫处理测定值差异显著，叶绿素荧光动力学曲线发生明显变化，后期未达显著性水平。与对照相比，前期和中期的 PSⅡ综合荧光参数指标 Fm、Fv/Fm、PI（ABS）分别减少了 36.4%、15.6%、44.3% 和 14.7%、3.8%、22.6%；指示反应中心活性的参数 φEo 分别减少 7.7%、3.4%，而反映电子传递速率的参数 Vj、dV/dto 分别增加了 33.1%、32.1% 和 19.2%、17.1%，这些荧光参数的变化表明，干旱胁迫导致 PSⅡ结构受损，反应中心受到伤害，光能转化效率降低，电子传递受阻。结论是甘薯水分临界期处于前中期，实际中应特别加强甘薯前期的水分供应。

钮福祥等（1996）采用土壤干旱和室内 PEG 水分胁迫测定相结合的办法，研究有关生理指标与甘薯抗旱性关系。结果表明，水分胁迫下伴随着叶片相对含水量（RWC）的明显下降，丙二醛（MDA）含量显著增加，质膜相对透性（RPP）急剧上升，而过氧化氢酶（CAT）活性迅速下降；抗旱性强的品种叶片 RPP 和 MDA 的增加幅度显著低于不抗旱品种，而前者叶片 RWC 和 CAT 活性的下降速度显著慢于后者。并具有比后者较强的渗透调节能力，中等抗旱品种介于两者之间。所选的 5 种生理指标与抗旱性的相关性次序是：RWC、CAT、RPP、可溶性糖、蛋白氮，这 5 种指标的隶属函数加权平均值（D 值）与抗旱系数间的相关系数达极显著水平（$r=0.956$、$P<0.01$），其中前 3 者对抗旱性评价的累计贡献率达 78%（以 r 权数计），其 D 值可近似代替 5 项指标。室内条件下的 D 值可用于甘薯品种的抗旱性评价与分级。综合前述的研究来看，当干旱胁迫发生时，甘薯会产生一系列的变化，来适应、应对干旱胁迫。主要表现在以下这些方面。当水分胁迫发生时，初期表现为甘薯藤蔓叶片出现萎蔫现象，叶片和茎的幼嫩部分下垂，这是甘薯叶片降低蒸腾的反应，萎蔫分为暂时萎蔫和永久萎蔫两种，暂时萎蔫依靠降低蒸腾量就可以消除水分亏缺而恢复，当以降低蒸腾仍不能消除萎蔫时即发生了永久萎蔫，永久萎蔫时间持续过久甘薯植株就会死亡。在发生萎蔫的同时，随着水分胁迫的持续，甘薯植株内部会相应产生一系列生理生化指标的变化。首先是甘薯植株体内的水分分布会发生变化，老叶会首先出现发黄枯死现象，由于为了减少蒸腾量，叶片气孔开度变小或关闭，甘薯体内水解酶活动加强，合成酶的活动降低或完全停止，叶绿体受伤使叶片光合能力显著下降，水分的不足也使光合产物的运输受阻，呼吸作用增强，光合产物的形成和积累减弱或停止。

水分胁迫还会使甘薯体内蛋白质合成减弱，分解加速，而分解形成的氨基酸以脯氨酸为主，这就又表现出水分胁迫条件下和正常条件下的甘薯植株体内一系列生理生化指标的变化。

从水分来看，束缚水的比例大于自由水的比例，代谢中间产物中脯氨酸、丙二醛（MDA）含量上升，甘薯叶片过氧化氢（H_2O_2）、超氧阴离子自由基（O^{-2}）等活性氧积累和脂氧合酶（LOX）活性增加，保护性物质还原性抗坏血酸（ASA）含量上升，还原性谷胱甘肽（GSH）含量先下降后上升；叶片膜脂过氧化水平加剧，丙二醛（MDA）含量增加，质膜相对透性增强。超氧化物歧化酶（SOD）、过氧化氢酶（CAT）和抗坏血酸过氧化物酶（ASP）活性有不同程度的下降。最为重要的是持续的干旱胁迫会造成甘薯叶片叶绿素受损。李长志等（2016）试验比较了不同生长时期干旱胁迫下甘薯根系生长及荧光生理特性，前期和中期干旱均显著降低了甘薯地上部和地下部生物量（$P<0.05$），而后期干旱影响较小，其规律表现为前期>中期>后期，通过叶绿素荧光动力学分析，前期和中期甘薯叶片中叶绿素受干旱影响明显，其中前期干旱甘薯总生物量减少约 50%，对甘薯的总产量影响大于中后期。而从陕西省甘薯种植习惯来看，伏旱发生时大多数大田甘薯还处于前期的基础群体形成阶段。

这些从表观到内在指标的变化随品种特性不同而异，一般较耐旱和抗旱品种这些指标的变化幅度小于不耐（抗）旱品种，所以依据这些指标的变化趋势可以对甘薯品种的耐（抗）旱性进行筛选鉴定。

（三）甘薯抗（耐）旱性生理指标

广大科技工作者通过对甘薯抗（耐）旱性及干旱胁迫对甘薯的影响进行了深入研究，提出了从形态指标、生长指标、生理生化指标和包括理化指标的直接指标，到耐热性、叶绿素稳定性指数和温度系数等。大体来讲，作物的抗耐旱性的形态指标包括株型、根系的发达程度、茎的水分疏导能力、叶片形态、叶片的持水特性等，生长指标包括萌发胁迫指数、作物的生长与恢复、存活指标、叶面积变化、主要经济性状的变化，生理生化指标主要包括水分饱和亏（WSD）和相对含水量（RWC）、束缚水含量（Va）、离体组织的抗脱水能力、水势（ψw）、叶片膨压（ψp）也叫压力势、渗透调节物质和渗透调节能力、气孔、蒸腾作用和光合作用等。

张明生等（2006）研究了甘薯品种的抗旱适应性。列出很多生理指标。包括：脱落酸 Abscisic acid（ABA），脯氨酸（PRO）、丙二醛 Malondia dehyde（MDA），三磷酸腺苷 Adenosine triphosphate（ATP），过氧化氢酶 Catalase（CAT），过氧化物酶 Peroxidase（POD），总游离氨基酸 Gross free amino acid（FAG），超氧化物歧化酶 Super-oxde dismutase（SOD），赤霉素 Gibberellin（GA_3），可溶性蛋白质 Soluble protein（SP），吲哚乙酸 Indoleacetic acid（IAA），可溶性糖 Soluble sugar（SSug），玉米素核苷 Zeatin riboside（ZR），以及叶面积指数 Leaf area index（LAI）等。

刘恩良等（2016）报道了他们的甘薯抗旱鉴定及生理响应研究。通过引进国内外优异甘薯品种资源，研究自然干旱条件下甘薯的渗透调节能力和抗氧化酶活性指标，用于明确块根膨大期甘薯对抗旱的生理响应及抗旱性。在自然干旱条件下，块根膨大期进行持续性水分胁迫，对叶片细胞的 POD、MDA 进行胁迫鉴定。鉴定并筛选出抗旱性和产量兼顾的"济26""商薯9号""徐106704"可作为育种材料和生产用种。甘薯叶片细胞 POD 活性和 MDA 含量随胁迫时间的延长先增后降，均有较大幅度的变化；抗旱性好的品种 POD 活性一直较高，但其 MDA 含量在干旱胁迫早期较高而在干旱胁迫后期维持较低水平。结论是 POD 活性和 MDA 含量与甘薯的抗旱性具有一定的相关性，可作为甘薯抗旱鉴定和筛选的辅助指标。

抗旱指数是评价抗旱性最直接的指标之一。抗旱指数即抗旱系数和干旱胁迫下的产量和所有参试品种在干旱胁迫下产量的平均值的比值。抗旱系数是指该品种在干旱条件下的产量与正常状态下产量的比值。周志林等（2016）设置正常灌水和干旱胁迫2个处理，采用抗旱指数法，对品种抗旱性进行鉴定评价。结果表明，根据抗旱指数及旱胁迫下鲜薯产量表现，筛选到抗旱指数高且产量高的种质材料6份（商薯9号、徐薯22、川薯20、湘薯15等），并且抗旱性好的品种随着旱胁迫时间的持续，具有较高的脯氨酸（Pro）含量、过氧化物酶（POD）活性、较低的丙二醛（MDA）含量；在本试验中，备品种抗旱指数与叶片 Pro 含量呈极显著正相关（$r=0.83$），与叶片 POD 活性呈显著正相关（$r=0.65$），与叶片 MDA 含量呈极显著负相关（$r=-0.78$）。利用抗旱指数进行甘薯抗旱鉴定评价，是一种简单实用的方法，可以有效评价甘薯抗旱性。

抗旱指数能较直观简便地说明一个品种的抗（耐）旱性，但抗旱指数的测定需要时间等，通过生理生化指标的室内测定也可判断品种的抗（耐）旱性。综合各方的研究方法和结果来看，在众多的甘薯抗（耐）旱性指标中，在试验条件下对甘薯品种的理化指标进行测量对比分析确定其抗（耐）旱性是较为广泛采用且相对准确的选择方法，据钮福祥等（1996）采用土壤干旱和室内 PEG 水分胁迫测定相结合的办法，研究有关生理指标与甘薯抗旱性关系。笔者认为，该方法具有试验量较小，且能将各项指标的隶属函数加权平均值（D 值）作为评判甘薯品种抗（耐）旱性的方法较单一指标评判准确可靠，值得借鉴。这种方法选择了 5 项指标，分别是：RWC、CAT、RPP、可溶性糖、蛋白氮。其中前 3 者对抗旱性评价的累计贡献率达 78%（以 r 权数计），其 D 值可近似代替 5 项指标。室内条件下的 D 值可用于甘薯品种的抗旱性评价与分级。叶片相对含水量（RWC）又称相对紧涨度，是植物组织水重占饱和组织水重的百分率。由于饱和组织水重比较稳定，在植物水分亏缺时相对含水量的变化比鲜重含水量的变化更敏感。从水势和相对含水量之间的变化关系，可以分析植物持水能力或避免脱水的能力，作为植物耐旱性的一种指标。过氧化氢酶（CAT）是一种酶类清除剂，又称为触酶，是以铁卟啉为辅基的结合酶。它可促使 H_2O_2 分解为分子氧和水，清除体内的过氧化氢，从而使细胞免于遭受 H_2O_2 的毒害，是生物防御体系的关键酶之一。几乎所有的生物机体都存在过氧化氢酶。其普遍存在于具有呼吸作用的生物体内，主要存在于植物的叶绿体、线粒体、内质网、动物的肝和红细胞中，其酶促活性为机体提供了抗氧化防御机理。质膜相对透性（RPP）：细胞质膜是双层脂质与蛋白质的嵌合体，细胞膜系统为液晶态，既具有液体的流动性，又具有晶体的稳定性。细胞膜具有选择通过特性，当干旱胁迫时，叶片细胞质膜透性增强，对物质的选择透性减弱，电解质和一般的水溶液会向细胞外渗漏，因此，可通过电导率值反映细胞膜受损伤的程度，其值的大小与抗旱性有关。可溶性糖是植物组织中普遍存在的可溶性糖，种类较多，常见的有葡萄糖、果糖、麦芽糖和蔗糖。前 3 种可溶性糖的分子内都含有游离的具有还原性的半缩醛羟基，因此叫作可溶性还原性糖。可溶性糖类是代谢的主要中间物，在干旱胁迫下，植物为了更好地保存水分，降低水势，体内可溶性糖含量增加，使胞液浓度升高，水分不易流失。

蛋白氮即以蛋白质形势存在于植物体内的氮，测定过程不仅除去了简单含氮化合物氨、尿素及铵盐，也除去了游离氨基酸和小肽以及胺和核酸等有机含氮化合物。蛋白氮不仅具有调节植物细胞渗透压的作用，而且它的含量高低也反映了作物代谢的活跃程度，干旱胁迫会促使植物体内蛋白质分解成小肽和以脯氨酸为代表的氨基酸，因此在相同条件下，蛋白氮含量高的品种抗旱性优于含量低的品种。

抗旱指数、叶片相对含水量、过氧化氢酶（CAT）、质膜相对透性（RPP）、可溶性糖、蛋白氮这些指标具有参考性好，数据容易通过试验获得的特点，较易为大众采用，结合钮福祥等（1996）的 D 值法能较准确的评判品种的抗（耐）性。而脱落酸 Abscisic acid（ABA），脯氨酸（PRO）、丙二醛 Malondia dehyde（MDA），三磷酸腺苷 Adenosine triphosphate（ATP），过氧化氢酶 Catalase（CAT），过氧化物酶 Peroxidase（POD），总游离氨基酸 Gross free amino acid（FAG），超氧化物歧化酶 Superoxde dismutase（SOD），赤霉素 Gibberellin（GA_3），吲哚乙酸 Indoleacetic acid（IAA），玉米素核苷 Zeatin riboside（ZR）等指标虽然可以和甘薯品种的抗旱性产生关联，但一些属于激素类如脱落酸、赤霉素等，在植株体内含量较低，准确检测有一定难度，脯氨酸等氨基酸类物质没有特异性变化，参考价值有限。

（四）甘薯水分胁迫的应对措施

1. 选用抗（耐）旱品种

生产当中选用抗（耐）旱品种是减小伏旱对甘薯生产的影响获得理想产量的有效途径。目前甘薯品种较多，适合陕西省气候条件下大面积栽培的品种也不少。例如：

（1）优质红心薯西农 431　由原陕西省农业科学院培育的鲜食、烤薯型红薯新品种。结薯早而集中，薯块纺锤形，表皮光滑，美观。皮橙黄色，肉色橘红，食味较甜，口感较好。叶心脏形突起。叶色、叶脉、茎色均为绿色。中蔓，一般蔓长 1.5m，基部分枝多。熟后皮肉易分离，很适合烤薯和薯脯加工，抗涝，耐贮运。春薯一般亩产4 000kg，夏薯 3 000kg 左右。高产、早熟、品质较好。

（2）烟薯 25 号　山东烟台农业科学研究院以鲁薯 8 号为母本，自由授粉杂交选育而成。2012 年 3 月份通过国家鉴定、山东省审定。是一个优质、高产、抗病性好的食用型新品种。该品种萌芽性较好，中长蔓，分枝数 5~6 个，茎蔓中等粗，顶叶淡紫色，成年叶、叶脉和茎蔓均为绿色、叶片浅裂；薯形纺锤形，红皮橘红肉，结薯集中薯块整齐，大中薯率较高；烟薯 25 肉色美观漂亮，蒸煮后呈金黄色，口味好，其鲜薯胡萝卜素含量为 3.67mg/100g，还原糖和可溶性糖含量较高，国家区试测定分别为 5.62% 和10.34%（干基），均居参试品种之首，经农业部辐照食品质量监督检验测试中心测定：烟薯 25 的黏液蛋白为 1.12%（鲜薯计），比对照遗字 138 高 30.2%。该品种抗病性较好，耐贮性较好。

（3）豫薯 12 号（国审薯 2002001）　由河南省南阳市农业科学研究所以徐 78-28×群力 2 号杂交选育而成。中长蔓型，顶叶绿色，叶脉紫色，茎色绿带紫，叶色绿，叶肾形浅复缺刻，株型匍匐茎粗中等；薯块纺锤形，红皮白肉，结薯集中、整齐，上薯率85% 左右，薯块萌芽性优；夏薯块干物率 28.2%，粗淀粉（鲜基）14.4%，淀粉黏度高；粗蛋白 3.66%，可溶性糖（鲜基）5.36%，熟食细腻甜香，少纤维，味较好；抗根腐病，中抗茎线虫病，不抗黑斑病，抗旱耐瘠性强，耐湿性强。

（4）秦薯 5 号　由西北农林科技大学与宝鸡市农业科学研究院从秦薯四号放任后代中选育而成。萌芽性较好，中短蔓型，分枝数 12.5 个，茎较细。叶片心形，顶叶绿色，叶色深绿，主脉紫色，茎色绿带紫，田间有自然开花现象；薯形长纺锤形，紫红皮淡黄肉，结薯较集中，大中薯率较高，食味中等；抗茎线虫病和黑斑病，感根腐病。春薯切干率高达 35% 左右，焙干率 33.08%，淀粉含量 69.14%（干基），鲜薯含粗蛋白1.11%，可溶性糖 5.03%。熟食甜香，适口性好，适宜熟薯干加工和蒸烤食用。2004—2005 年省区试鲜薯平均产量 3 028.3kg/亩，较对照秦薯 4 号平均增产 14.8%；薯干平均 914.5kg /亩，比对照增产 13.4%，高产示范田春薯 3 000~4 000 kg /亩，夏薯2 000~3 000kg /亩。适于在北方黄淮流域无根腐病区种植。后期防早衰。密度每亩3 500株左右。

（5）紫薯品种　济黑 1 号甘薯新品种由山东省农业科学院作物研究所最新育成。该品系顶叶、叶片均为绿色，苗期带褐边；叶脉绿色；叶片心形，中长蔓、粗细中等，蔓色绿；地上部生长势中等；分枝数中等，属匍匐型；薯块纺锤形，薯皮黑紫，薯肉呈均匀的黑紫色；萌芽性中等；耐旱、耐瘠，适应性广；抗根腐病、黑斑病，感茎线虫病，耐贮性好；结薯早而集中，中期膨大快，后劲大；烘干率36%~40%，口感好，鲜薯蒸煮后粉而糯，有玫瑰清香，风味独特，薯皮较"绫紫"光滑，加工时比"绫紫"易脱皮，适合企业提取色素、加工紫薯全粉及保健鲜食用甘薯种植。膨大期比"绫紫"提前20~30d，春薯一般亩产1 500~2 000kg，夏薯亩产1 200~1 500kg。该品系抗根腐病和黑斑病，适宜透气性好的丘陵、平原旱地种植。济黑1号花青素含量平均达90~126mg/100g鲜薯，比日本品种Ayamurasaki（又叫绫紫，俗称紫薯王）色素含量平均达90~126mg/100g鲜薯，平均高15%~20%，在高花青素含量和保健食用型甘薯品种选育方面取得新的突破。

2. 及时补充灌溉

甘薯在大田栽培中，前期土壤相对含水量应保持在70%左右，有利于甘薯发根缓苗和纤维根形成块根；中期茎叶生长旺盛，消耗水分较多，为了尽快形成较大叶面积，土壤相对含水量应控制在70%~80%为好；薯块膨大期应防止土壤水分过多，造成土壤透气性差而缺氧，影响块根膨大，这一时期土壤相对含水量应控制在60%为佳。当土壤含水量明显低于理论值时，不利于甘薯栽培目标的形成，即可视为干旱发生。结合陕西省气候特点，7月中下旬到8月上旬的伏旱是田间水分管理的关键时期。

在干旱情况下根据甘薯需水规律要进行及时灌水。主要包括栽秧水、扎根水、发棵水、促蔓水、膨大水等。一般要栽植完成后，天气一直干旱土壤相对持水量低于50%时，前期会造成秧蔓生长缓慢、落叶、死蔓，重则引起死秧，因此可适时灌水，但注意不要在太阳正强、气温正高时进行，要在早晚进行。

灌溉方式主要有以下几种：滴灌：优点一是浇水便利，浇水量便于控制；二是方便实现水、肥、药一体化，降低追肥和地下施药的难度；三是省工省时节约成本。沟灌：沟灌的好处是浇水量大，一水可以顶喷灌三水，但是沟灌最大的问题就是浇水量不易掌控，对地块的平整度有一定求。小喷灌：便利性介于滴灌和沟灌之间。由于喷灌的水量较小，并且不能像滴灌一样直接浇到地表，还有造成茎叶受损的可能，浇水的效果稍差。

（五）甘薯湿害的发生与应对

甘薯是耐旱、怕涝而又需水较多的作物，水分过多过少都会影响甘薯的正常生长。当土壤水分含量过低时造成干旱胁迫，当土壤含水量过高时，水分又会对甘薯造成另一种水分胁迫即农田湿害。农田湿害在陕西省多发生在8—9月的秋季连阴雨天气。农田湿害发生时，土壤含水量过大，透气性下降，土壤缺乏氧气，根部呼吸困难，导致吸水吸肥受到阻碍。渍害会使土壤酸度上升，使对植物有害的物质含量增加，同时使甘薯对矿物质的吸收受到抑制。

甘薯生长的前期和中期农田湿度过大或淹水，主要表现的为害症状是地上部分徒长，节间气生根增多，不利于地下块根的形成和膨大，当农田湿害长时间得不到缓解时，甘薯就会表现出叶片发黄枯萎脱落，甚至发生烂根烂茎现象。后期主要是影响薯块膨大，造成薯块"硬心"或腐烂。遭受湿害的甘薯收获后不利于贮藏和运输，也不利于用作种薯使用。

为防止湿害对甘薯生产造成为害，生产上除要求选择排灌方便的田块外，主要采用高垄栽培的方法减小湿害，为减小收获的薯块湿度一般选择晴好天气进行甘薯收获。

二、温度胁迫

（一）发生时期和为害

甘薯喜温、怕冷、不耐寒，适宜的生长温度为 22~30℃，温度低于 15℃ 时停止生长。不同生长期对温度要求也有不同，芽期温度宜在 18~22℃，温度过高过低都会影响出芽率。苗期温度宜在 22~25℃，茎叶期宜在 22~30℃，茎叶期温度不宜低于 16℃，否则会阻碍其生长，甚至停止生长；若是低于 8℃，则会造成植株经霜枯萎死亡。块根生长期温度宜在 22~25℃。适宜的温度可以促进植株各生长期长势良好，确保块根数量及膨大，气温超过 35℃ 时甘薯茎叶生长受阻。

陕西省温度的分布基本上是由南向北逐渐降低，各地的年平均气温在 7~16℃。其中陕北 7~11℃；关中 11~13℃；陕南的浅山河谷为全省最暖地区，多在 14~15℃。由于受季风的影响，冬冷夏热、四季分明。最冷月 1 月平均气温，陕北 -10~-4℃，关中 -3~1℃，陕南 0~3℃。最热月 7 月平均气温，陕北 21~25℃，关中 23~27℃，陕南 24~27.5℃。春、秋温度升降快，夏季南北温差小，冬季南北温差大。

由于陕西省南北跨度大，温度变化时间随地域和年际有所差异，但对于甘薯来说，当气温稳定通过 15℃ 时，就可以着手栽植，在秋季气温下降到 10~15℃ 时就应收获，以免低温冷害对甘薯品质造成不利影响。各地应根据当年的气候条件确定栽植和收获的最佳时间。

低温胁迫对植物的影响主要体现在酶活性、膜系统、细胞失水等，导致细胞代谢紊乱，甚至是细胞死亡。甘薯的生长发育需要适宜温度，低温胁迫使甘薯的生长发育等生命活动受到严重影响。受低温胁迫的甘薯，在前期主要表现为栽植后成活率低，后期主要表现为叶片发黄枯萎等现象。温度对叶片的生长有着许多影响，低温下，叶片的生长速率降低、生长周期延长、光合色素含量降低（由于叶绿素被破坏）、光合速率下降、有机物含量低。据肖静等（2008）研究报道，低温胁迫会使 S-腺苷甲硫氨酸合成酶 mRNA 表达水平升高，这是甘薯对低温胁迫的一种应激反应。根系是植物吸收养分的主要器官，也是许多物质同化、转化、合成的器官，根系的生长发育及根系活力直接影响植物个体的生长和发育。根区温度的降低，使根系活力降低，降低了根对矿质元素的吸收，使根系中 Ca、Fe、Mn、Cu、Zn 的含量降低，而植株根系中 N、P、K、Mg 的含量增加，导致了这些元素在根系中积累，阻碍了部分矿质元素向地上部的运输，增加了茎中 N、K、Ca、Mg、Fe 的含量，而 P、Mn、Cu、Zn 的含量却降低，茎中 N、K、Ca、Mg、Fe 的含量增加，说明这些元素在茎中的积累，却阻碍了其进一步向叶片中运输，导致叶片中 K 的含量增加，N、P、Ca、Mg、Fe、Mn、Cu、Zn 的含量降低，必然会阻碍叶片的正常生长发育。低温胁迫使植株的根系出现变褐、沤根现象，严重影响其吸收功能，进而导致植物叶片黄化。低温还会导致植物有机物含量降低。因此，陕西省的甘薯生产应预防春季低温特别是倒春寒和秋季低温对甘薯的不利影响做到适时栽植和收获。

陕西省在每年的 7 月中旬到 8 月中旬俗称的"三伏"天气中，经常会出现 35℃ 以上高温天气。甘薯的习性为喜热怕冷，但过高的温度也会对甘薯的生长发育造成不利影响，高温对甘薯的为害是复杂的、多方面的。归纳起来高温胁迫对甘薯的影响可分为直接为害和间接为害两个方面。

高温迫使田间蒸腾量急剧增大，在没有有效水分补充的条件下会引起干旱，形成高温胁迫和干旱胁迫并存的局面，高温会引起甘薯组织内蛋白质变性、脂类移动、一些物质分解引起膜伤害和分解伤害，直接表现就是甘薯长期在 35℃ 或超过 35℃ 对幼薯生长具有明显抑制作用。过度高温在造成甘薯直接伤害的同时，还会引起一系列的间接伤害，主要体现在以下几个方面：在过高温环境下呼吸大于光合，消耗储存的养料，时间过久，植株呈现饥饿甚至死亡；高温抑制氮化物的合成，植株体内氨积累过多，对细胞造成毒害；造成生化损伤，高温抑制某些生化环节，使得缺少某些代谢产物，影响正常生长甚至导致死亡；蛋白质遭破坏，在高温胁迫下，蛋白质合成速度下降、水解速度加快，酶活性钝化。

(二) 应对措施

针对陕西省春末和秋季和"三伏"天中低温和高温胁迫，为达到甘薯优质高产的栽培目的，生产上采取了许多有效的栽培措施。

1. 适时定植

为应对春季气温回升缓慢和倒春寒对甘薯定植后的影响，当气温稳定在 15~18℃，再进行甘薯苗的大田栽植，以提高薯苗移栽成活率，有利于薯苗快速生长。

2. 地膜覆盖栽培

甘薯地膜覆盖栽培可适期早栽，延长甘薯的大田生长期，具有明显的增产效果。在陕北地区，无霜期短，有效积温不足，限制了甘薯生产潜力的发挥，而地膜覆盖栽培能改变甘薯整个生育期田间的土壤小气候和甘薯生长发育的环境，使甘薯获得丰产。其主要优点：①增温保温；②加大昼夜温差；③调节土壤墒情；④改善土壤物理性状；⑤促进土壤微生物的活动。总的来说甘薯地膜覆盖能显著提高甘薯的产量，尤其是在北方春薯种植区域，使用地膜覆盖能起到保墒、增温，改善土壤物理性状，提高肥料利用率，减轻病、虫、草害发生的作用，进而促进甘薯缓苗，延长薯块膨大期，提高薯块产量。为进一步延长甘薯大田生长期，克服早春气温低和倒春寒的问题，在地膜覆盖的基础上，还可以再加小拱棚的方式，以提早栽植时间，地膜加拱棚即为双膜覆盖栽培。覆盖栽培是生产上经常采用的技术手段，其主要作用在于增温保墒，覆盖物除市面上常见的白色薄膜外，还有黑色膜，农作物秸秆等都具有较好的增温保墒效果。

3. 喷施抗冻剂

在应对低温胁迫上，在秋季气温降低时喷施抗冻剂也是延长甘薯大田生长期提高产量的方法之一，常用的抗冻剂以碧护等为代表。

碧护是从植物体内产生的，而且能够有合适途径进入环境的植物化感物质，它与植物激素是两个根本不同的概念。植物激素是明确的物质，到目前为止植物激素只有吲哚乙酸（生长素）、赤霉素、脱落酸、细胞分裂素、乙烯 5 种化合物，多胺是否作为第六种植物激素，目前还在争论和证实之中。目前所指和所应用的植物生长调节剂很少是植物次生物质，大部分是人工合成的化学合成品，所以和植物化感物质是不同的。碧护已在国内外广泛应用于大田、经济作物、果树、蔬菜、食用菌、海藻、高尔夫球场和园林花卉，特别是有机农业生产等领域，以及预防和缓解药害、肥害、冻害等自然灾害。

碧护具有多重功效：①抗干旱：干旱情况下，作物施用碧护后能够诱导产生大量的细胞分裂素和维生素 E，并维持在较高的水平，从而确保较高的光合作用率。促进植物根系发育，诱导植物抵御干旱能力。抗旱节水可达 30%～50%以上。②抗病害：诱导植物产生抗病相关蛋白和生化物质，如过氧化物酶、脂肪酸酶、β-1，3-葡聚糖酶、几丁质酶，是植物应对外界生物或非生物因子侵入的应激产物，产生愈伤组织，使植物恢复正常生长，并增强植物抗病能力，对霜霉病、疫病、病毒病具有良好的预防效果。③抗虫：诱导植物产生茉莉酮酸，这是启动的一种自身保护机制，能使害虫更容易被其天敌消灭。④抗冻：作物施用碧护后，植物呼吸速率增强，提高植物活力，并能够有效激活作物体内的甲壳素酶和蛋白酶，极大地提高氨基酸和甲壳素的含量，增加细胞膜中不饱和脂肪酸的含量，使之在低温下能够正常生长。可以预防、抵御冻害。在甘薯生产时，可以各时期喷施达到高产的效果。

三、盐胁迫

由于气候变化、化肥长期过量使用、设施栽培等多种原因，地表耕层盐分含量有逐渐升高的趋势。土壤盐分过多对作物是有害的，主要体现在以下几个方面。

吸水困难：土壤盐分过多，降低土壤溶液的渗透势，植物吸水困难，形成生理干旱。

单盐毒害：虽然土壤中含有多种盐类，但某种盐类含量过高时，形成不平衡溶液，对植物形成毒害。

造成生理紊乱：土壤盐分过高，会引起某一种或几种代谢混乱造成间接伤害。氮素代谢异常，产生氨毒害：各种盐类都是由阴阳离子组成的，盐碱土中所含的盐类，主要是由 4 种阴离子（Cl^-、SO_4^{2-}、CO_3^{2-}、HCO_3^-）和 3 种阳离子（Na^+、Ca^{2+}、Mg^{2+}）组合而成。阳离子与 Cl^-、SO_4^{2-} 所形成的盐为中性盐；阳离子与 CO_3^{2-}、HCO_3^- 所形成的盐为碱性盐，其中对植物为害的盐类主要为 Na 盐和 Ca 盐，其中以 Na 盐的为害最为普遍。盐胁迫几乎影响植物所有重要生命过程，如生长、光合、蛋白合成、能量和脂类代谢。

（一）NaCl 胁迫对甘薯一些生理参数的影响

柯玉琴等（2001）曾研究 NaCl 胁迫对甘薯叶片水分代谢、光合速率、ABA 含量的影响。以耐盐品种"徐薯 18"、中等耐盐品种"栗子香"和不耐盐品种"胜利百号"为材料，用 1/2 Hoag land 营养液配制浓度为 0、85mmol/L、170mmol/L、255mmol/L、340mmol/L 的 NaCl 溶液，分别胁迫 6d 后进行指标分析。试验结果表明，随着 NaCl 胁迫浓度的提高，甘薯叶片水势（Xw）、相对含水量（RWC）逐渐下降，光合速率

（Pn）、蒸腾速率（Tr）、水分利用率（WUE）、气孔导度（Gs）、气孔开度也明显下降；低浓度 NaCl 胁迫下胞间 CO_2 浓度（Ci）下降，随着 NaCl 胁迫浓度的提高，Ci 逐渐上升；脱落酸（ABA）含量则随 NaCl 胁迫浓度的提高而上升。NaCl 胁迫下上述指标在不同耐盐品种间存在明显差异，而且 NaCl 胁迫浓度与 RWC、Xw、Pn、Tr、Gs 呈极显著的负相关。在 NaCl 浓度为 85mmol/L 以上时，NaCl 浓度与 Ci、ABA 含量呈极显著的正相关；WC、Xw 与 ABA 间呈极显著负相关，与 Pn、Tr、Gs 之间呈极显著的正相关；ABA 含量与 Pn、Tr、Gs 之间呈极显著的负相关。

王刚等（2014）研究了甘薯幼苗对 NaCl 胁迫的生理响应及外源钙的缓解效应。以甘薯品种"徐薯22"为试验材料，研究了不同浓度 NaCl 胁迫对甘薯幼苗生根、叶片抗氧化能力、渗调物质含量、光合气体交换参数、荧光参数及叶片离子含量的影响及不同浓度 Ca^{2+} 处理对 300mmol/L NaCl 胁迫的缓解效应。结果表明，低浓度 NaCl（50 和 100mmol/L）胁迫对甘薯幼苗生根及叶片相对电导率和 MDA（丙二醛）含量影响较小，随着盐度的增加，叶片 SOD（超氧化物歧化酶）活性呈先增加后降低趋势，脯氨酸和可溶性糖含量持续增加，叶片 Pn（净光合速率）、Tr（蒸腾速率）、Gs（气孔导度）、Fv/Fm（叶片 PSII 最大光化学效率）、RC/CS0（单位面积有活性反应中心的数量）、TRo/CS0（单位面积捕获的光能）、ET0/CS0（单位面积电子传递的量子产额）、ΦE0（用于电子传递的量子产额）及 K^+、Ca^{2+} 含量、K^+/Na^+ 不断降低，ΦD0（用于热耗散的量子比率）和 Na^+ 含量升高；高浓度 NaCl（300mmol/L）胁迫下，甘薯幼苗的正常生理代谢受到显著抑制。适当浓度外源 Ca^{2+} 能显著缓解 NaCl 胁迫对甘薯幼苗的毒害作用，能促进盐胁迫下甘薯幼苗生根，改善细胞的渗透平衡，提高渗透调节能力，降低膜脂过氧化程度，使甘薯叶片维持较高的 Fv/Fm、RC/CS0、TR0/CS0、ET0/CS0、ΦE0 和较低的 ΦD0，增强光合作用和气孔蒸腾作用效率，说明外施 Ca^{2+} 是提高甘薯耐盐性的一种有效方法。

通过氯化钠（NaCl）胁迫试验表明，随着 NaCl 胁迫浓度的提高，甘薯叶片水势（Xw）、相对含水量（RWC）逐渐下降，光合速率（Pn）、蒸腾速率（Tr）、水分利用率（WUE）、气孔导度（Gs）、气孔开度也明显下降，叶片 SOD（超氧化物歧化酶）活性呈先增加后降低趋势，脯氨酸和可溶性糖含量持续增加，叶片 Pn（净光合速率）、Tr（蒸腾速率）、Gs（气孔导度）、Fv/Fm（叶片 PSII 最大光化学效率）、RC/CS0（单位面积有活性反应中心的数量）、TRo/CS0（单位面积捕获的光能）、ET0/CS0（单位面积电子传递的量子产额）、ΦE0（用于电子传递的量子产额）及 K^+、Ca^{2+} 含量、K^+/Na^+ 不断降低，ΦD0（用于热耗散的量子比率）和 Na^+ 含量升高；高浓度 NaCl（300mmol/L）胁迫下，甘薯幼苗的正常生理代谢受到显著抑制。

（二）盐胁迫对甘薯产量的影响

甘薯是以地下块根为最终收获物的农作物（菜用甘薯例外），除品种因素外，使甘薯地上部分形成合适的群体结构是达到高产的重要环节，而盐胁迫正如氯化钠胁迫试验中那样，对甘薯生长发育造成不利影响。

盐胁迫会造成植物发育迟缓，抑制植物组织和器官的生长和分化，使植物的发育进程提前，生长速率下降，其下降程度与根际渗透压成正比，造成植物叶面积扩展速率降低，甚至停止；叶、茎和根的鲜重及干重降低。盐分主要是通过减少单株植物的光合面积而造成植物碳同化量的减少。盐胁迫会导致甘薯叶片中液泡形成、内质网部分膨胀、线粒体脊数目减少、线粒体膨大、囊泡形成、液泡膜破碎或胞质降解，叶片中叶绿素含量和类胡萝卜素总量下降，老叶枯萎并凋落。盐胁迫使叶绿体中类囊体膜成分与超微结构发生改变。盐胁迫下，甘薯叶肉细胞中叶绿体的类囊体膜膨胀，大部分破碎。盐胁迫使细胞膜脱水使 CO_2 通透性降低，同时会使叶片上的气孔关闭也使 CO_2 供应量减少，盐毒害及引起的叶片衰老加速，酶活性发生变化，库活力降低引起负反馈等均引起光合速率降低，光合产物减少。

据龚秋等（2015）通过盐胁迫对紫甘薯光合特性及干物质积累的影响研究报道，各基因型紫甘薯叶片的叶绿素含量指数（CCI）、净光合速率（Pn）、气孔导度（Gs）和蒸腾速率（Tr）表现出不同程度的降低。

据谢逸萍，马代夫，王欣等（2012）通过对"徐薯 22""徐 508""徐薯 25""徐薯 18""商薯 19"5 个不同基因型甘薯品种的盐胁迫研究，表明在盐胁迫下不同基因型甘薯品种的产量和干率均有所下降，产量的下降幅度在 22.87%~56.35%，焙干率的下降幅度在 2.33%~7.2%；当用 20%盐水浇灌时，所有品种均不能生长。对盐胁迫后甘薯叶绿素含量测定结果表明，盐胁迫对甘薯苗期影响较大，但对甘薯中期和后期影响不大；对 POD 活性测定结果表明，甘薯品种在受到盐胁迫时，多数品种的 POD 活性是不升高的，甘薯品种对盐胁迫有自我保护机制。从品种的耐受度、产量、POD 活性值等多因素结果表明，"徐薯 22"和"徐薯 18"对盐有较好的耐受性。

总的来说，不同甘薯品种对盐胁迫的耐受力有所差异，但总的来说盐胁迫对甘薯生产会从外在形态到内在生理生化指标造成不利于高产优质的形成。

（三）应对措施

对于盐分胁迫从生产上来看应从以下几个方面进行应对。

1. 选用耐盐品种

在有盐渍化倾向的区域进行甘薯栽培，应首先采用耐盐品种，以将盐胁迫对甘薯的影响降到最低。研究证明，品种间耐盐性是有差异的，据谢逸萍等（2012）研究证明，"徐薯 22"和"徐薯 18"对盐有较好的耐受性。因此，生产上要因地制宜选择合适的品种以达到高产高效的目的。

2. 化学改良措施

化学改良措施是通过施用化学改良剂及矿质化肥改良盐渍土的方法。常用的化学改良剂有有机或无机肥料·矿质化肥、亚硫酸钙·脱硫石膏·磷石膏·硫酸亚铁·高聚物改良剂及土壤综合改良剂等。其原理是通过酸碱中和，改良土壤理化性质，抑制盐渍化的发生。盐碱地土壤结构差，有机肥通过微生物分解、形成腐殖质，促进土壤团粒形成，增加土壤通气透水性，提升土壤缓冲能力，并和 $NaCO_3$ 作用形成腐殖酸钠，从而降低土壤碱性，同时腐殖酸钠还具有刺激植物生长的作用，增强其抗盐性。腐殖质肥料中有机质分解会形成有机酸，不仅能中和土壤碱性，还能加强养分的分解，增强磷的有效性。所以，合理施用有机肥对于改良盐渍土，增强土壤肥力有着重要作用。

3. 生物改良措施

植物地上生长部分具有遮蔽作用，能够降低土壤水分蒸发，减弱地表积盐速度，植物吸收盐分能降低土壤盐含量，植物根系穿插土壤中能改变土壤物理性质，促进土壤脱盐，且植物根系的生化作用还能改善土壤养分及化学性质，抑制土壤盐碱化的发生。同物理、化学改良措施比较而言，生物措施成本低，环保有效，同时可以产生经济效益，颇受广大农民的喜爱。

4. 综合改良措施

物理措施成效快，但工程量大，成本较高，不具有长久性，而且受水资源的限制，不易推广。化学措施见效快，但若使用不当，易对环境造成二次污染，且施用改良剂后需要大量的水冲洗，应用起来较困难，且经济成本昂贵。生物措施能减少土壤盐分，但不能完全解决盐渍化问题。经多年实践发现，土壤盐渍化是个比较复杂的过程，仅用某一种防治措施并不能达到改良的最佳效果。近年来，干旱、半干旱地区多使用淋洗脱盐、深翻松耕及广泛栽植耐盐植物等综合治理措施解决土壤盐渍化问题。

土壤盐渍化对作物形成盐胁迫是一个长期而复杂的累积过程，原因也是多种多样的，因此要消除盐害也是一个复杂而漫长的过程。在农业生产中推广深松耕、秸秆还田、增加有机肥用量减少化肥用量对减轻盐渍化的形成均有积极意义，在甘薯生产中均应大力提倡。

干旱、盐碱、低温和高温等非生物胁迫是农业生产上的主要限制因素，严重影响了作物的产量，甘薯生产也不例外。提高甘薯产量是提高粮食总产量确保粮食安全的重要方面。提高甘薯产量和品质的根本途径是提高甘薯单产和增加胁迫适应性，通过科技进步和传统方法相结合，能较好地解决甘薯生产中的非生物胁迫问题。

本章参考文献

蔡涛 . 2006. 甘薯疮痂病的发生规律及防治技术 [J]. 福建农业 (9)：23.

柴一秋，陈利锋，王金生 . 2007. 甘薯根腐病菌侵染对甘薯内源激素水平的影响 [J]. 植物生理与分子生物学学报 (4)：318-324.

陈玉霞，谷峰，张朝臣，等 . 2013. 甘薯病毒病检测技术研究 [J]. 湖北植保，3 (137)：31-34.

丁学功，赵怡红 . 2010. 陕西岐山夏玉米田杂草存在的问题及建议 [J]. 吉林农业，8 (246)：83-83.

杜孝松 . 2018. 甘薯瘟病的发生与防治 [J]. 园艺与种苗，38 (5)：45-49.

樊晓中，高文川，刘明慧，等 . 2012. 北方薯区甘薯三大病害和杂草的综合防治 [J]. 农业科技通讯 (1)：92-95.

方树民，陈玉森 . 2004. 福建省甘薯蔓割病现状与研究进展 [J]. 植物保护，30 (5)：19-22.

冯国民 . 2013. 甘薯主要病虫害及防治 [J]. 乡村科技 (8)：18.

高世汉 . 1996. 甘薯根结线虫病的发生与综合防治技术 [J]. 国外农学：杂粮作物
　　（1）：54-55.

宫琳 . 2015. 甘薯根腐病的发生规律与防控技术 [J]. 现代农业科技（15）：
　　137-139.

龚秋，王欣，后猛，等 . 2015. 盐胁迫对紫甘薯光合特性及干物质积累的影响 [J].
　　西南农业学报，28（5）：1 986-1 991.

郭承杰 . 2015. 甘薯黑斑病的发病规律及综合防治技术要领 [J]. 农家顾问
　　（2）：56.

何霭如，余小丽，汪云 . 2011. 甘薯疮痂病的致病因素及综合防治措施 [J]. 现代
　　农业科技（21）：188-189.

何霭如，余小丽，李观康，等 . 2011. 4 种药剂对甘薯地下害虫的田间防治试验
　　[J]. 广东农业科学，38（18）：62-63.

何毅文，陈珠，李育军，等 . 2018. 甘薯病毒病脱毒技术的研究进展 [J]. 长江蔬
　　菜（8）：36-39.

胡公洛，周丽鸿 . 1982. 甘薯根腐病病原的研究 [J]. 植物病理学报（3）：49-54.

黄立飞，罗忠霞，邓铭光，等 . 2011. 甘薯新病害茎腐病的识别与防治 [J]. 广东
　　农业科学（7）：95-96.

黄利利，Binhdan P，何芳练，等 . 2016. 广西甘薯病毒病的病原病毒种类检测 [J].
　　基因组学与应用生物学，35（5）：1 213-1 218.

黄实辉，黄立飞，房伯平，等 . 2011. 甘薯疮痂病的识别与防治 [J]. 广东农业科
　　学（S1）：80-81.

贾赵东，郭小丁，尹晴红，等 . 2011. 甘薯黑斑病的研究现状与展望 [J]. 江苏农
　　业科学（1）：144-147.

姜珊珊，谢礼，吴斌，等 . 2017. 山东甘薯主要病毒的鉴定及多样性分析 [J]. 植
　　物保护学报，44（1）：93-102.

解备涛，汪宝卿，王庆美，等 . 2013. 甘薯地膜覆盖研究进展 [J]. 中国农学通报，
　　29（36）：28-32.

柯玉琴，潘廷国 . 2001. Nacl 胁迫对甘薯叶片水分代谢、光合速率、ABA 含量的影
　　响 [J]. 植物营养与肥料学报，7（3）：337-343.

蓝春准，刘中华 . 2013. 不同肥料对甘薯薯瘟病和产量的影响 [J]. 福建农业科技
　　（11）：60-62.

雷剑，杨新笋，郭伟伟，等 . 2011. 甘薯蔓割病研究进展 [J]. 湖北农业科学，50
　　（23）：4 775-4 777.

李长志，李欢，刘庆，等 . 2016. 不同生长时期干旱胁迫甘薯根系生长及荧光生理
　　的特性比较 [J]. 植物营养与肥料学报，22（2）：511-517.

李贵，王一专，吴竞仑 . 2010. 甘薯田间杂草的防除策略 [J]. 杂草科学（4）：
　　15-18.

李立煌 . 2003. 甘薯羽状斑驳病毒病的发生与防治 [J]. 福建农业（11）：21.

李鹏，马代夫，李强，等．2009．甘薯根腐病的研究现状和展望［J］．江苏农业科学（1）：114-116.

李文卿，潘廷国，何玉琴，等．2000．土壤水分胁迫对甘薯苗期活性氧代谢的影响［J］．福建农业学报，15（4）：45-50.

李香菊，梁帝允．2014．除草剂科学使用指南［M］．北京：中国农业科学技术出版社．

李秀明，汤萍．2017．甘薯主要病害及防治技术［J］．农业科技与信息（6）：71-72.

李扬汉．1998．中国杂草志［M］．北京：中国农业出版社．

梁帝允，张治．2013，中国农区杂草识别图册［M］．北京：中国农业科学技术出版社．

林敏，郑良，杨秀娟，等．1994．抗根结线虫甘薯品种的初步筛选［J］．福建农业科技（4）：4-5.

刘恩良，曹清河，唐君，等．2016．甘薯抗旱鉴定及生理响应研究［J］．新疆农业科学，53（6）：999-1 005.

刘俊，贺学礼．1995．陕西麦田杂草及植物区系研究［J］．国外农学-麦类作物（4）：46-48.

刘起丽，张建新，李学成，等．2017，侵染甘薯的 DNA 病毒研究进展［J］．植物保护，43（3）：36-42.

刘维志．1999．甘薯根结线虫病［J］．新农业（8）：13-15.

刘维志．2003．植物线虫志［M］．北京：中国农业出版社．

罗克昌，李云平．2004．防治甘薯黑腐病的药剂筛选与使用方法试验［J］．福建农业科技（2）：41-42.

宁素军．2012．甘薯黑斑病的发生与防治［J］．现代农业科技（16）：152，161.

钮福祥，华希新，郭小丁，等．1996．甘薯品种抗旱性生理指标及其综合评价初探［J］．作物学报，22（4）：392-398.

邱思鑫，刘中华，余华，等．2018．甘薯田间杂草安全高效除草剂的筛选［J］．福建农业学报，33（2）：171-176.

施庆华，陈建平，蔡立旺，等．2011．不同甘薯品种对蛴螬抗性的研究［J］．作物杂志（5）：89-90.

谭秉航．2015．甘薯黑斑病的识别及其防治措施［J］．现代园艺（6）：53.

王波，周涧楠，黄忠勤，等．2017．一种多黏类芽孢杆菌对甘薯黑斑病的生物防治效果及作用机理初探［J］．江西农业学报，29（10）：40-43.

王福琴，侯夫云，秦桢，等．2015．甘薯耐非生物胁迫的分子生物学研究进展［J］．基因组学与应用生物学，34（1）：221-226.

王刚，肖强，衣艳君，等．2014．甘薯幼苗对 NaCl 胁迫的生理响应及外源钙的缓解效应［J］．植物生理学报，50（3）：338-346.

王海宁，高琪，张伟．2014．红薯地下害虫防治技术［J］．陕西农业科学，60

（17）：121-122.

王俊强，郭静茹．2004.甘薯黑斑病的症状及防治措施［J］.山西农业（1）：30.

王爽，刘顺通，韩瑞华，等．2015.不同时期嫁接感染甘薯病毒病（SPVD）对甘薯产量的影响［J］.植物保护，41（4）：117-120.

王晓黎，刘波微，李洪浩，等．2013.甘薯生长期主要病虫害防治及其相应抗病品种［J］.四川农业科技（12）：42-43.

王亚琴，李崇德．2013.甘薯根腐病的发生与防治［J］.中国农业信息（11）：131.

王月利．2015.甘薯病虫草害防治技术［J］.农家技术顾问（8）：96-97.

王枝荣，王权，李作栋，等．1982.陕西渭南垦区旱田杂草调查及草害的研究［J］.西部农学院学报（2）：5-20.

邬景禹，方树民，曾荣煊，等．1993.甘薯根腐病的认识及防治措施［J］.福建农业科技（2）：30-30.

吴新平，朱春雨，张佳，等．2014，新编农药手册［M］2版.北京：中国农业出版社．

肖静，凌锌，岳昌武，等．2008.低温胁迫对甘薯 s-腺苷甲硫氨酸合成酶 mRNA 表达水平的影响［J］.安徽农业科学，36（16）：6 633-6 634，6 637.

谢一芝，尹晴红，戴起伟，等．2004.甘薯抗线虫病的遗传育种研究［J］.植物遗传资源学报，5（4）：393-396.

谢逸萍，马代夫，王欣，等．2012.盐胁迫对不同基因型甘薯光合、酶活和生物学特性的影响［J］.华北农学报，27（增刊）：97-100.

杨晓，张敏荣，余继华，等．2017.甘薯茎腐病的发生为害及防控对策［J］.农业与技术，37（2）：38，58.

杨秀娟，陈福如，张联顺．2000.防治贮存期甘薯黑斑病的药剂筛选［J］.植物保护，26（5）：38-39.

杨英，李合生．1993.甘薯块根抗黑斑病的生理机制［J］.华中农业大学学报，12（2）：112-116.

杨永嘉，邢继英，张朝伦．1990.甘薯病毒病调查研究［J］.江苏农业科学（2）：33-34.

叶建勋，贺振营，尹萍，等．2015.甘薯主要病虫害防治技术［J］.现代农村科技（17）：30-30.

于树华，毛汝兵，唐维，等．2008.中国种子植物杂草分布区类型分析［J］.西南农业学报，21（4）：1 189-1 192.

禹阳，贾赵东，马佩勇，等．2017.甘薯黑斑病抗性鉴定中黑斑病菌培养方法研究［J］.江苏农业科学，45（22）：120-121.

岳瑾，杨建国，杨伍群，等．2018.北京地区甘薯病害发生种类及发生规律研究［J］.安徽农学通报，24（8）：58-59.

张德胜，乔奇，田雨婷，等．2015.5 种杀菌剂对储藏期甘薯黑斑病的防效及对薯块的安全性评价［J］.植物保护，41（6）：221-224.

张明生，戚金亮，杜建厂，等．2006．甘薯质膜相对透性和水分状况与品种抗旱性的关系 [J]．华南农业大学学报，27（1）：69-71.

张明生，张丽霞，戚金亮，等．2006．甘薯品种抗旱适应性的主成分分析 [J]．贵州农业科学，34（1）：11-14.

张同兴，武爱玲．2006．陕西关中西部麦田禾本科杂草发生态势及控制技术 [J]．杂草科学（3）：35-36.

张旭，李惟基，李孙荣，等．1999．甘薯品种（系）除草剂耐药性的研究 [J]．作物杂志（2）：20-22.

张业辉，张振臣，蒋士君，等．2010．3 种甘薯病毒多重 RT-PCR 检测方法的建立 [J]．植物病理学报，40（1）：95-98.

张勇跃，刘志坚．2007．甘薯黑斑病的发生及综合防治 [J]．安徽农业科学（19）：5 997-5 998.

张玉强．2007．甘薯黑斑病的发生及防治 [J]．现代农业科技（17）：106.

赵永强，张成玲，孙厚俊，等．2012．甘薯病毒病复合体（SPVD）对甘薯产量的影响 [J]．西南农业学报，25（3）：909-911.

钟国强，卓侃，冯黎霞，等．2007．马铃薯金线虫和白线虫 DNA 特异扩增产物的克隆与鉴定 [J]．植物检疫（4）：2-4.

周全卢，张玉娟，黄迎冬，等．2014．甘薯病毒病复合体（SPVD）对甘薯产量形成的影响 [J]．江苏农业科学，30（1）：42-46.

周志林，唐君，金平，等．2016．甘薯抗旱鉴定及旱胁迫对甘薯叶片生理特性的影响 [J]．西南农业学报（5）：1 052-1 056.

周忠，李杨，马代夫，等．2008．干旱胁迫对甘薯幼苗光合作用的影响 [J]．安徽农业科学，36（6）：2 215-2 216.

朱秀珍，田希武，王随保，等．2004．甘薯茎线虫病发病规律及综合防治 [J]．山西农业科学，32（3）：54-57.

第六章　陕西省甘薯品质和加工利用

第一节　甘薯品质

一、甘薯块根营养成分

世界卫生组织曾公布的最佳食品榜最佳蔬菜为甘薯，其既含丰富维生素，又是抗癌能手。美国公共利益科学中心的营养学家通过对数十种常见蔬菜研究发现，甘薯含有丰富的食用纤维、糖、维生素、矿物质等人体必需的重要营养成分，根据营养指数排名甘薯在所分析的蔬菜等食物中名列第一，营养指数分别为烤甘薯184、菠菜76、甘蓝55、胡萝卜30等。

甘薯为块根作物，根可分为须根、柴根和块根3种形态。块根是贮藏养分的器官，也是供食用的部分。其形状、大小、皮肉颜色等因品种、土壤和栽培条件不同而有差异，分为纺锤形、圆筒形、球形和块形等，皮色有白、黄、红、紫等色，肉色可分为白、黄、橘红、紫色或带有紫晕等。块根是育苗繁殖的重要器官，甘薯种一般指甘薯块根。

甘薯块根营养成分齐全，除含有大量淀粉、糖、纤维素和多种维生素外，还含有蛋白质、脂肪以及钙、磷、铁等多种元素。甘薯块根中的蛋白质品质优良，必需氨基酸含量高，维生素A、维生素C含量高，膳食纤维含量高、质地细，尤其纤维、Ca、P、维生素C含量明显高于其他食物。此外，甘薯中还含有多糖类、糖蛋白类、酚类化合物等功能性成分，对抗肿瘤、增强免疫、降血脂、抗突变等有一定作用。所以，合理开发利用我国甘薯资源，不仅能提高经济效益，而且在改善人们食品营养结构上也起着重要作用。

（一）各种成分的一般含量

江苏徐州甘薯研究中心，对790份甘薯进行了分析，以干物质计，块根中粗淀粉含量为37.6%~77.8%，粗蛋白含量为2.24%~12.21%，可溶性糖含量为1.68%~36.02%（江阳等，2010）。刘鲁林等对35个甘薯品种块根中的淀粉、还原糖、可溶性糖、粗蛋白、粗脂肪等营养成分和相关性进行了分析和探讨，以干物质计，粗淀粉含量达52.46%~75.03%，粗蛋白含量达3.39%~9.61%，粗脂肪含量达0.20%~1.73%（2008）。

以鲜甘薯为例，甘薯的营养成分含量如表6-1所示：

表 6-1　甘薯块根的主要成分（郭祖峰等，2012）

营养成分	水	蛋白质	淀粉	糖	食物纤维	粗纤维	脂肪	灰分
含量范围	68.40~71.10	1.03~2.30	11.80~20.80	2.38~25.80	1.64~2.50	0.80~1.20	0.12~0.6	0.74~1.10
矿物质	Ca	P	Mg	Na	K	Fe	Cu	S
含量范围	18.00~46.00	20.00~51.00	12.00~26.00	19.00~52.00	260.00~380.00	0.40~1.10	0.16	13.00~16.00
维生素	胡萝卜素	维生素 B_1	维生素 B_2	维生素 C	维生素 B_3			
含量范围（mg/100g）	0.131~0.551	0.080~0.110	0.028~0.700	15.000~34.000	0.450~0.800			

1. 蛋白质和氨基酸

甘薯中含有较为丰富的蛋白质和碳水化合物，是重要的食物来源。甘薯中蛋白质的质量分数约为 2.3%，高于日常食用的大米和面粉中蛋白质含量，而贮藏蛋白作为甘薯中主要的蛋白质，占总蛋白质的 60%~80%（Scott G K，1996）。与此同时，必需氨基酸的含量在甘薯中也很丰富，能够促进人体新陈代谢及发育的赖氨酸在粮谷类食物中较为缺乏，而甘薯中含量却完全可以满足人体所需（Wang S，2016）。

2. 维生素与矿物质

甘薯中含有较为丰富的维生素，包括水溶性维生素 B_1（0.53~1.28μg/g）、B_2（2.48~2.54μg/g）、B_6（1.20~3.29μg/g）、C（627~810μg/g），烟酸（8.56~14.98μg/g）、叶酸（3.20~6.60μg/g），脂溶性维生素 E（13.9~28.4μg/g），橙色甘薯中含量丰富的 β 胡萝卜素（2.73~4.00μg/g）等（Ishida H，2000）。甘薯中含有的维生素 B_1 和 B_2 是大米的 3 倍，维生素 C 是苹果的 10 倍，维生素 E 是小麦的 9 倍。甘薯还是一种矿物质元素含量丰富的食物，含有丰富的钙（680~733μg/g）、磷（400~427μg/g）、铁（16.4~22.7μg/g）、钠（232~266μg/g）、钾（2.35~5.02mg/g）、镁（267~270μg/g）、锌（2.49~3.89μg/g）等。

3. 多酚类化合物

甘薯中含有丰富的多酚类化合物，包括了酚酸、花青素和类黄酮等，在叶和根茎中均有分布，而根茎中的抗氧化物可占总含量的 70% 以上，主要为绿原酸、异绿原酸等酚酸类化合物。甘薯中花青素的质量分数与甘薯品种有着密切的关系，约为 0.32~13.90mg/g，其中紫薯中花青素最高，主要为矢车菊素和芍药素。甘薯中花青素作为一种水溶性色素，对于光和热具有很好的稳定性，且紫薯中花青素的抗氧化能力是蓝莓中花青素的 3.2 倍，甘薯中的类黄酮主要为槲皮素、杨梅酮、山奈酚和木犀草素等，其中新鲜紫色甘薯中最高可达 579.5μg/g，橙色为 127.12μg/g，白色为 45.41μg/g（Cevallos-Casals，2002；Park S Y，2016）。

4. 膳食纤维

甘薯中的膳食纤维主要来自非淀粉性多糖类物质，包括了纤维素、木质素、半纤维素和果胶等，其中纤维素和半纤维素为土豆的 3 倍、米面的 10 倍，以干物质计，含量高达 2.7%~7.6%。Mei 等对 10 种不同甘薯品种的分析表明，其膳食纤维主要为纤维素（31.2%）、木质素（16.9%）、半纤维素（11.3%）和果胶（15.7%）（Mei X，2010）。

5. 多糖

多糖作为一种天然的生物大分子，在人体内有多种功能。多糖是甘薯的主要成分，占甘薯干质量 87.5% 的是淀粉，是甘薯的主要能量来源。甘薯中还存在一定量的活性多糖，它们有着不可忽视的作用。

6. 糖蛋白

甘薯糖蛋白分子质量约为 62kDa，属 O-糖肽键连接方式，经红外光谱分析，发现甘薯糖蛋白含有 β-糖苷键和典型酰胺羰基结构，成分分析发现甘薯糖蛋白中蛋白质的含量为 11%~12%，糖含量约为 78%~80%。但由于提取部位、提取纯化工艺不尽相同，蛋白质、糖含量的分析也存在差异。

7. 色素

甘薯含有 3 类色素：类胡萝卜素、类黄酮、叶绿素，甘薯中主要是 β-胡萝卜素及其近似衍生物，占总胡萝卜素的 80%~90%，其含量和肉色有一定的相关性。贮藏可使块根胡萝卜素含量增加，在空气中干燥及加热处理会使 β-胡萝卜素含量降低。类黄酮包括花色素、黄酮、黄烷醇、黄烷酮等，有研究表明黄酮类在药用甘薯西蒙一号中含量为：鲜叶含 9.3mg/100g，薯块含 1.3mg/100g。有些品种块根中出现的紫晕物质即为花青素，它在少数品种如山川紫中含量异常丰富。

（二）甘薯块根成分的品种间差异

目前，甘薯产后加工业发展迅速，急需开发与加工相适应的甘薯品种，如果脯蜜饯、烘焙鲜食等产品需要高糖型品种，高色素、蛋白型甘薯可用于加工保健食品，甘薯粉加工则需要低还原糖和低多酚氧化酶活性型品种。到目前为止，仍有很多品种的营养成分尚不清楚。有很多研究者对甘薯成分的品种间差异进行了研究。

1. 甘薯块根品种间成分差异

薛友林等通过测定"台农"，"京 6"，"55-2"和"红冬"4 种甘薯品种所提取蛋白粉各组分（粗蛋白、粗纤维、粗脂肪、水分、灰分、总糖、金属元素）的含量、分析氨基酸组成、蛋白构成成分和色泽等项指标的差异，对 4 种甘薯蛋白粉品质进行了比较研究。结果表明，甘薯"55-2"所提取的蛋白粉纯度最高，其蛋白含量达到 86.89%，且蛋白粉色泽好，金属元素含量少（2006）。余华等对橘红色、黄色、紫色 3 种肉色甘薯品种的营养成分进行了系统分析和比较。结果表明：不同肉色甘薯的维生素 C、β-胡萝卜素、蛋白质、碳水化合物、铜、铁、锰、镁含量存在极显著差异，锌、钙含量存在显著差异，其他营养成分差异不显著。橘红色甘薯 β-胡萝卜素的含量显著高于其他两种类型，而碳水化合物含量相对较低；黄色甘薯中的锌含量介于橘红色甘薯和紫色甘薯之间；紫色甘薯蛋白质、锌、铁、锰、镁、钙的含量均显著高于黄色、红色甘薯，但维生素 C 含量较低（2010）。唐忠厚综合评价了不同肉色甘薯块根主要营养品质特征。以中国主栽优质的 30 份不同肉色甘薯资源为研究对象，采用常规化学分析与近红外光谱技术，测定块根中主要营养品质指标，通过隶属函数转化与因子分析，综合评价甘薯块根营养品质特征。结果表明：不同肉色甘薯块根重要营养品质特征存在一定差异；不同肉色甘薯品种（系）营养品质综合评价差异明显，主要表现为紫肉型块根>黄肉型块根根>白肉型块根，影响甘薯营养品质综合评价的关键因子依次是功能性物质因子、碳水化合物因子与营养品质辅助因子（2014）。

2. 甘薯块根成分间相关性分析

刘鲁林等从食品加工角度对 35 个甘薯品种的干率、淀粉、可溶性糖、还原糖、粗蛋白、粗纤维、粗脂肪、总灰分、多酚氧化酶（PPO）活性、总胡萝卜素等营养成分和相关性进行了分析和探讨，为不同品种甘薯在食品加工领域的应用提供了数据参考，此外，他们还从北京密云、河北、江苏徐州、福建 4 产地收集了 62 种甘薯，在对其进行了营养成分分析（水分、粗淀粉、粗蛋白、粗脂肪、粗纤维、灰分、可溶性糖、还原糖、总胡萝卜素、多酚氧化酶活性）和可溶性蛋白的提取的基础上，比较了可溶性蛋白的成分及其功能特性，并通过对甘薯可溶性蛋白感官和理化品质指标的统计分析，提出了一套甘薯可溶性蛋白品质评价指标及其适宜加工蛋白品种筛选的方法（2008）。

蔡南通等为了探明福建省保存的甘薯品种资源主要营养成分含量的情况，按国家有关标准完成对 211 份资源品种 8 种主要营养成分进行测定，经相关分析及对部分品种稳定性测定，筛选出营养成分含量较好的品种 96 份。明确了干物率、淀粉、水溶性总糖、粗纤维和维生素 C 总体上表现较为密切的相关关系；品种的干物率、淀粉、粗纤维和胡萝卜素 4 个指标受环境影响较小，表现稳定；而可溶性总糖、粗蛋白、粗脂肪和维生素 C 受环境影响较大，不同种植区域间差异明显（2006）。

王丽等通过数学分析方法分析 10 个甘薯品种的品质特性，建立了适合、高效的甘薯品质评价方法。分析测定了 10 个甘薯品种的基本营养成分、活性成分及金属元素等品质特性，采用相关性分析和主成分分析分析甘薯品质特性。结果表明：10 个甘薯品种的品质特性间差异显著，花青素在各样品中变异系数最大为 164.62%，还原糖的变异系数最小，仅为 0.05%。还原糖、多酚氧化酶活性、花青素、钙、镁、钠和锌在各品种中变幅较大。相关性分析表明，甘薯品质间既相互独立又关系复杂，多数品质指标间存在一定的相关性。主成分分析结果表明，粗蛋白、灰分、粗脂肪和花青素对甘薯品质综合评价的贡献率较高，可作为衡量甘薯品质评价的重要指标，对甘薯品质影响因子顺序依次是金属元素因子、基本营养成分因子、灰分因子、活性成分因子和营养成分辅助因子（2016）。

3. 甘薯成分对其感官品质及功能特性的影响

（1）甘薯成分对其感官品质的影响 刘文静等研究了甘薯营养成分与口感品质的相关性。通过检测不同甘薯品种蒸煮前后总淀粉、直链淀粉、还原糖、总糖、蛋白质、粗纤维、维生素 C 等营养成分含量的变化，并对薯块食用口感品质进行评价和相关性分析。结果表明：F22-158 品种的综合总分、粉香味、甜味、肉质细腻度均是品种中最好；而福薯 13 的各项评分为品种间最差；不同甘薯品种蒸煮后淀粉减少含量与甜味呈显著正相关，直链淀粉含量与综合口感、粉香味呈显著正相关；蒸煮前甘薯总糖含量与各项口感指标呈负相关，但总糖增加量与各项口感指标呈正相关（2014）。

（2）甘薯成分对其功能特性的影响 邹波等以广东地区9个不同品种的紫肉甘薯为研究对象，评价紫肉甘薯抗氧化能力，并对花色苷的组成进行定性和定量分析。结果表明：不同品种紫肉甘薯，总酚含量和抗氧化能力也不尽相同，其中广紫9的总酚含量为578mg GAE/100 g，清除2，2-联氮基-双-（3-乙基苯并噻唑啉-6-磺酸）二铵盐（ABTS）自由基能力、氧自由基吸收能力、还原能力分别为4.36、10.38、11.23μmol TE/g，均高于其他品种的紫肉甘薯。通过高效液相色谱—四极杆飞行时间质谱法共鉴定出16种花色苷，包括8种矢车菊素类和8种芍药素类。紫肉甘薯花色苷含量在77.17~1 125.06mg/kg，以广紫9含量最高，花色苷主要以酰基化的形式存在，其含量是非酰化的89倍，酰基化程度明显高于其他品种。综上所述，不同品种紫肉甘薯具有不同的抗氧化能力，其花色苷含量与结构也有较大差异，其中广紫9花色苷含量最高，抗氧化能力最强（2018）。

二、甘薯淀粉

（一）淀粉种类和含量

原淀粉由直链淀粉、支链淀粉和中间级分组成。这3种淀粉分子结构都属于α-D-葡聚糖。直链淀粉是脱水葡萄糖单位间经α-1，4糖苷键连接，支链淀粉的支叉位置是α-1，6糖苷键连接，其余为α-1，4糖苷键连接。不同来源的淀粉，直链淀粉含量不同，一般禾谷类淀粉中直链淀粉含量约为25%；薯类约为20%；豆类为30%~35%；糯性粮食淀粉则几乎为零。

靳艳玲（2018）等人对国家甘薯产业技术体系提供的25个甘薯品种（渝薯1号、运薯271、济农304、宁薯S10-1、绵薯10-17-2、徐渝34、南薯009、渝薯15、农大6-2、万薯34、济薯08276、TD1202-119、西城薯007、商薯133-2、冀薯98、南紫薯018、烟薯26、苏薯17、南薯017、TD1318-3、商薯19、广薯87、徐薯18、S0912-3、南薯016），进行产量、淀粉质量分数、支链/直链淀粉质量分数比（支直比）及淀粉糊化特性比较研究，结果表明，淀粉产量最高的为渝薯1号，最低的为南薯016，各种甘薯直链淀粉平均值为13.56%，支链淀粉平均值为86.44%，支直比平均比值为6.41%。淀粉加工用优良甘薯品种基本特点是淀粉含量、产量均较高，现推广利用的多为白色薯肉的品种。目前经审定的甘薯高淀粉品种有：脱毒徐薯18、商薯19、川薯34、万薯34、济薯15号、豫薯7号、豫薯13号、皖苏31、商薯103、徐薯25、鄂薯6号、广薯87、岩薯10号、西城薯007和漯徐薯8号等。

（二）淀粉种类的品种间差异

淀粉作为一种天然多糖高分子化合物，是大多数高等植物储存能量的方式，通常以直径为2~200μm球形方式存在。淀粉颗粒是由一个或若干个淀粉分子组成的聚集体，其颗粒特性主要是指淀粉颗粒的形态、大小、轮纹、偏光十字和晶体结构等。

不同种类的淀粉粒具有各自特殊的形状，一般淀粉粒的形状为圆形（或球形）、卵形（或椭圆形）和多角形（或不规则形）3 种，这取决于淀粉来源。如小麦、黑麦、粉质玉米淀粉颗粒为圆形（或球形），马铃薯和木薯、甘薯等为卵形（或椭圆形），大米和燕麦为多角形（或不规则形）。同一来源的淀粉粒也有差异，如马铃薯淀粉颗粒大的为卵形，小的为圆形，而小麦淀粉颗粒大的为圆形，小的为卵形。不同品种淀粉颗粒大小不同，差异很大，一般以颗粒长轴的长度表示淀粉颗粒大小。商业淀粉中一般以马铃薯淀粉颗粒最大（$15 \sim 100 \mu m$），大米淀粉颗粒最小（$3 \sim 8 \mu m$）。非粮食类来源淀粉中，美人蕉淀粉最大，芋头最小，平均 $2.6 \mu m$。甘薯淀粉颗粒与玉米差不多，为 $10 \sim 25 \mu m$，平均大小为 $15 \mu m$。在 $400 \sim 500$ 倍显微镜下仔细观察淀粉粒时，可看到淀粉粒表面均具有环层结构，有的可以看到明显的生长环，形式与树木的年轮相似。马铃薯淀粉粒的生长环特别明显，其他种类的淀粉粒不易见到。此外，不同品种淀粉粒的偏光十字的位置、形状和明显程度有差别，依此可以鉴别淀粉品种。例如，马铃薯淀粉偏光十字最明显，其他淀粉明显程度稍逊，小麦淀粉偏光十字最不明显。偏光十字的交叉点，玉米淀粉颗粒接近颗粒中心，马铃薯淀粉颗粒则接近于颗粒的一端，但较小马铃薯淀粉颗粒的十字交叉却在颗粒中心。如果研究颗粒内部更小距离的情况，就涉及众所周知的结晶结构。淀粉粒由直链淀粉分子、支链淀粉分子和中间级分子组成，淀粉粒的形态和大小可因遗传因素及环境条件不同而有差异，但所有的淀粉粒均有共同的性质，即具有结晶性。1937 年，Katz 等从完整的淀粉粒所呈现的 3 种特征性 X 射线衍射图上分辨出 3 种不同晶体结构类型，即 A 型、B 型和 C 型。大多数禾谷类淀粉具有 A 型结晶结构淀粉，包括燕麦、黑麦、小麦、大米及玉米等；马铃薯等块茎淀粉、高直链玉米淀粉和老化淀粉显示 B 型图谱；竹芋、甘薯等块根淀粉、某些豆类淀粉呈现 C 型图谱。

不同淀粉的化学组成有所差别，淀粉颗粒含有微量的非碳水化合物，如蛋白质、脂肪酸、无机盐等，谷物淀粉乳玉米、小麦中脂类化合物含量较高，马铃薯淀粉和木薯淀粉等脂类化合物含量则低得多，淀粉中含有的脂类化合物对淀粉物理性质有影响，因脂类化合物与直链淀粉分子结合成络合结构，对淀粉颗粒的糊化、膨胀和溶解有较强的抑制作用，且不饱和脂类化合物氧化产物会产生令人讨厌的气味。薯类淀粉一般只含有少量脂类化合物，因而受到上面的不利影响较小。

（三）甘薯淀粉的性质

1. 甘薯淀粉结构与形态

与其他植物类淀粉相同，甘薯淀粉的结构主要也是由直链淀粉和支链淀粉两种聚合物所构成。

（1）直链淀粉的结构 直链淀粉的结构通常以直链淀粉的平均聚合度（DP）表示，其中数量平均聚合度（DP_n）和重量平均聚合度（DP_w）是 DP 最常用的表示方法。同时，把聚合度（DP）的范围称为表观聚合度分布。甘薯直链淀粉的 DP_n 在 $3\,025 \sim 4\,400$，DP_w 为 $5\,400$，DP 的分布范围在 $840 \sim 19\,100$。因此，甘薯直链淀粉的 DP_n 高于木薯直链淀粉（2600）而低于马铃薯直链淀粉（4900）。而甘薯淀粉的 DP_n / DP_w 比值与马铃薯淀粉相似（1.3），明显低于木薯淀粉（2.6），说明甘薯淀粉的聚合度分布较木薯淀粉窄。谷类淀粉的直链淀粉的聚合度分布较宽，DP_n / DP_w 多在 $2.5 \sim 3.0$。

（2）支链淀粉的结构 和其他淀粉相似，甘薯淀粉的支链淀粉主要由 3 种链组成：A 链，B 链和 C 链。C 链为主链，位于支链淀粉分子还原基末端，还原基末端经由 α-1，6 键与 B 链相连，B 链连有一个或多个 A 链。甘薯支链淀粉一般以 B 链（CL>11 的长链）为主，A 链（CL≤11 的短链）比 B 链短。链长度是指每个非还原末端基的链所具有的葡萄糖残基数。研究表明，甘薯支链淀粉的链长 CL 分布在 6~45，其中 CL 在 6~10，11~15，16~20，21~30，30~45 所占支链淀粉总 CL 分布的比例分别是 12.4%~15.2%，33.2%~33.8%，22.9%~24.6%，21.1%~23.0%，6.3%~7.1%。支链淀粉一般以平均链长度来衡量其链长度。甘薯淀粉支链淀粉的平均链长度在 21~29。

（3）X-Ray 衍射类型 淀粉具有稳定的晶体区域，晶体区域被认为是在颗粒中支链淀粉分子的有序排列结构。不同的淀粉可分为"A"型，"B"型或"C"型（"C"型是介于"A"型和"B"型之间的混合型）。

甘薯淀粉以"A"型为主，还有"C"型或介于"A"型和"C"型之间的 CA 类型。甘薯淀粉的晶型在特定条件下也可能会发生转变，如利用超高压技术可将"A"型甘薯淀粉转变成"B"型；而通过降低甘薯种植环境温度，"C"型甘薯淀粉也可逐渐转变成为"B"型。甘薯淀粉的结晶度通常为 38%，高于其他木薯（37%）和马铃薯（28%）淀粉的结晶度。

（4）甘薯淀粉的形态及大小 天然淀粉颗粒的形态和大小主要取决于淀粉的来源，这些性质的差异可以通过光学显微镜或电子显微镜测定。甘薯淀粉的颗粒形状多呈多边形或圆形，部分呈椭圆和铃铛状。粒径分布范围在 3.4~27.5μm，平均粒径在 8.4~15.6μm。不同甘薯淀粉的粒径大小不一，而同一种甘薯淀粉的粒径也会随着甘薯的生长成熟而逐渐升高，但土壤的肥沃程度与甘薯种植和收获日期对其颗粒大小影响甚微。此外，甘薯淀粉颗粒的大小对其淀粉的膨胀势、溶解度及消化率等特性均有影响，通常淀粉的颗粒越大，其膨胀势和溶解度越大，而消化率明显地降低。

2. 甘薯淀粉物化特性

（1）糊化温度 DSC（差式热量扫描仪）测定甘薯淀粉的糊化参数 T_{onset}（相变或化学反应的起始温度）、T_{peak}（相变或化学反应的峰值温度）、T_{end}（相变或化学反应的终了温度）的范围分别是：66.2~71.3℃、69.5~79.78℃和 80.4~88.5℃，极少部分甘薯淀粉的 T_{end} 降低至 75.29℃；而快速黏度分析仪（RVA）测定甘薯淀粉的糊化温度范围绝大部分在 65.9~79.9℃，少部分升至 87.7℃。由此可见，采用 DSC 和 RVA 测定甘薯淀粉的糊化温度数值上存在着一定的差异。此外，不同品种和地域的甘薯淀粉糊化温度也存在差异；在甘薯种植期间，种植时间的提前能显著提高其淀粉的 T_{onset}；而收获日期的迟后可降低 T_{onset}；但施肥浓度对甘薯淀粉的糊化温度影响甚微。

（2）膨胀势 一般淀粉的膨胀势是在 85℃条件下测定的，甘薯淀粉的膨胀势在 32.5~50ml/g，具有较强的分子内作用力。甘薯淀粉具有两段膨胀性，说明淀粉颗粒内部有直链和支链两种大小不同的结合力。不同品种的甘薯淀粉膨胀势不同，且同一品种甘薯淀粉在不同温度条件下的膨胀势也存在显著差异。研究认为，甘薯淀粉的膨胀势受直链淀粉的影响较大，淀粉在膨胀过程中直链淀粉起着稀释剂的作用，尤其是当直链淀粉与脂类化合物形成络合物时，能显著抑制淀粉颗粒膨胀。此外，甘薯淀粉的膨胀势也受支链淀粉分子量和分子形状的影响，CL6-9的支链越多，淀粉的膨胀势越大；而CL12-22的支链越多，膨胀势越小。

（3）溶解度　甘薯淀粉的溶解度在1.5%~13.65%，甘薯淀粉的溶解度较低的原因可能与其淀粉颗粒较小，内部结合力较强及含磷酸基的葡萄糖基较少有关。不同品种甘薯淀粉的溶解度不同，温度升高淀粉的溶解度升高，温度为85℃以上时，溶解度最高达到13.65%；部分商业用秘鲁产甘薯淀粉的溶解度甚至可达28%。此外，当温度低于60℃时，不同地域生产的甘薯淀粉的溶解度没有显著差异；但当温度高于60℃时，其差异显著。膨胀势越高，淀粉溶解度越高，但在相同温度处理条件下，不同品种的甘薯淀粉溶解速率不尽相同。

（4）回生速率　淀粉糊化后短期回生过程中直链淀粉分子可被重新排列成平行的直线，进一步糊化则要求温度高达130℃。而淀粉糊化后长期回生的过程中支链淀粉外部分支也发生缓慢的重结晶，产生重结晶的支链淀粉，该支链淀粉在55℃条件下也能重新糊化为凝胶状态。在相同条件下，与其他淀粉相比，玉米淀粉的回生速率最快，这主要是由直链淀粉（28%）和类脂体（0.8%）含量较高所致。而甘薯淀粉中直链淀粉和脂质含量都较低；相比之下，甘薯淀粉具有低度到中度回生的速率。甘薯淀粉的回生速率和回生程度随着直链淀粉含量的增加而增加；且随着支链淀粉中短支链（CL12-14）的比例增加，回生速率加快；而短支链（CL9-11）的比例越高，其回生速率反而降低。此外，甘薯淀粉的回生还取决于淀粉的浓度、储存温度、pH值以及淀粉自身化学成分的构成。在高淀粉浓度，低储存温度及适宜的pH值范围（5~7）条件下回生速率加快，而在较高离子浓度时淀粉的回生速率明显降低。

（5）黏度　甘薯淀粉（浓度10%，w/w）的峰值黏度值、最低黏度值、崩溃黏度值、最终黏度值和回生黏度值的范围分别为143~469RVU、91~214RVU、29.4~255RVU、82.9~284RVU和15~78RVU。甘薯淀粉的黏度性质受甘薯淀粉的品种、淀粉含量和组分之间相互作用等的影响。不同品种甘薯淀粉的峰值黏度与峰值时间存在显著差异，且峰值黏度和直链淀粉含量存在显著负相关，但也有研究报道认为，甘薯淀粉的峰值黏度与直链淀粉的含量无关。此外，淀粉的浓度越高，黏度越大。淀粉中的脂质化合物的存在会降低淀粉糊的峰值黏度，提高淀粉糊的稳定性。淀粉的崩溃黏度值是衡量淀粉糊稳定性的重要参数，是反映淀粉在加热过程中抗机械剪切的能力，崩溃值越小，抗剪切能力越高。与其他淀粉相似，甘薯淀粉的崩溃值除受淀粉中各种成分的影响外，还受甘薯淀粉支链淀粉精细结构的影响。其中支链淀粉长链比例越高，稳定性越高，这主要是由于支链淀粉的长链能与其他支链淀粉分子相互缠绕，降低自身分散的趋势，同时能增大自身旋转半径，维持淀粉黏度。回生黏度是崩溃黏度与最终黏度之间的差值，是衡量淀粉回生速率的指标。不同甘薯淀粉品种的回生速率不同，这主要依赖于甘薯淀粉的直链淀粉含量和支链淀粉的性质。一种能广泛应用于食品的理想淀粉，应具有在低浓度时保持稳定且形成光滑结构、低温时保持柔软与流动、高温时又能抵御高速剪切的特性。

三、甘薯蛋白质

（一）甘薯蛋白种类和含量

甘薯块根除含有大量的淀粉外，还有 2.24%～12.21%（以干物质计）的甘薯粗蛋白。目前，对甘薯蛋白的研究主要集中在贮藏蛋白和糖蛋白。

甘薯块根中蛋白质高于鲜玉米、芋头、马铃薯。甘薯块根中蛋白质的生物效价很高，其中的人体必需氨基酸含量符合 WHO 推荐模式，所以甘薯块根的蛋白质能够被机体很好地利用。此外，甘薯块根含有丰富的能促进人体新陈代谢、助长发育的被称为"第一限制性氨基酸"的赖氨酸。研究表明，甘薯叶蛋白质含量丰富，为 1.5～5.9g/100g，甘薯茎尖的蛋白含量约为芹菜、黄瓜含量的 4 倍，且氨基酸含量高、种类齐全，主要有异亮氨酸、亮氨酸、赖氨酸、蛋氨酸、谷氨酸、苏氨酸和半胱氨酸等。人体必需氨基酸含量和儿童必需氨基酸含量均较高，且氨基酸模式与 FAO 推荐的基本一致。

1985 年，Maeshima 等发现主要存在于甘薯根块中的蛋白，占根块可溶性蛋白的 60%～80%，并将其命名为"Sporamin"。由 SDS-PAGE 分析结果可知，在还原条件下，Sporamin 只表现出一条条带，分子量为 25 kDa；在非还原条件下，可被分为 Sporamin A（22 kDa）和 Sporamin B（31 kDa）2 种不同分子量的蛋白，并且从凝胶染色带上来看，Sporamin A 含量是 Sporamin B 的两倍。Sporamin 是一个球形蛋白，其一级结构由约 229 个氨基酸残基构成，其中共有两组 S-S 键联结：存在于分子内第 45 和第 94 半胱氨酸（Cys45-Cys94）、第 153 和第 160 半胱氨酸（Cys153-Cys160）之间，在非还原条件下，甘薯可溶性蛋白存在着由 S-S 键联结的 3 种不同分子量的分子异构体。此外，木泰华等人通过对还原及非还原条件下的 SDS-PAGE 凝胶进行 PAS 染色，结果发现非还原条件下出现的 22kDa、31kDa 和 50kDa 蛋白条带，及还原条件下的 25kDa 均未被染色，进一步证实了甘薯水溶性蛋白均不属于糖蛋白。

孙敏杰（2012）对天然甘薯蛋白的氨基酸组成、消化性及抗营养特性进行了研究。结果表明天然甘薯蛋白包含 18 种人体所需氨基酸，但是含有限制性氨基酸——赖氨酸。天然甘薯蛋白胃蛋白酶胰酶体外消化率为 52.9%，显著低于大豆分离蛋白（92.3%）及牛乳清分离蛋白（97.0%）。

（二）甘薯蛋白的功能作用

王勇（2016）等人以甘薯蛋白为原料，采用复合菌共生发酵法制备生物活性肽。通过 SephadexG-25 型色谱柱对发酵产物进行分离，并利用高效液相色谱法做进一步的分析验证，测定了产物的 DPPH 自由基清除能力及还原能力。结果表明，甘薯蛋白在枯草芽孢杆菌与黑曲霉比例 1.5：1.0，以 10% 的接种量在 5% 甘薯蛋白发酵培养基中发酵 48h 后，可水解为具有一定 DPPH 自由基清除能力以及还原能力的小分子肽类物质。

甘薯蛋白具有抗氧化活性，有学者指出 Sporamin 能够消除 1，1，-2-苯基-苦基偕腙肼（DPPH）自由基和羟基自由基。甘薯贮藏蛋白抗 DPPH 自由基的活性随着 Sporamin 蛋白浓度的增加而增加。Sporamin 还具有脱氢抗坏血酸还原酶的活性。由于

Sporamin 分子间巯基-二硫化合物互变导致游离的疏基还原脱氢抗坏血酸生成抗坏血酸，从而抑制 Sporamin 的氧化。薛友林（2006）发现，甘薯可溶性蛋白具有超氧阴离子自由基的清除作用，蛋白浓度为 1% 时，对超氧阴离子自由基的清除率可达 10%。甘薯可溶性蛋白浓度为 6% 和 0.5% 时，对羟基自由基和 DPPH 自由基的清除率达到最大值，分别为 91.5% 和 79.7%。此外，甘薯可溶性蛋白能部分抑制亚油酸过氧化反应，浓度为 2% 时，其抗氧化活力达到 20%。

甘薯蛋白具有减肥降脂作用。熊志冬（2009）研究发现，Sporamin 可明显抑制 3T3-L1 前脂肪细胞的分化和增殖。当蛋白浓度为 0.500mg/ml 时，脂滴生成量明显减少。Sporamin 可使小鼠体重降低，抑制小鼠食欲达到预防和治疗肥胖的效果。此外，Sporamin 对小鼠血清总胆固醇、血清甘油三酯的升高及高密度脂蛋白胆固醇水平的降低均具有明显的抑制作用，可降低小鼠患动脉粥样硬化的可能性。

四、其他成分

（一）甘薯果胶

果胶是一类富含半乳糖醛酸的多糖的总称，果胶作为可溶性膳食纤维，具有抗癌、治疗糖尿病、抗腹泻等功效；在食品工业中，果胶是主要的稳定剂和胶凝剂。在我国大部分地区，甘薯加工淀粉、粉丝、粉条等过程中，产生大量甘薯渣。甘薯渣水分含量高达 80%，不易储存，运输，腐败变质后产生恶臭，通常被作为饲料简单利用或当作废物丢弃，造成资源的浪费和环境污染。甘薯渣是提取果胶的良好材料。

1. 甘薯果胶的结构

甘薯果胶的骨架是一种多孔的网状结构，水分子被包裹在这些孔中，通过氢键或水合作用力与果胶分子相连。

2. 甘薯果胶的提取

目前，工业生产果胶的普遍方法是酸提法。以柑橘皮、苹果渣和香蕉皮等工业副产物为原料酸提法制备果胶的方法有较多的报道。从甘薯渣中提取果胶作为高附加值产品，可提高原材料的利用率，减少资源浪费和环境污染，有重要的实际意义。魏海香等利用盐酸从甘薯渣中提取果胶，以果胶提取率为测定指标，对其提取工艺进行优化，最高提取率高达 65.86%。

3. 甘薯果胶的物化特性

甘薯果胶水溶性较高，具备成为良好乳化稳定剂的条件。梅新等采用单因素实验，分别探讨果胶浓度、油相体积分数、pH 值、NaCl 浓度对果胶乳化性的影响。结果表明甘薯果胶乳化液随甘薯果胶浓度增大而增大，高浓度果胶能有效降低界面张力，并促进乳化颗粒形成。油相体积分数能影响甘薯乳化液，可能是因为随油相体积分数的增大，一定量的甘薯果胶能够产生更多数量的乳化颗粒并导致甘薯乳化液增大。同时，由于油相体积分数增大，黏度增大，一定程度上阻止了乳化颗粒相互聚结。

4. 甘薯果胶的应用

甘薯果胶可加工成蜜饯、面包、冷冻食品、酸奶制品和饮料等产品。从甘薯渣中提取果胶制成各种产品，可提高原材料的利用率，增加甘薯的附加值，降低资源浪费和环境污染，在实际工业生产中，有重要的意义。

（二）甘薯酚类物质

1. 甘薯酚类物质的种类

甘薯中的酚类化合物（统称甘薯多酚）包括甘薯酚酸、甘薯花色苷和甘薯类黄酮3类。甘薯含量最多的酚类是绿原酸、新绿原酸及异绿原酸的3个异构体，在块根中它们主要分布于周皮及以下1mm的组织、韧皮部汁液、韧皮部和次生木质部间的形成层及薄壁细胞中，其中周皮及外层5mm组织含有块根总量80%的酚类。邹耀洪从国产甘薯叶中分析鉴定出4种黄酮类化合物：槲皮素-3-O-β-D-葡萄糖-（6-1）-O-α-L-鼠李糖苷、4′,7-二甲氧基山奈酚、槲皮素-3-O-β-D-葡萄糖苷和槲皮素（1996）。王关林等报道，甘薯抗氧化物主要分布在块根中，占总含量的70%以上，主要成分为酚酸类物质，包括绿原酸、异绿原酸、新绿原酸和4-O-咖啡酰奎尼酸4种。Fan等研究了发酵后紫甘薯中花色苷的组成和稳定性，检测到5种主要的花色甙（花青素和甲基花青素等），并发现紫甘薯花色甙在酸性条件下（pH值2.0~4.0）更稳定（2008）。

2. 甘薯酚类物质的提取

甘薯酚类物质的提取方法主要有水提法、酶解法、有机溶剂浸提法、微波辅助法、超声波辅助法等，其中超声波辅助乙醇溶剂浸提法因工艺简单、提取效率高，应用较为广泛。李文芳等对传统水煎法、乙醇回流法、超声波辅助法等提取工艺进行比较，以提取物中绿原酸的含量与提取率为评判指标，考察浓度、时间、料液比等因素对有效成分绿原酸提取率的影响，优选甘薯叶中绿原酸提取的工艺条件。结果表明，影响提取的主次因素为：乙醇浓度>回流时间>料液比，最佳提取工艺为乙醇回流法，最佳提取条件为：60%乙醇，料液比1:20，回流提取1.5h（2007）。此外，为提高花青素得率，还经常采用机械破碎、加热、冷冻、酶制剂（如果胶酶、纤维素酶和蛋白酶等）、加压和脉冲电场等技术辅助提取花青素，缩短提取时间，提高色素得率。毕云枫等以紫甘薯为研究对象，通过单因素和正交试验筛选出紫甘薯中花青素的最佳提取剂为乙醇的酸性溶液，提取最佳工艺条件为：80%乙醇酸性溶液，料液比为1:10，提取温度为60℃，提取时间为3h。紫甘薯花青素的纯化条件为大孔树脂吸附温度为35℃，吸附pH值为2.5；大孔树脂乙醇解吸浓度为70%，解吸时间为0.5h（2015）。

3. 甘薯酚类物质的纯化

甘薯花青素提取物中的杂质种类较多，糖类、淀粉、蛋白质和鞣质等含量较高。同时，溶液中主要固形物糖类的相对分子质量和花青素的相对分子质量相近，使得糖类物质成为其纯化过程中难以除掉的杂质。因此，为了提高产品的色价，必须对其粗提液进行纯化。目前，甘薯花青素纯化的主要方法有：树脂法、膜分离法、分级醇沉淀法、醋酸铅沉淀法、高速逆流色谱法等。姚钰蓉等研究了紫甘薯花青素的提取、纯化及其稳定性。结果表明：用甲酸对紫甘薯花青素提取的最佳条件为：料液比1:10，提取时间2h，提取剂浓度5%（v/v），提取温度60℃，提取3次。粗提液经AB-8大孔树脂纯化后，得到色价为20.4的色素纯品。提取色素具有较好的耐热、耐压性能。甘薯绿原酸的纯化方法主要有金属离子沉淀法、重结晶法、β-环状糊精包埋法、有机溶剂萃取法、膜分离法、树脂法、色谱法等。与较为成熟的甘薯绿原酸提取方法相比，其纯化研究相对较少（2009）。

4. 甘薯酚类物质的功能及应用

酚类物质是一类重要的天然抗氧化剂，由于其具有特殊的性质和功能，越来越受到重视。甘薯中酚类物质的含量较高，甘薯中的酚类提取物具有抗氧化、抗突变、缓解肝损伤和抑制病毒繁殖等功能。酚类物质在食品中的应用主要是作为保健食品和食品添加剂使用。甘薯花青素是一种安全、无毒、无异味的天然色素，而且有抗氧化、抗高血糖和高血压、抗动脉粥样硬化、保护肝功能、增强记忆力、抑菌等营养和药理作用，可被开发成防腐剂代替市场上苯甲酸等合成防腐剂，还能制成各种食品饮料，在食品、化妆品、医药等方面有着较大的应用潜力，市场上常见的有紫甘薯牛奶和紫甘薯酒等。甘薯中的绿原酸类物质具有清除自由基、抗菌消炎、抑制肿瘤、保肝利胆、活血降压等生物活性，已成为天然产物研究领域的热点之一（李玉山等2012）。甘薯叶是一种新型蔬菜，具有显著的食疗保健功能，是很有开发前途的保健菜。美国将它列为"航天食品"，日本和中国台湾称它为"长寿食品"，中国香港则称它为"蔬菜皇后"。这些美称与其丰富的绿原酸类物质含量有直接关系。因此，酚类物质可作为新型高效的抗氧化剂保鲜剂等应用到食品加工和储藏领域。

除此之外，酚类物质也是造成甘薯褐变的主要因素，其褐变程度和酚类的含量成正比。但另一方面，酚类是植物防御体系中的一个重要因子，植株受伤害及病原菌（如黑斑病菌）侵染时，绿原酸和异绿原酸合成明显增加（受低温伤害时只前者增加）。

（三）维生素

薯块根中含有维生素 B_1、维生素 B_2、维生素 C、维生素 E 等丰富的维生素。甘薯中的叶酸对于人体红血球的形态与代谢有着重要的作用。富含 β 胡萝卜素的甘薯则能够有效提高人体维生素 A 含量水平，125 g 的新鲜橙色甘薯所含的 β 胡萝卜素，便足以满足学龄前儿童对维生素 A 的一日所需。B 族维生素是氨基酸代谢及糖代谢中多种酶的辅助因子。缺乏维生素 B_1，糖代谢不完全，神经肌肉系统易出现兴奋、疲劳、肌肉萎缩、麻痹及心衰等。维生素 E 又名生育酚，具有抗衰老和维持人类生殖机能的作用，还具有维持骨骼肌、平滑肌和心肌结构的功能。对促进毛细血管增生，改善微循环，降低过氧化脂质，抑制血栓形成，防治动脉硬化和心脏血管疾病有一定作用。维生素 C 又名抗坏血酸，在人体代谢中具有多种功能，是生命活动极重要的物质。

（四）矿物质

丰富的矿物质元素能够有效调节人体酸碱平衡，如钾和镁可以维持体内的离子平衡，减缓钙质流失，还是保护心脏的重要元素。甘薯含钾量很多，它可以减轻因过分摄取盐分而带来的弊端。甘薯中含有的硒有利于谷胱甘肽过氧化物酶的合成，可以有效清除体内自由基，增强机体免疫力等。人体摄入甘薯后，所含的钙、磷、铁等矿物质可以中和肉蛋等食用后产生的酸性物质，故可调节人体酸碱平衡，被誉为"长寿食品"。另外在一些特种甘薯，如金薯菜中含有高出普通甘薯20倍以上人体所需的碘和硒等微量元素，可作为健康长寿食品和医治居民"富贵病"的良方。

（五）色素

甘薯含有三类色素：叶绿素、类胡萝卜素、类黄酮。叶绿素存在于叶、茎及见光的块根中，是甘薯光合作用的基本色素。类胡萝卜素包括胡萝卜素及其氧化衍生物叶黄素，甘薯中主要是 β-胡萝卜素及与其近似的衍生物，占总胡萝卜素的 80%～90%，它们使薯肉呈橘红色。因此肉色和胡萝卜素含量有一定的相关，白心品种几乎不含 β-胡萝卜素。贮藏可使块根胡萝卜素含量增加，在空气中干燥及加热处理会使 β-胡萝卜素发生氧化分解及热结构异化而含量降低。类黄酮包括花色素、黄酮、黄烷醇、黄烷酮等，黄酮类在药用甘薯西蒙一号中含量为：鲜叶含 9.3mg/100g、薯块含 1.3mg/100g。有些品种块根中出现的紫晕物质即为花青素，它在少数品种如山川紫中含量异常丰富。

（六）膳食纤维

膳食纤维被称为是人体的第七营养素，是一类不能被人体消化的物质，可以加快肠道蠕动促进排便，纤维素还能吸收部分葡萄糖，降低血糖，有助于预防糖尿病。甘薯中非亲水性膳食纤维能够有效预防结肠癌、缓解便秘症状，而亲水性膳食纤维则能够有效抑制血糖的升高，与血清胆固醇等含量降低也有密切联系。

（七）脱氢表雄酮

美国费城大学生物学家首次发现甘薯中含有脱氢表雄酮（DHEA），将其注射于培养癌细胞而饲养的白鼠体内，发现有防止结肠癌和乳腺癌发生的作用，并延长论文小白鼠的寿命。

甘薯中的 DHEA 对人体呼吸道、消化道和骨关节可起到润滑和抗炎的作用，还可防止疲劳，促进人体胆固醇的代谢，减少心血管疾病的发生，对防治癌症也有一定的效果。它参与合成肾上腺分泌的多种激素。更年期妇女，当卵巢分泌雌激素功能下降后，由 DHEA 转化的雄酮，将是提供老年女性雌激素的重要来源。因此，DHEA 除了对增强男性体质，改善男性性机能状态有显著效果外，而且对调整更年期女性因性激素缺乏而产生的各种不良反应亦有重要作用。

五、影响甘薯品质的因素

（一）环境条件的影响

环境条件是影响甘薯品质的重要因素。不同的栽培环境对甘薯品质的影响不同，而各性状对环境的反应也不尽一致。其中蛋白质含量受环境条件尤其是栽培地点和施氮量的影响较大；胡萝卜素受环境的影响较大；维生素 C 受环境的影响相对较小。此外，品质性状受环境影响的程度因品种不同而有差异（谢一芝，1991）。

甘薯不同生长时期的干旱胁迫会影响甘薯品质。前期、中期的干旱胁迫对甘薯品质的影响较大，后期干旱胁迫对甘薯品质的影响较小。所以在甘薯的前中期生长阶段，应加强水分供应（李长志，2016）。土壤类型的不同对甘薯钾的吸收能力也不同。黄潮土土壤对甘薯地上部钾含量的吸收能力有促进作用；高沙土土壤对甘薯根部钾含量的吸收能力有促进作用（齐鹤鹏，2015）。

而在气象条件中，温度和降水量对甘薯品质的影响较大，其次是日照（吴祯福，2015）。推荐温度在9~13℃，湿度控制在85%左右，还要有充足氧气的环境下贮藏甘薯，此环境下甘薯具有呼吸跃变发生时呼吸强度低的特点；合理的排灌、土壤湿度的调节有助于促进块根的生长。当土壤的相对湿度在60%~70%时，对块根的形成和膨胀最有利；充足的光照有助于光合作用的进行，丰富根部的营养物质、提高薯块形成的数量与重量。

（二）栽培措施的影响

栽培措施也是影响甘薯品质的重要因素。栽培方式的不同对甘薯产量的影响不同。其中采用池栽的方式，并对甘薯施用腐植酸，可降低甘薯块根的硝酸盐含量，提高块根和叶片中谷氨酰胺合成酶的活性（柴莎莎，2013）。覆膜栽培甘薯可使光合物质能较快地分配到地下部，获得比露地栽培更高的产量（付文娥，2013）。栽植密度和栽插时间的不同对甘薯的产量及淀粉含量的影响也不同（蒋雄英，2017）。

施用不同的肥料对甘薯品质的影响较大。施磷处理可以增加甘薯的产量，有利于甘薯块根内干物质的积累和淀粉中磷的积累（唐忠厚，2011）。施氮处理可增加甘薯的块根产量和可溶性糖、蔗糖的含量（陈晓光，2015）。施有机肥处理可提高甘薯的抗逆性、抗病性及鲜薯产量。因此，合理适量施肥有助于提高甘薯的品质及产量（段学东，2017）。

第二节　甘薯利用与加工

一、食用

（一）粮用与菜用

1. 粮用

甘薯营养丰富，具有多种食用方法。做粮用主要通过蒸、煮、烧、烤、烙、摊等方式做成太极薯泥、甘薯包子、甘薯饺子、甘薯饼、甘薯馒头、地锅锅和甘薯凉皮等。

（1）蒸　将甘薯水洗干净，在笼上蒸熟，大的可切开蒸，至熟即可，配以稀粥、水果或蔬菜，剥皮即食。亦可放入碗内，用筷子搅拌做成泥状拌入作料食用。还有一种做法是将甘薯洗净，蒸熟，拓成泥，放进大碗。放入白糖、猪油以及水。搅拌后再放入蒸笼用旺火蒸1h。将剥皮切碎后的红枣，煮熟后在油锅中搅拌，呈金黄色时浇在薯泥上。最后用瓜子仁、樱桃脯、冬瓜糖等装饰成太极图案。即可食用。人们习惯叫"太极薯泥"。还有将甘薯洗净蒸熟，以搅拌成泥，加面粉揉成面团。将甘薯面团揪成大小适中的剂子，擀成皮用拌好的猪肉馅包成包子，蒸熟，即为甘薯包子。

（2）煮　将甘薯水洗干净，放入锅内，加少许水大火烧开，小火煮约40min，焖约20min即熟，大的也可切开煮熟，以搅拌成泥，加面粉揉成面团。将甘薯面团揪成大小适中的剂子，擀成饺子皮用拌好的猪肉馅包成饺子，煮熟，即为甘薯饺子。

（3）烧　找一个避风的地方，如山窝或小土坡，用铲挖个小坑，状如锅台，上面依次叠加码放土疙瘩，点燃柴火将土疙瘩烧透烧红，把甘薯放进去，捣塌炉灶，将甘薯埋起来，上面再盖上一层干土，焖住热气，1h左右直至甘薯焖熟，然后用铁锨或者棍子刨开灰土，甘薯熟透后薯香宜人，趁热即食。定西老百姓把这种方法叫烧"锅锅灶"，天水地区叫烧"地锅锅"。这是农村常用的办法，一般在秋季收挖阶段较常见。

农村利用热炕或灶台的火源，也在炕洞或灶火塘里烧，用热灰埋住甘薯，焖约1h即熟，吃起来薯香味浓，沁人心脾。

（4）烤　农村常用煤炉、烤箱烤制甘薯，一般冬季较多。城市人一般用电烤箱烤，将甘薯洗净，放入烤箱，烤熟后配佐料食用。

（5）烙　将甘薯洗净、去皮，蒸熟制泥。接着将调制好的面团擀成长方形面片，把甘薯泥倒在面片上，用铲子将薯泥抹匀，然后由外向内卷成卷，切块。平放整齐。再撒薄薄一层的面粉。用面杖将其擀成圆饼。放入热油锅中，中火加热，亮黄时翻转烙另一面，继续加热，熟透即可。被人们称为甘薯饼。农村也有将甘薯煮熟、去皮，压成薯泥，与面团一起揉好，烙甘薯大饼的习惯。

（6）摊　摊甘薯，人们常叫"甘薯饼饼"。将甘薯洗净、削皮，用专用擦子磨成细末，加入适量的水、面粉，调理成舀起能挂线的糊状，加入白糖、黑芝麻等佐料，热锅上油，摊成薄饼，翻转摊熟。可以卷上菜直接食用。

2. 菜用

新鲜甘薯中维生素C含量丰富，是许多蔬菜、水果中罕见的，可与番茄、柑橘相媲美，所以甘薯在欧美、亚洲人的食品中占有重要地位。做菜用主要通过炒、炸、焖、踏等方式做成炒甘薯丝、炒甘薯片、薯条、焖蜜薯、甘薯搅团、风味甘薯泥、凉粉和粉条等。

（1）炒　炒甘薯的方式也很多，有炒甘薯丝、炒甘薯片等。将甘薯洗净削皮，用菜刀切丝或片，配以肉丝、猪肝、鱼片等，至熟即可。还可以和胡萝卜、莲花菜等一起炒。

（2）炸　油炸方式主要是甘薯片、甘薯条、甘薯块。甘薯洗净去皮，根据喜好切成片、条、块状，漂烫冲洗后将甘薯片、条、块，放锅内油烧热炸熟，出锅撒入调味料即可食用。将甘薯切片炸至金黄色捞出，与葱、姜、蒜一起翻炒，加入辣椒、盐、豆瓣酱等其他佐料，即为干锅甘薯薯片。

（3）焖　将甘薯洗净、去皮、切成块，倒入烧成七成热的植物油中，炸至金黄色捞出，将薯块放入熬制好的冰糖水中，焖煮10min，晾凉后即可食用。即为焖蜜薯。

（4）踏　甘薯搅团属于踏、砸类的一种做法，又叫踏搅团。将蒸熟或煮熟的甘薯晾温后剥皮，放到踏甘薯的专用木槽或者石头做的凹窝里，用木槌用力去砸。先砸成薯泥，越踏越黏，再踏成为颇有黏度的一团甘薯膏，这便是甘薯搅团了。用木铲抄在碗内，然后依喜好加上辅料即可食用。

（5）凉粉　将1kg甘薯淀粉和10kg水同时下锅，一边加热一边搅拌，熬制8成熟时，汁液已变黏稠，待搅动感到吃力时，将15g明矾及微量食用色素加入锅内，并搅拌均匀，继续熬制片刻，此时再搅动已感觉轻松时，说明已熟，即可出锅，倒入备好的容器中冷却即可。放上生抽、香油、蒜泥、油泼辣椒、醋，再撒上香菜，柔软劲道，富有弹性。

（6）粉条　首先称取一定量的淀粉和明矾制成芡，稍晾凉后将加工的淀粉倒入面盆中，边倒边搅，直至不粘手，全盆没有干粉或芡汤为止。之后将粉条漏入热水锅中，然后捞入冷水池中，使其迅速冷却。之后进行冷冻、淋浇、晾晒处理即可。甘薯淀粉做的粉条，凉水先泡软，配上肉、葱等翻炒，即为炒粉条或粉条炒肉。也可以与酸菜一起炒即为酸菜粉条；也可用粉条配以胡萝卜丝炒，即为胡萝卜粉条。配以什么菜就叫什么粉条，如白菜粉条、莲花菜粉条等。

适于粮用和菜用的优良甘薯品种：越南紫薯、绵紫9号、宁紫1号、赣薯1号、赣渝3号、苏薯8号、徐薯22号、宁菜薯1号、鄂菜薯1号、渝菜1号、岩薯5号、济薯21、徐薯43-14、郑薯20、万薯7号、浙薯132、广薯79、冀薯99、遗字138、秦薯4号、桂薯96-8、宁薯192、商薯85、徐薯23等。

（二）制作风味食品

1. 油炸薯片、薯条

薯片食品因采用原料和加工工艺不同，又可分为油炸薯片和复合（膨化）薯片。油炸薯片以鲜薯为原料，生产过程对生产设备、技术控制、贮藏运输、原料品质等的要求与冷冻薯条基本相同。中国目前已有40余条油炸薯片生产线，总生产能力近10万t。

（1）主要生产设备　清洗去皮切片机、离心脱水机、控温电炸锅、调味机、真空充气包装机等。

（2）原料辅料　甘薯、植物油、精食盐、五香粉、胡椒粉等。

（3）工艺流程　甘薯→清洗、去皮、切片或条 →漂洗→油炸→控油→调味→称量包装。

（4）操作要点

原料选择：挑选无病虫害、无腐烂、无机械损伤的新鲜甘薯。

去皮：可采用机械去皮、碱性去皮和热力去皮。

切片：使用旋转式切片机切成1.0~1.7mm的薄皮。

漂烫：用100℃热水对薯片漂烫2~5min后，反复用清水冲洗。

油炸：脱水后的薯片依次批量及时放入电炸锅油炸。炸薯片用油为饱和度较高的精炼植物油或加氢植物油，如棕榈油、菜籽油等。根据薯片厚度、水分、油温、批量等因素控制炸制时间，油温以150℃为宜。

调味：油炸薯片出锅后，立即加入调味品。此时油脂呈液态能形成最大的颗粒黏附，也可适当地添加抗氧化剂及防腐剂。

包装：待薯片温度冷却到室温以下时，称量包装。以塑料复合膜或铝箔膜袋充氮包装，可延长商品货架期。防止产品运输、销售过程中挤压、破碎。质量要求：薯片外观呈卷曲状，具有油炸食品的自然浅黄色泽，口感酥脆，可长时间保持酥脆程度。理化指标：水分≤1.7%，酸价≤1.4mgKOH/g，过氧化值≤0.04，不允许有杂质。

2. 低糖薯脯

近年来，作为甘薯深加工主要产品之一的油炸薯片在市场上备受人们喜爱。然而，将甘薯制成传统的果脯产品却未得到大规模的推广。究其原因在于传统工艺生产的果脯多为高糖制品，含糖量高达60%以上，已不适合现代人的健康和营养观念。因此开发风味型、营养型、低糖型甘薯果脯是充分利用甘薯资源，创造农副产品经济效益的有效途径之一。低糖甘薯果脯加工工艺如下。

（1）生产材料　甘薯：市售。优质白沙糖：市售一级。饴糖：浓度70%以上。$NaHSO_3$、无水$CaCl_2$：均为分析纯试剂。柠檬酸、维生素C、CMC－Na：均为食品级试剂。

（2）仪器设备　电热恒温鼓风干燥箱、电子天平、手持测糖仪、不锈钢锅、刀具、烧杯等。

（3）工艺流程

选料→清洗→去皮→护色→切片→硬化→漂洗→糖煮→抽空→糖渍→干燥→整形→包装→成品→贮藏。

（4）操作要点

选料：要求选用新鲜饱满，外表面无失水起皱，无病虫害及机械损伤，并以黄肉或红肉品种为最佳。

清洗：用清水将甘薯表面泥沙清洗干净。

去皮：人工去皮用不锈钢刀将甘薯外皮削除，并将其表面修整光洁、规整。也可采用化学去皮法。削皮后随即放入水中，防止氧化变色。

切片：用刀将甘薯切成厚度为5mm厚的薯片。

护色和硬化：将切片后的甘薯应立即放入0.1%~0.5%柠檬酸或1.0%~1.5%的食盐溶液中护色处理。在护色水中同时加入0.2%~0.3%的氯化钙溶液硬化处理。

漂洗：用清水将护色硬化后的甘薯片漂洗1~2h，洗去表面的淀粉及残余硬化液。

糖煮：按一定比例将白沙糖、饴糖、柠檬酸、CMC－Na复配成糖液，加热煮沸1~2min后，放入甘薯片，直接煮至产品透明、终点糖度为45%左右时取出，并迅速冷却到室温。注意，在糖煮时应分次加糖，否则会造成吃糖不均匀，产品色泽发暗，产生"返沙"或"流糖"现象。

糖渍：糖煮后不需捞出甘薯片，在糖液中浸泡24h。

烘烤：将薯片铺在烘盘上送入烘房，烘烤温度在60℃左右，烘至薯片表面不粘手即可。烘烤时间10~12h。

回软包装：薯片从烘房取出后，在阴凉处摊开降至室温，吹干表面，用聚乙烯薄膜食品袋，将成品按要求分级定量装入，也可散装出售。

（5）成品质量指标

感官指标：在色泽上产品乳白至淡黄色，鲜艳透明发亮，色泽一致；组织形态上吃糖饱满，块形完整无硬心，在规定的存放时间内不返沙、不干瘪、不流糖，口感上甜酸可口，软硬适中，有韧性，有甘薯特有风味，无异杂味。

理化指标：总糖40%~50%，还原糖25%，含水量18%~20%。卫生指标无致病菌及因微生物作用引起的腐败特征，符合国家食品卫生相关标准。

3. 甘薯加工饴糖

饴糖是利用淀粉水解酶水解淀粉生成的麦芽糖、糊精的混合物，它是制作糖果、糕点等的必要原料。工业上生产饴糖（杜连起，2004），大都采用大麦芽作糖化剂。其加工方法如下。

（1）生产材料　六棱大麦、甘薯淀粉等。

（2）仪器设备　培养器皿、研磨器、手持测糖仪、不锈钢锅、过滤容器、木桶烧杯等。

（3）工艺流程　麦芽制作→糖化→脱色→浓缩→成品。

（4）技术要点

麦芽制作：将六棱大麦在清水中浸泡 45~50h（水温保持在 15~30℃），每隔 10~12h 换 1 次水。当其含水量达 45%左右时，将水倒出继而将膨胀后的大麦置于 20℃室内让其发芽，并用喷壶给大麦洒水，每隔 1d 1 次，7d 后当幼芽长度可达麦粒的 1.5~2.0 倍，此时应停止发芽进行干燥。为防止酶的破坏或淀粉的糊化，应在低温下进行干燥，干燥有自然干燥和人工干燥 2 种方法。

糖化：将甘薯淀粉加水调制成 15~20°Bé 的淀粉乳，搅拌均匀后煮沸，边煮沸边加热，约 30min 糊化完。倒入木桶中迅速搅拌，冷却到 50~55℃，加入 10%的麦芽粉，均匀搅拌后移入糖化槽中进行糖化，此时温度应保持在 55℃左右，8~10h 糖化结束。

脱色：用活性炭进行脱色。活性炭的用量一般为原料的 1%~2%，pH 值为 5~5.5，液温为 80℃，脱色后趁热过滤。

浓缩：浓缩时要不停地搅拌，并且在加热浓缩的过程中，不断地将浮在液面上的浮沫除去，浓缩到 40°Bé 即可。

固体饴糖：将液态饴糖浓缩到很高的浓度，趁热反复抽拉，使空气渗入，形成微细气泡，逐渐变白色，并由半固体变成固体，即成白色的固体饴糖。

4. 甘薯饮料

（1）生产材料　鲜甘薯、柠檬酸、白沙糖、琼脂、羧甲基纤维素钠等。

（2）仪器设备　胶体磨、杀菌机、高压均质机、灌装封口机等。

（3）工艺流程　原料→清洗→去皮→切块→热烫→粉碎→磨浆→调配→加热与均质→脱气与罐装→杀菌、冷却及检验。

（4）技术要点

原料的选择与处理：选择无病变、无霉烂、无发芽的新鲜红心或紫心甘薯，清洗干净后去皮，切分。

热：将切分好的薯块，立即投入 100℃的沸水中热烫 3~5min。

粉碎：烫好的薯块进入破碎机破碎成细小颗粒（加入适量的柠檬酸或维生素 C 进行护色）。

磨浆：料水比为 1:（4~6），胶体磨磨浆，反复两遍。

调配：将 9%沙糖、0.18%柠檬酸和 0.4%复合稳定剂（琼脂：羧甲基纤维素钠=

1∶1)溶解，与料液混合均匀。

加热与均质：将料液加热至55℃，进入均质机均质，均质压力为40MPa。

脱气与罐装：均质后的料液进入真空脱气罐进行脱气处理，然后加热到70~80℃，罐装到饮料瓶中，压紧瓶盖。

杀菌、冷却及检验：采用常压沸水杀菌，条件为100℃、15min，然后逐级降温至35℃，左右，取出后用洁净干布擦净瓶身，检查有无破裂等异常现象。

5. 甘薯面包

（1）生产材料　鲜甘薯、白糖、鸡蛋、面粉、酵母等。

（2）仪器设备　烘焙箱、和面机等。

（3）工艺流程　原料→清洗→蒸煮→去皮→捣碎挤压→甘薯泥→加入辅料和成面团→分割与整形→醒发→焙烤→冷却→成品。

（4）技术要点

原料：挑选无腐烂、无病虫害的甘薯。

配料：将酵母用50ml温水（30℃）活化5min。

揉面：中速搅拌至面团表面光滑细腻、面筋充分扩展、成膜性好的状态。

发酵：将面团置于温度28℃、湿度75%的条件下发酵3.5h。

分割、整形、醒发：将面团切成25g左右的小剂子，摆盘，于35℃的温度下醒发1.5h。

焙烤：将焙烤箱上面温度调到170℃，下面温度调到190℃，当焙烤箱达到设定温度后，将醒发后的面团放入烘焙箱，烘烤15min至表面金黄即可。

6. 甘薯饼干

（1）生产材料　鲜甘薯、白糖、黄油、面粉、黑芝麻等。

（2）仪器设备　烘焙箱、和面机、冰箱等。

（3）工艺流程　原料→清洗→蒸煮→去皮→捣碎挤压→甘薯泥→加入辅料和成面团→醒发→压片→模具定型→焙烤→成品。

（4）技术要点

原料：挑选无腐烂、无病虫害的甘薯。

醒发：将一定量的甘薯泥、面粉、白糖、黄油、黑芝麻混合均匀和成面团，置于冰箱冷藏60min。

烘烤：将焙烤箱上面和下面温度均调到170℃，当焙烤箱达到设定温度后，将饼干放入焙烤箱，17min后取出得到成品甘薯饼干。

二、营养保健

甘薯是药食同源作物，含有大量的生物活性物质，因此具有多种食疗保健及药用价值，包括抗氧化、抗肿瘤、抗糖尿病、护肝及抗衰老等。我国《本草纲目》《中华本草》和《金薯传习录》等医药典籍中早有关于甘薯保健功能的记载，现代科学对甘薯营养成分的功能性质的研究更加广泛，并对其发挥作用的机理进行了深入研究（郭祖峰 2012)。

（一）抗氧化

甘薯中发挥抗氧化活性的成分主要有多糖、多酚、花色苷等物质。田春宇从体内和体外实验两个方面证明甘薯多糖能够通过增强超氧化物歧化酶抗氧化酶的活性，从而清除自由基，降低丙二醛含量（田春宇 2007）。刘丽香采用 DPPH 法、TEAC 法、FRAP 法、还原力和羟基自由基的清除能力的测定 5 种方法证实了 8 种甘薯叶体外抗氧化活性与多酚含量存在显著的相关性（$R^2 > 0.7728$）（2008）。资名扬的实验表明紫甘薯花色苷对超氧阴离子、羟自由基和 DPPH 具有较强的清除能力（2009）。王关林的研究表明甘薯花青苷色素对超氧阴离子及羟自由基的清除率高于维生素 C，用其灌胃及涂抹小鼠皮肤后，小鼠血清和皮肤细中 SOD 活力均有较大幅度提高，皮肤组织中的脂质过氧化和细胞氧化溶血率受到抑制（2006）。

（二）降血脂

甘薯中发挥降血脂作用的成分主要有甘薯抗性淀粉、甘薯膳食纤维、甘薯多糖、甘薯糖蛋白等。于淼等的研究表明，甘薯抗性淀粉对高脂饲料致高脂血症大鼠的血脂水平有较好的调节作用，并明显改善大鼠的肝功能（2012）。Ishida 等通过实验证实甘薯叶中的水溶性膳食纤维可以降低小白鼠肝部的胆固醇含量和血清中的血脂（2000）。高荫榆的研究表明，薯蔓多糖有明显的改善脂质代谢、降低血脂、预防动脉粥样硬化的作用，缓解由于长期高脂饲料所致的受试动物脏器的脂质积累和病变，高剂量的薯蔓多糖还具有提高受试大鼠免疫功能的作用（2005）。李亚娜的研究表明，腹腔注射甘薯糖蛋白 5~15mg/kg·d 时，能显著降低高脂血症大鼠中血清胆固醇和甘油三酯的含量，口服甘薯糖蛋白 0~200mg/kg·d 时，高脂血症大鼠的血清胆固醇下降率随着摄入剂量的增加而增大，但当剂量超过 200mg/kg·d 时，甘薯糖蛋白的降血脂功能反而有所降低。甘薯糖蛋白的降脂机理主要是通过提高卵磷脂胆固醇酰基转移酶活性、增强糖的异生作用和保持其分子结构的完整性来实现的（2001）。

（三）抗肿瘤

叶小利的研究表明紫色甘薯多糖对 S_{180} 荷瘤小鼠的抑瘤率可达 40% 左右（$P < 0.01$）；低剂量的紫色甘薯多糖与 5-氟尿嘧啶配伍使用，能提高荷瘤小鼠抑瘤率，对5-氟尿嘧啶所致的荷瘤小鼠胸腺、脾脏质量萎缩有明显的保护作用，对白细胞的减少有一定的颉颃作用（2005）。卢立真的研究表明紫甘薯花色苷粗提物对小鼠肉瘤有抑制作用，最高抑制率达 68.03%，可能通过提高抗氧化能力抑制小鼠 S_{180} 肉瘤的生长（2010）。钱建亚等使用甘薯糖蛋白提取物对体外培养的人胶质瘤细胞和卵巢癌细胞进行的抑制实验，发现甘薯糖蛋白可以杀死体外培养的人胶质瘤细胞、卵巢癌细胞瘤细胞，且呈现剂量依赖性，但对体外培养的正常细胞没有作用（2005）。

（四）防癌

曹东旭的研究发现，紫甘薯花色苷能够显著抑制人肝癌 HepG2 细胞的生长，抑制率与浓度、时间呈剂量依赖性。流式细胞仪分析结果表明，花色苷能够促进肿瘤细胞的凋亡，且凋亡率随花色苷浓度的增加而增大（2011）。张苗的研究表明，甘薯蛋白酶解肽具有一定的抑制结肠癌细胞 HT-29 增殖及转移活性。其抑制机理为甘薯蛋白酶解肽 3kDa 组分可诱导 HT-29 细胞中细胞周期依赖性激酶抑制因子 p21 的表达，从而阻滞细胞周期进程；并可激活线粒体途径，从而诱导细胞凋亡；与此同时，通过下调 HT-29 细胞内 uPA 的表达，从而抑制细胞迁移（2012）。张燕燕的研究表明改性甘薯果胶能有效抑制结肠癌细胞 HT-29 和乳腺癌细胞 Bcap-37 的恶性增殖（2012）。

（五）护肝

陶东川的研究结果表明，紫甘薯叶总黄酮能够对 CCl_4 导致的小鼠慢性肝损伤有一定的保护作用，作用机理可能是通过提高氧自由基清除能力，抑制脂质过氧化反应，维持肝脏细胞膜的结构完整，从而达到护肝的作用（2010）。此外，甘薯粗提物及紫薯花青素也能够有效改善小鼠由 CCl_4、对乙酰氨基酚和乙醇等诱导形成的肝损伤，其血清中的谷草转氨酶和谷丙转氨酶含量显著降低，不过甘薯粗提物的护肝表现要明显优于纯紫薯花青素的作用，说明甘薯护肝存在着多种营养素的协同作用（Zhang M，2016；Wang W，2014；Jung S，2015.）。

（六）抗衰老

卢立真对 12 月龄小鼠灌胃浓度为 1 000ng/kg 花青素苷酸化水粗提物灌胃 30d 后，其体内抗衰老指标与对照组 5 月龄小鼠相当，表明紫甘薯色素提取物具有明显的抗生物氧化作用，可延缓衰老（2010）。甘薯中含有的黏多糖蛋白具有显著的免疫活性，能够有效预防心血管中脂肪沉积，防止动脉粥样硬化，而且还具有保护关节、养肝护肝等功效（Jung S B，2015）。另外，甘薯中的硒能增强人体免疫力，延缓人体机能衰老。

（七）有益于心脏健康

甘薯富含钾、β-胡萝卜素、叶酸、维生素 C 和维生素 B_6，这 5 种成分均有助于预防心血管疾病。钾有助于人体细胞液体和电解质平衡，维持正常血压和心脏功能。β-胡萝卜素和维生素 C 有抗脂质氧化，预防动脉粥样硬化的作用。补充叶酸和维生素 B_6 有助于降低血液中高半胱氨酸的水平，后者可损伤动脉血管，是心血管疾病的独立危险因素。

（八）减肥、排毒养颜

甘薯中富含的纤维进入人体后可刺激肠壁，加快消化道蠕动并吸收水分，增大粪便体积，促进排便，这样就可减少因便秘而引起的人体自身中毒的机会，延缓人们衰老的过程，有助于预防痔疮和大肠癌的发生。现代医学研究发现，甘薯中所含的类雌性激素样物质，有益于保持人体皮肤的光滑与细腻，并有延缓皮肤衰老、消除皮肤皱纹的作用。因此，甘薯被营养学家推荐为合理的营养食品和理想的减肥食品。

（九）增强血小板作用

黎盛蓉等研究发现，西蒙 1 号甘薯叶粗制剂对治疗原发性及继发性血小板减少性紫癜的有效率达 70%，经毒理研究及临床观察均无明显毒副作用（1992）。李明义等也证明了甘薯叶多糖制剂能够刺激低血小板动物血小板生成素的产生，具有明显的止血和增强血小板作用，而对正常动物没有任何影响（1993）。

三、其他综合利用方式与加工

（一）提取

作为甘薯保健功能再认识研究的重点领域，甘薯功能成分的有效提取及相关保健产品的开发，将最大限度地发掘甘薯保健与养生的优势，如甘薯中所富含的淀粉、花青素、β 胡萝卜素、多种维生素和膳食纤维等多种功能成分的提取，广泛应用于植物源保健产品的生产、功能性日常消费食品的开发等。现以提取淀粉为例，对其原料处理及工艺流程进行阐述。

目前，我国生产甘薯淀粉主要采用酸浆法和旋流法。将甘薯磨碎后进行浆渣分离，对浆液过滤，滤液沉淀后得到淀粉浆液。甘薯淀粉浆液中除含有淀粉外，还有纤维、蛋白质等成分，需要通过一些加工工艺使其与淀粉分离。酸浆法通过在淀粉浆液中添加酸浆来实现这一分离过程，由于酸浆中含有大量具有凝集淀粉颗粒能力的乳酸乳球菌，不仅使淀粉颗粒沉降速度大大加快，而且解决了浆液中的大部分蛋白质、纤维的吸附作用，从而使淀粉和蛋白质、纤维素分离。酸浆法提取淀粉是一种通过加入自然发酵的酸浆，使淀粉迅速沉降的传统淀粉生产方法，具有投资少，经济实惠的优点，且酸浆法生产的淀粉洁白、纯净、综合利用价值高，但工艺复杂、技术不易掌握、加工量小，并受酸浆的限制，不适于大规模机械加工。

旋流法是一种依靠高速离心使淀粉快速分离的方法，其磨浆、过滤等工艺与酸浆法相似，不同之处在于旋流法采用碟片式离心机分离工艺、数级旋流洗涤工艺或两种工艺同时使用来分离浆液中淀粉、蛋白质和纤维。这种方法工艺先进，适合现代化、连续化、规模化的生产，但生产设备投入较大，生产出来的淀粉色泽和外观很不理想，需要进一步完善生产设备和生产工艺。

1. 提取工艺（图 6-1）

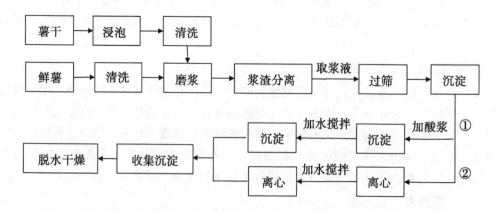

图 6-1 甘薯淀粉的提取工艺流程（①酸浆法；②旋流法）（任亚梅，2018）

2. 原料预处理

（1）原料选择　用作淀粉生产时，要选用高淀粉品种、适期收获，薯块表面尽量光滑平整，以便于清洗。薯类在贮藏过程中淀粉会发生水解变成可溶性糖，所以要避免薯块长期贮存，一般鲜薯在收获的两三个月内进行淀粉加工，具有很强的季节性，不能常年满足需求。鲜薯具有不便运输、贮存困难等缺陷，可通过将其制成薯干后再加工。

（2）原料输送　通常原料从贮藏到清洗工段是由皮带运输机、斗式提升机、刮板输送机、流水输送机和螺旋桨输送机来完成的。鲜薯的输送通常用流水槽，在原料输送的同时完成部分清洗工作；薯干的输送采用皮带输送机、刮板输送机和斗式提升机等。

（3）原料除杂　鲜薯通常带有泥土、沙石和杂草等夹杂物，薯干在加工和运输过程中也容易混入各种杂质。由于这些杂质的密度比淀粉颗粒大，因此从悬浮体中分离淀粉时，能够将其分离出来。这些杂质不仅会对成品的外观、色泽和纯度造成不良影响，石块和金属杂质进入粉碎机后也会导致机件损坏，从而降低粉碎机的产量和粉碎质量，影响生产工艺操作。所以原料在粉碎之前，必须清洗和去杂质。薯干的除杂方法有干法和湿法：干法是采用筛选、风选、磁选等设备；湿法是用洗涤机或洗涤槽清除杂质。

3. 工艺流程及操作要点

（1）清洗　挑选无病虫的薯块，去除须根，用清水洗净薯块表面的泥沙等杂质，用去石机等去除鲜薯及薯干中混有的石块等密度较大的杂质，沥干。

（2）薯干浸泡　采用薯干为原料时，为了提高淀粉出粉率，需要用石灰水对其浸泡。浸泡液 pH 值在 10~11，浸泡时间约 12h，温度控制在 35~45℃。浸泡后用水淋洗，洗去色素和灰尘。使用石灰水处理薯干，能够使薯干中的纤维膨胀，便于在破碎后和淀粉分离，降低淀粉颗粒被破坏的程度；能够使薯干中色素溶液渗出，提高淀粉白度；钙质可降低果胶类胶体物质的黏性，使薯糊易于筛分，提高筛分效率；保持碱性，抑制微生物的活性；使淀粉乳在流槽中分离时，回收率增高，不被蛋白污染。

（3）磨浆　磨碎是甘薯淀粉生产的主要工序之一，它直接影响到产品质量和回收率。利用磨浆机将清洗后的鲜薯磨碎，破坏细胞，有利于淀粉提取。由于薯干在粉碎过程中瞬时温度升高，部分淀粉受热糊化，影响过筛时淀粉和粉渣的分离，降低好粉出粉率，因此通常采用二次破碎，即薯干经第一次破碎后，过筛分离出淀粉，再将筛上薯渣第二次破碎，破碎细度比第一次细，再过筛；在破碎过程中，为降低瞬时温度，根据第二次破碎粒度的不同，调整粉浆浓度，第一次破碎为 3~3.5°Bé，第二次破碎为 2~2.5°Bé。同时采用匀料器控制薯干的进料量，避免出现粉碎机的过载现象。

（4）过滤　薯块在粉碎时，淀粉从细胞中释放出来，同时也释放细胞液，在粉碎后立即分理出细胞液可以降低以后各工序中泡沫的形成，提高工艺设备的生产效率。甘薯经过破碎分离后得到的混合物中，除淀粉外还含有纤维素和蛋白质等成分，因此在淀粉作为最终产品之前必须将其他杂质除去。可采用筛网过滤等方法，使纤维素和淀粉乳分离，使用沉淀法等使蛋白质和淀粉乳分离。

（5）制浆和加酸浆　酸浆的化学成分主要有淀粉、水、蛋白质、纤维素、乳酸、多肽、氨基酸、可溶性低聚糖、单糖、灰分等，其作用主要是在提取淀粉时，利用酸浆中的乳酸乳球菌和乳酸等代谢产物，达到使其他杂质与淀粉相分离的目的，从而得到纯淀粉。酸浆品质的好坏和用量的多少，直接关系到淀粉提取率及相关产品质量。

（6）漂洗脱色　用清水添加一定量的脱色剂洗涤分离后的淀粉，以清除残余在淀粉中的少量蛋白质、果胶和无机盐，从而得到蛋白质、果胶和灰分含量低、色泽洁白的淀粉。

（7）干燥　湿淀粉含水量较高，还需要干燥才能达到使用要求，可采用热风干燥和日晒的方法降低淀粉乳中水分含量，延长存储时间，方便运输。

不同的生产工艺及操作流程能够对淀粉自身的结构及物化性质造成影响。邓福明的研究表明，旋流法甘薯淀粉的亮度、膨胀度和溶解度与酸浆法淀粉相比明显偏低，而4℃下放置1周的老化速率明显偏高（2012）。张正茂研究了重力沉降法、酸浆法、碱法和纤维素酶法对甘薯淀粉性质的影响，结果表明在甘薯淀粉提取过程中，酸、碱和纤维素酶对淀粉颗粒及分子均有一定的破坏作用，使部分淀粉颗粒破损。不同提取方法对提取的甘薯淀粉其性质有一定差异，酸浆法提取的甘薯淀粉糊透明度较其他方法高，纤维素酶法提取的甘薯淀粉糊透明度、白度和碘蓝值较其他方法低，碱法得淀粉峰值黏度最小，白度和碘蓝值略高于酸浆法和重力沉降法。纤维素酶法提取过程中直链淀粉减少，而不与碘结合的多糖增加，糊化温度较其他方法略高，且最不易老化（2016）。

（二）制备

甘薯可以用来制备多种淀粉类、保健饮料、休闲食品、酸奶、燃料乙醇等产品。

1. 淀粉类产品

淀粉类甘薯产品加工在我国已有悠久历史，通过简单加工，便能制得粉条、粉丝、粉皮等产品。粉条是深受我国消费者喜爱的一种传统食品，具有筋道、爽口、润滑等特点。甘薯粉条的加工原料分为2种，一是以鲜薯为原料，先加工成淀粉再加工成粉条；二是直接以淀粉为原料加工粉条。

（1）甘薯粉丝的制作工艺（图6-2）

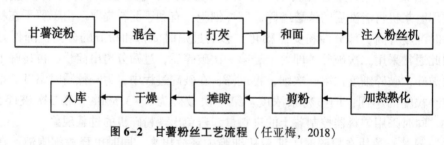

图6-2　甘薯粉丝工艺流程（任亚梅，2018）

（2）原料处理　采用传统方法生产的甘薯粉的色泽和品质较差，原因是淀粉中可能含有粉渣、泥沙等杂质，还有较多的酚类物质，将甘薯淀粉进行漂白等处理后再用于生产即可生产出高质量的精白甘薯粉条。

（3）工艺流程及操作要点　①配料：向干淀粉或湿淀粉原料中加入定量的水和添加油、盐、明矾等配料后充分搅拌混合。②熟化和成型：此工艺可在专门设备上完成，但现今更多是采用双螺杆淀粉类蒸煮挤压机一次完成熟化和成型。③分条及整形：经挤压成形的粉条因糊化其表面互相黏结、故需要分条整形。该工序在冷冻室进行，冷冻分条是使其结构发生变化，使之从一种晶体变为另一种晶体的过程。分条后的粉丝可进行整理，必要时进一步脱色，然后入链盒式或隧道式干燥机将水分降至12%以下。④冷却包装：将干燥后的粉丝进行冷却，定量包装即得成品。

传统的粉条依靠添加明矾使粉条不粘连，不断条，不浑汤。但明矾中含有大量的铝离子，易导致人的思维和智力下降，因此开发无明矾粉条是粉条发展趋势。

（4）甘薯淀粉的性质对粉丝品质的影响　通常采用硬度、断条率和粉条的拉伸强度来考察粉条品质的好坏，淀粉的理化性质、热力学性质、分子结构是导致甘薯粉丝品质差异较大的主要原因。断条率的高低直接反映粉条品质的好坏，粉条蒸煮后的硬度值越高，表示越耐煮，粉条拉伸强度的大小与粉条的筋道感成正比。谭洪卓研究了甘薯淀粉的理化性质、热力学特性、分子结构与其甘薯粉丝品质之间的相关性，结果表明，淀粉理化性质对粉丝品质影响较大，按相关系数大小依次是：膨润力>溶解度>表观直链淀粉含量>蛋白质含量>颗粒大小，回生对粉丝品质的影响远远大于糊化对其的影响。快速黏度分析参数（保持强度、最终黏度、峰黏度、回生值和衰减度）与粉丝品质有显著的相关性，可作为预测其相应的粉丝品质的重要手段之一。淀粉分子结构对粉丝品质影响更大，按显著程度依次是：直链淀粉含量>支链淀粉短链量>支链淀粉长链量>直链淀粉分支数>支链淀粉短链长度>直链淀粉链长>支链淀粉长链长度（2009）。表观直链淀粉含量与粉丝断条数呈显著负相关，与粉丝硬度、拉伸强度呈正相关，淀粉颗粒大小与粉丝断条数呈负相关，与粉丝硬度呈正相关；绝对直链淀粉含量与粉丝硬度和拉伸强度都呈显著正相关，与断条数呈负相关，说明直链淀粉含量对淀粉回生和粉丝品质起决定性作用。支链淀粉的外侧短链数量的多少与粉丝拉伸强度、硬度呈负相关，与断条数呈显著正相关。由于支链淀粉短链很难像长链那样平行并拢形成双螺旋结构，因而数量不能过多，否则干扰淀粉回生。

余树玺的研究表明，不同品种间甘薯淀粉由于化学成分的不同而使其物化特性和粉条品质均发生不同程度的变化，甘薯淀粉的直链淀粉和脂质含量、回生黏度、峰值时间、糊化温度、膨胀势、老化值等指标与甘薯粉条品质呈正相关，而甘薯淀粉的最终黏度、溶解度和粒径等指标与甘薯粉条品质呈负相关（2015）。另外，淀粉中的脂肪和磷含量对粉丝品质影响不大，蛋白质含量与粉丝断条数呈负相关，与粉丝硬度、拉伸强度呈正相关。由此可见影响粉丝品质的分子结构参数并不是单一的，而是很多因素共同影响所致。

（5）淀粉加工用优良品种及其主要特点　淀粉加工用优良甘薯品种基本特点是淀粉含量、产量均较高，现推广利用的多为白色薯肉的品种。国家甘薯品种鉴定的标准为淀粉平均产量比对照增产8%以上，60%以上试点淀粉产量均比对照增产，薯块淀粉率比对照高1个百分点以上（北方薯区对照品种为徐薯18，长江中下游薯区对照品种为南薯88，南方薯区对照品种为金山57），抗一种以上主要病害。红心品种淀粉含量一般较低，不适宜作淀粉加工用，有些紫心品种淀粉含量很高，但产量不太理想，仅可作为特殊淀粉加工用。当前推广的高淀粉品种以徐薯22和冀薯98为主，其余还有脱毒徐薯18、商薯19、川薯34、万薯34、济薯15号、豫薯7号、豫薯13号、皖苏31、商薯

103、徐薯25、鄂薯6号、广薯87、岩薯10号、西城薯007、漯徐薯8号等。

2. 酿酒

酿酒是以淀粉为原料，通过微生物发酵，使淀粉和糖转化为酒精的过程。我国酿酒原料除谷物（大米、高粱）外，主要以甘薯为原料。甘薯中淀粉含量高，纤维少，有适量的蛋白质，且酿酒工艺简单，酿酒成本低，淀粉利用率和出酒率比其他谷物高，因此是很好的酿酒原料。利用甘薯可以酿制多种酒类，如白酒、黄酒、果啤等。白酒的生产既可利用甘薯干为原料，也可利用加工淀粉后的薯渣为原料。因为薯渣的淀粉含量仍很高，且淀粉的结构疏松，有利于蒸煮糊化，不仅出酒率高，而且可使薯渣得到充分利用（图6-3）。

（1）甘薯的酿酒工艺

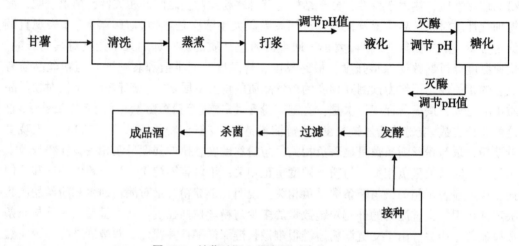

图6-3 甘薯酿酒工艺流程（陈燕，2016）

（2）工艺流程及操作要点　原料选择：甘薯及甘薯渣要求新鲜、洁净、干燥、无霉变、无杂质。蒸煮糊化：将甘薯置于蒸锅中，水蒸气蒸煮30min，至甘薯无硬心。破碎打浆：加入适合比例的水，使用高速匀浆机将甘薯由块状破碎为浆液。便于后续加工。第一次调节pH值：a-淀粉酶有其最适pH值，在甘薯浆液化之前用柠檬酸溶液和NaOH溶液调节其pH值。甘薯浆液化：甘薯料液中添加a-淀粉酶，选择合适的液化条件，提高液化。第二次调节pH值：使料液的酸碱度适合糖化酶的催化条件。甘薯浆糖化：甘薯料液中添加糖化酶，选择合适的催化条件，提高糖化效率。第三次调节pH值：酵母菌发酵有其适宜的pH值，在甘薯浆发酵前需要调整其pH值。接种、发酵：在活化酵母菌时不能将水添加到酵母菌中，否则会导致酵母菌结块，活化不完全；活化酵母菌的温度保持在25~35℃，活化的菌溶液要渐渐降温至与反应料液温度差距小于10℃再进行接种，温度差距过大会导致酵母菌的突变和死亡。过滤：发酵后的甘薯酒含有大量的甘薯渣体，导致酒体不澄清透明。选择合适的澄清过滤方法，去除甘薯酒中的混浊物，获得澄清透明的甘薯酒。

3. 制取燃料乙醇

原料成本是影响乙醇生产总成本的主要因素，所以对燃料乙醇生产的原料进行选择很重要。薯类、甜高粱等经济作物将是构成我国燃料乙醇生产新原料体系的主体部分。这些作物一般是适宜于在荒漠地、盐碱地种植，耐旱、耐盐，能量密度高的能源作物。研究表明，与玉米和小麦相比，无论是原料成本，还是单位面积燃料乙醇产量，薯类均处于优势地位。

（1）甘薯燃料乙醇的制取工艺（图6-4）

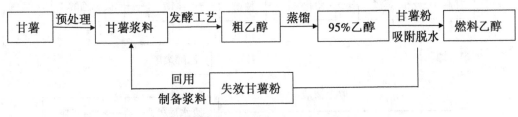

图6-4 甘薯制取燃料乙醇的工艺流程（张琳叶，2010）

（2）甘薯制取燃料乙醇的品种选择

不同品种的甘薯乙醇产量不同，孙健比较了徐薯22、农大6-2、徐薯24、洛薯96-6等11个具有代表性的甘薯品种的理化性质、乙醇产量以及二者的相关性，结果表明不同品种甘薯乙醇产量和发酵效率差异极显著，徐薯22乙醇产量最高，而苏渝303发酵效率最高。乙醇产量与甘薯干率呈极显著正相关，与淀粉和蛋白质含量呈显著正相关，乙醇产量与可溶性糖和还原糖含量之间没有达到显著性，与淀粉相比，可溶性糖和还原糖在甘薯干物质中含量较低，对乙醇产量影响甚微（2010）。

孙显考察了徐薯18、南薯88和南薯007 5个甘薯品种的可发酵糖含量、单位面积可发酵糖产量、发酵效率、发酵醪黏度4个指标。结果表明，南薯007的可发酵糖含量和发酵效率这两项关键指标均是最高，单位面积可发酵糖产量和发酵醪黏度排在5个品种的第二，可作为良好的乙醇发酵原料（2010）。

（3）甘薯渣95%乙醇的制取工艺（图6-5）

（4）工艺流程及操作要点 以淀粉质为主要成分的非粮作物甘薯能够在微生物作用下水解为葡萄糖，进一步经发酵、蒸馏得到95%乙醇。其传统的生产工艺过程包括原料预处理、蒸煮、糖化、发酵、蒸馏、废醪处理。发酵产生的成熟发酵醪液内乙醇质量分数一般为5%～12%，通过蒸馏把发酵醪液中的乙醇蒸出，得到乙醇最高质量分数为95%，同时副产杂醇油及大量酒糟。

4. 甘薯渣的利用

甘薯渣是甘薯经过淀粉提取后的残渣，其主要成分为淀粉和膳食纤维，其余为蛋白、糖类、灰分、水分等物质。由于产地和加工方式的不同，甘薯渣主要的营养成分含量变化也会比较大，但其主要成分基本不变。随着生物技术的不断发展，为甘薯渣的综合利用提供了新的可能，尤其发酵技术能通过微生物发酵，将粗蛋白、纤维素等大分子物质转化为易于消化吸收的单糖、低聚糖、氨基酸等高附加值产物，使消化利用率提高30%以上，极大地改善其适口性。通过微生物发酵生产各种生物制品，如膳食纤维、微

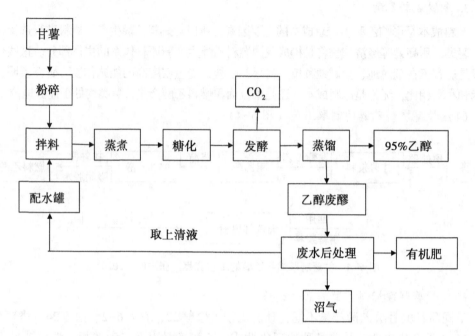

图6-5 甘薯制取95%乙醇的工艺流程（张琳叶，2010）

生物蛋白饲料、柠檬酸、乙醇、低聚糖等，能极大地提高产品的附加值，增加经济效益，降低环境污染。

（1）甘薯渣发酵制备膳食纤维 提取淀粉后的甘薯渣含有20%以上的膳食纤维，若将其提取出来加以利用，不仅可以提高附加值，而且可以实现甘薯淀粉加工的综合利用。甘薯渣中膳食纤维的获取方法有很多，主要有物理筛分法、筛分与酶结合法、生物技术法、化学分离法和化学试剂与酶结合法等提取方法（图6-6）。

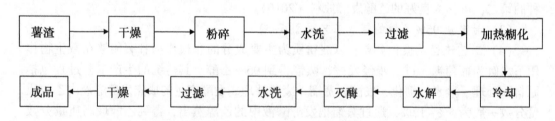

图6-6 甘薯渣发酵制备膳食纤维的工艺流程（酶法）（李小平，2007）

（2）甘薯渣同步糖化发酵生产酒精 淀粉生产产生的甘薯渣中含有大量的淀粉，可以用来制备酒精，不仅可以减少行业污染，还能提高淀粉加工企业的经济效益。传统的酒精制备工艺中包含原材料的蒸煮和酒精的回收，这两个步骤需要耗费大量的人工成本和设备投资，使得传统的酒精制备方式成本较高，并不适用于甘薯废渣的利用。目前，在淀粉行业，人们普遍采用同步糖化发酵的工艺制备酒精，该工艺将水解和酒精发酵的过程放在同一个发酵罐中进行，能够直接制备酒精，从而简化了生产流程，减少了生产的总时间，提高了酒精制备的经济效益（图6-7）。

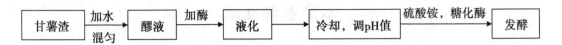

图 6-7　甘薯渣同步糖化发酵生产酒精的工艺流程（任亚梅，2018）

　　与传统工艺相比，若甘薯渣原料先经超声波、稀碱、纤维素酶处理，降解转化纤维素、半纤维素、木质素后，再加入适量热带假丝酵母和酿酒酵母进行发酵，可提高乙醇产率。

　　（3）甘薯渣发酵制备柠檬酸　甘薯渣发酵生产柠檬酸基本原理是将残留淀粉经过糖化后，采用黑曲霉等霉菌进行发酵制得。在实际生产中，由于甘薯渣氮含量较低，因此，添加适量麸皮、米糠等作为氮源，将有助于提高柠檬酸产量。从现阶段看，发酵法生产柠檬酸工艺较为成熟，研究重点主要集中在对菌种的筛选，对黑曲霉进行耐高温、耐高酸驯化、射线诱变处理等，不断增强产酸能力和适应性（图 6-8）。

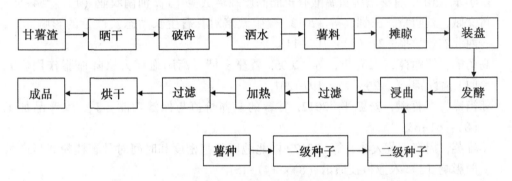

图 6-8　甘薯渣发酵制备柠檬酸的工艺流程（任亚梅，2018）

　　作为甘薯淀粉产业的副产物，甘薯渣的处理与转化问题一直是一个重要的研究课题。目前，甘薯渣的综合利用研究技术日益成熟，微生物发酵技术能极大地提高甘薯渣综合利用率，降低甘薯渣处理成本，解决环境污染等一系列问题，这将成为长期以来甘薯渣无法规模化工厂化处理与转化的一条新出路，尤其是将其用于发酵生产蛋白饲料，具有巨大的发展潜力。利用甘薯渣生产燃料乙醇也不失为一种理想的选择，符合国家多元化生产燃料乙醇的要求，又能有效且大量的转化利用甘薯渣。同时利用甘薯渣生物发酵制备低聚糖，也是未来甘薯渣处理与转化很有发展潜力的方向，其中降解菌株的筛选与低聚糖质量的检测是本方向的关键，这需要以后的研究者不断的探索与发现。

　　我国不同甘薯产区产业化发展模式不同，北方薯区以淀粉加工业为主；长江中下游薯区主要作为饲料、鲜食，并开始重视淀粉加工业的发展；南方薯区甘薯食品加工业发展迅速；南北薯区许多省份提出用甘薯作为原料生产燃料乙醇。目前种薯种苗产业规模较小，部分企业存在着虚假广告宣传问题，政府应加强监管力度。另外，食品加工产业发展较快，小型企业亟须技术改造，提高产品质量。如淀粉产业大小并举，小型加工企业面临着环境治理的压力，应适当整合，加大环保设备的投入；燃料乙醇产业多处于规划或前期建设阶段，必须做好原料基地建设和原料的均衡供应。

本章参考文献

曹东旭，董海叶，李妍，等 . 2011. 紫甘薯花色苷对人肝癌细胞 HepG2 的作用 [J]. 天津科技大学学报，26 (2)：9-12.

陈晓光，丁艳锋，唐忠厚，等 . 2015. 氮肥施用量对甘薯产量和品质性状的影响 [J]. 植物营养与肥料学报，21 (4)：979-986.

柴莎莎，史春余，张立明，等 . 2013. 腐殖酸对食用型甘薯块根硝酸盐积累的影响 [J]. 山东农业科学，45 (4)：68-70.

邓福明，木泰华，张苗 . 2012. 旋流与酸浆法甘薯淀粉性能及粉条品质比较 [J]. 食品工业科技，33 (17)：98-102.

杜连起 . 2004. 甘薯食品加工技术 [M]. 北京：化学工业出版社 .

段学东 . 2017. 甘薯增施黄腐酸有机肥高产栽培试验 [J]. 河南农业 (13)：54-55.

付文娥，刘明慧，王钊，等 . 2013. 覆膜栽培对甘薯生长动态及产量的影响 [J]. 西北农业学报，22 (7)：107-113.

高荫榆，罗丽萍，王应想，等 . 2005. 薯蔓多糖对高脂血症大鼠降血脂作用研究 [J]. 食品科学，26 (2)：197-201.

郭祖锋，李哲斌，安亚平 . 2012. 甘薯的营养价值与保健功能 [J]. 农产品加工 (8)：61-63.

蒋雄英，周宾，范大泳，等 . 2017. 桂北地区栽植密度和时间对甘薯桂粉 2 号产量的影响 [J]. 农业科技通讯 (8)：147-151.

黎盛蓉，唐果成，齐振华，等 . 1992. 西蒙一号治疗血小板减少症 50 例近期疗效观察 [J]. 临床血液学杂志，5 (1)：8-10.

李明义，董苍玉，肖国芝，等 . 1993. 番薯叶多糖制剂的升血小板作用及其机理的初步探讨 [J]. 北京医科大学学报，25 (4)：261-263.

李长志，李欢，刘庆，等 . 2016. 不同生长时期干旱胁迫甘薯根系生长及荧光生理的特性比较 [J]. 植物营养与肥料学报，22 (2)：511-517.

卢立真，张雨青，马永雷，等 . 2010. 紫甘薯花青素苷对老龄小鼠的抗氧化作用 [J]. 安徽农业科学，38 (13)：6 916-6 917.

齐鹤鹏，朱国鹏，汪吉东，等 . 2015. 不同土壤类型条件下施钾对甘薯钾吸收利用规律的影响 [J]. 农业与技术，35 (7)：4-7.

钱建亚，刘栋，孙怀昌 . 2005. 甘薯糖蛋白功能研究—体外抗肿瘤与 Ames 实验 [J]. 食品科学，26 (12)：216-218.

谭洪卓，谭斌，刘明，等 . 2009. 甘薯淀粉性质与其粉丝品质的关系 [J]. 农业工程学报，25 (4)：286-292.

唐忠厚，李洪民，张爱君，等 . 2011. 长期施用磷肥对甘薯主要品质性状与淀粉 RVA 特性的影响 [J]. 植物营养与肥料学报，17 (2)：391-396.

田春宇，王关林 . 2007. 甘薯多糖抗氧化作用研究 [J]. 安徽农业科学，35 (35)：

11 356-11 356.

王关林, 岳静, 苏冬霞, 等. 2006. 甘薯花青苷色素的抗氧化活性及抑肿瘤作用研究 [J]. 营养学报, 28 (1): 77-80.

吴祯福. 2015. 气象条件对甘薯栽培和品质的影响 [J]. 南方农业, 9 (9): 18-20.

谢一芝, 邱瑞镰. 1991. 环境条件对甘薯营养品质的影响 [J]. 江苏农业科学 (6): 22-23.

叶小利, 李学刚, 李坤培. 2005. 紫色甘薯多糖对荷瘤小鼠抗肿瘤活性的影响 [J]. 西南师范大学学报 (自然科学版), 30 (2): 147-150.

于淼, 邬应龙. 2012. 甘薯抗性淀粉对高脂血症大鼠降脂利肝作用研究 [J]. 食品科学, 33 (1): 244-247.

余树玺, 邢丽君, 木泰华, 等. 2015. 4 种不同甘薯淀粉成分、物化特性及其粉条品质的相关性研究 [J]. 核农学报 (4): 734-742.

张正茂, 赵思明, 熊善柏. 2016. 不同提取方法对甘薯淀粉性质的影响 [J]. 食品科技 (4): 243-248.

资名扬, 王琴, 温其标. 2009. 紫甘薯花色苷光谱特性及抗氧化性的研究 [J]. 现代食品科技, 25 (11): 1 279-1 281.

Ishida H, Suzuno H, Sugiyama N, et al. 2000. Nutritive evaluation on chemical components of leaves, stalks and stems of sweet potatoes (Ipomoea batatas poir). [J]. Food Chemistry, 68 (3): 359-367.

Jung S B, Shin J H, Kim J Y, et al. 2015. Shinzami Korean purple-fleshed sweet potato extract prevents ischaemia-reperfusion-induced liver damage in rats [J]. Journal of the Science of Food & Agriculture, 95 (14): 2 818-2 823.

Wang W, Li J, Wang Z, et al. 2014. Oral hepatoprotective ability evaluation of purple sweet potato anthocyanins on acute and chronic chemical liver injuries. [J]. Cell Biochemistry & Biophysics, 69 (3): 539-548.

Zhang M, Pan L J, Jiang S T, et al. 2016. Protective effects of anthocyanins from purple sweet potato on acute carbon tetrachloride-induced oxidative hepatotoxicity fibrosis in mice [J]. Food & Agricultural Immunology, 27 (2): 157-170.